全国高等专科教育机械工程类专业规划教材

机床电器与可编程序控制器

主　编　姚永刚
副主编　袁云龙　陈　震
参　编　马俊龙　宋　娟　王　捷

机械工业出版社

本书系统地介绍了机床常用低压电器、电器控制基本环节、典型生产机械电气控制、可编程序控制器及其工作原理、S7系列可编程序控制器、OMRON系列可编程序控制器、可编程序控制器控制系统设计及应用、数控设备中的可编程序控制器和实验指导等知识，并提供了一些可编程控制器应用实例，便于读者将其中的知识综合化，且具有一定的应用性。

本书内容丰富，层次清晰，重点突出，重视实践技能的培养。通过大量实例的介绍，理论联系实际，并兼顾新技术、新知识在数控领域中的应用，重点在于提高一线操作人员的知识和能力，使其由经验型向知识型转变。

本书各章末尾均附有思考题与习题，供读者思考，以加深对本书内容的理解。

本书可作为职业技术教育、成人教育、高职高专数控技术应用专业、机电一体化专业、自动化等相关专业的教材，也可作为职工培训学习电气控制与PLC等电类相关课程的培训教材，还可以作为从事机床调试和维修行业的工程技术人员的参考用书。

图书在版编目（CIP）数据

机床电器与可编程序控制器/姚永刚主编．—北京：机械工业出版社，2008.1（2016.2重印）
全国高等专科教育机械工程类专业规划教材
ISBN 978-7-111-23221-6

Ⅰ.机… Ⅱ.姚… Ⅲ.①机床-电器-高等学校：技术学校-教材②可编程序控制器-高等学校：技术学校-教材 Ⅳ.TG502.34 TM571.6

中国版本图书馆CIP数据核字（2008）第001320号

机械工业出版社（北京市百万庄大街22号 邮政编码100037）
策划编辑：汪光灿 郑 丹
责任编辑：王德艳 责任校对：魏俊云
封面设计：姚 毅 责任印制：李 洋
三河市宏达印刷有限公司印刷
2016年2月第1版·第6次印刷
184mm×260mm·16.25印张·401千字
15001—16900册
标准书号：ISBN 978-7-111-23221-6
定价34.00元

凡购本书，如有缺页、倒页、脱页，由本社发行部调换

电话服务
服务咨询热线：010-88379833
读者购书热线：010-88379649

网络服务
机 工 官 网：www.cmpbook.com
机 工 官 博：weibo.com/cmp1952
教育服务网：www.cmpedu.com
金 书 网：www.golden-book.com

前　言

随着PLC的普及与应用，对PLC技术人才的需求明显增加，目前我国许多高等院校在自动化、机电一体化、电气控制等专业开设了“机床电器与可编程序控制器”课程。近年来随着计算机技术、自动控制技术、现代控制技术的迅速发展，电气控制技术已由传统的继电器、接触器控制技术向以计算机为核心的PLC控制和CNC控制方面转变，由于它们具有抗干扰能力强、可靠性高、编程方便等技术特点，已广泛地应用在各种工业设备和工业过程自动化控制中。

为适应新技术发展对电气控制技术课程的教学需要，我们遵循“结合工程，突出应用”的原则，编写了该书，力求使本书体现如下特点：

1）考虑到常规低压电器及继电器控制在实际生产中的重要性，本书依然包含该部分内容，但在低压电器中增加了压力传感器、速度传感器、接近开关、电磁离合器等实际应用较多的电器内容，重点介绍了基本控制环节和典型生产机械的控制系统，努力做到既结合生产实际，突出应用，又便于教学。

2）在PLC部分，主要介绍PLC的原理与应用，突出介绍指令的功能、特点及应用，并增加一些PLC在生产设备上的应用实例，有利于读者了解指令在实际中的具体应用，并为其提供了有实际意义的梯形图。

3）随着计算机数控技术的发展，数控机床、数控加工中心等数控设备取代传统的加工设备已成为趋势，而常规电气控制电路和单纯的PLC控制系统已不能满足现代数控机床电气控制系统的教学要求，本书引入了新的数控机床控制技术与系统等内容。

4）为便于教学，在第九章编写了一些PLC实验项目，各学校可以根据自己情况选用。

本书共分九章，第一章介绍了机床常用低压电器；第二章介绍了电气控制基本环节；第三章介绍了典型生产机械电气控制；第四章介绍了可编程序控制器及其工作原理；第五章介绍了S7系列可编程序控制器；第六章介绍日本OMRON可编程序控制器；第七章介绍了可编程序控制器系统设计及应用；第八章介绍了数控设备中的可编程序控制器；第九章为实验指导，列出了一些常用的PLC实验项目。

本书可作为职业技术教育、成人教育、高职高专数控技术应用专业、机电一体化专业、自动化专业等相关专业的教材，也可作为职工培训和从事机床调试和维修行业的工程技术人员的参考书或培训教材，参考学时为60课时，有关章节内容可根据专业要求酌情调整。

本书由姚永刚主编，具体参加编写人员有：袁云龙（第一、二章），姚永刚（第三、六章），陈震（第四、五章），王捷（第七章），宋娟（第八章），马俊龙（第九章及附录）。

本书配有电子课件，凡使用本书作为教材的教师可登录机械工业出版社教材服务网 www.cmpedu.com 注册后下载。咨询邮箱：cmpgaozhi@sina.com。咨询电话：010-88379375。

由于编者知识水平有限，书中难免有错误和不妥之处，恳请读者批评指正。此外，在本书的编写过程中参阅了多种同类教材，在此特向其编者致谢。

编　者

目　录

第一章　机床常用低压电器

电器是所有电工器械的简称，即凡是根据外界特定的信号和要求自动或手动接通与断开电路，断续或连续地改变电路参数，实现对电路或非电对象的切换、控制、保护、检测和调节的电工器械统称为电器。低压电器是机床自动控制系统基本组成元件，在机床自动控制系统中起控制、调节、检测、转换、保护和传递信息等作用，机床控制系统性能的优劣与所用低压电器有直接关系。随着科学技术的飞速发展，机床自动化程度不断提高，低压电器的品种不断增加，应用范围日益扩大。作为电气工程技术人员，必须熟悉常用低压电器的结构、原理，掌握其使用与维护等方面的有关知识。本章主要介绍机床常用低压电器的结构、工作原理、用途及其图形符号和文字符号，为今后进行机床电气控制电路的设计并正确合理选择和使用低压电器打下基础。

第一节　低压电器的基本知识

一、低压电器的分类

低压电器通常指工作在交流电压 1200V 以下、直流电压 1500V 以下电路中的电器，低压电器种类繁多，构造各异，用途广泛。分类方法很多，通常有如下分类方式：

（一）按动作方式分类

（1）自动电器　依靠自身参数的变化或外来信号的作用，自动完成接通或分断等动作，如接触器、继电器等。

（2）手动电器　主要是用外力（如人力）直接操作来进行切换的电器，如刀开关、转换开关、按钮等。

（二）按用途分类

（1）控制电器　用于各种控制电路和控制系统的电器，如接触器、各种控制继电器、电动机起动器等。

（2）主令电器　用于自动控制系统中发出控制指令的电器，如控制按钮、主令开关、行程开关、万能转换开关等。

（3）配电电器　用于电能的输送和分配的电器，如隔离开关、刀开关、断路器等。

（4）执行电器　用于完成某种动作或传动功能的电器，如电磁铁、电磁离合器等。

（5）保护电器　用于保护电路及用电设备的电器，如熔断器、热继电器等。

（三）按工作原理分类

（1）电磁式电器　根据电磁感应原理来动作的电器，如交流/直流接触器、各种电磁式继电器、电磁铁等。

（2）非电量控制电器　依靠外力或非电量信号（如速度、压力、温度等）的变化而动作的电器，如转换开关、行程开关、速度继电器、压力继电器、温度继电器等。

二、低压电器的基本结构

低压电器中大部分为电磁式电器，各类电磁式电器的工作原理基本相同，由电磁机构（检测部分）和触点系统（执行部分）两部分组成。

（一）电磁机构

电磁机构的作用是将电磁能量转换成机械能量，带动触点动作，实现对电路的通、断控制。

1. 电磁机构的结构及工作原理

电磁机构由铁心、衔铁和线圈等部分组成，其结构按衔铁的运动方式可分为直动式和拍合式。其作用原理是：当线圈中有电流通过时，产生电磁吸力，电磁吸力克服弹簧的反作用力，使衔铁与铁心闭合，衔铁带动连接机构运动，从而带动相应触点动作，完成通、断电路的控制作用。图 1-1 和图 1-2 分别为直动式和拍合式电磁机构的常用结构形式。

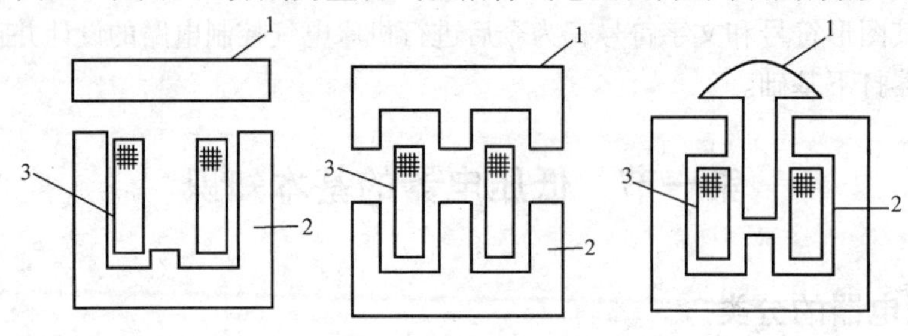

图 1-1　直动式电磁机构

1—衔铁　2—铁心　3—吸引线圈

电磁式电器分为直流与交流两大类。直流电磁铁铁心由整块铸铁铸成，而交流电磁铁的铁心则用硅钢片叠成，以减小铁损（磁滞损耗及涡流损耗）。

吸引线圈的作用是将电能转化为磁场能。按通入线圈电流性质的不同，分为直流线圈和交流线圈两种。

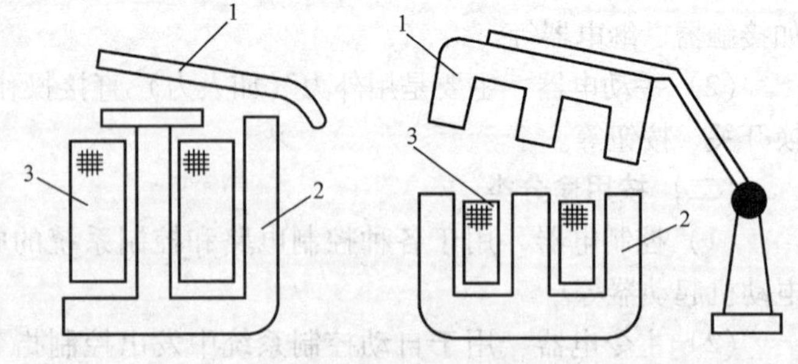

图 1-2　拍合式电磁机构

1—衔铁　2—铁心　3—吸引线圈

实际应用中，由于直流电磁铁仅有线圈发热，所以线圈匝数多、导线细。制成细长型，且不设线圈骨架，线圈与铁心直接接触，利于线圈的散热。而交流电磁铁由于铁心和线圈均发热，所以线圈匝数少、导线粗。制成短粗型，吸引线圈设有骨架，且铁心与线圈隔离，利于铁心和线圈的散热。

2. 电磁机构的吸力特性和反力特性

电磁铁工作时，线圈产生的磁通作用于衔铁，产生电磁吸力，并使衔铁产生机械位移，衔铁复位时复位弹簧将衔铁拉回原位，因此作用在衔铁的力有两个：电磁吸力和反力。电磁吸力由电磁机构产生，反力由弹簧和触点产生。铁心吸合时要求电磁吸力大于反力，即衔铁位移的方向与电磁吸力方向相同，衔铁复位时情况刚好与之相反。电磁机构的工作特性常用吸力特性和反力特性来表示。

（1）吸力特性是指电磁机构的电磁吸力与气隙的关系曲线　电磁铁的吸力公式为

$$F=\frac{10^7}{8\pi}B^2S$$

式中，F 为电磁吸力（N）；B 为气隙中磁感应强度（T）；S 为铁心截面积（m^2）。

由上式可见：当铁心截面积 S 一定时，电磁吸力 F 与 B^2 成正比，也就是 F 与气隙磁通 Φ^2 成正比。因此，励磁电流的种类不同，吸力的特性将发生变化。下面就交流电磁机构和直流电磁机构吸力特性分别进行说明。

1）交流电磁机构吸力特性分析。假设线圈外加电压 U 不变，交流电磁线圈的阻抗主要决定于线圈的感抗，若线圈电阻忽略不计，则

$$U\approx E=4.44f\Phi N$$

$$\Phi=\frac{U}{4.44fN}$$

式中，U 为线圈外加电压（V）；E 为线圈感应电动势（V）；f 为电源电压频率（Hz）；Φ 为气隙磁通；N 为线圈匝数。

当线圈外加电压 U、电源电压频率 f、线圈匝数 N 为常数时，气隙磁通 Φ 也为常数，则电磁吸引 F 也为常数，即 F 与气隙 δ 大小无关。实际上，考虑到漏磁通影响，F 随 δ 减小而略有增加。由于气隙磁通 Φ 不变，则流过线圈的电流 I 随气隙磁阻（也即随气隙 δ）的变化成正比变化，其电磁机构吸力特性如图 1-3 所示。

2）直流电磁机构吸力特性分析。对于直流线圈，当电压 U 及线圈电阻 R 不变时，流过线圈的电流 I 不变，与磁路的气隙大小无关。由磁路定律

$$\Phi=\frac{IN}{R_m}$$

可知（式中 R_m 为气隙磁阻），$F\propto\Phi^2\propto\frac{1}{R_m^2}\propto\frac{1}{\delta^2}$，即电磁吸力 F 与气隙 δ 的平方成反比。直流电磁机构的吸力特性如图 1-4 所示。

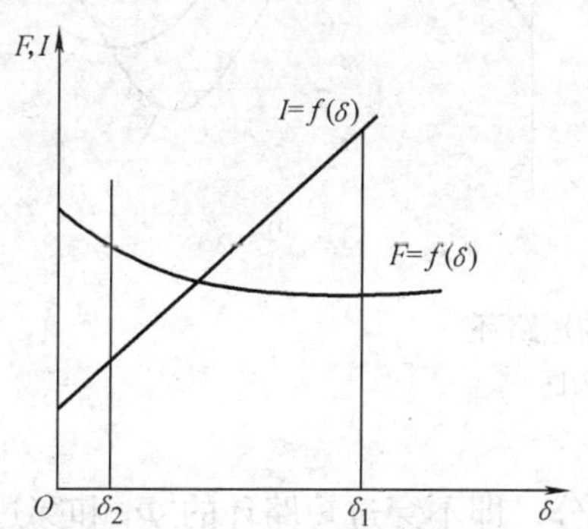

图 1-3　交流电电磁机构吸力特性

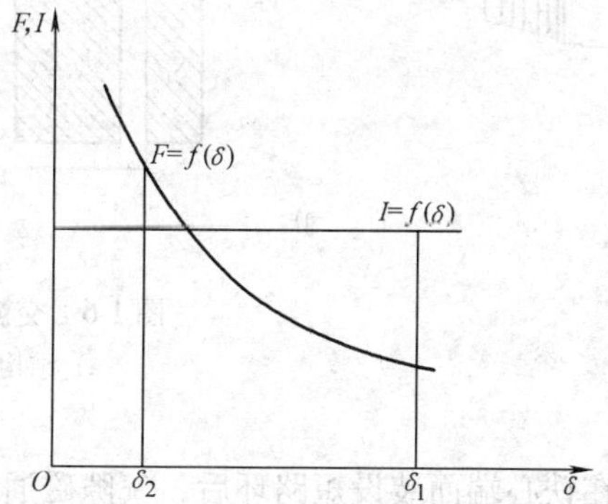

图 1-4　直流电磁机构的吸力特性

（2）反力特性是指电磁系统的反作用力与气隙的关系曲线　反作用力包括弹簧力、衔铁自身重力、摩擦阻力等。如图 1-5 所示，曲线 3 为反力特性曲线。

图中 δ_1 为起始位置，δ_2 为动、静触点相接触时的位置。在 δ_1-δ_2 区域内，反作用力随气隙减小略有增大，到达 δ_2 时，动、静触点将接触，此时触点上初压力作用到衔铁上，反作用力骤增，曲线发生突变。在 δ_2-0 区域内，气隙越小，触点压得越紧，反作用力也越大，其曲线比 δ_1-δ_2 段陡。

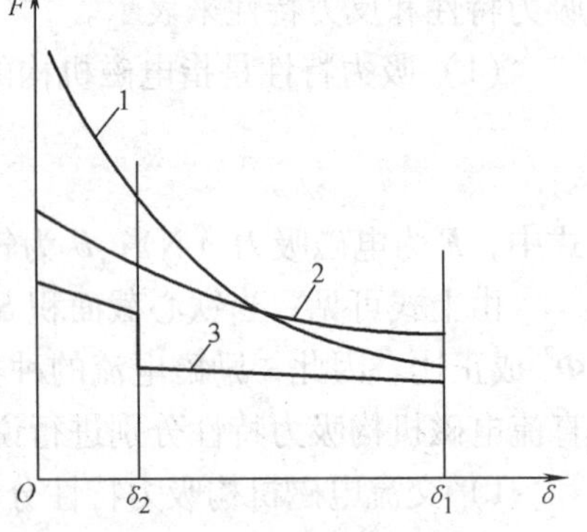

图 1-5　吸力特性和反力特性
1—直流接触吸力特性　2—交流接触器吸力特性　3—反力特性

（3）为使衔铁能牢牢吸合，反作用力特性必须与吸力特性配合良好　如图 1-5 所示，在整个吸合过程中，吸力都应大于反作用力，即吸力特性曲线高于反力特性曲线，但也不能过大或过小。吸力过大，接触时冲击力大，会使触点和衔铁发生弹跳，导致触点熔焊或烧毁，影响电器机械寿命；吸力过小，会使衔铁运动速度降低，难以满足高频操作的要求。因此，吸力特性与反力特性必须配合得当，才有助于电器性能的改善。在实际应用中，可通过调整反力弹簧或触点初压力来改变反力特性，使之与吸力特性有良好的配合。

3. 交流电磁系统的短路环

对于单相交流电磁机构，由于通过其铁心的磁通是时刻随电流变化的，当磁通为零时，电磁吸力也为零，吸合后的衔铁在反力弹簧的作用下有被拉开趋势，过零后电磁吸力又增大，当吸力大于反力时，衔铁又被吸合。这样随交流电源电压的变化，使衔铁产生强烈的振动和噪声，甚至使铁心松散，因此通常在交流电磁机构铁心和衔铁的端面上开一个槽，在槽内安置一个铜制的短路环（也叫分磁环），短路环包围铁心和衔铁端面约 2/3 的面积，如图 1-6 所示。

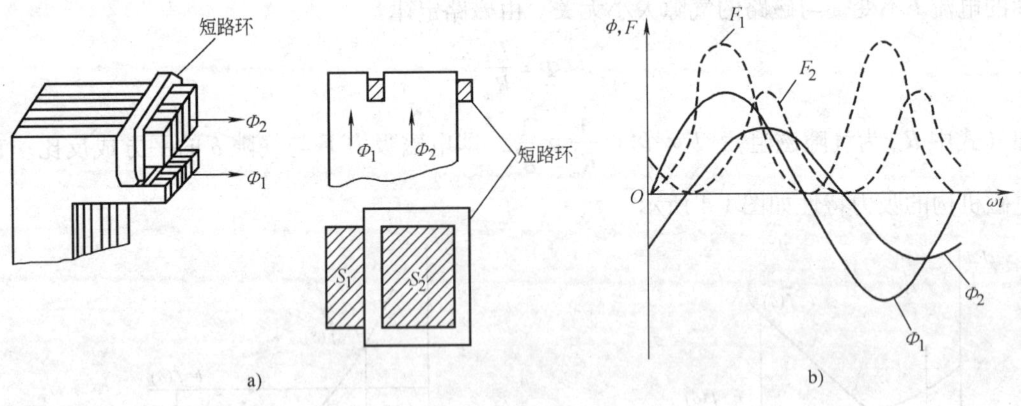

图 1-6　交流电磁铁铁心的短路环
a）结构图　b）电磁吸力图

在铁心端面装设短路环后，气隙磁通 Φ 分为两部分，即不穿过短路环的 Φ_1 和穿过短路环的 Φ_2，根据电磁感应定律，磁通 Φ_2 在相位上滞后于 Φ_1，而且它们的幅值也不一样。由于这两个磁通产生的电磁力 F_1 与 F_2 不同时过零点，如果短路环设计得比较合理，使 Φ_1、Φ_2 相差接近于 90°，并且 F_1、F_2 近似相等，则合成磁力就会比较平稳，只要最小合成吸力大于反力，那么衔铁将会牢牢地被吸住，不会产生振动和噪声。

（二）触点系统

触点是电器的执行机构，起接通和断开被控制电路的作用。

触点按其所控制的电路可分为主触点和辅助触点。主触点用于接通或断开主电路，允许通过较大的电流；辅助触点用于接通或断开控制电路，只能通过较小的电流。

触点按其平常状态可分为常开触点和常闭触点：平常状态时（即线圈未通电时）断开，线圈通电后闭合的触点叫常开触点；常闭触点则刚好相反。

触点按其结构形式可分为桥式触点和指形触点，如图 1-7 所示。

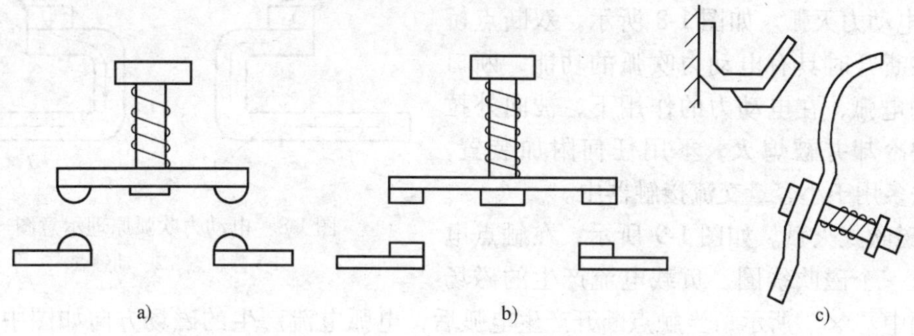

图 1-7　触点系统的结构形式

a）桥式触点　b）桥式触点　c）指形触点

图 1-7a、b 所示为桥式触点，其中，图 1-7a 为点接触的桥式触点；图 1-7b 为面接触的桥式触点。点接触型适用于电流不大且触点压力小的场合；面接触型适用于电流较大的场合。

图 1-7c 所示为指形触点，其接触区为一直线，触点在接通与分断时产生滚动摩擦，可以去掉氧化膜，故其触点可以用纯铜制造，特别适合于触点分合次数多、电流大的场合。

为使触点具有良好的接触性能，触点通常采用铜质材料制成。在使用中，由于铜的表面容易氧化而生成一层氧化铜，使触点接触电阻增大，容易引起触点过热，影响电器的使用寿命，因此，对于电流容量较小的电器（如接触器、继电器等），常采用银质材料作为触点材料，因为银的氧化膜电阻率与纯银相似，从而避免触点表面氧化膜电阻率增加而造成触点接触不良。

（三）灭弧系统

触点在分断电路时，由于接触电阻引起触点温升，从而引起热电子发射，同时触点间距离极小，电场强度极大，在强电场的作用下，气隙中电子高速运动产生碰撞游离，在游离因素的作用下，触点间的气隙中会产生大量带电粒子使气体导电，形成炽热的电子流，即产生电弧。

电弧的产生，一方面使电路仍旧保持导通状态，延迟了电路的分断，另一方面会烧损触点，缩短电器使用寿命，因此，在电器中应采取措施熄灭电弧。

（1）常用的灭弧方法　根据电流性质的不同，电弧分直流电弧和交流电弧。由于交流电弧有自然过零点，所以容易被熄灭；而直流电弧没有薄弱点，故电弧不易熄灭。

熄灭电弧的原理：抑制游离因素，增强去游离因素。在低压电器灭弧中，主要采取的措施有：

1）迅速增加电弧长度。电弧长度增加，使电场强度降低，散热面积增大，降低电弧温度，使自由电子和空穴复合运动加强，因而电弧容易熄灭。

2）快速冷却。使电弧与冷却介质接触，带走电弧热量，使自由电子和空穴复合运动加强，也使电弧迅速熄灭。

(2) 常用的灭弧装置　常用的灭弧装置有以下几种：

1）电动力灭弧。如图 1-8 所示，双断点桥式触点在断开时具有电动力吹弧的功能，断口处产生的电弧，在电动力的作用下，被向外拉长，加快冷却并被熄灭，不用任何附加装置，这种方法多用于小容量交流接触器中。

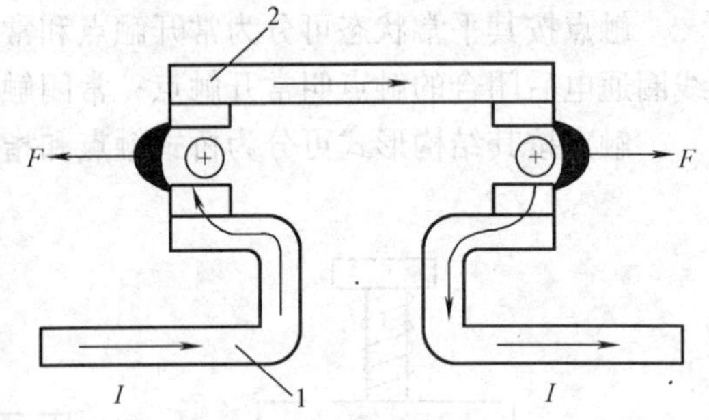

图 1-8　电动力吹弧原理示意图

1—静触点　2—动触点

2）磁吹式灭弧。如图 1-9 所示，在触点电路中串入一个磁吹线圈，负载电流产生的磁场方向如图中“×”所示；当触点断开产生电弧后，电弧电流产生的磁场方向如图中“⊗”、“⊙”所示。可见，电弧电流两侧磁力线密度不同，内侧强、外侧弱，从而产生磁吹力 F。在磁吹力作用下电弧被拉长并吹入灭弧罩中，使电弧迅速冷却熄灭。这种方法是利用电弧电流灭弧，电流越大，吹弧能力越强，该方法广泛用于直流接触器中。

3）窄缝灭弧。在电弧所形成的磁场电动力的作用下，电弧被拉长并进入灭弧罩的窄缝中，几条纵缝可将电弧分割成数段且与固体介质相接触，电弧受冷却而迅速熄灭，这种方法多用于交流接触器中。

4）栅片灭弧。如图 1-10 所示为栅片灭弧原理示意图，电弧在电动力作用下被推入一组金属栅片中，电弧被栅片分割成数段，栅片彼此绝缘，每片相当于一个电极，当交流电压过零时电弧自燃熄灭。电弧要重燃，两栅片间必须有 150～250V 电弧压降，这样，一方面电源电压不足以维持电弧，另一方面，由于栅片的散热作用，电弧自燃被熄灭后很难重燃，它常用于交流接触器中。

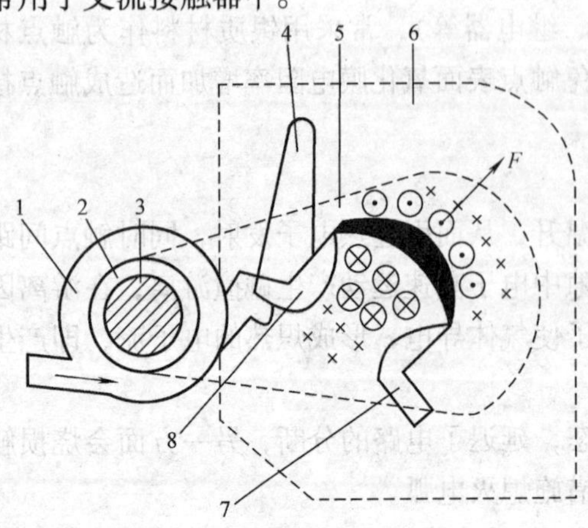

图 1-9　磁吹式灭弧原理示意图

1—磁吹线圈　2—绝缘套　3—铁心　4—引弧角

5—导磁夹板　6—灭弧罩　7—动触点　8—静触点

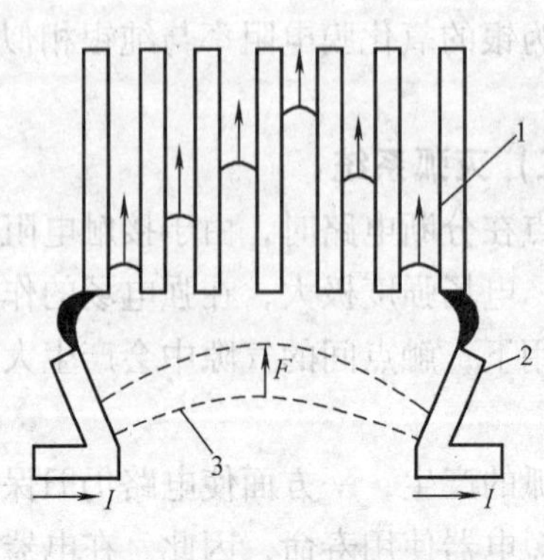

图 1-10　栅片灭弧原理示意图

1—灭弧栅片　2—触点　3—电弧

第二节　开 关 电 器

一、低压隔离开关

低压隔离开关是低压电器中结构比较简单、应用十分广泛的一类手动操作电器，常用于电路的电源开关和小容量电动机的非频繁起动的操作开关。

（一）刀开关

刀开关又分为开启式负荷开关和封闭式负荷开关二种。

（1）开启式负荷开关　开启式负荷开关俗称胶壳刀开关，如图1-11所示，它由操作手柄、熔丝、触刀、触刀座和底座组成。

此种刀开关装有熔丝，可起短路保护作用。由于它结构简单，价格便宜，使用维修方便，故得到广泛应用。主要用作电气照明电路、电热电路、小容量电动机电路的不频繁控制开关，也可用作分支电路的配电开关。

刀开关在安装时，手柄要向上，不得倒装或平装，避免由于重力自动下落，引起误动合闸。接线时，应将电源线接在上端，负载线接在下端，这样拉闸后刀开关的刀片与电源隔离，既便于更换熔丝，又可防止意外事故。

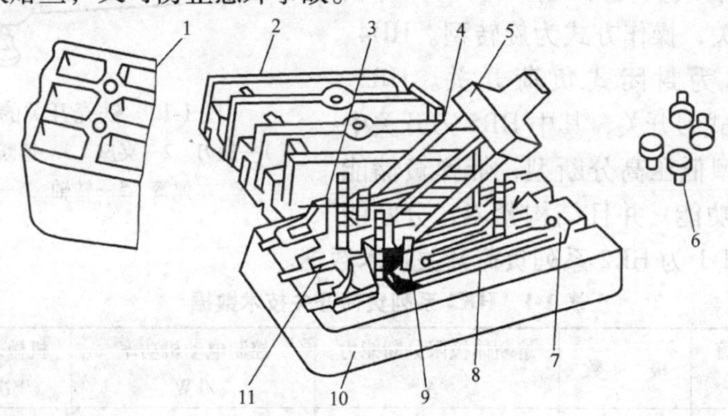

图1-11　胶壳刀开关图

1—上胶盖　2—下胶盖　3—插座　4—触刀　5—瓷柄　6—胶盖紧固螺母
7—出线座　8—熔丝　9—触刀座　10—瓷底板　11—进线座

（2）封闭式负荷开关　封闭式负荷开关又称铁壳开关，如图1-12所示，主要由钢板外壳、触刀、操作机构、熔丝等组成。

铁壳开关一般用于电热器、电气照明断路的配电设备中，用于不频繁地接通与分断电路，也可以直接用于异步电动机的非频繁起动控制。

铁壳开关的操作结构采用储能合闸方式，用一根弹簧实现合闸和分闸的功能，使开关闭合和分断时的速度与操作速度无关，防止触点停滞在中间位置，同时又有助于改善开关的动作性能和灭弧性能。铁壳开关还设有联锁装置，以保证开关合闸后便不能打开箱盖，而在箱盖打开后，便不能再合开关。

（3）刀开关的主要技术参数和常用型号　主要技术参数有以下几个：

1）额定电压　刀开关在长期工作中能承受的最大电压。一般交流为500V以下，直流为 440V 以下。

2）额定电流　刀开关在合闸位置长期通过的最大工作电流。小电流刀开关的额定电流系列有 10A，15A，20A，30A，60A 等五级；大电流刀开关的额定电流系列有 100A，200A，400A，600A，1000A 及 1500A 等六级。

3）动稳定电流　当电路发生短路故障时，刀开关并不因短路电流产生的电动力作用而发生变形、损坏或触刀自动弹出之类的现象，这一短路电流峰值即为刀开关的动稳定电流，可高达额定电流的数十倍。

4）热稳定电流　当电路发生短路故障时，刀开关在一定时间（通常为 1s）内通过某一短路电流，并不会因温度急剧升高而发生熔焊现象，这一最大短路电流称为刀开关的热稳定电流。刀开关的热稳定电流也可高达额定电流的数十倍。

刀开关常用型号有：HD14、HD17、HS13 系列，其中 HD17 系列为新型换代产品。HK2、HD13BX 系列为开启式负荷开关；HD13BX 为较先进开启式负荷开关，操作方式为旋转型。HH4、HH10、HH11 系列为封闭式负荷开关。HR3、HR5 系列为熔断器式刀开关，其中 HR5 刀开关中的熔断器采用 NT 型低压高分断型，带弹簧储能机构，有断相保护功能，并且结构紧凑，分断能力高达 100kA。表 1-1 为 HK2 系列负荷开关技术数据。

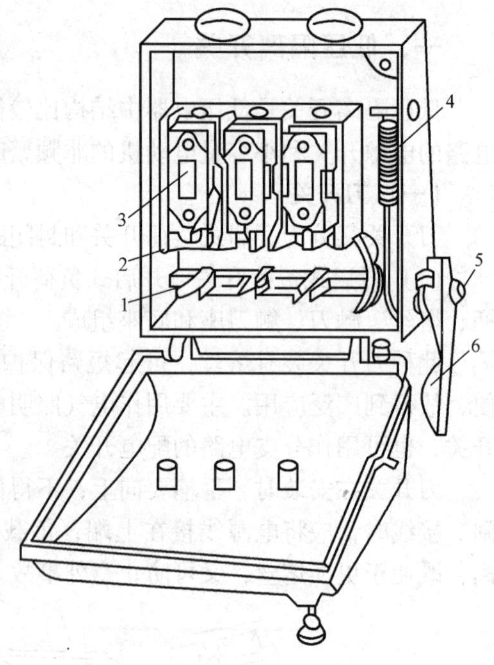

图 1-12　铁壳开关的结构图
1—触刀　2—夹座　3—熔断器　4—速断弹簧　5—转轴　6—手柄

表 1-1　HK2 系列负荷开关技术数据

额定电压 /V	额定电流 /A	极　数	熔断体极限分断能力 /A	控制电动机功率 /kW	机械寿命 /次	电气寿命 /次
250	10 15 30	2	500 500 1000	1.1 1.5 3.0	10000	2000
250	15 30 60	3	500 1000 1000	2.2 4.0 5.5	10000	2000

（4）型号含义及电气符号　刀开关按刀数分单极、双极和三极，型号意义如下所示。

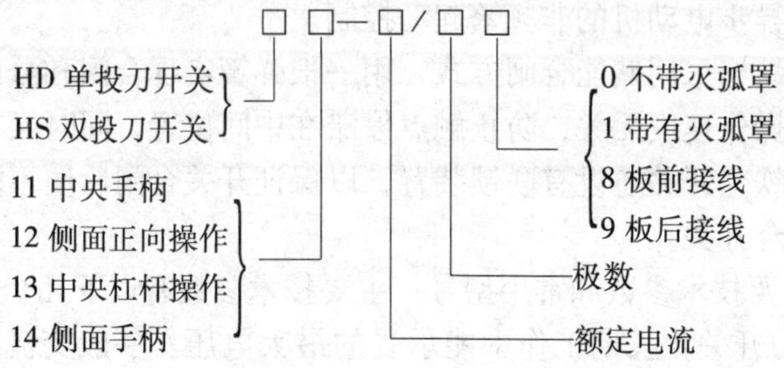

刀开关的图形符号和文字符号如图1-13所示。

(5) 刀开关的选择原则　要根据使用场合选择刀开关的类型、极数及操作方式。刀开关的额定电压和额定电流应大于或等于电路电压和电路的额定电流。对于电动机负载，开启式刀开关额定电流可取电动机额定电流的3倍；封闭式刀开关额定电流可取电动机额定电流的1.5倍。

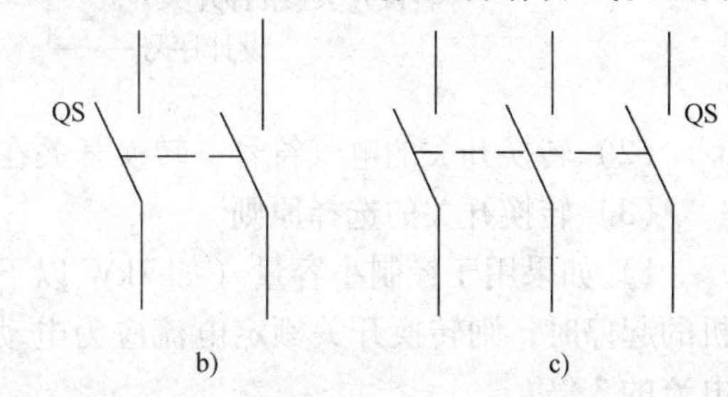

图1-13　刀开关的图形符号和文字符号
a) 单极　b) 双极　c) 三极

(二) 转换开关

转换开关又名组合开关，是一种多触点、多位置式、可控制多个回路的电器。一般用于电气设备中非频繁地通断电路、换接电源和负载、测量三相电压以及控制小容量异步电动机的正反转等。

转换开关由动触点（动触片）、静触点（静触片）、转轴、手柄、定位机构及外壳等部分组成。其动、静触点分别叠装于数层绝缘壳内，结构示意图如图1-14所示，当转动手柄时，每层的动触点随方形转轴一起转动，从而同时实现对各层电路的通、断控制。由于采用了扭簧储能，可使开关快速接通或分断而与手柄旋转速度无关。

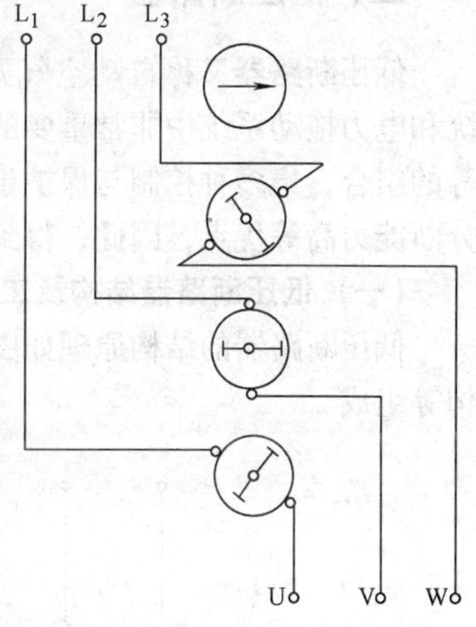

图1-14　转换开关结构示意图

转换开关的主要技术参数有额定电压、额定电流、极数等，其中额定电流有10A、25A、60A等几级。常用型号有HZ5、HZ10、HZ15等系列，HZ5系列其结构与一般转换开关有所不同，与万能转换开关相类似；HZ10为早期全国统一设计产品；HZ15为新型的全国统一设计的更新换代产品。表1-2为HZ10系列组合开关的技术数据。

表1-2　10系列组合开关的技术数据

型　号	额定电压/V	额定电流/A	极数	极限操作电流*/A		可控制电动机最大容量和额定电流		额定电压及额定电流下的通断次数			
								AC　cosφ		直流时间常数/s	
				接通	分断	容量/kW	额定电流/A	≥0.8	≥0.3	≤0.0025	≤0.01
HZ10—10	DC:220 AC:380	6	单极	94	62	3	7	20000	10000	20000	10000
		10	2、3								
HZ10—25		25		155	108	5.5	12				
HZ10—60		60									
HZ10—100		100						10000	5000	10000	5000

(1) 转换开关的型号及含义如下所示。

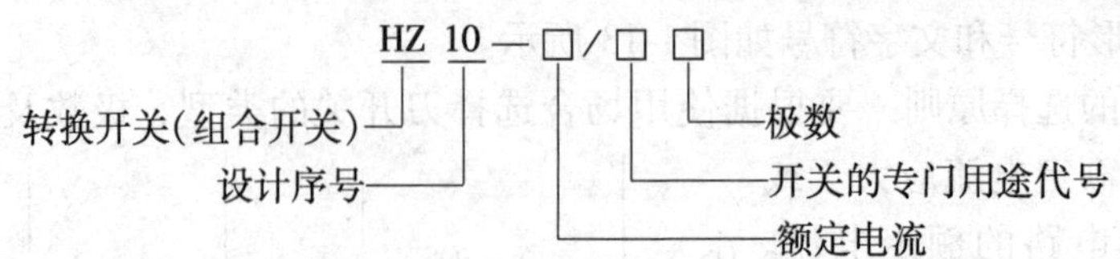

（2）转换开关的电气符号　转换开关在电路中的图形符号和文字符号如图 1-15 所示。

（3）转换开关的选择原则

1）如果用于控制小容量（如 7kW 以下）电动机的起停时，则转换开关额定电流应为电动机额定电流的 3 倍。

2）如果通过转换开关接通电源，则转换开关额定电流可稍大于电动机的额定电流。

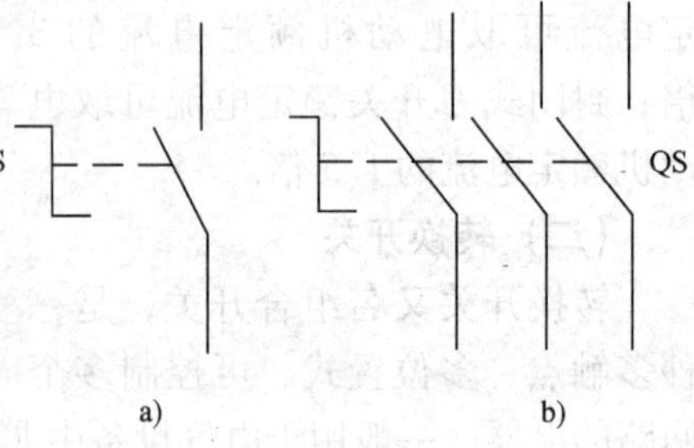

图 1-15　转换开关的符号

a）单极　b）三极

二、低压断路器

低压断路器又称自动空气开关，是低压配电系统和电力拖动系统中非常重要的电器，它相当于刀开关、熔断器、热继电器和欠电压继电器等的组合，集多种控制与保护于一身，并具有操作安全、使用方便、工作可靠、安装简单、分断能力高等优点，因此，得到了广泛应用。

（一）低压断路器结构及工作原理

低压断路器的结构原理如图 1-16 所示，主要有触点、灭弧系统、各种脱扣器和操作机构等组成。

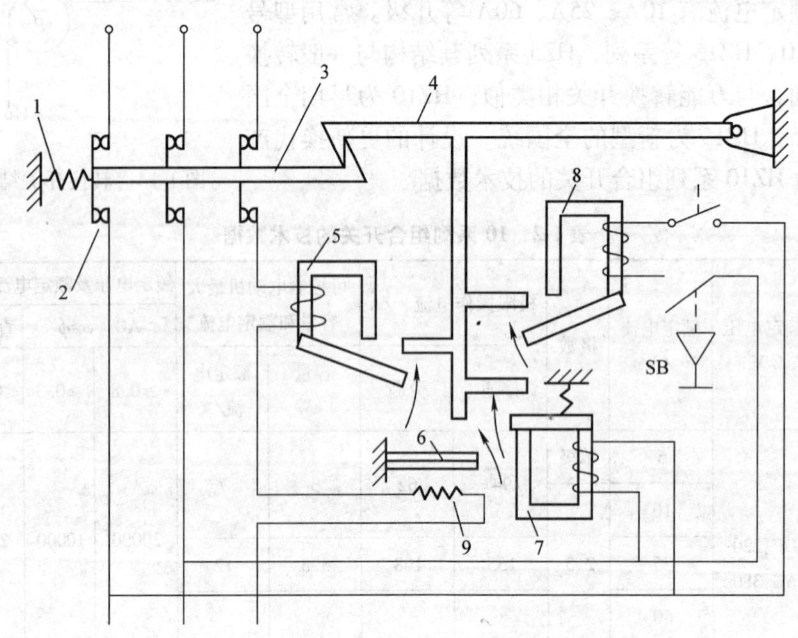

图 1-16　低压断路器原理图

1—分闸弹簧　2—主触点　3—传动杆　4—锁扣　5—过电流脱扣器

6—过载脱扣器　7—失压脱扣器　8—分励脱扣器　9—发热元件

当手动合闸后，主触点2闭合，传动杆3被锁扣4的锁钩钩住，使触点保持闭合状态。

发热元件9与主电路串联，当有电流流过时产生热量使过载脱扣器6向上弯曲，发生过载时，过载脱扣器6弯曲到将锁扣锁钩推离开传动杆3，从而松开合闸连杆，主触点2受分闸弹簧1的作用而迅速分开。

脱扣器可以对脱扣电流进行整定，只要改变热脱扣器所需要的弯曲程度和电磁脱扣器铁心机构的气隙大小就可以。热脱扣器和电磁脱扣器互相配合，热脱扣器担负主电路的过载保护，电磁脱扣器担负短路故障保护。当低压断路器由于过载而断开后，应等待2~3min才能重新合闸，以使热脱扣器回复原位。

低压断路器的主要触点由耐压电弧合金（如银钨合金）制成，采用灭弧栅片加陶瓷罩来灭弧。

（二）低压断路器的主要技术参数和类型

低压断路器的主要技术参数有：额定电压、额定电流、极数、脱扣器类型、整定电流范围、分断能力、动作时间等。

断路器的种类繁多，按用途和结构特点可分为框架式低压断路器、塑料外壳式低压断路器、直流式快速断路器和限流式断路器等。

（1）框架式低压断路器（万能式低压断路器） 具有绝缘衬底的框架结构底座将所有的构件组装在一起，常用于配电电网的保护。主要型号有DW10和DW15系列。

（2）塑料外壳式低压断路器（装置式低压断路器） 具有用模压绝缘材料制成的封闭型外壳将所有构件组装在一起，用作配电电网的保护和电动机、照明电路及电热器等控制开关。主要型号有DZ5、DZ10、DZ20等系列。

（3）直流式快速断路器 具有快速电磁铁和强有力的灭弧装置，最快动作时间可在0.02s以内，用于半导体整流元件和整流装置的保护。主要型号有DS系列。

（4）限流式断路器 利用短路电流产生的巨大电动吸力，使触点迅速断开，能在交流短路电流尚未达到峰值之前就把故障电路切断，避免了电路中可能出现的最大短路电流。适用于要求分断能力较高的场合（可分断高达70kA短路电流的电路）。主要型号有DWX15、DZX10系列等。

另外，我国引进的国外产品有德国的ME系列，西门子公司的3WE系列，日本的AE、AH、TG系列，法国的C45、S060系列，美国的H系列等。这些引进产品都有较高的技术经济指标，通过这些国外先进技术的引进，使我国断路器的技术水平达到了一个新的阶段，为今后开发、完善新一代智能型的断路器打下了良好的基础。国产型号DW15系列断路器的技术数据见表1-3。

表1-3 DW15系列断路器的技术数据

型号	额定电压/V	额定电流/A	额定短路接通分断能力/kA					外形尺寸/mm（宽×高×深）
			电压/V	接通最大值	分断有效值	cosϕ	短延时最大延时/s	
DW15—200	380	200	380	40	20		—	242×420×341(正面) 386×420×316(侧面)

（续）

型　号	额定电压/V	额定电流/A	额定短路接通分断能力/kA					外形尺寸/mm（宽×高×深）
			电压/V	接通最大值	分断有效值	cosφ	短延时最大延时/s	
DW15—400	380	400	380	52.5	26		—	242×420×341 386×420×316
DW15—630	380	630	380	63	30		—	242×420×341 386×420×316
DW15—1000	380	1000	380	84	40	0.2	—	441×531×508
DW15—1600	380	1600	380	84	40	0.2	—	441×531×508
DW15—2500	380	2500	380	132	60	0.2	0.4	687×571×631 897×571×631
DW15—4000	380	4000	380	196	80	0.2	0.4	687×571×631 897×571×631

（三）低压断路器的型号含义及电气符号

1）型号意义如下所示。

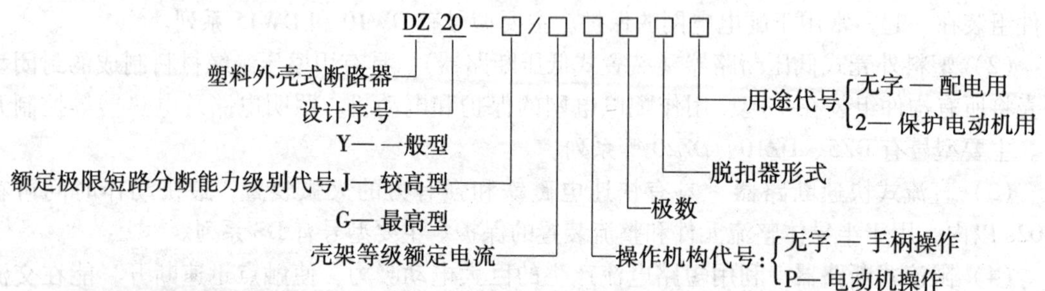

2）低压断路器的图形符号及文字符号如图1-17所示。

（四）低压断路器的选择

1）低压断路器额定电压、额定电流应大于或等于断路、设备的正常工作电压、工作电流。

2）低压断路器的极限通断能力应大于或等于电路最大短路电流。

3）欠电压脱扣器的额定电压应等于断路的额定电压。

4）过电流脱扣器的额定电流应大于或等于断路的最大负载电流。

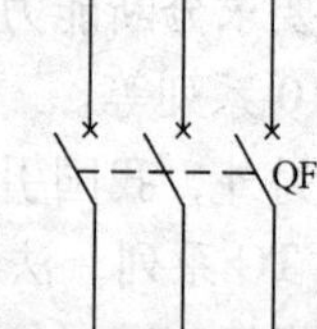

图1-17　低压断路器的图形、文字符号

使用低压断路器来实现短路保护比熔断器优越，因为当三相电路短路时，很可能只有一相的熔断器熔断，造成单相运行。对于低压断路器来说，只要造成短路都会使开关跳闸，将三相同时切断。另外，还有其他自动保护作用，但其结构复杂、操作频率低、价格较高，因此适用于要求较高的场合，如电源总配电盘。

第三节　信号控制开关

信号控制开关是一种专门用来发出控制信号、改变控制系统工作状态的电器。它可以直接作用于控制电路，也可以通过电磁式电器的转换对电路实现控制。

信号控制开关应用十分广泛，种类繁多，常用的有按钮开关、行程开关、万能转换开关和主令控制器等。

一、按钮开关

按钮开关简称按钮，是一种结构简单使用广泛的手动信号控制开关，在电路中主要用于发布手动控制指令。

按钮开关一般由按钮、复位弹簧、触点和外壳等部分组成，其结构如图 1-18 所示，图形和文字符号如图 1-19 所示。按钮中触点的形式和数量根据需要可以装配成 1 常开 1 常闭到 6 常开 6 常闭形式，接线时，也可以只接常开或常闭触点。

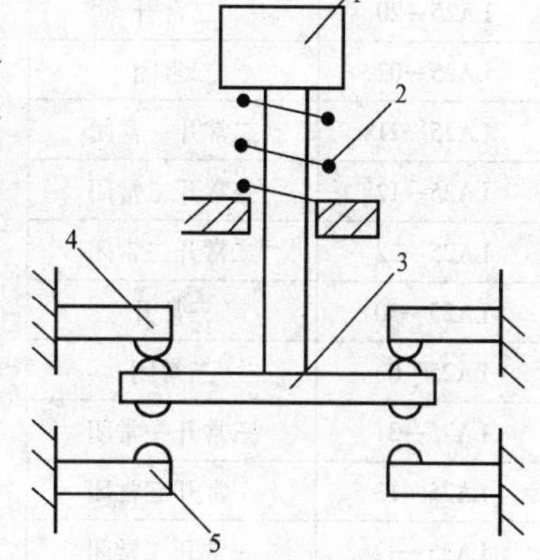

图 1-18　控制按钮结构示意图

1—按钮　2—复位弹簧　3—动触点　4—常闭触点　5—常开触点

当按下按钮时，先断开常闭触点，而后接通常开触点，按钮释放后，在复位弹簧作用下使触点复位。

按钮开关可做成单式（一个按钮）、复式（两个按钮）和三联式（三个按钮）的形式。为便于识别各个按钮的作用，避免误操作，通常在按钮上作出不同标志或涂以不同颜色，一般红色表示停止按钮，绿色或黑色按钮表示起动按钮。

控制按钮在结构上有按钮式、紧急式、钥匙式、旋钮式和保护式等 5 种，可根据使用场合和具体用途来选用。若将按钮的触点封闭于防爆装置中，还可构成防爆型按钮，适用于有爆炸危险、有轻微腐蚀气体或蒸汽的环境，以及雨、雪和滴水的场合。

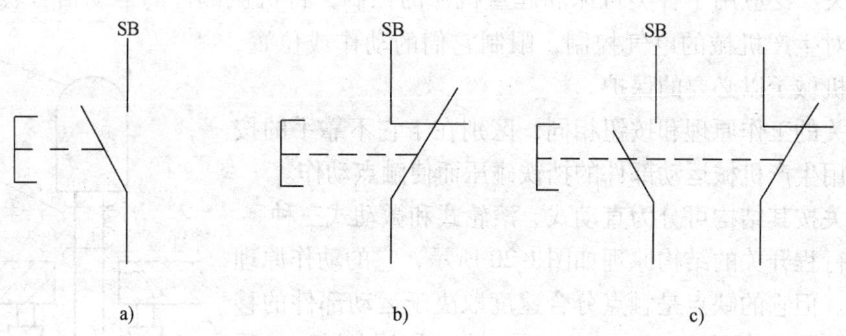

图 1-19　按钮开关的图形及文字符号

a）常开触点　b）常闭触点　c）复合触点

使用按钮开关时，应注意触点间的清洁，防止油污、杂质进入造成短路或接触不良等事故。在高温场合下使用的按钮，安装时应加紧固垫圈，或在接线柱螺钉处加绝缘套管。带指示灯的按钮不宜长时间通电，在使用中要设法降低灯泡电压，以延长其使用寿命。

在机床电气设备中，常用的按钮有 LA18、LA19、LA20、LA25 系列。LA25 系列按钮的主要技术数据见表 1-4。

表 1-4 LA25 系列按钮的技术数据

型　号	触点组合	按钮颜色	型　号	触点组合	按钮颜色
LA25—10	一常开		LA25—33	三常开三常闭	
LA25—01	一常闭		LA25—40	四常开	
LA25—11	一常开一常闭		LA25—04	四常闭	
LA25—20	二常开		LA25—41	四常开一常闭	
LA25—02	二常闭		LA25—14	一常开四常闭	
LA25—21	二常开一常闭		LA25—42	四常开二常闭	
LA25—12	一常开二常闭	红 橙 黄 白 黑 蓝 绿	LA25—24	二常开四常闭	红 橙 黄 白 黑 蓝 绿
LA25—22	二常开二常闭		LA25—50	五常开	
LA25—30	三常开		LA25—05	五常闭	
LA25—03	三常闭		LA25—51	五常开一常闭	
LA25—31	三常开一常闭		LA25—15	一常开五常闭	
LA25—13	一常开三常闭		LA25—60	六常开	
LA25—32	三常开二常闭		LA25—06	六常闭	
LA25—23	二常开三常闭				

二、行程开关

行程开关也称位置开关，是根据运动部件的行程发出命令以控制其运行方向或行程长短的信号控制开关。若将行程开关安装于运动部件运动方向的终点处，以限制其行程，则称为限位开关或终点开关。

行程开关广泛应用于各类机床和起重机械的控制，将机械部件的运动信号转换为电信号，以实现对生产机械的电气控制，限制它们的动作或位置，借此对生产机械予以必要的保护。

行程开关的工作原理和按钮相同，区别在于它不靠手的按压，而是利用生产机械运动部件的挡铁碰压而使触点动作。

行程开关按其结构可分为直动式、滚轮式和微动式三种。

直动式行程开关的结构原理如图 1-20 所示，它的动作原理与按钮相同。但它的缺点是触点分合速度取决于运动部件的移动速度，当移动速度低于 0.4m/min 时，触点分断太慢，易受电弧烧损。在这种情况下，应采用有盘形弹簧机构瞬时动作的滚轮式行程开关，如图 1-21 所示。滚轮式行程开关的复位方式有自动复位和非自动复位两种。自动复位式是依靠本身的恢复弹簧来复原，而非自动复位式在 U 形结构的摆杆上装有两个滚轮，当撞块推动其中一个滚轮时，摆杆转过一定的角度使开关动作，撞块离开滚轮后，摆杆并不自动复位，直到撞块在返回行程中再反向推动另一滚轮时，摆杆才回到原始位置，使开关复位。

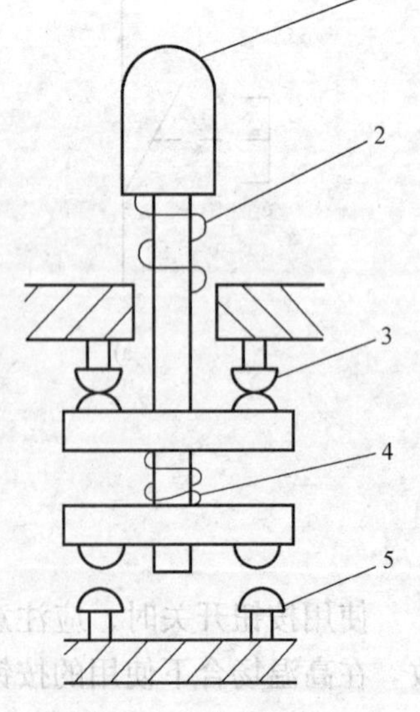

图 1-20　直动式行程开关
1—顶杆　2—弹簧　3—常闭触点
4—触点弹簧　5—常开触点

当生产机械的行程比较小而作用力也很小时，可采用具有瞬时动作和微小行程的微动行程开关，如图 1-22 所示。

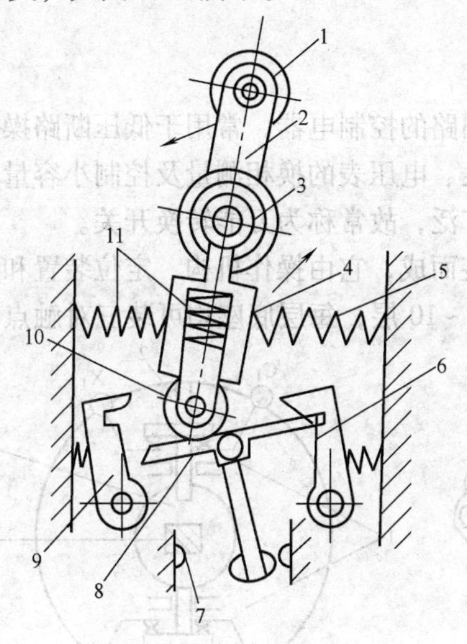

图 1-21　滚轮式行程开关

1—滚轮　2—上轮臂　3、5、11—弹簧　4—套架　6、9—压板　7—触点　8—触点推杆　10—小滑轮

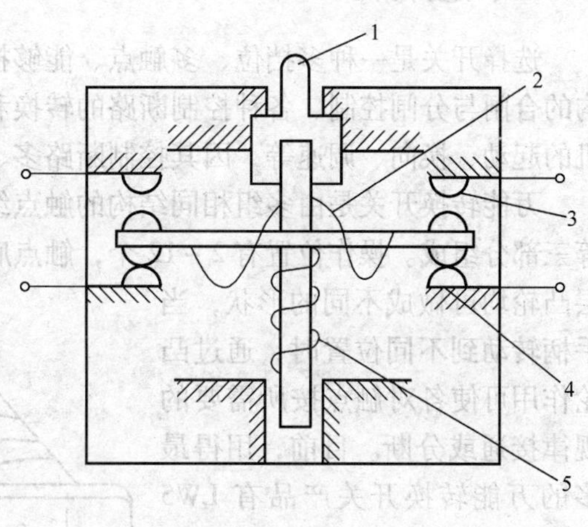

图 1-22　微动行程开关

1—推杆　2—弯形片状弹簧　3—常开触点　4—常闭触点　5—复位弹簧

目前常用的行程开关有 LX19、LXK3、LX32、LX33、LXW5 等系列，引进产品有 3SE3 等系列。行程开关在选用时，应根据不同的使用场合，满足额定电压、额定电流、复位方式和触点数量等方面的要求。行程开关在电路图中的图形和文字符号表示如图 1-23 所示。

SQ　SQ

a)　b)

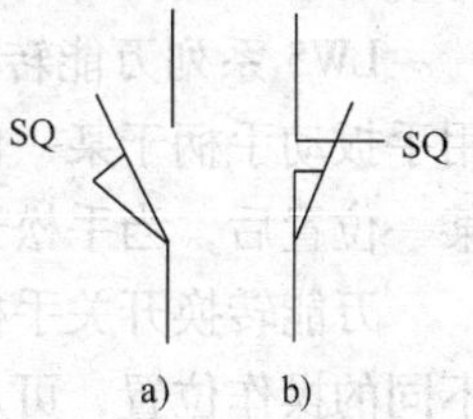

图 1-23　行程开关的图形及文字符号

a）常开触点　b）常闭触点

使用行程开关时，其安装位置要准确、牢固。若在运动部件上安装，接线应用套管加以保护，使用时要定期检查，防止尘垢造成接触不良或接线松脱而产生误动作。

随着半导体元件及集成电路的出现，产生了一种非接触式的行程开关，称为接近开关，也称为无触点行程开关。当运动部件的金属片接近它到一定距离范围之内时，它就能发出信号，以控制运动部件的位置或进行计数。

从原理上看，接近开关有高频振荡型、感应电桥型、霍尔效应型、光电型、永磁及磁敏元件型、电容型和超声波型等多种形式，其中以高频振荡型最为常用，要占全部接近开关产量的 80% 以上。我国生产的接近开关也是高频振荡型的，它包括感应头、振荡器、开关器、输出器和稳压器等几部分。

当装在生产机械运动部件上的金属检测体（通常为铁磁件）接近感应头时，由于感应作用，使处于高频振荡器线圈磁场中的物体内部产生涡流（及磁滞）损耗，以致振荡回路因电阻增大、损耗增加而使振荡减弱，直至停止振荡。这时，晶体管开关器就导通，并通过输出器（即电磁式继电器）输出信号，从而起到控制作用。

与行程开关比较，接近开关具有定位精度高、操作频率高、寿命长、耐冲击振荡、耐潮湿、能适应恶劣工作环境等优点，因此，在工业生产中逐渐得到推广应用。

三、选择开关

选择开关是一种多挡位、多触点、能够控制多回路的控制电器，常用于低压断路操作机构的合闸与分闸控制、各种控制断路的转换和电流表、电压表的换相测量及控制小容量电动机的起动、换向、调速等，因其控制断路多、用途广泛，故常称为万能转换开关。

万能转换开关是由多组相同结构的触点组件叠装而成，它由操作机构、定位装置和触点等三部分组成。操作位置有 2 ~ 12 个，触点底座有 1 ~ 10 层，每层底座均可装三对触点，每层凸轮均可做成不同的形状，当手柄转动到不同位置时，通过凸轮作用可使各对触点按所需要的规律接通或分断。目前，用得最多的万能转换开关产品有 LW5 和 LW6 两个系列，LW5 系列万能转换开关如图 1-24 所示。

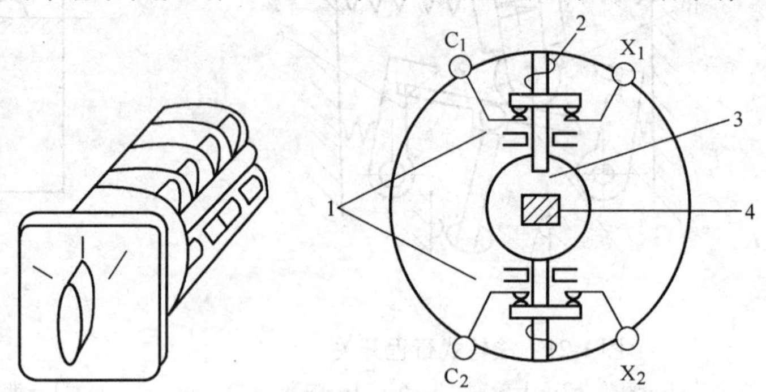

图 1-24　LW5 系列万能转换开关

1—触点　2—触点弹簧　3—凸轮　4—转轴

LW5 系列的触点为双断点桥式结构，动触点设计成自动调整式以保证通断时的同步性，静触点装在触点座内。每个由胶木压制的触点座内可安装 2 ~ 3 对触点，且每组触点上还有隔弧装置。触点的通断由凸轮控制，为了适应不同的需要，手柄还能做成带信号灯的、钥匙型的等多种形式。

LW5 系列万能转换开关按手柄操作方式又分为自复式和定位式两种。所谓自复式是指用手扳动手柄于某一位置后，当手松开后手柄自动返回原位。而定位式是指用手扳动手柄于某一位置后，当手松开后手柄就停留在该位置上。

万能转换开关手柄的操作位置是以角度来表示的，不同型号的万能转换开关，其手柄有不同的操作位置，可从电气设备手册中万能转换开关的“定位特征表”查找到。

万能转换开关的触点在电路图中的图形符号表示如图 1-25 所示。但由于其触点的分合状态是与操作手柄的位置有关的，为此，在电路图中除画出触点图形符号之外，还应有操作手柄位置与触点分合状态的表示方法。其表示方法有两种，一种是在电路图中画虚线和画“·”的方法，如图 1-25a 所示，即用虚线表示操作手柄的位置，用有无“·”表示触点的闭合和打开状态。比如，在触点图形符号下方的虚线位置上面画“·”，则表示当操作手柄处于该位置时，该触点是处于闭合

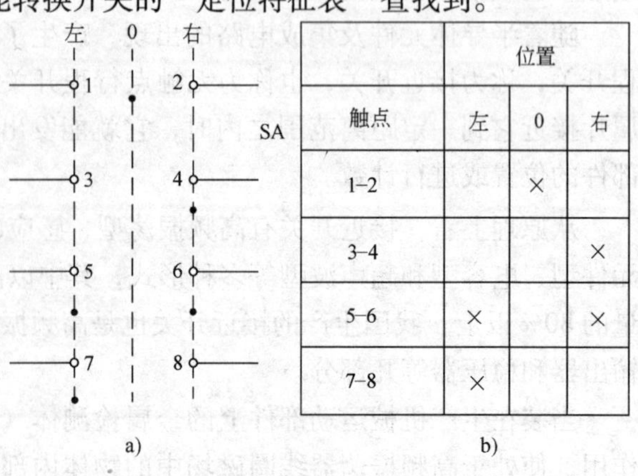

SA	位置		
触点	左	0	右
1–2		×	
3–4			×
5–6	×		×
7–8	×		

图 1-25　万能转换开关图形符号

a）标记表示　b）接通表表示

状态，若在虚线位置上未画“·”时，则表示该触点是处于打开状态。另一种方法是，在电路图中既不画虚线也不画“·”，而是在触点图形符号上标出触点编号，再用接通表表示操作手柄不同位置时的触点分合状态，如图 1-25b 所示。在接通表中用有无“×”来表示操作手柄在不同位置时触点的闭合和断开状态。

万能转换开关选用时要按额定电压和工作电流选用合适的系列，根据操作要求选定手柄形式及定位特征；再根据需要确定触点数量和接线图编号，并选择合适的面板形式及标志。

第四节　接　触　器

接触器是用于远距离频繁地接通与断开交直流主电路及大容量控制电路的一种自动切换电器。其主要控制对象是电动机，实现电动机的起动、反转、制动和调速等，也可以是其他大功率电力负载。接触器具有操作频率高、工作可靠、价格便宜、维护方便等优点，还具有远距离操作和低电压释放保护功能，但没有过载和短路保护功能。接触器是电力拖动自动控制系统中最重要也是最常用的控制电器。

接触器按其主触点控制的电流种类分，有直流接触器和交流接触器。它们的线圈电流种类既有与各自主触点电流相同的，但也有不同的，如对于重要场合使用的交流接触器，为了工作可靠，其线圈可采用直流励磁方式。

按其主触点的极数（即主触点的个数）来分，直流接触器有单极和双极两种，交流接触器有三极、四极和五极三种。

按接触器电磁线圈工作电压的种类分，有交流、直流和交直流两用三种。

一、接触器的结构和工作原理

图 1-26 为交流接触器的结构示意图，它主要由四大部分组成，即电磁机构、触点系统、灭弧装置和其他辅助部件。

（一）电磁机构

电磁机构由线圈、铁心和衔铁组成，铁心一般都是双 E 型衔铁直动式电磁机构，有的衔铁采用绕轴转动的拍合式电磁机构。

（二）触点系统

触点分为主触点和辅助触点。主触点用于接通或断开主电路或大电流电路，一般容量较大，有桥式触点和指形触点二种。辅助触点用于控制电路中接通或断开其他元件的电路以及实现电气联锁，其容量较小，不装设灭弧装置，又分为常开和常闭辅助触点二种，一般不能用来分合主电路。

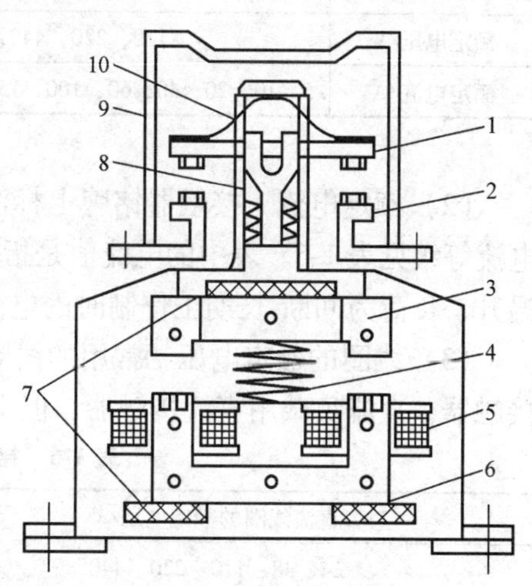

图 1-26　CJ20 系列交流接触器结构示意图
1—动触点　2—静触点　3—衔铁　4—弹簧　5—线圈　6—铁心　7—垫毡　8—触点弹簧　9—灭弧罩　10—触点压力弹簧

（三）灭弧装置

直流接触器和电流 10A 以上的交流接触器均装有灭弧罩，有的还带有栅片或磁吹灭弧装置。对于小容量接触器，常采用电动力吹弧、灭弧罩等，对于大容量的接触器，采用窄缝灭弧及栅片灭弧。

（四）其他辅助部件

包括反力弹簧、缓冲弹簧、触点压力弹簧、传动机构、支架及底座等。

交流接触器的工作原理是，当接触器线圈通电后，线圈电流产生磁场，使铁心产生电磁吸力将衔铁吸合，触点系统在衔铁的带动下动作，主触点闭合接通了主电路。同时常开的辅助触点闭合，常闭的辅助触点打开，完成对电路的通断控制。一般加在线圈上的电压达到额定电压的85%时，接触器能够可靠吸合。当线圈断电或电压显著降低时，吸力消失或减弱，衔铁在释放弹簧作用下打开，主、辅助触点又恢复到原来状态，这就是接触器的失压保护功能。

直流接触器的结构和工作原理基本与交流接触器基本相同。在结构上也是电磁机构、触点系统和灭弧装置等部分组成。只是其触点大都采用滚动接触的指形触点，辅助触点则采用点接触的桥形触点，铁心由整块钢或铸铁制成，线圈制成长而薄的圆筒形。为保证衔铁可靠地释放，常在铁心和衔铁之间垫有非磁性垫片。

目前，我国常用的交流接触器主要有：CJ20、CJX1、CJX2、CJ12和CJ10等系列；引进产品应用较多的有：德国BBC公司的B系列，SIEMENS公司的3TB、3TF和3TK系列，法国TE公司的LC1系列等。常用的直流接触器有CZ18、CZ21、CZ22、CZ10和CZ2等系列。

二、接触器的应用

（一）接触器的主要技术参数及型号含义

（1）额定电压　接触器铭牌上标注的额定电压是指主触点的额定电压。常用的是额定电压等级，见表1-5。

表1-5　接触器的额定电压和额定电流等级

项　目	直流接触器	交流接触器
额定电压/V	110，220，440，660	110，220，380，500，660
额定电流/A	5，10，20，40，60，100，150，250，400，600	5，10，20，40，60，100，150，250，400，600

（2）额定电流　接触器铭牌上标注的额定电流是指主触点的额定电流。常用的是额定电流等级见表1-6。表中的电流值是指接触器安装在敞开式控制屏上、触点工作不超过额定温升、负荷为间断-长期工作制时的电流值。

（3）线圈的额定电压　常用的线圈额定电压等级见表1-6，选用时一般交流负载用交流接触器，直流负载用直流接触器，但交流负载频繁动作时可采用直流线圈的交流接触器。

表1-6　接触器线圈的额定电压等级表

直流线圈的额定电压/V	交流线圈的额定电压/V
24、48、110、220、440	36、110、127、220、380

（4）接通和分断能力　指主触点在规定条件下能可靠地接通和分断的电流值。在此电流值下，接通时主触点不应发生熔焊；分断时，主触点不应发生长时间燃弧。若超出此电流值，则由熔断器、热继电器、断路器等保护电器来完成分断任务。

（5）额定操作频率　指每小时的操作次数。交流接触器最高为600次/h，而直流接触器最高为1200次/h。操作频率直接影响到接触器的电寿命和灭弧罩的工作条件，对于交流接触器还影响到线圈的温升。

（6）接触器的型号及含义

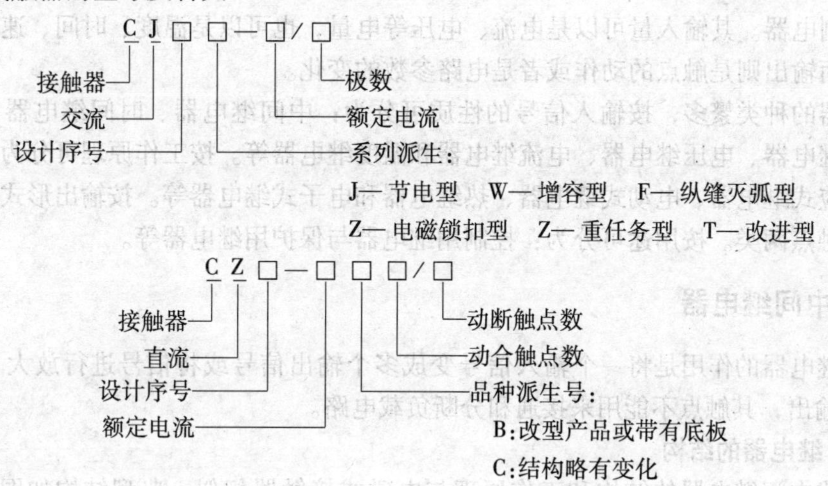

（二）接触器的图形符号和文字符号

接触器在电路图中的图形符号和文字符号如图1-27所示。

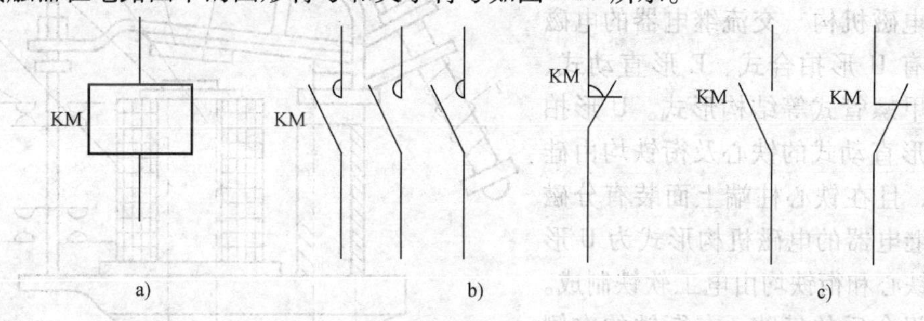

图1-27　接触器的图形和文字符号
a）线圈　b）主常开、常闭触点　c）辅助常开、常闭触点

（三）接触器的选用

接触器使用广泛，只有根据不同使用条件正确选用，才能保证接触器可靠运行，充分发挥其技术经济效果。

接触器的选择主要依据以下几方面：

1）选用时一般交流负载用交流接触器，直流负载用直流接触器，如交流负载频繁动作时可采用直流线圈的交流接触器。

2）额定电压应大于或等于主电路工作电压。

3）额定电流应大于或等于被控电路的额定电流，对于电动机还应根据其运行方式适当增减。

4）吸引线圈的额定电压与频率要与所在控制电路的选用电压和频率一致。

5）触点数量和种类应满足主电路和控制回路的要求。

第五节 继 电 器

继电器是指根据某种输入信号接通或断开小电流控制电路，实现远距离自动控制和保护的自动控制电器。其输入量可以是电流、电压等电量，也可以是温度、时间、速度、压力等非电量，而输出则是触点的动作或者是电路参数的变化。

继电器的种类繁多，按输入信号的性质可分为：中间继电器、时间继电器、压力继电器、速度继电器、电压继电器、电流继电器和温度继电器等。按工作原理可分为：电磁式继电器、感应式继电器、电动式继电器、热继电器和电子式继电器等。按输出形式可分为：有触点和无触点两类。按用途可分为：控制用继电器与保护用继电器等。

一、中间继电器

中间继电器的作用是将一个输入信号变成多个输出信号或将信号进行放大（即增大触点容量）输出，其触点不能用来接通和分断负载电路。

（一）继电器的结构

电磁式中间继电器的结构和工作原理与电磁式接触器相似，典型结构如图 1-28 所示，主要由电磁机构、触点系统及辅助装置组成。

（1）电磁机构　交流继电器的电磁机构形式有 U 形拍合式、E 形直动式、空心或装甲螺管式等结构形式。U 形拍合式和 E 形直动式的铁心及衔铁均由硅钢片叠成，且在铁心柱端上面装有分磁环。直流继电器的电磁机构形式为 U 形拍合式，铁心和衔铁均由电工软铁制成。为了增加闭合后的气隙，在衔铁的内侧面上装有非磁性垫片，铁心铸在铝基座上。

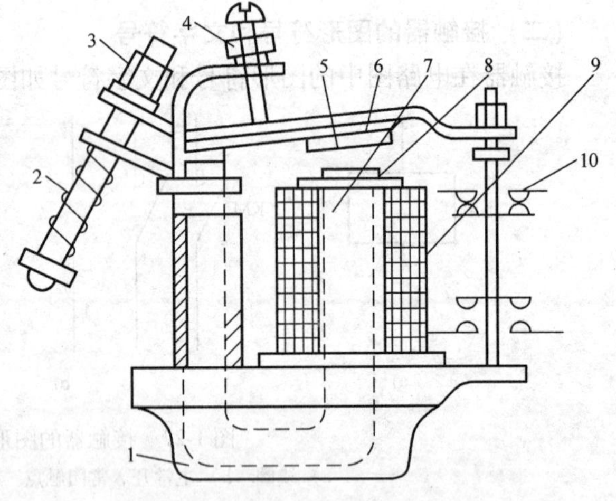

图 1-28　电磁式继电器的典型结构

1—底座　2—反力弹簧　3、4—调节螺钉　5—非磁性垫片　6—衔铁　7—铁心　8—极靴　9—电磁线圈　10—触点系统

（2）触点系统　交、直流继电器的触点由于均接在控制电路上，且电流小，故不装设灭弧装置。触点一般都为桥式触点，有常开和常闭两种形式。

另外，为了实现继电器动作参数的改变，继电器一般还具有改变释放弹簧松紧及改变衔铁打开状态时气隙大小的调节装置，例如调节螺母。

（二）继电器的特性

继电器的主要特性是输入-输出特性，又称为继电特性。继电特性曲线具有跳跃式的回环特性，即继电器的吸合值与释放值不等，一般继电器的释放值小于吸合值，如图 1-29 所示。

当继电器输入量 x 增至 x_2 时，继电器吸合；当 x 减小到 x_1 时，继电器释放。x_2 称为继电器吸合值，欲使继电器吸合，输入量必须等于或大于 x_2；x_1 为继电器的释放值，欲使继电器释放，输入量必须等于或小于 x_1。

继电器的返回系数 $K_f = x_1/x_2$ 是继电器的重要参数之一。K_f 值可以通过调节释放弹簧或调整铁心与衔铁之间非磁性垫片的厚度来达到所要求的值。不同的场合要求不同的 K_f 值，例如一般继电器要求低的返回系数，K_f 值应在 0.1～0.2 之间，这样当继电器吸合后，输入量波动较大时不至于引起误动作；欠电压继电器则要求高的返回系数，K_f 值应在 0.6 以上。设某继电器 $K_f = 0.66$，如果吸合电压为额定电压的 90%，而释放电压为额定电压的 60% 时，继电器释放，它起到欠电压保护作用。

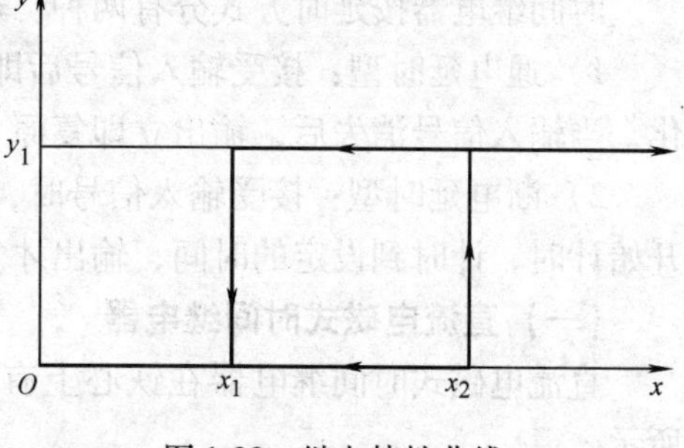

图 1-29　继电特性曲线

另一个重要参数是吸合时间和释放时间。吸合时间是指线圈接受电信号到衔铁完全吸合所需的时间；释放时间是指线圈失电到衔铁完全释放所需的时间。一般继电器的吸合时间与释放时间为 0.05～0.15s，它的大小影响到继电器的操作频率。

（三）继电器的图形符号和文字符号

常用的中间继电器有 JZ7 系列，以 JZ7—62 为例，JZ 表示中间继电器的代号，7 为设计序号，有 6 对常开触点，2 对常闭触点。中间继电器在电路中图形符号和文字符号如图 1-30 所示。表 1-7 为 JZ7 系列中间继电器的主要技术数据。

K　K　K

图 1-30　中间继电器的图形符号及文字符号

表 1-7　JZ7 系列中间继电器的技术数据

型　号	触点额定电压 /V	触点额定电流 /A	触点对数		吸引线圈电压 /V	额定操作频率次 /h
			常　开	常　闭		
JZ7—44	500	5	4	4	交流 50Hz 时 12、36、127、220、380	1200
JZ7—62			6	2		
JZ7—80			8	0		

新型中间继电器采用指形触点，闭合过程中动、静触点间有一段滑擦、滚压过程，可以有效地清除触点表面的各种氧化生成膜及尘埃，减小了接触电阻，提高了接触可靠性，有的还装了防尘罩或采用密封结构。有些中间继电器安装在插座上，插座有多种形式可供选择；有些中间继电器可直接安装在导轨上，安装和拆卸均很方便。常用的有 JZ18、MA、KH5、RT11 等系列。

二、时间继电器

在自动控制系统中，需要有瞬时动作的继电器，也需要延时动作的继电器。时间继电器就是利用某种原理实现从得到输入信号（线圈的通电或断电）开始，经过一定的延时后才输出信号（触点的闭合或断开）的继电器，经常用于需要进行时间控制的场合。其种类很多，按动作原理可分为电磁式、空气阻尼式、电动式和晶体管式等。

时间继电器按延时方式分有两种：通电延时型和断电延时型。

1）通电延时型：接受输入信号后即开始计时，计时到设定的时间，输出信号才发生变化，当输入信号消失后，输出立即复原。

2）断电延时型：接受输入信号时，立即产生相应的输出信号，当输入信号消失后，再开始计时，计时到设定的时间，输出才复原。

（一）直流电磁式时间继电器

直流电磁式时间继电器在铁心上有一个阻尼铜套，带有阻尼铜套的铁心结构如图 1-31 所示。

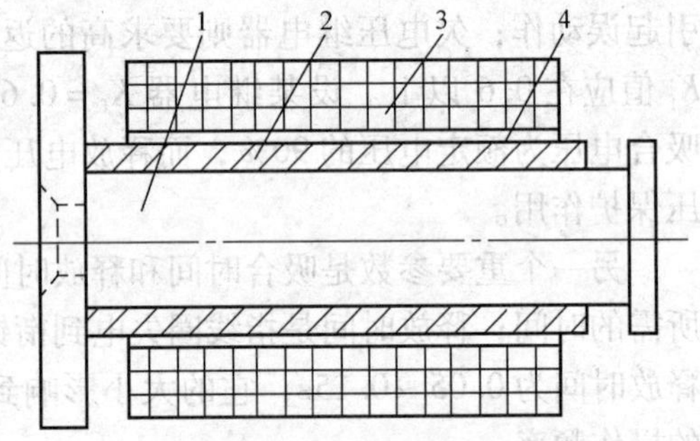

图 1-31　带有阻尼铜套的铁心结构

1—铁心　2—阻尼铜套　3—线圈　4—绝缘层

由电磁感应定律可知，在线圈通、断电过程中铜套内将产生感应电流，此感应电流产生的磁通将阻碍穿过铜套的磁通变化，因而对原磁通起了阻尼作用。

当继电器通电吸合时，由于衔铁处于释放位置，气隙大、磁阻大、磁通小，铜套阻尼作用也小，因此铁心吸合时的延时不显著，一般可忽略不计。当继电器断电时，磁通量的变化大，铜套的阻尼作用也大，产生使衔铁延时释放的作用。因此，这种继电器仅用作断电延时，其延时动作触点有延时打开常开触点和延时闭合常闭触点两种。

直流电磁式时间继电器延时时间的长短可通过改变铁心与衔铁间非磁性垫片的厚薄（粗调）或改变释放弹簧的松紧（细调）来调节。垫片厚则延时短，垫片薄则延时长；释放弹簧紧则延时短，释放弹簧松则延时长。

这种时间继电器结构简单、运行可靠，但延时时间较短，一般不超过 5s，而且准确度较低，只用于延时精度要求不高的场合。直流电磁式时间继电器 JT3 系列的技术数据见表 1-8。

表 1-8　直流电磁式时间继电器 JT3 系列的技术数据

型　号	吸引线圈电压/V	触点组合及数量（常开、常闭）	延时/s
JT3—□□/1	12、24、48、110、220、440	11、02、20、03、12、21、04、40、22、13、31、30	0.3～0.9
JT3—□□/3			0.8～3.0
JT3—□□/5			2.5～5.0

注：表中型号 JT3—□□后面之 1、3、5 表示延时类型（1s、3s、5s）。

（二）空气阻尼式时间继电器

空气阻尼式时间继电器是利用空气阻尼作用而达到延时的目的，它由电磁机构、延时机构和触点三部分组成。电磁机构为直动式双 E 型铁心，触点系统是用 LX5 型微动开关，延时机构采用气囊式阻尼器。

空气阻尼式时间继电器的电磁机构有交流、直流两种，延时方式有通电延时型和断电延时型。只要改变电磁机构的安装方向，便可以实现不同的延时方式：当动铁心（衔铁）位于静铁心和延时机构之间位置时为通电延时型，如图 1-32a 所示；当静铁心位于动铁心和延时机构之间位置时为断电延时型，如图 1-32b 所示。现以通电延时型为例说明其工作原理：

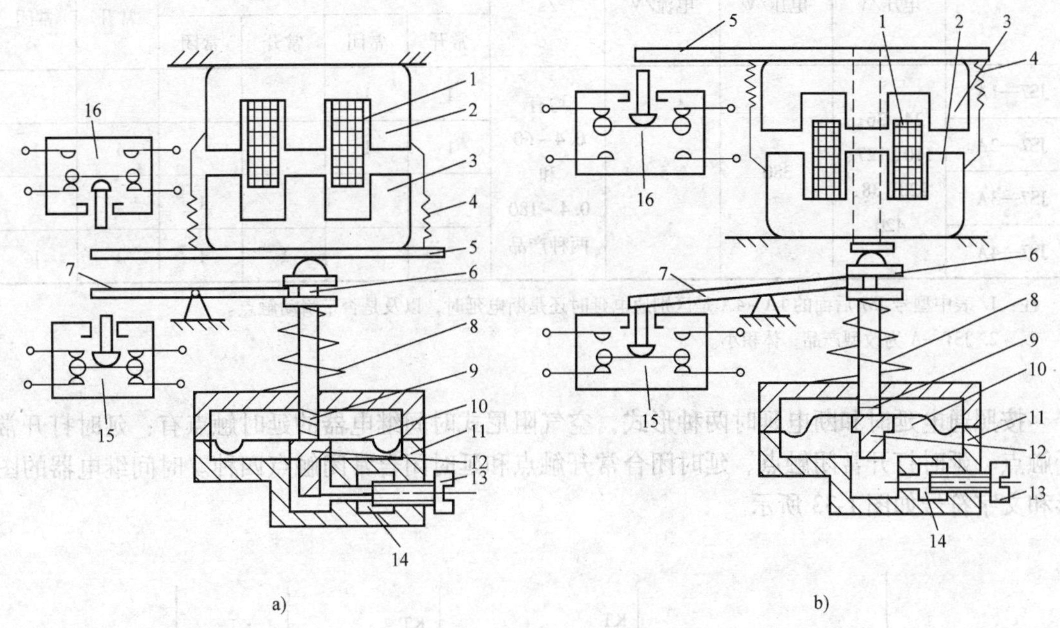

图 1-32 JS7—A 系列时间继电器

a）通电延时型 b）断电延时型

1—线圈 2—铁心 3—衔铁 4—反力弹簧 5—推板 6—活塞杆 7—杠杆 8—塔形弹簧 9—弱弹簧 10—橡皮膜 11—空气室壁 12—活塞 13—调节螺钉 14—进气孔 15、16—微动开关

当线圈 1 得电后衔铁（动铁心）3 吸合，活塞杆 6 在塔形弹簧 8 作用下带动活塞 12 及橡皮膜 10 向上移动，橡皮膜下方空气室空气变得稀薄形成负压，活塞杆只能缓慢移动，其移动速度由进气孔气隙大小来决定。经一段时间后，活塞杆通过杠杆 7 压动微动开关 15，使其触点动作，起到通电延时作用。

当线圈断电时，衔铁释放，橡皮膜下方空气室内的空气通过活塞肩部所形成的单向阀迅速地排出，使活塞杆、杠杆、微动开关等迅速复位。线圈从得电到触点动作的一段时间即为时间继电器的延时时间，其大小可以通过调节螺钉 13 调节进气孔气隙大小来改变。

断电延时型的结构、工作原理与通电延时型相似，只是电磁铁安装方向不同，即当衔铁吸合时推动活塞复位，排出空气；当衔铁释放时活塞杆在弹簧作用下使活塞向上移动，实现断电延时。

在线圈通电和断电时，微动开关 16 在推板 5 的作用下都能瞬时动作，其触点即为时间继电器的瞬时触点。

空气阻尼式时间继电器延时范围大（0.4 ~180s）、结构简单、寿命长、价格低，但是延时误差较大，无调节刻度指示，难以精确地整定延时时间，常用于延时精度要求不高的交流控制电路中。JS7—A 系列空气阻尼式时间继电器技术数据见表 1-9。

表 1-9　JS7—A 系列空气阻尼式时间继电器技术数据

型　　号	吸引线圈电压/V	触点额定电压/V	触点额定电流/V	延时范围/s	延时触点				瞬动触点	
					通电延时		断电延时		常开	常闭
					常开	常闭	常开	常闭		
JS7—1A	24、36、110、127、220、38、420	380	5	均有 0.4～60 和 0.4～180 两种产品	1	1				
JS7—2A					1	1			1	1
JS7—3A							1	1		
JS7—4A							1	1	1	1

注：1. 表中型号 JS7 后面的 1A～4A 是区别通电延时还是断电延时，以及是否带瞬动触点。

2. JST—A 为改型产品，体积小。

按照通电延时和断电延时两种形式，空气阻尼式时间继电器的延时触点有：延时打开常开触点、延时打开常闭触点、延时闭合常开触点和延时闭合常闭触点四种。时间继电器的图形和文字符号如图 1-33 所示。

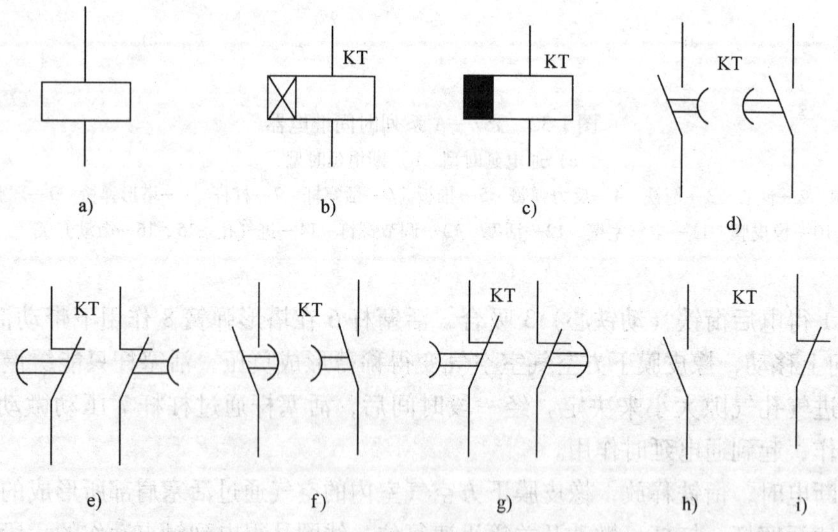

图 1-33　时间继电器图形和文字符号

a）线圈一般符号　b）通电延时线圈　c）断电延时线圈　d）延时闭合常开触点

e）延时断开常闭触点　f）延时断开常开触点　g）延时闭合常闭触点

h）瞬动常开触点　i）瞬动常闭触点

（三）晶体管式时间继电器

晶体管式时间继电器也称为半导体式时间继电器，具有延时范围广（最长可达 3600s）、精度高（一般为 5% 左右）、体积小、耐冲击振动、调节方便和寿命长等优点，它的发展很快，使用也日益广泛。

晶体管式时间继电器是利用 RC 电路中电容电压不能跃变，只能按指数规律逐渐变化的原理——电阻尼特性获得延时的，所以，只要改变充电回路的时间常数即可改变延时时间。由于调节电容比调节电阻困难，所以多用调节电阻的方式来改变延时时间。

常用的产品有 JSJ、JS13、JS14、JS15、JS20 等，现以 JSJ 型为例说明晶体管式时间继电器的工作原理。图 1-34 为 JSJ 型晶体管式时间继电器的原理图。

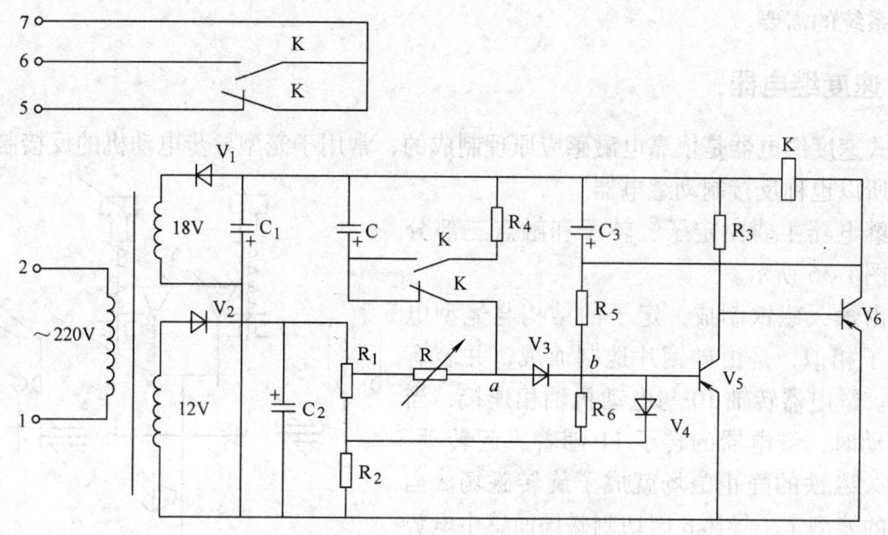

图 1-34　JSJ 型晶体管式时间继电器

其工作原理为：接通电源后，变压器二次（侧）18V 负电源通过 K 的线圈、R_5 使 V_5 获得偏流而导通，从而 V_6 截止。此时 K 的线圈中只有较小的电流，不足以使 K 吸合，所以继电器 K 不动作。同时，变压器二次（侧）12V 的正电源经 V_2 半波整流后，经过可调电阻 R_1、R、继电器常闭触点 K 向电容 C 充电，使 a 点电位逐渐升高。当 a 点电位高于 b 点电位并使 V_3 导通时，在 12V 正电源作用下 V_5 截止，V_6 通过 R_3 获得偏流而导通。V_6 导通后继电器线圈 K 中的电流大幅度上升，达到继电器的动作值时使 K 动作，其常闭触点打开，断开 C 的充电回路，常开触点闭合，使 C 通过 R_4 放电，为下次充电作准备。继电器 K 的其他触点则分别接通或分断其他电路，当电源断电后，继电器 K 释放。所以，这种时间继电器是通电延时型的，断电延时只有几秒钟。电阻器 R_1 用于调节延时范围。

三、压力继电器

压力继电器广泛用于各种气压和液压控制系统中，通过检测气压或液压的变化，发出信号，控制电动机的起停，从而提供保护作用。

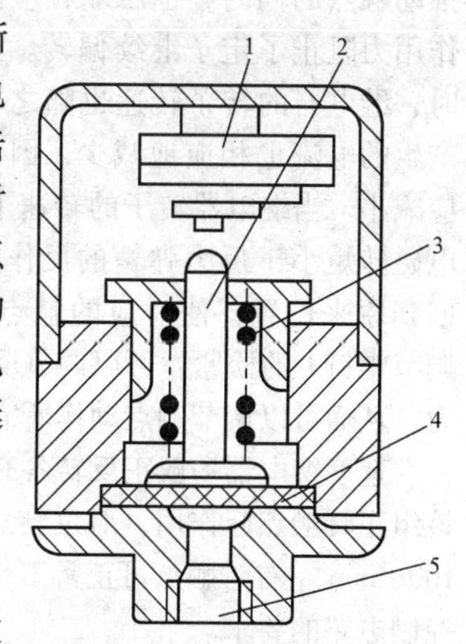

图 1-35　压力继电器结构

1—微动开关　2—滑杆　3—平衡弹簧　4—橡皮膜　5—管道接头入油口

图 1-35 为一种简单的压力继电器结构示意图，由微动开

关、给定装置、压力传送装置及继电器外壳等部分组成。给定装置包括给定螺母、平衡弹簧3等。压力传送装置包括管道接头入油口5、橡皮膜4及滑杆2等。当使用于机床润滑油泵的控制时，润滑油经管道接头入油口5进入油管，将压力传送给橡皮膜4，当油管内的压力达到某给定值时，橡皮膜4便受力向上凸起，推动滑杆2向上，压合微动开关，发出控制信号。旋转平衡弹簧3上面的给定螺母，便可调节弹簧的松紧程度，改变动作压力的大小，以适应控制系统的需要。

四、速度继电器

感应式速度继电器是依靠电磁感应原理制成的，常用于笼型异步电动机的反接制动控制断路中，所以也称反接制动继电器。

速度继电器主要由定子、转子和触点三部分组成，如图1-36所示。

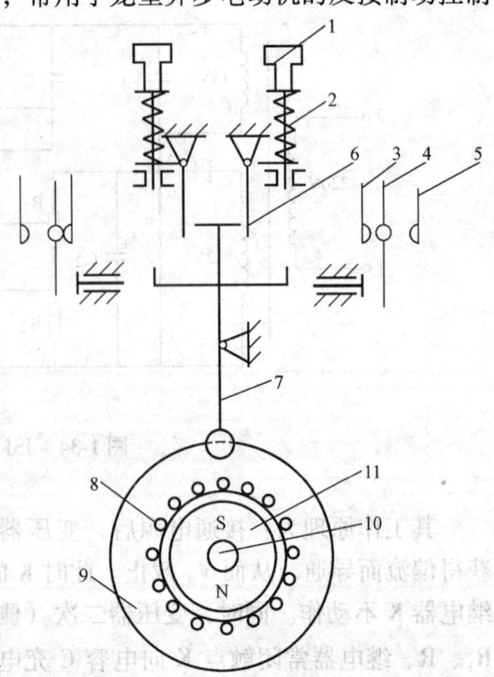

图1-36　感应式速度继电器的结构组成示意图

1—调节螺钉　2—反力弹簧　3—常闭触点　4—动触点　5—常开触点　6—返回杠杆　7—杠杆　8—定子导体　9—定子　10—转轴　11—转子

转子由永久磁铁制成，定子的结构与笼型电动机的转子相似，是由硅钢片迭制而成，并装有笼型绕组。继电器转轴10与电动机轴相连接，当电动机转动时，继电器的转子11随着一起转动，这样，永久磁铁的静止磁场就成了旋转磁场。当定子9内的笼型定子导体8因切割磁场而感生电势和产生电流时，导体与旋转磁场相互作用产生电磁转矩，于是定子跟着转子相应偏转。转子转速越高，定子导体内产生的电流越大，电磁转矩也就越大。当定子偏转到一定角度时，在杠杆7的作用下使常闭触点打开而常开触点闭合。在杠杆7推动触点的同时，也压缩相应的反力弹簧，其反作用力阻止了定子继续偏转。当电动机转速下降时，继电器的转子转速也随之下降，定子导体内产生的电流也相应地减少，因而使电磁转矩也相应减小。当继电器转子的转速下降到一定数值时，电磁转矩小于反力弹簧的反作用力矩，定子便返回到原来位置，使对应的触点恢复到原来状态。调节螺钉1的松紧，可以调节反力弹簧2的反作用力，从而可以调节触点动作所需的转子转速。

速度继电器一般正反转各有一组触点（即一对常开触点和一对常闭触点），正转时只对该组正转触点起作用，对反转触点不起作用，反之也一样。感应式速度继电器转轴一般在100r/min左右时触点可正常工作，通过调节螺钉1的松紧可改变继电器的动作转速，以适应控制电路的要求。

常用的感应式速度继电器有JY1和JFZ0系列。JY1系列能在3000r/min以下可靠地工作；JFZ0—1型适用于300～1000r/min；JFZ0—2型适用于1000～3600r/min；JFZ0系列有两对常开、常闭触点。速度继电器的图形和文字符号如图1-37所示。

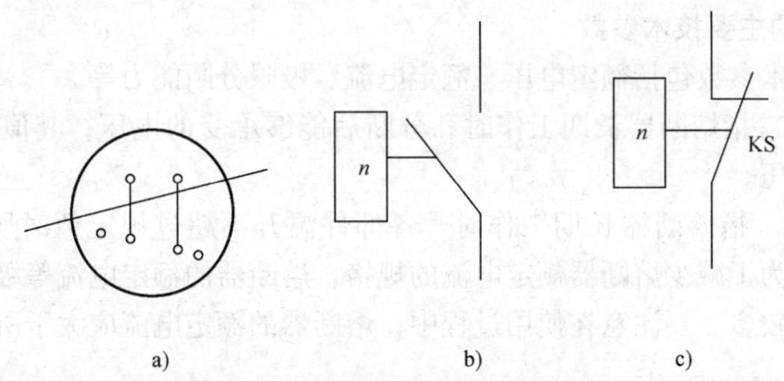

图 1-37　速度继电器的图形和文字符号
a）转子　b）常开触点　c）常闭触点

第六节　保护电器元件

一、熔断器

熔断器是低压配电系统和电力拖动系统中起过载和短路保护作用的电器，当流过熔断器的电流大于规定值时，其自身产生的热量使熔体熔断，从而实现过载和短路保护。熔断器具有结构简单、体积小、重量轻、使用维护方便、价格低廉、分断能力较高、限流能力良好等优点，因此在强电和弱电系统中都得到广泛应用。

（一）熔断器的原理及保护特性

熔断器由熔体和安装熔体的绝缘底座（或熔管）等部分组成。熔体是熔断器的核心部分，形状常制成丝状或网状。材料有二类，一类是由铅锡合金和锌等低熔点金属制成的熔体，因其不易灭弧，多用于小电流电路；另一类由铜、银等高熔点金属制成的熔体，因其易于灭弧，多用于大电流电路。熔管是安装熔体的外壳，在熔体熔断时兼有灭弧的作用。

熔断器使用时串接在被保护电路中，当电路正常工作时，熔体允许通过一定大小的电流而不会熔化，当电路发生短路或严重过载时，熔体中流过很大的故障电流，当电流产生的热量达到熔体的熔点时，熔体熔化，自动切断电路，从而达到过载和短路保护的目的。

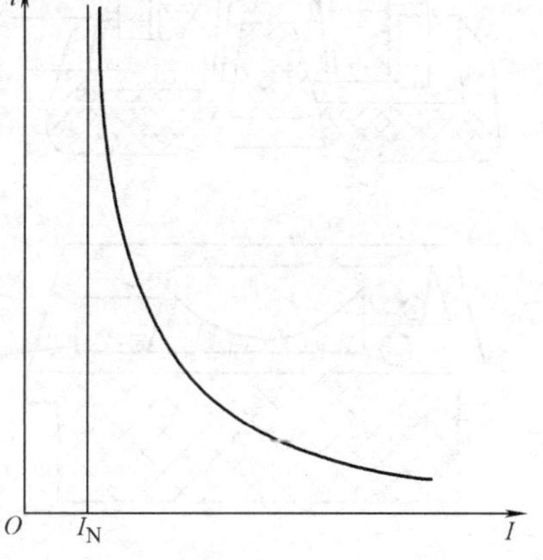

图 1-38　熔断器的保护特性曲线

熔断器熔体熔断的电流值与熔断时间的关系称为熔断器的保护特性曲线，也称为安-秒特性，如图 1-38 所示，熔断时间与电流成反比，电流越大，则熔体熔断时间越短，熔体通过额定电流（I_N）则长期不会熔断。熔体通过电流与熔断时间的数值关系见表 1-10。

表 1-10　熔断器安秒特性数值关系

熔断电流	$(1.25\sim1.30)I_N$	$1.6I_N$	$2I_N$	$2.5I_N$	$3I_N$	$4I_N$	$8I_N$
熔断时间	∞	1h	40s	8s	4.5s	2.5s	1s

（二）熔断器的主要技术参数

熔断器主要技术参数包括额定电压、额定电流、极限分断能力等。

（1）额定电压　指熔断器长期工作时和分断后能够承受的电压，其值一般等于或大于电气设备的额定电压。

（2）额定电流　指熔断器长期工作时，各部件温升不超过规定值时所能承受的电流。实际应用中，厂家为了减少熔断器额定电流的规格，熔断器的额定电流等级比较少，而熔体的额定电流等级比较多。要注意在使用过程中，熔断器的额定电流应大于所装熔体的额定电流。

（3）极限分断能力　指熔断器在规定的额定电压和功率因数（或时间常数）的条件下，能分断的最大电流值，在电路中出现的最大电流一般是指短路电流值。所以，极限分断能力也反映了熔断器分断短路电流的能力。

（三）熔断器类型及型号

熔断器种类很多，按结构形式分，有插入式熔断器、螺旋式熔断器、密闭管式熔断器等，按用途分，有一般工业用熔断器、半导体器件保护用快速熔断器及自复式熔断器等。

（1）插入式熔断器　如图1-39所示，常用产品有RC1A系列，主要用于低压分支电路的短路保护，因其分断能力较小，多用于民用和工业的照明电路中。

（2）螺旋式熔断器　如图1-40所示，该系列产品的熔管内装有石英砂，用于熄灭电弧，分断能力强。熔管的上端盖有一熔断指示器，一旦熔体熔断，指示器马上弹出，可透过瓷帽上的玻璃孔观察到。常用产品有RL6、RL7、RLS2等系列，其中RL6、RL7多用于机床配电电路中；RLS2为快速熔断器，主要用于保护硅整流元件和晶闸管等半导体元件。

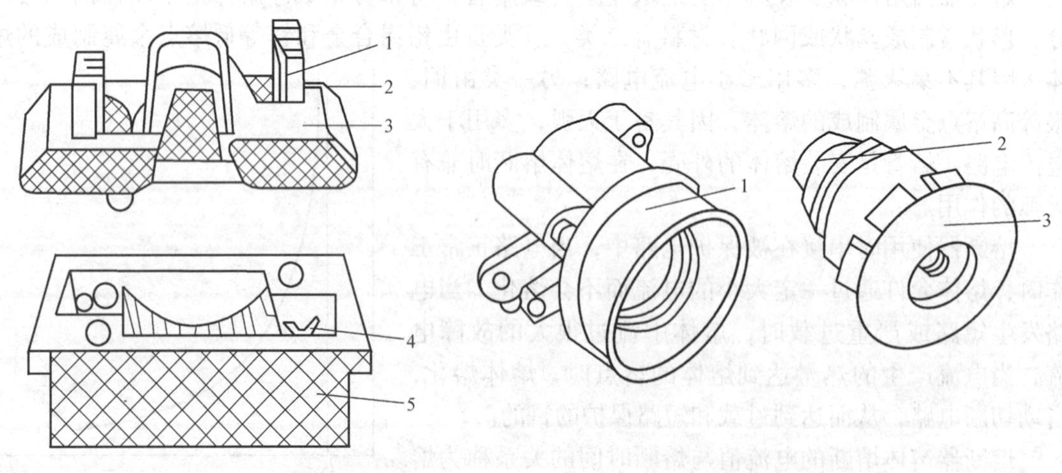

图1-39　插入式熔断器
1—动触点　2—熔体　3—次插件
4—静触点　5—瓷座

图1-40　螺旋式熔断器
1—底座　2—熔体　3—瓷帽

（3）密闭管式熔断器　该熔断器分为无填料密闭管式、有填料密闭管式和快速熔断器三种。常用产品有RM10、RT12、RT15、RS3等系列，其中RM10为无填料密闭管式熔断器，如图1-41所示，常用于低压电力网络成套配电设备中，其特点是可拆卸，当熔体熔断后，用户可按要求自行拆开，重新装入新的熔体。RT12、RT15 系列为有填料密闭管式熔断器，如图 1-42 所示，填料为石英砂，用来冷却和熄灭电弧，具有较大的分断能力，常用于大容量电力网或配电设备中。RS3 系列为快速熔断器，主要用于保护半导体元件。

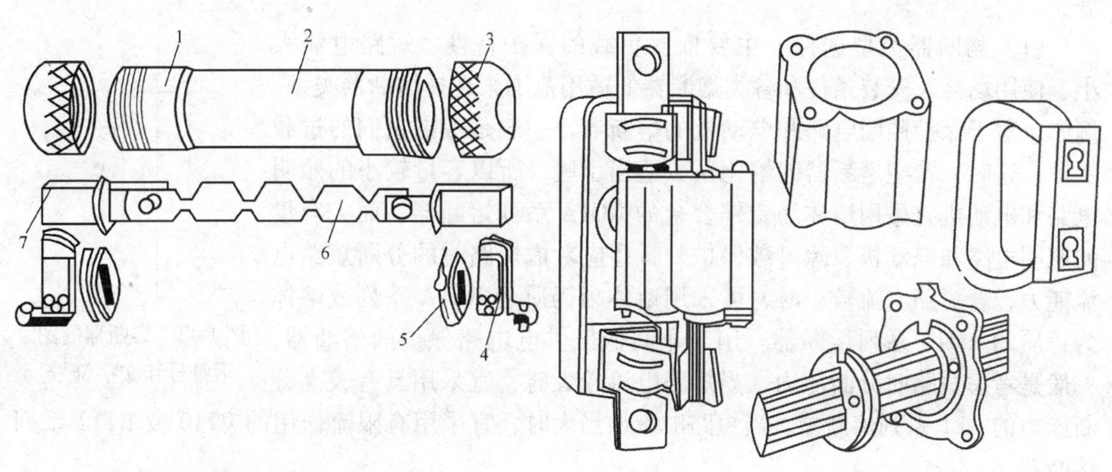

图 1-41　无填料密闭管式熔断器

1—铜圈　2—熔断管　3—管帽　4—插座

5—特殊垫圈　6—熔体　7—熔片

图 1-42　有填料密闭管式熔断器

（4）新型熔断器

1）自复式熔断器。利用金属钠材料作熔体，在常温下具有高电导率。当电路发生短路故障时，短路电流产生高温使金属钠迅速气化，气态钠呈现高阻态，从而限制了短路电流。当故障消除后，温度下降，金属钠重新固化，恢复其良好的导电性，所以其不必更换熔体，能重复使用，但由于只能限制故障电流而不能切断故障电路，一般要与断路器配合使用。常用产品有 RZ1 系列。

2）高分断能力熔断器。随着电网供电容量的不断增加，对熔断器的性能要求也更高，按德国 AGC 公司制造技术标准生产的 NT 型系列低压高分断能力熔断器，额定电压达到 660V，额定电流至 1000A，分断能力可达 120kA，适用于工业电气设备、配电装置的过载和短路保护。

（5）熔断器型号及电气符号如下所示。

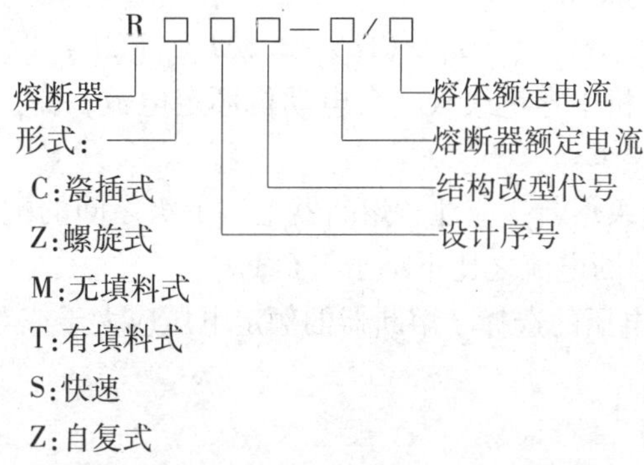

熔断器的图形符号和文字符号如图1-43所示。

（四）熔断器的选择原则

熔断器的选择主要是选择熔断器类型、额定电压、熔断器额定电流及熔体的额定电流等。

（1）熔断器类型选择　主要依据负载的保护特性、短路电流大小、使用场合、安装条件和各类熔断器的适用范围来选择熔断器类型。例如，对于保护照明电路和电动机的熔断器，一般是考虑它们的过载保护，这时，希望熔断器的熔化系数适当小些，所以容量较小的照明电路和电动机宜采用熔体为铅锌合金的RC1A系列熔断器。而大容量的照明电路和电动机，除过载保护外，还应考虑短路时的分断短路电流能力，若短路电流较小时，可采用熔体为锡质的RC1A系列或熔体为锌质的RM10系列熔断器。用于车间低压供电电路保护的熔断器，一般是考虑短路时分断能力，当短路电流较大时，宜采用具有较高分断能力的RL1系列熔断器，当短路电流相当大时，宜采用有限流作用的RT10及RT12系列熔断器。

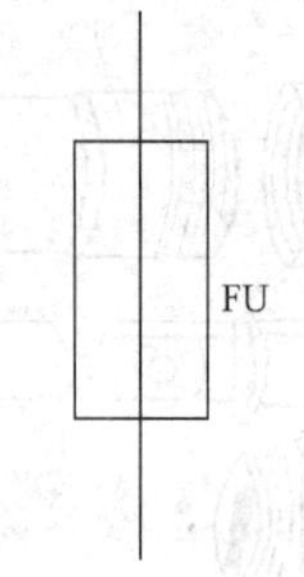

图1-43　熔断器的图形符号和文字符号

（2）熔体额定电流的选择

1）用于保护照明或电热设备的熔断器，因为负载电流比较稳定，所以，熔体的额定电流应等于或稍大于负载的额定电流，即

$$I_{re} \geqslant I_e$$

式中，I_{re}为熔体的额定电流；I_e为负载的额定电流。

2）用于保护单台长期工作电动机的熔断器，考虑电动机起动时不应熔断，所以

$$I_{re} \geqslant (1.5 \sim 2.5) I_e$$

式中，I_{re}为熔体的额定电流，I_e为电动机的额定电流，轻载起动或起动时间比较短时，系数可取近1.5；带重载起动或起动时间比较长时，系数可取近2.5。

3）用于保护频繁起动电动机的熔断器，考虑频繁起动发热时熔断器也不应熔断，所以

$$I_{re} \geqslant (3 \sim 3.5) I_e$$

式中，I_{re}为熔体的额定电流；I_e为电动机的额定电流。

4）用于保护多台电动机的熔断器，在出现尖峰电流时也不应熔断。通常，将其中容量最大的一台电动机起动，而其余电动机正常运行时出现的电流作为其尖峰电流，为此，熔体的额定电流应满足下述关系，即

$$I_{re} \geqslant (1.5 \sim 2.5) I_{emax} + \Sigma I_e$$

式中，I_{emax}是多台电动机中容量最大一台电动机额定电流；ΣI_e是其余各台电动机额定电流之和。

5）为防止发生越级熔断，应注意熔断器上、下级之间的配合，应使上一级熔断器熔断电流与下一级熔断器熔断电流之比不小于1.6∶1。

（3）熔断器额定电压的选择　熔断器的额定电压应大于或等于所在电路的额定电压。

二、热继电器

（一）热继电器的作用和分类

在电力拖动控制系统中，常常会遇到三相交流电动机出现过载情况，若过载电流不太大且过载时间较短，电动机绕组不超过允许温升，这种过载是允许的。但若过载时间长，过载电流大，电动机绕组的温升就会超过允许值，使电动机绕组绝缘老化，缩短电动机的使用寿命，严重时甚至会使电动机绕组烧毁，这种过载是电动机不能承受的。热继电器就是专门用来对连续运行的电动机实现过载及断相保护，以防电动机因过热而烧毁的一种保护电器。但需注意的是，由于热继电器中发热元件有热惯性，在电路中不能做瞬时过载保护，更不能做短路保护，因此，它不同于过电流继电器和熔断器。

按相数来分，热继电器有单相、两相和三相三种类型，每种类型按发热元件的额定电流又有不同的规格和型号。三相式热继电器常用于三相交流电动机的过载保护，其又分为不带断相保护功能和带断相保护功能两种类型。

（二）热继电器的工作原理和保护特性

（1）热继电器的结构及工作原理　热继电器主要由发热元件、感测元件和触点三部分组成。热继电器的发热元件串接于电动机电路中，其上通过电动机的过载电流，而触点串接在控制电路中，控制电路的通断。其触点一般有常开和常闭二种，作过载保护时常用常闭触点。

热继电器的感测元件，一般采用双金属片。双金属片由两种线膨胀系数不同的金属片经机械辗压方式而形成一体，膨胀系数大的称为主动片，膨胀系数小的称为被动片。双金属片受热后产生线膨胀，由于两片金属的线膨胀系数不同，且两片金属又紧密地贴合在一起，因此，使得双金属片向被动片一侧弯曲，由弯曲所产生的机械力带动触点动作，如图 1-44 所示。

双金属片的受热方式有四种，即直接受热式、间接受热式、复合受热式和电流互感器受热式，如图 1-45 所示。直接受热式是将双金属片当作发热元件，让电流直接通过它；间接受热式的发热元件由电阻丝或带制成，绕在双金属片上且与双金属片绝缘；复合受热式介于上述两种方式之间；电流互感器受热式的发热元件不直接串接于电动机电路，而是接于电流互感器的二次侧，这种方式多用于电动机电流比较大的场合，以减少通过发热元件的电流。

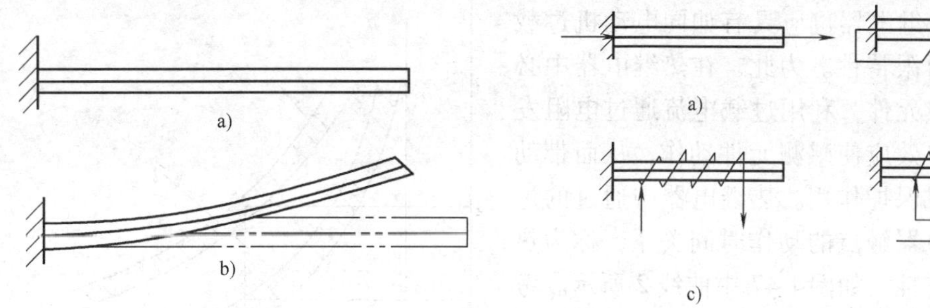

图 1-44　双金属片工作原理

a）受热前　b）受热后

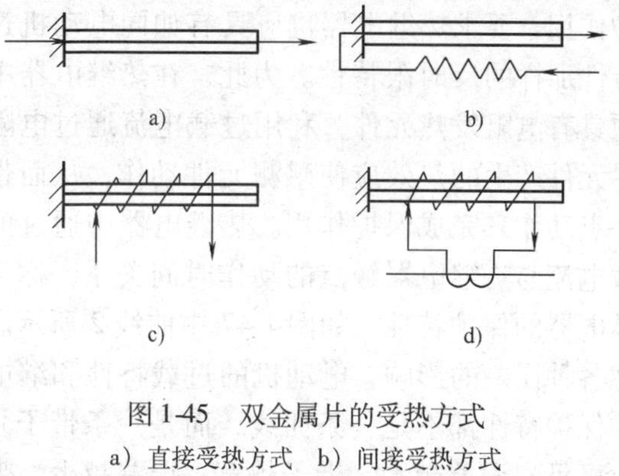

图 1-45　双金属片的受热方式

a）直接受热方式　b）间接受热方式

c）复合受热方式　d）互感器受热方式

图 1-46 是热继电器的结构原理图。热元件 3 串接在电动机定子绕组中，电动机绕组电流即为流过热元件的电流。当电动机正常运行时，热元件产生的热量虽能使双金属片 2 弯曲，但还不足以使继电器动作，当电动机过载时，热元件产生的热量增大，使双金属片弯曲

位移增大，经过一定时间后，双金属片弯曲到推动导板4，并通过补偿双金属片5与推杆14将触点9和6分开，触点9和6为热继电器串于接触器线圈回路的常闭触点，断开后使接触器失电，接触器的常开触点断开电动机的电源以保护电动机。调节旋钮11是一个偏心轮，它与支撑杆12构成一个杠杆，13是压簧转动偏心轮，改变它的半径即可改变补偿双金属片5与导板4的接触距离，达到调节整定动作电流的目的。此外，靠调节复位螺钉8来改变常开触点7的位置使热继电器能工作在手动复位和自动复位两种工作状态。调试手动复位时，在故障排除后要按下按钮10才能使动触点9恢复与静触点6相接触的位置。

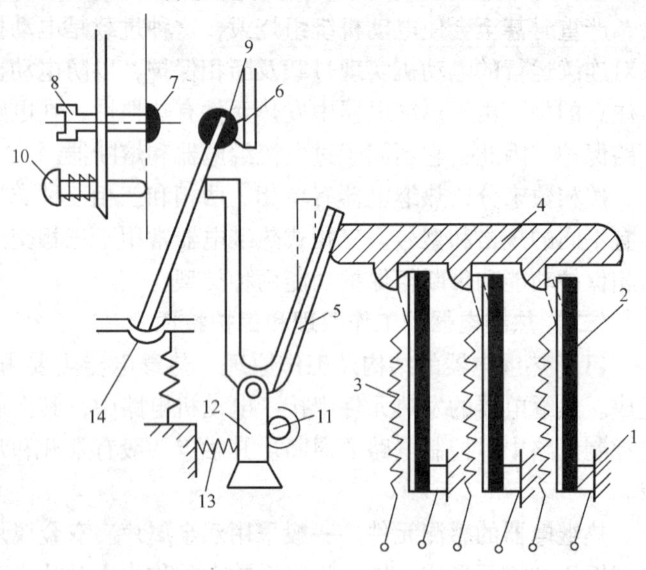

图1-46　热继电器的结构原理

1—接线端子　2、5—双金属片　3—热元件　4—导板　6、9—常闭触点　7—常开触点　8—复位螺钉　10—按钮　11—调节旋钮　12—支撑杆　13—压簧转动偏心轮　14—推杆

（2）电动机的过载特性和热继电器的保护特性　电动机的过载特性是指电动机在不超过允许温升的条件下，其过载电流与电动机通电时间的关系。而热继电器的触点动作时间与被保护的电动机过载程度有关。当电动机运行中出现过载电流时，将引起绕组发热，根据热平衡关系，在允许温升条件下，电动机通电时间与其过载电流的平方成反比。根据这个结论，可以得出电动机的过载特性具有反时限特性，如图1-47中曲线1所示。

为了适应电动机的过载特性而又起到过载保护作用，要求热继电器也应具有如同电动机过载特性那样的反时限特性。为此，在热继电器中必须具有电阻发热元件，利用过载电流通过电阻发热元件产生的热效应使感测元件动作，从而带动触点动作来完成保护作用。热继电器中通过的过载电流与热继电器触点的动作时间关系，称为热继电器的保护特性，如图1-47中曲线2所示。考虑各种误差的影响，电动机的过载特性和继电器的保护特性都不是一条曲线，而是一条带子。由此可见，误差越大，带子越宽；误差越少，带子越窄。

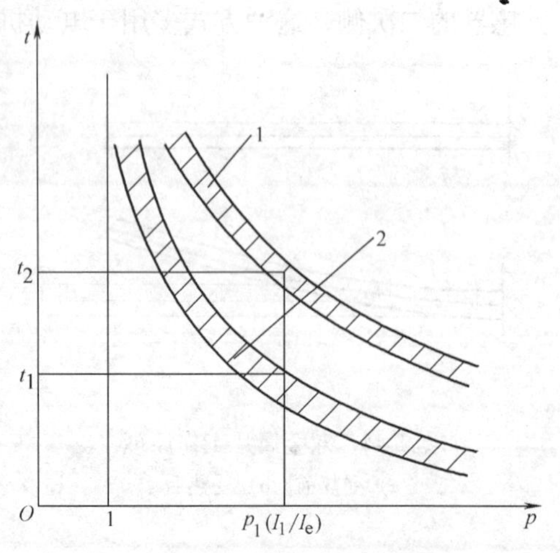

图1-47　电动机的过载特性和热继电器的保护特性配合

1—电动机过载特性　2—热继电器保护特性

由图1-47中曲线1可知，电动机出现过载时，工作在曲线1的下方是安全的。因此，热继电器的保护特性应在电动机过载特性的邻近下方，

这样，如果发生过载，热继电器就会在电动机未达到其允许过载极限之前动作，切断电动机电源，从而保护电动机。

（三）带断相保护的热继电器

三相异步电动机的断相运行是造成电动机烧毁的主要原因之一。如果热继电器所保护的三相电动机是星形联结，当断路发生一相断电时，另外两相电流会增大很多，由于线电流等于相电流，流过电动机绕组的电流和流过热继电器的电流增加比例相同，因此普通的两相或三相热继电器可以对此作出保护。如果电动机是三角形联结，发生断相时，由于电动机的相电流与线电流不等，流过电动机绕组的电流和流过热继电器的电流增加比例不相同，而热元件又串联在电动机的电源进线中，按电动机的额定电流即线电流来整定，整定值较大。当故障线电流达到额定电流时，在电动机绕组内部，电流较大的那一相绕组的故障电流将超过额定相电流，便有过热烧毁的危险，所以三角形联结必须采用带断相保护的热继电器。

带有断相保护的热继电器的导板结构采用差动形式，对三相电流进行比较。差动式热继电器断相保护装置结构及动作原理如图 1-48 所示。

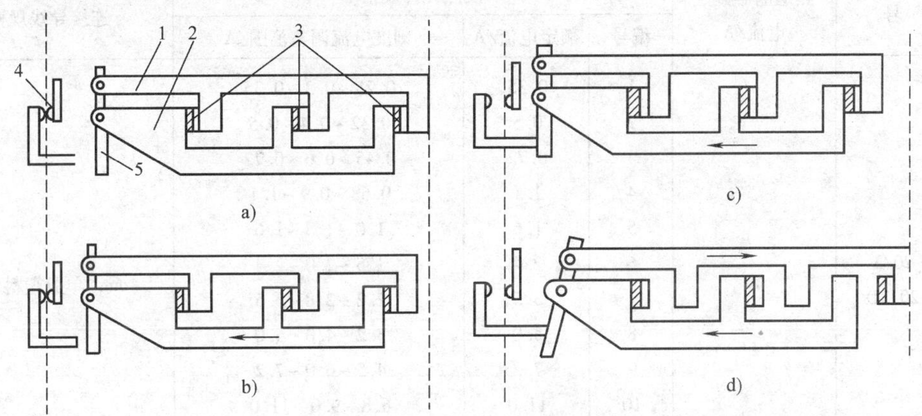

图 1-48　差动式热继电器断相保护装置结构及动作原理

a）通电前　b）三相正常通电　c）三相均匀过载　d）C 相断线

1—上导板　2—下导板　3—双金属片　4—常闭触点　5—杠杆

热继电器的导板为差动机构，由上导板 1、下导板 2 及杠杆 5 组成，它们之间都用转轴连接。其中，图 1-48a 为通电前机构各部件的位置；图 1-48b 为三相正常通电时的位置，此时三相双金属片都受热向左弯曲，但弯曲的挠度不够，所以下导板向左移动一小段距离，继电器不动作；图 1-48c 是三相同时过载时的情况，三相双金属片同时向左弯曲，推动下导板 2 向左移动，通过杠杆 5 使常闭触点立即打开；图中 1-48d 是 C 相断线的情况，这时 C 相双金属片逐渐冷却降温，端部向右移动，推动上导板 1 向右移，而另外两相双金属片温度上升，端部向左弯曲，推动下导板 2 继续向左移动，由于上、下导板一左一右移动，产生了差动作用，通过杠杆的放大作用，使常闭触点打开，由于差动作用，使热继电器在断相故障时加速动作，保护电动机。

（四）热继电器的主要技术数据

在电气原理图中，热继电器的发热元件和触点的图形符号如图 1-49 所示。

热继电器的主要技术参数有：额定电压、额定电流、相数、发热元件规格、整定电流和刻度电流调节范围等。热继电器的整定电流是指热元件能够长期通过而不致引起继电器动作的电流值。手动调节整定电流的范围，称为刻度电流调节范围，可用来使热继电器适应不同负载功率的电动机。一般连续运行的三相交流电动机过载保护均采用三相式热继电器，其中 JR16 和 JR20 系列三相式热继电器应用最为广泛，这两种系列的热继电器又有带断相保护和不带断相保护两种类型。表 1-11 给出了 JR16 系列热继电器的技术数据。

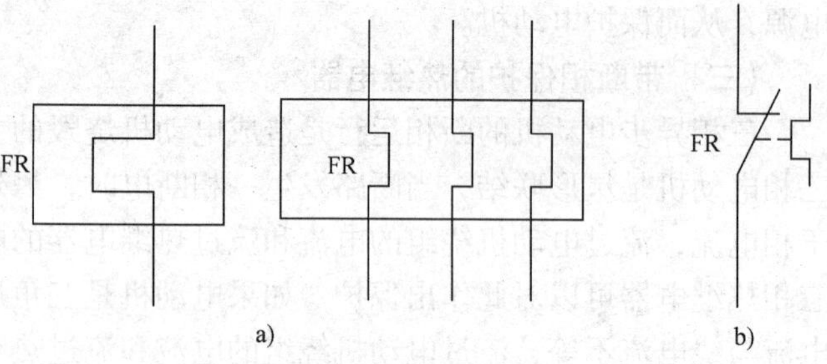

图 1-49　热继电器的图形符号和文字符号

a）发热元件　b）常闭触点

表 1-11　JR16 系列热继电器技术数据

型　号	热继电器额定电流/A	发热元件规格			连接导线规格
		编号	额定电流/A	刻度电流调整范围/A	
JR16—20/3 JR16—20/3D	20	1	0.35	0.25~0.3~0.35	4mm² 单股塑料铜线
		2	0.5	0.32~0.4~0.5	
		3	0.72	0.45~0.6~0.72	
		4	1.1	0.68~0.9~1.1	
		5	1.6	1.0~1.3~1.6	
		6	2.4	1.5~2.0~2.4	
		7	3.5	2.2~2.8~3.5	
		8	5.0	3.2~4.0~5.0	
		9	7.2	4.5~6.0~7.2	
		10	11.0	6.8~9.0~11.0	
		11	16.0	10.0~13.0~16.0	
		12	22.0	14.0~18.0~22.0	
JR16—60/3 JR16—60/3D	60	13	22.0	14.0~18.0~22.0	16mm² 多股铜心橡皮软线
		14	32.0	20.0~26.0~32.0	
		15	45.0	28.0~36.0~45.0	
		16	63.0	40.0~50.0~63.0	
JR16—150/3 JR16—150/3D	150	17	63.0	40.0~50.0~63.0	35mm² 多股铜心橡皮软线
		18	85.0	53.0~70.0~85.0	
		19	120.0	75.0~100.0~120.0	
		20	160.0	100.0~130.0~160.0	

热继电器的型号含义：

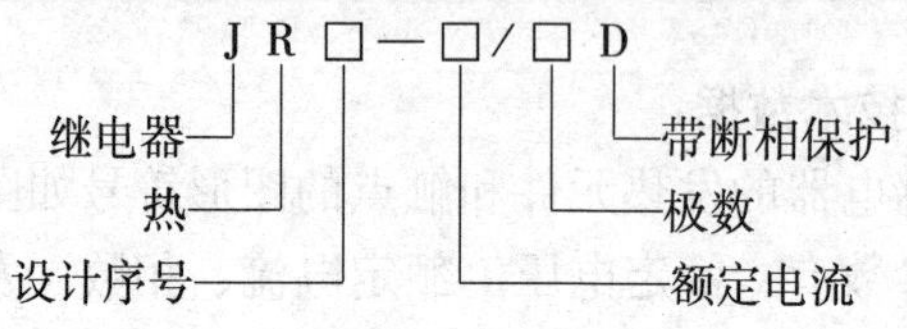

（五）热继电器的选用

热继电器的选用是否得当，直接影响着对电动机进行过载保护的可靠性。选用时应按电动机形式、工作环境、起动情况及负载情况等几方面综合加以考虑。原则是应使热继电器的保护特性位于电动机的过载特性之下，并尽可能的接近，以充分发挥电动机的能力，同时使电动机在短时过载和起动瞬间不受影响。

1）原则上热继电器的额定电流应按电动机的额定电流选择，但对于过载能力较差的电动机，其配用的热继电器（主要是发热元件）的额定电流要适当小些。通常，选取热继电器的额定电流（实际上是选取发热元件的额定电流）为电动机额定电流的60%～80%。

2）在不频繁起动场合，要保证热继电器在电动机的起动过程中不产生误动作。通常，当电动机起动电流为其额定电流6倍以及起动时间不超过6s时，若很少连续起动，就可按电动机的额定电流选取热继电器。

3）当电动机为重复短时工作时，首先注意确定热继电器的允许操作频率。因为热继电器有热惯性，其操作频率是很有限的，如果用它保护操作频率较高的电动机，效果很不理想，有时甚至不能使用。

4）对于正反运行且密集通断的电动机，由于双金属片的温升跟不上电动机绕组的温升，不宜采用热继电器保护，可采用装入电动机内部能反映绕组实际温度的温度继电器。

（六）热继电器使用中应注意的问题

热继电器尽管选用得当，但使用不当时也会造成对电动机过载保护的不可靠性，因此，必须正确使用热继电器。

1）热继电器本身的额定电流等级并不多，但其发热元件规格编号很多。每一种编号都有一定的电流整定范围，故在使用上先应使发热元件的电流与电动机的电流相适应，然后根据电动机实际运行情况再做上下范围的适当调节。例如，对于20kW、380V的三相笼型电动机，其额定电流为30A，根据电动机为连续工作制的特点，可选用JR16—60型热继电器和15号发热元件（其电流整定范围为28～45A）。先整定在36A挡上，若使用中发现电动机温升较高，而热继电器却延迟动作，说明整定电流过高，这时可旋动调整旋钮，重新将电流整定在28A挡上。

2）热继电器有手动复位和自动复位两种方式。对于重要设备，当热继电器动作之后，必须待故障排除后方可重新起动电动机，宜采用手动复位方式；如果热继电器和接触器的安装地点远离操作地点，且从工艺上又易于看清楚过载情况，则宜采用自动复位式。

3）热继电器的出线端的连接导线，对于JR16系列必须严格按表1-11规定选用，这是因为导线的材料和其线径大小均能影响发热元件端点传导到外部热量的多少。导线过细，轴向导热较差，热继电器可能提前动作；反之，导线过粗，轴向导热快，热继电器可能延迟动作。按规定，连接导线应为铜钱，若不得已要用铝线，导线的截面积应放大1.8倍。除此之外，出线端螺钉应当拧紧，以免因螺钉松动导致接触电阻增大，影响发热元件的温升，最终可能使保护特性不稳定而引起误动作。

4）热继电器和电动机的周围介质温度尽量相同，否则会破坏已调整好的配合情况。例如，当电动机安装于高温处，而热继电器却安装于低温处时，热继电器动作将会延迟；反之，热继电器的动作将会提前。

5）热继电器必须按照产品说明书中规定的方式进行安装。当与其他电器装在一起时，应将热继电器装在其他电器的下方，以免其动作特性受其他电器发热的影响。

6）使用中应定期去除尘埃和污垢。若双金属片中出现锈斑，可用棉布蘸上汽油轻轻揩拭，切忌用砂纸打磨。

7）使用中每年要通电校验一次。另外，当主电路发生短路事故后，应检查发热元件和双金属片是否已发生永久性变形。若发生变形或无法作出判断时，则应进行通电试验。在作调整时，绝不允许弯折双金属片。

三、电流继电器

电流继电器是根据输入（励磁线圈）电流变化而动作的继电器。使用电流继电器时线圈串联于被测电路中，其触点根据电流的变化而通断。为降低负载效应和对被测量电路参数的影响，一般电流继电器线圈匝数少，导线粗，阻抗小。电流继电器线圈根据线圈工作时的电流种类分为交流继电器和直流继电器，按吸合电流大小又可分为过电流继电器和欠电流继电器。

（一）过电流继电器

过电流继电器正常工作时，线圈中流过负载的额定电流不会产生吸合动作。当出现比负载额定电流大的过电流时，衔铁产生吸合，从而带动触点动作。

直流过电流继电器的吸合值为70%～300%额定电流，交流过电流继电器的吸合值为110%～400%额定电流。需要特别说明的是，过电流继电器在正常情况下（即电流在额定值附近时）是释放的，当电路发生过载或短路故障时，过电流继电器才吸合，吸合后立即使所控制的接触器或电路分断，然后自已也释放。显然，过电流继电器是利用它的常闭触点来完成这一任务的。由于过电流继电器具有短时工作的特点，所以交流过电流继电器不用装短路环。

（二）欠电流继电器

欠电流继电器正常工作时，负载电流值高于欠电流继电器的释放电流值，使衔铁处于吸合状态。当电路的负载电流降低至释放电流时，则衔铁释放，同时带动触点动作，分断电路，所以欠电流继电器用常开触点来工作。

欠电流继电器动作电流整定范围，一般吸合电流为30%～50%的额定电流，释放电流为10%～20%的额定电流。所以，在电路正常工作时，欠电流继电器始终是吸合的。当电路由于某种原因使电流降至额定电流的20%以下时，欠电流继电器释放，发出信号，切断电路，从而改变电路状态。

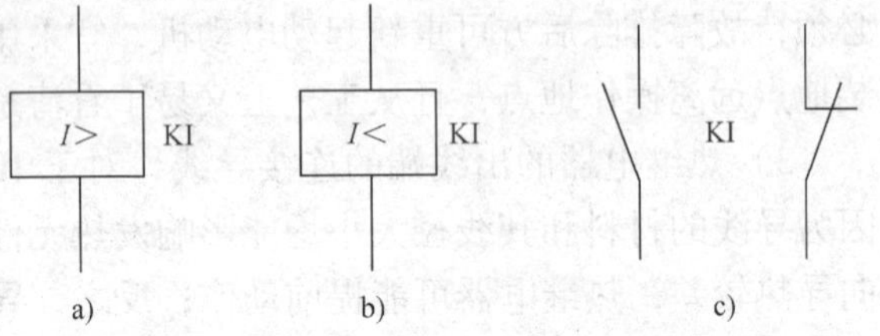

图1-50　电流继电器的图形和文字符号

a）过电流线圈　b）欠电流线圈　c）触点

（三）电流继电器的选用

电流继电器选用时首先要注意线圈的电流种类和等级应与负载电路一致；其次，根据对负载的保护作用（是过电流还是欠电流）来选用电流继电器的类型；最后，要根据控制电路的要求选择触点的类型（是常开还是常闭）和数量。电流继电器的图形和文字符号如图1-50所示。

四、电压继电器

触点的动作与加在线圈两端的电压大小有关的继电器称为电压继电器，它常用于机床电力拖动系统和变压器系统的电压保护和控制。使用时电压继电器的线圈并接于被测电路中，电压继电器线圈的匝数多、导线细、阻抗大。根据电压继电器线圈工作电流的种类可分为交流电压继电器和直流电压继电器；按吸合电压大小又可分为过电压继电器和欠电压继电器。

（一）过电压继电器

过电压继电器是指线圈工作在额定电压时，衔铁不产生吸合动作，当线圈的工作电压高出其额定电压的某一值时衔铁产生动作吸合的继电器。因为直流电路不会产生波动较大的过电压现象，所以在产品中没有直流过电压继电器。

交流过电压继电器在电路中起过电压保护作用。在交流电路中往往容易出现波动较大的过电压现象，过高的电压会使电气设备损坏。安装了过电压继电器后，当交流电路一旦出现过高的电压现象时，过电压继电器就会马上动作，控制接触器及时分断电器设备的电源。显然，过电压继电器是利用其常闭触点来完成这一任务的，而且分断电源后，自己也因为失电而使衔铁又释放。

一般交流过电压继电器吸合电压的整定范围为105% ~120%的额定电压。

（二）欠电压继电器

大量电气设备在运行过程中一旦出现过低电压，设备将不能正常工作，甚至发生逻辑错误而引发大的事故，所以要有欠电压保护。欠电压继电器在线圈的吸合电压低于其额定电压的某一值时，衔铁就会产生吸合动作，切断不正常的工作电路，起到欠电压保护的作用。当电气设备在额定电压下正常工作时，欠电压继电器的衔铁处于吸合状态；如果电路中出现电压降低至线圈的释放电压，则欠电压继电器的衔铁打开，使触点动作，从而控制接触器及时分断电器设备的电源。很明显，欠电压继电器是利用其常开触点来完成这一任务的。

与过电压继电器比较，欠电压继电器在电路未出现低电压故障时，其衔铁是处于吸合状态。通常，直流欠电压继电器的吸合电压与释放电压的调整范围为30% ~50%和7% ~20%的额定电压；而交流欠电压继电器的吸合电压与释放电压的调整范围为60% ~85%和10% ~35%的额定电压。

（三）电压继电器的选用

电压继电器在选用时要注意线圈电流的种类和电压等级应与控制电路一致。类型要根据在控制电路中的作用（是过电压还是欠电压）来选择，并根据控制电路的要求确定触点的类型（是常开还是常闭）和数量。电压继电器的图形和文字符号如图1-51所示。

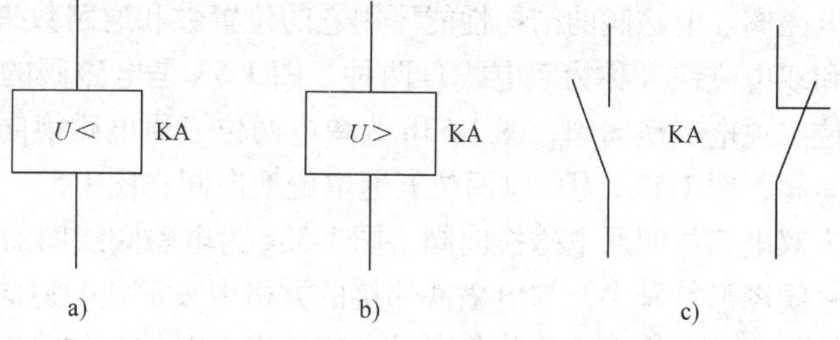

图1-51　电压继电器的图形和文字符号

a）过电压线圈　b）欠电压线圈　c）触点

电压和电流继电器在使用之前，要根据电力拖动系统的要求对返回系数进行调节。一般常采用增加衔铁吸合后的间隙、减少衔铁打开后的间隙以及适当放松释放弹簧等措施来达到增大返回系数的目的。

第七节 执 行 电 器

机械设备的执行电器主要有电磁铁、电磁阀、电磁离合器、电磁抱闸等，许多机械设备的工艺过程就是通过这些元件来完成的。电磁铁、电磁阀已发展成为一种新的电器产品系列，并已经成为成套设备中的重要元件。

一、电磁阀

电磁阀是电气系统中用于自动控制开启和截断液压或气压通路的阀门。电磁阀按电源种类分有直流电磁阀、交流电磁阀、交直流电磁阀等；按用途分有控制一般介质（气体、流体）电磁阀、制冷装置用电磁阀，蒸汽电磁阀、脉冲电磁阀等；按动作方式分有直接起动式和间接起动式。各种电磁阀都有二通、三通、四通、五通等规格。图1-52所示是螺管电磁系统电磁阀的结构示意图，它由动铁心1、静铁心2、外壳3、压盖4、隔磁管5、线圈6、管路7、阀体8、反力弹簧9等组成。为了使介质与磁路的其他部分隔绝，用非磁性材料（如不锈钢）制成隔磁管将动铁心与静铁心包住，并将其下部与压盖密封，在压盖与阀体之间用氟橡胶密封圈密封，使进、出管之间不会泄漏。该电磁阀的阀门是直通式的，用反力弹簧压住动铁心上端，而动铁心下端的氟橡胶塞将阀门进出口密封阻塞。当接通线圈电源时，电磁吸力克服反力弹簧的阻力把动铁心吸起，开启阀门接通管道。

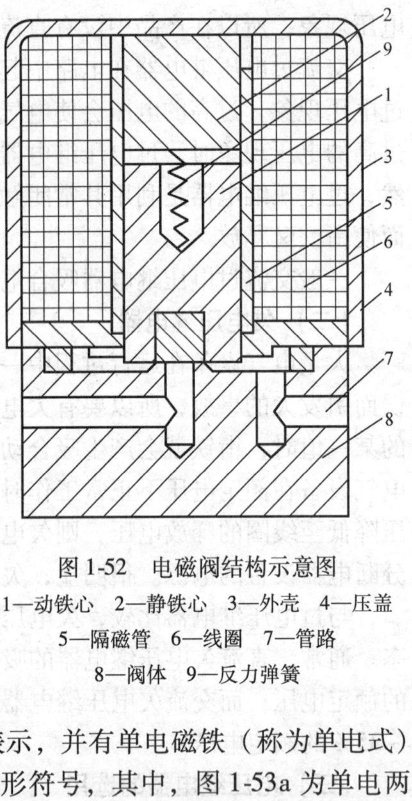

图1-52 电磁阀结构示意图

1—动铁心 2—静铁心 3—外壳 4—压盖 5—隔磁管 6—线圈 7—管路 8—阀体 9—反力弹簧

在液压系统中电磁阀也用来控制液流方向，而阀门的开关是由电磁铁来操纵的，所以控制电磁铁就是控制电磁阀。电磁阀的结构性能可用它的位置数和通路数来表示，并有单电磁铁（称为单电式）和双电磁铁（称为双电式）两种。图1-53是电磁阀的图形符号，其中，图1-53a为单电两位二通电磁换向阀；图1-53b为单电两位三通电磁换向阀；图1-53c为单电两位四通电磁换向阀；图1-53d为单电两位五通电磁换向阀；图1-53e为双电两位四通电磁换向阀；图1-53f为双电三位四通电磁换向阀；图1-53g为电磁阀线圈的电气图形符号和文字符号。在单电电磁阀图形符号中，与电磁铁邻接的方格中表示孔的通向正是电磁铁得电时的工作状态，与弹簧邻接的方格中表示的状态是电磁铁失电时的工作状态。双电磁铁图形符号中，与电磁铁邻接的方格中表示孔的通向正是该侧电磁铁得电的工作状态。

如在图1-53d中，电磁铁得电的工作状态是1孔与3孔相通，2孔与4孔相通；电磁铁失电时的工作状态，由于弹簧起作用，使阀芯处在右边，1孔与2孔通，3孔与4孔通，2孔还与4孔通，即改变了油液（压缩空气）进入液（气）压缸的方向，实现了换向。

在图1-53e中，与YA_1邻接的方格中的工作状态是P与A通，B与O通，也即表示电磁线圈YA_1得电时的工作状态。随后如果YA_1失电，而YA_2又未得电，此时，电磁阀的工作

状态仍保留 YA_1 得电时的工作状态，没有变化，直至电磁铁 YA_2 得电时，电磁阀才换向。其工作状态为 YA_2 邻接方格所表示的内容，即 P 与 B 通，A 与 O 通。同样，如接着 YA_2 失电，仍保留 YA_2 得电时的工作状态，如要换向，则需 YA_1 得电，才能改变流向。设计控制电路时，不允许电磁铁 YA_1 与 YA_2 同时得电。

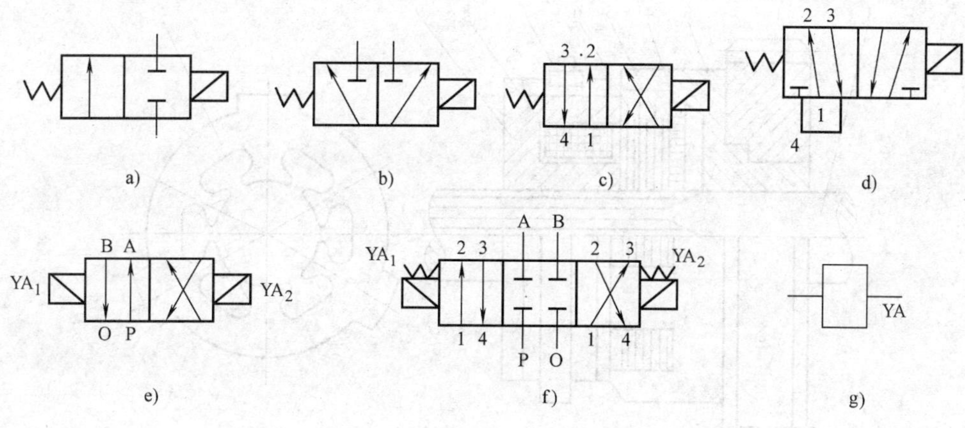

图 1-53 电磁阀的图形和文字符号

在图 1-53f 中，当电磁铁 YA_1 和 YA_2 都失电时，其工作状态是以中间方格的内容表示，四孔互不相通，同上述相同，如 YA_1 得电时，阀的工作状态由邻接 YA_1 的方格所表示内容确定，即 P 与 A 通，B 与 O 通。当 YA_2 得电时，阀的工作状态视邻接 YA_2 的方格所表示的内容确定，即 P 与 B 通，A 与 O 通。对三位四（五）通电磁阀，在设计控制电路时，同样是不允许电磁铁 YA_1 与 YA_2 同时得电。

电磁阀在选用时应注意以下几点：

1）阀的工作机能要符合执行机构的要求，据此确定所采用阀的形式（二位或三位，单电或双电，二通或三通，四通，五通等）。

2）阀的额定工作压力等级以及流量要满足系统要求。

3）电磁铁线圈采用的电源种类以及电压等级等都要与控制电路一致，并应考虑通电持续率。

二、电磁离合器

电磁离合器又称电磁联轴器。它是利用表面摩擦和电磁感应原理，在两个作旋转运动的物体间传递转矩的执行电器。由于它便于远距离控制，控制能量小，动作迅速、可靠，结构简单，广泛应用于机床的自动控制，如铣床上就采用了摩擦片式电磁离合器。

常用的电磁离合器有摩擦片式、牙嵌式、磁粉式，以及牙嵌-摩擦组合式、柔性摩擦扭簧式及带有永久磁的电磁离合器等。摩擦片式电磁离合器按摩擦片的数量可分为单片式与多片式两种，机床上普遍采用多片式电磁离合器，其结构如图 1-54 所示。在主动轴 1 的花键轴端，装有主动摩擦片 6，它可以沿轴向自由移动，但系花键联结，故它将随主动轴一起转动。从动摩擦片 5 与主动摩擦片交替地叠装，其外缘凸起部分卡在与从动齿轮 2 固定在一起的套筒 3 内，因而可以随从动齿轮转动，并在主动轴转动时它可以不转。

当线圈 8 通电后产生磁场，将摩擦片吸向铁心 9，衔铁 4 也被吸住，紧紧压住各摩擦片。于是，依靠主动摩擦片与从动摩擦片之间的摩擦力，使从动齿轮随主动轴转动，实现力矩的传递。当电磁离合器线圈电压达到额定值的 85% ~105% 时，离合器就能可靠地工作。当线圈断电时，装在内外摩擦片与从动摩擦片之间的圈状弹簧使衔铁和摩擦片复原，离合器便失去传递动力的作用。

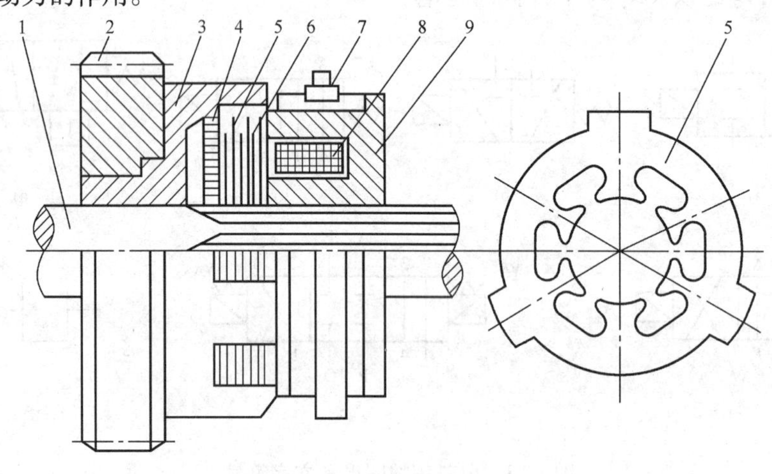

图 1-54　多片式电磁离合器结构图

1—主动轴　2—从动齿轮　3—套筒　4—衔铁　5—从动摩擦片　6—主动摩擦片　7—电刷与滑环　8—线圈　9—铁心

多片式摩擦电磁离合器具有传递力矩大、体积小、容易安装等优点。多片式电磁离合器摩擦片的数量在 2 ~ 12 片时，随着片数的增加，传递的力矩也增大，但片数大于 12 片后，由于磁路气隙增大等原因，所能传递的力矩反而减小。因此，多片式电磁离合器的片数以 2 ~12 片最为合适。

三、电磁制动器

电气系统中对制动器的要求是：有足够的制动力矩，响应速度快，动作平稳，能频繁起动、制动，结构简单、紧凑等。电磁制动器是借助电磁力的作用使运动部件（或运动机械）减速、制动或保持停止状态的电气执行部件，它集工作装置和安全装置于一体，是保证设备安全正常工作的重要部件，广泛应用于各种机械设备。

电磁制动器是由制动器、电磁铁或电力液压推动器、摩擦片、制动轮（盘）或闸瓦等组成，其工作原理是通过电磁线圈得电产生电磁吸力来施加或消除制动力矩。电磁制动器根据工作电源可分为交流电磁制动器和直流电磁制动器，根据制动部件可分为块式制动器、鼓式制动器和盘式制动器等。

图 1-55 是盘式电磁制动器的原理结构图。由图可见，盘式电磁制动器在电动机轴端装有一个钢制圆盘，它靠制动钳块与圆盘表面（径向）的离合，实现对电动机的制动和释放。圆盘的直越大，制动力矩也越大，可以根据所需的制动力矩选择与之相匹配的圆盘。

盘式电磁制动器的供电方式采用桥式整流装置，其电磁系统是在直流状态下工作的。它的工作电流很小，整流装置是与盘式电磁制动器装在一起的。其吸引线圈用环氧树脂密封于壳体内，适宜在露天或多尘埃等各种恶劣的环境中工作。

电磁制动器的类型应根据使用场合、配套设备的性能和条件来选择，制动力矩要有足够的储备，即有一定的安全系数，同时也要考虑安装条件，如足够的空间等。制动器如果安装在传动系统的高速轴上，则需要的制动力矩小，制动器的体积小，质量轻，但安全可靠性较差；如果安装在低速轴上，则比较安全可靠，但转动惯量大，所需的制动力矩大，制动器的体积和质量相对也大。安全制动器一般都安装在低速轴上。

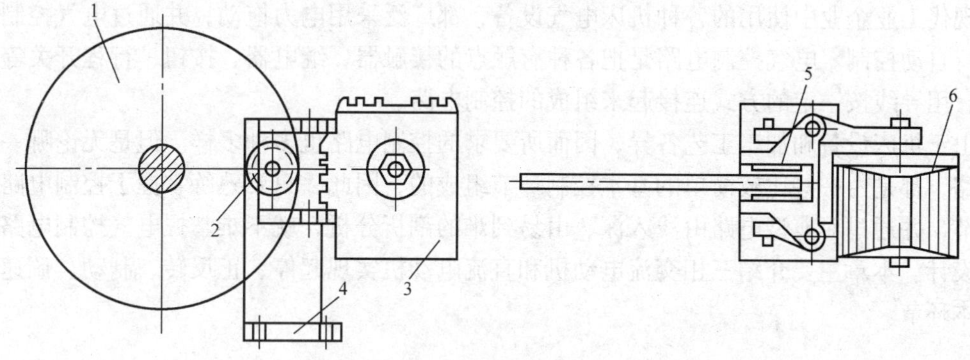

图1-55　盘式电磁制动器结构原理图

1—圆盘　2—铁心　3—壳体　4—支架　5—摩擦片　6—衔铁

思考题与习题

1. 何为电磁式电器的吸力特性与反力特性？吸力特性与反力特性之间应满足怎样的配合关系？

2. 交流电磁系统中短路环的作用是什么？三相交流电磁铁有无短路环，为什么？

3. 交流电磁线圈误接入直流电源，直流电磁线圈误接入交流电源，会发生什么问题，为什么？

4. 交流接触器在衔铁吸合前的瞬间，为什么在线圈中会产生很大的冲击电流？直流接触器会不会产生这种现象，为什么？

5. 中间继电器的作用是什么？中间继电器和接触器有何异同？

6. 从接触器的结构上，如何区分其是交流还是直流接触器？

7. 线圈工作电压为220V的交流接触器，误接入380V的交流电源上会发生什么问题，为什么？

8. 熔断器的额定电流、熔体的额定电流和熔体的极限分断电流三者有何区别？

9. 电动机的起动电流很大，当电动机起动时，热继电器会不会动作，为什么？

10. 电动机的主电路中装有热继电器，是否可以不装熔断器，为什么？

11. 是否可用过电流继电器来作电动机的过载保护，为什么？

12. 时间继电器的延时方式有哪几种？画出它们相应的触点符号？

13. 感应式速度继电器是怎样实现动作的？用于什么场合？

14. 热继电器在电路中的作用是什么？带断相保护和不带断相保护的三相式热继电器各用在什么场合？

15. 低压断路器具有哪些脱扣装置？试分别说明其功能。

16. 画出下列电器元件的图形符号，并标出其文字符号。

（1）自动空气开关；（2）熔断器；（3）热继电器；（4）时间继电器；（5）复合按钮；（6）接触器；（7）行程开关；（8）速度继电器。

17. 两台电动机不同时起动，一台电动机额定电流为12A，另一台电动机额定电流为6A，试选择作短路保护的熔断器的额定电流及熔体的额定电流。

18. 电压继电器和电流继电器在电路中各起什么作用？它们的线圈和触点各接于什么电路中？

第二章 电气控制基本环节

现代工业企业中使用的各种机床电气设备，都广泛采用电力拖动，并通过电气控制方式来进行自动控制。电气控制电路是把各种有触点的接触器、继电器、按钮、行程开关等电器元件，用导线按一定的方式连接起来组成的控制电路。

由于机床设备和加工工艺各异，因而所要求的控制电路也多种多样。但是无论哪一种控制电路，都是由一些比较简单的基本控制环节组成的，因此，只要熟练掌握了控制电路的基本环节，并通过对典型电路由浅入深、由易到难的剖析分析，就不难掌握电气控制电路的阅读和设计。本章主要介绍三相交流电动机和直流电动机实现起停、正反转、制动、调速等控制基本环节。

第一节 三相异步电动机起动控制电路

三相异步电动机具有结构简单、运行可靠、坚固耐用、价格便宜、维修方便等一系列优点，因此，在电力拖动系统中得到广泛的应用。

三相异步电动机的起动方式有二种，即全压直接起动方式和降压起动方式。

一、全压直接起动控制电路

图 2-1 所示为三相异步电动机全压单向直接起动控制电路。它是一个常用的最简单的控制电路，主电路由刀开关 QS、熔断器 FU_1、接触器 KM 的主触点、热继电器 FR 的驱动器件（发热元件）及电动机 M 构成。

控制电路由起动按钮 SB_2、停止按钮 SB_1、接触器 KM 的线圈及其常开触点、热继电器 FR 的常闭触点和熔断器 FU_2 构成。

（一）控制电路的工作原理

（1）起动控制　合上电源开关 QS，为起动作好准备。按下起动按钮 SB_2，使接触器 KM 线圈通电吸合，其主触点闭合使电动机 M 得电起动；同时接触器常开辅助触点闭合，与按钮 SB_2 并联一起接通 KM 线圈。当松开 SB_2 时，KM 线圈仍通过自身常开辅助触点继续保持通电，从而使电动机连续运转。这种依靠接触器自身辅助触

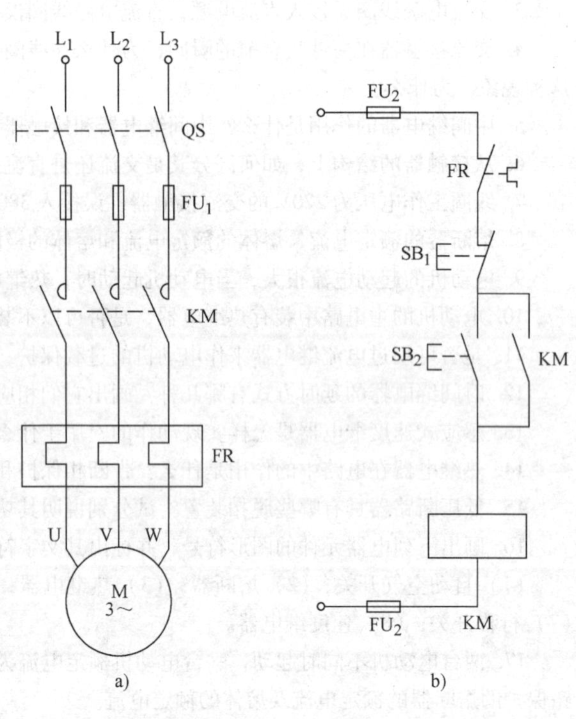

图 2-1　电动机全压单向直接起动控制电路

a）主电路　b）控制电路

点保持线圈通电的电路环节，称为自锁环节，这对与 SB_2 并联的常开辅助触点称为自锁触点。

（2）停止控制　按下停止按钮 SB_1，接触器 KM 线圈断电释放，KM 常开主触点及常开辅助触点都断开，电动机 M 失电停转。当松开 SB_1 时，由于 KM 自锁触点已断开，故接触器线圈不可能再通电，则电动机一直断电停机。

（二）电路的保护环节

（1）短路保护　由熔断器 FU_1、FU_2 分别实现主电路和控制电路的短路保护。

（2）过载保护　由热继电器 FR 实现电动机长期运行时的过载保护。当电动机出现过载时，热继电器动作，串接在控制电路中的常闭触点断开，切断 KM 线圈电路，KM 主触点断开，使电动机脱离电源停止运行，实现过载保护。

（3）零电压和欠电压保护　这二种保护通过具有自锁环节功能的接触器来实现。当电源断电或电压严重过低时，接触器的衔铁自行释放，电动机失电而停机。当电源电压恢复正常时，接触器线圈不能自动得电，只有再次按下起动按钮 SB_2 后电动机才会起动，以防止断电后的突然来电使电动机自行起动，造成人身及设备损害的事故，具有安全保护作用，所以这种保护叫零电压保护。

设置零电压、欠电压保护后的控制电路有几个优点：首先可以防止电源电压严重下降时电动机欠电压运行，防止电动机烧毁；其次可以防止电源电压恢复时，电动机自行起动造成设备和人身事故；第三，可以避免多台电动机同时起动造成电网电压的严重下降，影响其他设备的正常工作。

直接起动是一种简单、可靠、经济的起动方式，但由于直接起动时，电动机起动电流为额定电流的 4 ~7 倍，过大的起动电流一方面会造成电网电压显著下降，直接影响在同一电网工作的其他电动机及用电设备正常运行，另一方面电动机频繁起动会严重发热，加速线圈老化，缩短电动机寿命。所以直接起动电动机的容量受到一定的限制，通常根据起动次数、电动机容量、供电变压器容量和机械设备是否允许等因素来综合分析，一般容量小于 10kW 的电动机可采用直接起动。

二、降压起动控制电路

较大容量的笼型异步电动机（大于 10kW）因起动电流较大，一般都采用降压起动方式来起动。因为降低电压可以减少起动电流，防止电动机电枢过热，并减少对电路电压的影响。方法是起动时首先降低加在电动机定子绕组上的电压，待起动后再将电压恢复到额定值，使电动机在正常电压下运行。

常用的降压起动有定子串联电阻（或电抗）、星形—三角形换接、自藕变压器及延边三角形起动等起动方法。

（一）定子串联电阻降压起动控制电路

图 2-2 是定子串联电阻降压起动控制电路，其工作原理是电动机起动时在三相定子电路中串联电阻，使电动机定子绕组电压降低，起动结束后再将电阻短接，使电动机在额定电压下正常运行。这种起动方式由于不受电动机接线形式的限制，设备简单，因而在中小型生产机械中应用较广，机床中也常用这种串联电阻降压方式限制点动及制动时的电动机电流。

图 2-2a 控制电路工作原理如下：

合上电源开关 QS，按起动按钮 SB_2，KM_1 得电吸合并自锁，其主触点闭合使电动机串联电阻 R 起动。接触器 KM_1 得电同时，时间继电器 KT 线圈得电吸合，经延时一段时间后，其延时闭合常开触点闭合，使 KM_2 得电动作，将主回路电阻 R 短接，电动机在全压下进入稳定正常运转。

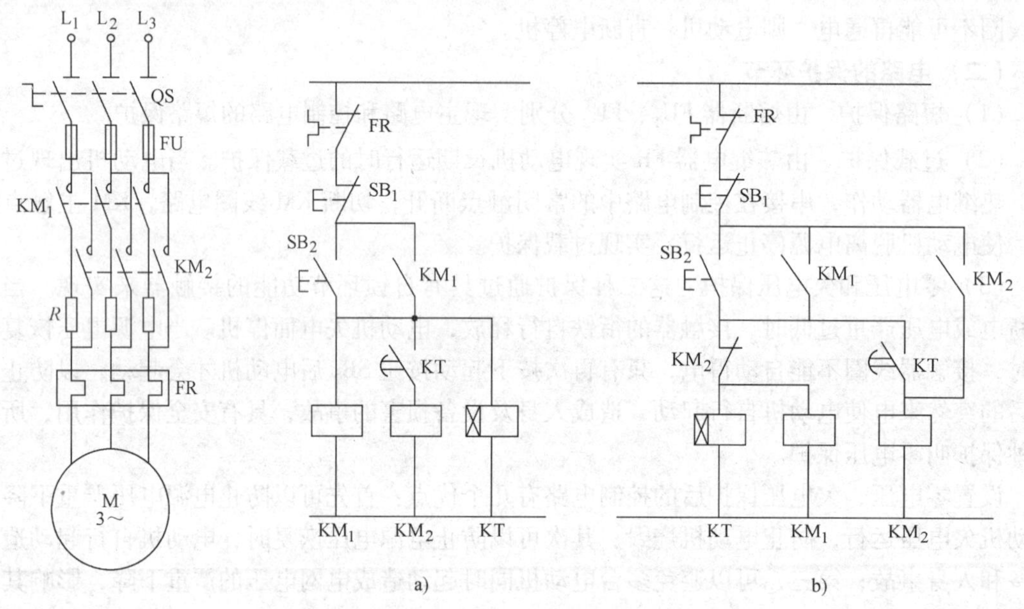

图 2-2　定子串联电阻降压起动控制电路

从主回路看，只要 KM_2 得电就能使电动机正常运行，但在图 2-2a 控制电路中，电动机起动后 KM_1 和 KT 一直得电动作，这是不必要的，既浪费电能又影响电器使用寿命。图 2-2b 控制电路解决了这个问题，接触器 KM_2 得电后，用其常闭触点将 KM_1 和 KT 线圈的回路切断，使之失电，同时 KM_2 自锁，这样，在电动机起动后，只有 KM_2 得电并使电动机正常运行。

由于起动电阻中要通过较大电流，该起动方法中的起动电阻一般采用由电阻丝绕制的板式电阻或铸铁电阻，电阻功率大，但能量损耗也较大，为了节省能量可采用电抗器代替电阻，但其价格较贵，成本较高。

（二）星形—三角形换接降压起动控制电路

对于正常运行时定子绕组接成三角形，且三相绕组六个抽头均引出的笼型异步电动机，常采用星形—三角形换接的方法进行降压起动，来达到限制起动电流的目的。

起动时，先将定子绕组接成星形，降低每相绕组上的电压降，待转速上升到接近额定转速时，再将定子绕组的接线由星形换接成三角形，电动机便进入全压正常运行状态。因功率在 4kW 以上的三相笼型异步电动机均为三角形接法，故都可以采用星形—三角形降压起动方法。

图 2-3 为星形—三角形降压起动常采用的控制电路，电路工作原理如下：

主电路由三个接触器组成，KM_1 起主电流通断控制作用，KM_2 和 KM_3 是星形接法和三角形接法换接接触器。当合上总开关 QS 后，按起动按钮 SB_2，接触器 KM_3 和时间继电器 KT 的线圈都通电，KM_3 触点动作使 KM_1 也通电吸合并自锁，KM_1 和 KM_3 的主触点使电动机 M

接成星形降压起动，随着电动机转速的升高，起动电流下降；当时间继电器 KT 延时时间到，其延时断开的常闭触点断开，使 KM_3 断电释放，其辅助常闭触点使 KM_2 通电吸合，同时时间继电器断电释放，这时 KM_1 和 KM_2 使电动机 M 接成三角形正常运行。

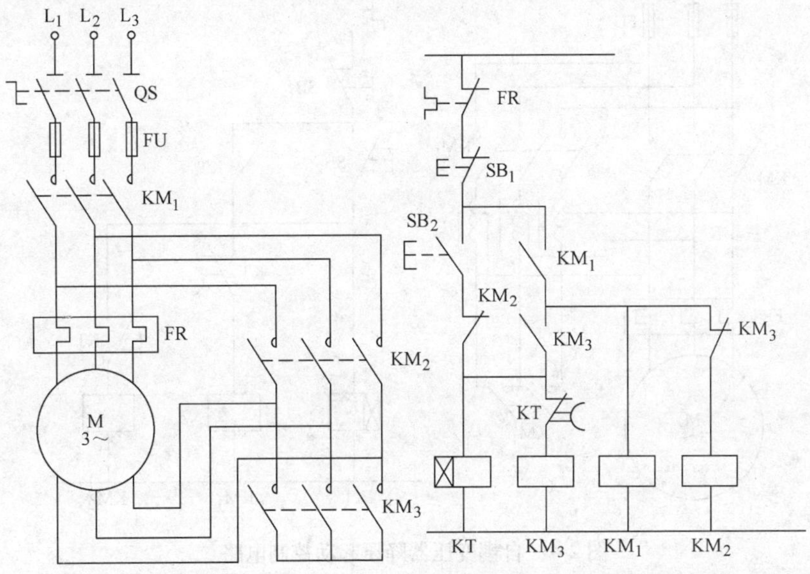

图 2-3　星形—三角形降压起动控制电路

三相笼型异步电动机采用星形—三角形降压起动时，定子绕组在星形联结状态下起动电压为三角形联结直接起动电压的 $1/\sqrt{3}$；起动转矩为三角形联结直接起动转矩的 1/3；起动电流也为三角形联结直接起动电流的 1/3。与其他降压起动相比，星形—三角形降压起动投资少，电路简单，操作方便，但起动转矩较小。这种方法适用于空载或轻载状态，因为机床多为轻载和空载起动，因而这种起动方法应用较普遍。

（三）自耦变压器降压起动控制电路

在自耦变压器降压起动的控制电路中，电动机起动电流的限制是依靠自耦变压器的降压作用来实现的。电动机起动时，定子绕组得到的电压是自耦变压器的二次电压，一旦起动完毕，自耦变压器便被脱开，额定电压即自耦变压器的一次电压直接加于定子绕组，电动机进入全压正常工作。

图 2-4 为自耦变压器降压起动的控制电路。起动时，合上电源开关，按下起动按钮 SB_2，接触器 KM_1 线圈和时间继电器 KT 线圈同时通电，KT 瞬时动作的常开触点闭合自锁，接触器 KM1 主触点闭合将电动机定子绕组经自耦变压器接至电源开始降压起动。时间继电器经过一定延时后，其延时常闭触点打开，使接触器 KM_1 线圈断电，KM_1 主触点断开，从而将自耦变压器从电网上切除。而延时常开触点闭合，使接触器 KM_2 线圈通电，于是电动机直接接到电网上运行，完成了整个起动过程。

自耦变压器降压起动方法适用于起动较大容量的电动机，电动机正常工作时的绕组接法可以是星形，也可以是三角形。起动转矩可以通过改变抽头的连接位置得到改变，但它的缺点是自耦变压器价格较贵，而且不允许频繁起动。

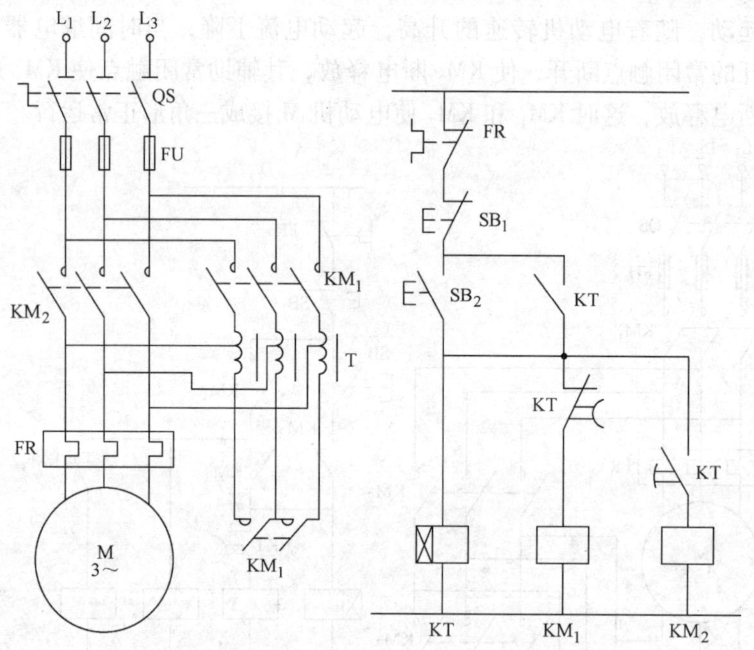

图 2-4　自耦变压器降压起动控制电路

第二节　三相异步电动机正反转控制电路

在实际生产中，经常要求电动机能正反向运转，如机床主轴的正转和反转运行，工作台的前后运行，起重机起吊重物的上升与下降等。从三相异步电动机原理中可知，改变电动机定子绕组的电源相序，就可实现电动机运转方向的改变。实际应用中，就是通过开关或两个接触器改变电源进入电动机三相绕组的相序来实现电动机正反转控制。

一、开关控制的正反转电路

对于不频繁起动的小功率电动机可以采用万能转换开关来控制其正反转，这种控制方法电路简单，操作方便，如图 2-5 所示。

图中万能转换开关 SA 平时处于中位，三相电源不能接通，电动机停止。当开关手柄置于 1 位时，接通了三相电源，电动机开始正转。当开关手柄置于 2 位时，与上面处于 1 位时相比较，进入到电动机的电源线有二相进行了交换，即最左边和最右边互换了，从而改变了进入电动机的电源相序，使电动机开始反向运行。

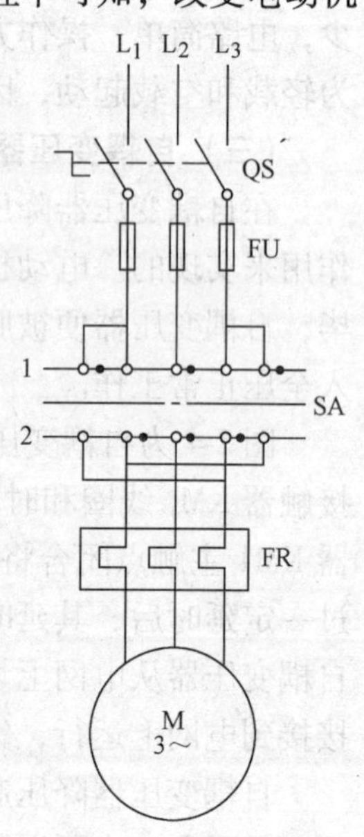

图 2-5　开关控制的正反转电路

二、接触器控制的正反转控制电路

接触器控制的正反向运行电路实质上是两个方向相反的单向运行电路的组合。为了避免正反向同时工作引起电源相间短路，必须在这两个运行电路中加设互锁装置，保证同时只能有一个电路工作。按照电动机正反转操作顺序的不同，分“正—停—反”和“正—反—停”两种控制电路。

（一）电动机“正—停—反”控制路线

图 2-6 所示为接触器控制的三相异步电动机正反转控制电路。图 2-6a 为电动机“正—停—反”控制电路，主电路中的 KM_1、KM_2 分别为实现正、反转的接触器主触点。为防止两个接触器同时得电而导致电源短路，利用两个接触器的常闭触点 KM_1、KM_2 分别串联在对方的工作线圈电路中，构成相互制约关系，以保证电路安全可靠地工作，这种相互制约的关系称为“联锁”，也称为“互锁”，实现联锁的常闭辅助触点称为联锁（或互锁）触点。

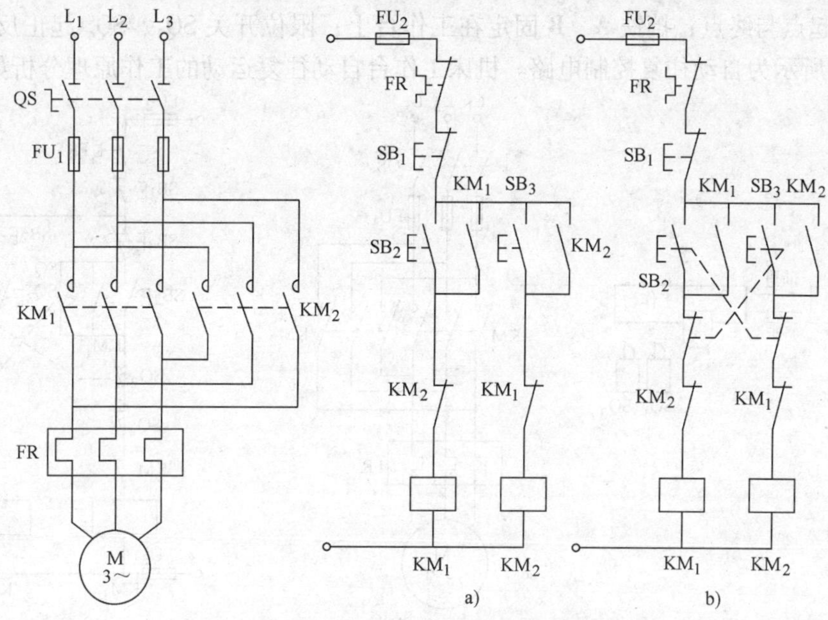

图 2-6　电动机正反转控制电路

图 2-6a 控制电路作正反向转换控制时，必须先按下停止按钮 SB_1，待工作接触器断电后，再按反向起动按钮实现反转，故它具有“正—停—反”控制特点。

（二）电动机“正—反—停”控制电路

在实际应用中，为提高工作效率，减少辅助工时，要求直接实现从正转向反转转换的控制，这时图 2-6a 中控制电路就不能实现，可采用如图 2-6b 所示的“正—反—停”的控制电路。

在图 2-6b 中采用复合按钮来控制电动机的正反转，在该控制电路中，正转起动按钮 SB_2 的常开触点串联于正转接触器 KM_1 线圈回路，用于接通 KM_1 线圈，而 SB_2 的常闭触点则串联于反转接触器 KM_2 线圈回路中，工作时首先断开 KM_2 的线圈，以保证 KM_2 不得电，同时 KM_1 可靠得电。反转起动按钮 SB_3 的接法与 SB_2 类似，常开触点串接于 KM_2 线圈回路中，常闭触点串联于 KM_1 线圈回路中，从而保证按下 SB_3 使 KM_1 不得电，KM_2 能可靠得电，实现电动机的反转。

在图 2-6a 中，由接触器 KM_1、KM_2 常闭触点实现的互锁称为“电气互锁”，而图 2-6b 中，由复合按钮 SB_2、SB_3 常闭触点实现的互锁称为“机械互锁”。

图 2-6b 中既有“电气互锁”，又有“机械互锁”，故称为“双重互锁”。控制电路中二种“互锁”同时发生故障的概率很低，能确保二个接触器不会同时工作而使相间短路，所以该电路工作可靠性高，且操作方便，常用于电力拖动系统。

（三）具有自动往复功能的正反转控制电路

在实际生产中，有很多机床的工作台需要自动往复运动，如龙门刨床、导轨磨床等。

工作台的自动往返运动通常是通过行程开关来检测往返运动的相对位置，从而控制电动机的正反转运行来实现的。

图 2-7a 所示为机床工作台往复运动示意图，限位开关 SQ_1、SQ_2 固定安装在床身上，反映工作台的起点与终点；挡铁 A、B 固定在工作台上；限位开关 SQ_3、SQ_4 起正反向极限保护。图 2-7c 所示为自动往复控制电路。机床工作台自动往复运动的工作原理分析如下：

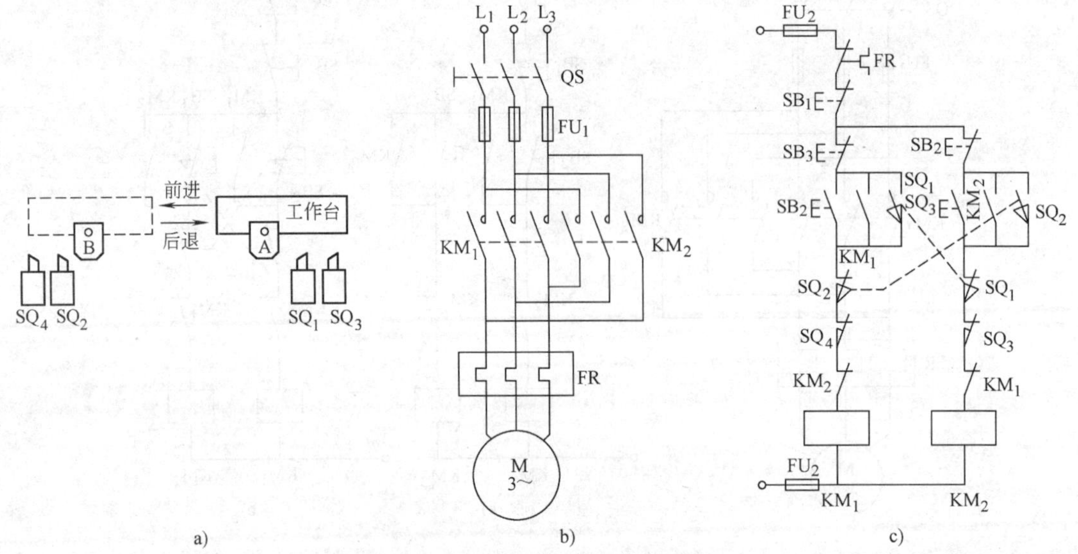

图 2-7　机床工作台自动往复运动控制电路

a）工作台往复运动示意图　b）主电路　c）控制电路

起动控制：合上开关 QS，按下按钮 SB_2，使 KM_1 线圈得电并自锁，其常闭触点断开，切断 KM_2 线圈的回路，实现联锁，电动机 M 得电正转，工作台向前运动；当挡铁 B 压下 SQ_2 时，SQ_2 的常闭触点切断 KM_1 线圈回路，电动机停止正转，同时其常开触点闭合，接通 KM_2 线圈回路并使 KM_2 自锁，同时 KM_2 的常闭触点切断 KM_1 回路，实现联锁，电动机开始反转，工作台向后运动；当挡铁 A 压下 SQ_1 时，SQ_1 的常闭触点切断 KM_2 线圈回路，同时接通 KM_1 回路并使其自锁，电动机又开始正转进入下一个循环。

停机控制：按下 SB_1，接触器 KM_1、KM_2 线圈失去电源，电动机 M 断电停机，工作台停止运动。

若工作中因行程开关失灵而无法实现换向，则有限位开关 SQ_3、SQ_4 实现保护，避免运动部件因超出极限位置而发生事故。

以上这种用行程开关来控制运动部件行程位置的方法，称为行程控制原则。行程控制原则是实现机械设备自动化和生产过程自动化应用最广泛的控制方法之一。

第三节　三相异步电动机制动控制电路

三相异步电动机从切断电源到完全停止转动，由于惯性的关系，需要经过一段时间，这往往不能适应某些生产机械工艺的要求，如万能铣床，卧式镗床，组合机床等。无论是从提高生产效率，还是从安全及准确停位等方面考虑，都要求电动机能迅速停车，所以需要对电动机进行制动控制。

三相异步电动机的制动方法一般有两大类：机械制动和电气制动。机械制动是用机械装置来强迫电动机迅速停车；电气制动实质上是在电动机停车时，产生一个与原来旋转方向相反的制动转矩，迫使电动机转速迅速下降。电气制动包括反接制动和能耗制动二种。

一、反接制动控制电路

反接制动是利用改变电动机电源的相序，使定子绕组产生方向相反的旋转磁场，因而产生方向相反的制动转矩的一种制动方法。

反接制动时，由于转子与旋转磁场的相对速度接近于两倍的同步转速，所以定子绕组中流过的反接制动电流相当于全电压直接起动时电流的两倍，因此反接制动特点是制动迅速，效果好，但冲击大，通常仅适用于10kW以下的小容量电动机。为了减小冲击电流，通常要求在电动机主电路中串联一定的电阻以限制反接制动电流，这个电阻称为反接制动电阻。反接制动电阻的接线方法有对称和不对称两种接法，采用对称电阻接法可以在限制制动转矩的同时也限制了制动电流，而采用不对称制动电阻的接法，只是限制了制动转矩，未加制动电阻的那一相，仍具有较大的电流。反接制动的另一要求是在电动机转速接近于零时，及时切断反相序电源，以防止反向再起动。

（一）单向反接制动的控制电路

反接制动的关键在于电动机电源相序的改变，且当转速下降接近于零时，能自动将电源切除，因此采用速度继电器来检测电动机的速度变化。速度继电器一般在转速大于120r/min时触点动作，当转速低于100r/min时，其触点恢复原位。

图2-8为单向反接制动的控制电路，其工作过程如下：起动时，按下起动按钮SB_2，接触器KM_1通电并自锁，电动机M通电起动。在电动机正常运转时，速度继电器KS的常开触点闭合，为反接制动作好了准备。停车时，按下停止按钮SB_1，其常闭触点断开，接触器KM_1线圈断电，电动机M脱离电源，由于此时电动机的惯性转速还很高，KS的常开触点依然处于闭合状态，所以SB_1常开触点闭合时，反接制动接触器KM_2线圈通电并自锁，其主触点闭合，使电动机定子绕组得到与正常运转相序相反的三相交流电源，电动机进入反接

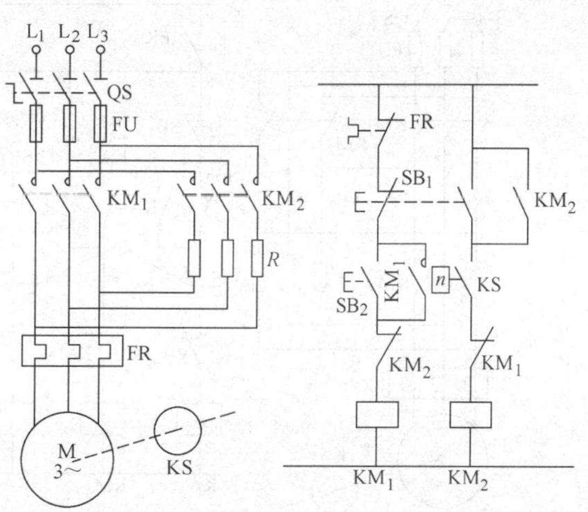

图2-8　电动机单向运行反接制动控制电路

制动状态，转速迅速下降，当电动机转速接近于零时，速度继电器常开触点复位，接触器线圈电路被切断，反接制动结束。

（二）电动机正反向运行的反接制动控制电路

图 2-9 为电动机正反向运行的反接制动控制电路。当电动机通过正转接触器 KM_1 触点得电而正向运转时，速度继电器 KS_1 正转的常闭触点和常开触点均已动作，分别处于打开和闭合的状态。但是，由于对反转接触器 KM_2 线圈电路起互锁作用的 KM_1 常闭辅助触点此时已断开，所以正转的 KS_1 的常开触点仅仅起到使 KM_2 准备通电的作用，即并不能使它立即通电。当按下停止按钮 SB_1 时，由于 KM_1 线圈断电，KM_1 的常闭触点复位闭合，反向接触器 KM_2 线圈便通电，定子绕组得到反向的三相交流电源，进入反接制动状态。由于速度继电器的常闭触点已打开，所以此时反向接触器 KM_2 线圈不能依靠自锁触点而锁住电源。当电动机转子惯性速度接近于零时，KS_1 的正转常闭触点和常开触点均恢复原来的常闭和常开状态，KM_2 线圈的电源被切断，反接制动过程便告结束。

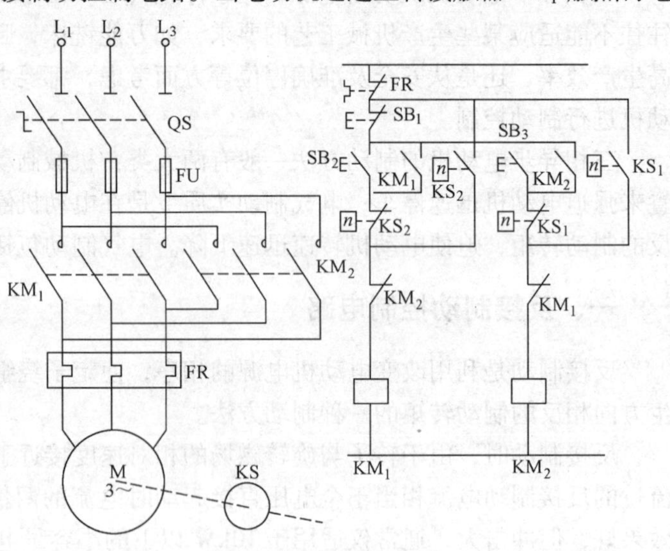

图 2-9　电动机正反向运行反接制动控制电路

上述这种反接制动控制电路的缺点是主电路没有限流电阻，冲击电流大，如频繁制动容易引起电动机发热。图 2-10 为具有反接制动电阻的正反向反接制动控制电路，图中电阻 R 是反接制动电阻，同时也具有限制起动电流的作用，该电路工作原理如下：

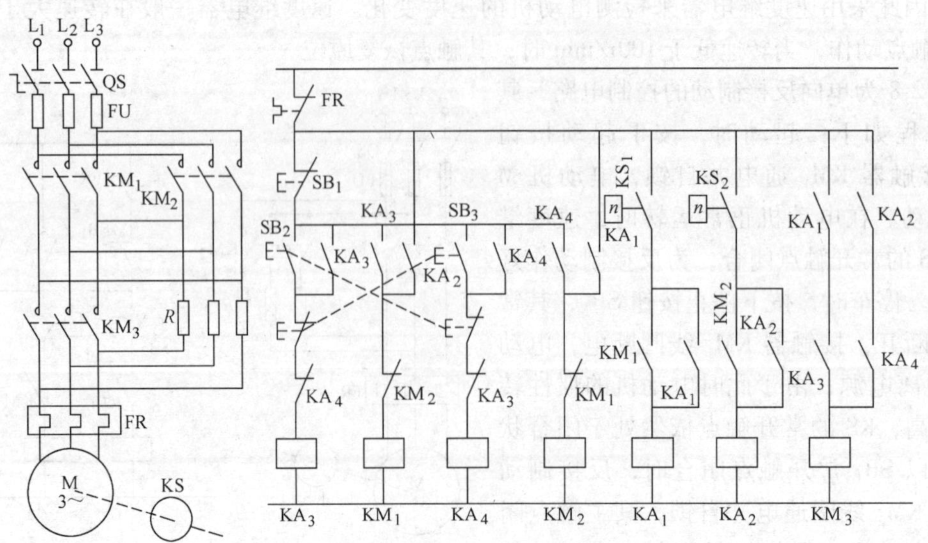

图 2-10　具有反接制动电阻的正反向反接制动控制电路

合上电源开关 QS，按下正转起动按钮 SB_2，中间继电器 KA_3 线圈通电并自锁，其常闭触点打开，与中间继电器 KA_4 线圈构成互锁电路，KA_3 常开触点闭合，使接触器 KM_1 线圈通电，KM_1 的主触点闭合使定子绕组经电阻 R 接通正转三相电源，电动机开始降压起动，此时虽然中间继电器 KA_1 线圈电路中 KM_1 常开辅助触点已闭合，但是 KA_1 线圈仍无法通电。因为速度继电器 KS 的正转常开触点尚未闭合，当电动机转速上升到一定值时，KS 的正转常开触点闭合，中间继电器 KA_1 通电并自锁，这时由于 KA_1，KA_3 等中间继电器的常开触点均处于闭合状态，接触器 KM_3 线圈通电，于是电阻 R 被短接，定子绕组直接加以额定电压，电动机转速上升到稳定的工作转速。在电动机正常运行的过程中，若是按下停止按钮 SB_1，则 KA_3、KM_1、KM_3 三只线圈断电。由于此时电动机转子的惯性转速仍然很高，速度继电器 KS 的正转常开触点尚未复原，中间继电器 KA_1 仍处于工作状态，所以接触器 KM_1 常闭触点复位后，接触器 KM_2 线圈便通电，其常开主触点闭合，使定子绕组经电阻 R 获得反转的三相交流电源，对电动机进行反接制动，转子速度迅速下降，当其转速小于 100r/min 时，KS 的正转常开触点恢复断开状态，KA_1 线圈断电，接触器 KM_2 释放，反接制动过程结束。电动机反向起动和制动停车过程与正转时相同。

反接制动具有制动力强、制动迅速的优点，但其制动准确性差，制动过程中冲击强烈，易损坏传动部件，制动能量消耗大，不宜频繁制动，一般适用于制动要求迅速，系统惯性大，不经常起动和制动的场合，如铣床、镗床、中型车床等主轴的制动。

二、能耗制动控制电路

能耗制动是利用发电机的原理，把旋转的机械能转变为电能，消耗在制动电阻上，故称为能耗制动。当电动机脱离三相交流电源之后，迅速给定子绕组接入直流电流，产生一个静止磁场，则转子产生的感应电流与静止磁场相互作用达到制动的目的。同反接制动一样，当电动机转速接近于零时，应及时切断直流制动电源。切断电源的时刻既可以按时间控制原则，用时间继电器进行控制，也可以按速度原则，用速度继电器进行控制。下面分别用单向能耗制动和正反向能耗制动控制电路为例来说明。

（一）单向能耗制动控制电路

图 2-11 为时间原则控制的单向能耗制动控制电路，在电动机正常运行的时候，若按下停止按钮 SB_1，电动机由于 KM_1 断电释放而脱离三相交流电源，而直流电源则由于接触器 KM_2 线圈通电，主触点闭合而加入定子绕组，时间继电器 KT 线圈与 KM_2 线圈同时通电并自锁，于是电动机进入能耗制动状态。当其转子的惯性速度接近于零时，时间继电器延时打开的常闭触点断开接触器 KM_2 线圈电路。由于 KM_2 常开辅助触点的复位，时间继电器 KT 线圈的电源也被断开，电动机能耗制动结束。

图中 KT 的瞬时常开触点与 KM_2 辅助常开触点串联组成联合自锁，其作用是当万一发生 KT 线圈断线或机械卡住故障时，防止在按下按钮 SB_1 电动机进行制动后，因 KM_2 触点自锁使两相的定子绕组长期接入能耗制动的直流电流而烧毁电动机。该电路还具有手动控制能耗制动的功能，只要使停止按钮 SB_1 处于按下的状态，电动机就能实现能耗制动。

图 2-12 为速度原则控制的单向能耗制动控制电路，该电路与图 2-11 控制电路基本相同，仅是控制电路中取消了时间继电器 KT 的线圈及其触点电路，而在电动机轴伸端安装了速度继电器 KS，并且用 KS 的常开触点取代了 KT 延时打开的常闭触点，因此，该电路中的电动

机在刚刚脱离三相交流电源时，由于电动机转子的惯性速度仍然很高，速度继电器 KS 的常开触点仍然处于闭合状态，所以接触器 KM_2 线圈能够依靠 SB_1 按钮的按下通电自锁。于是，两相定子绕组获得直流电源，电动机进入能耗制动。当电动机转子的惯性速度接近于零时，KS 常开触点复位，接触器 KM_2 线圈断电而释放，能耗制动结束。

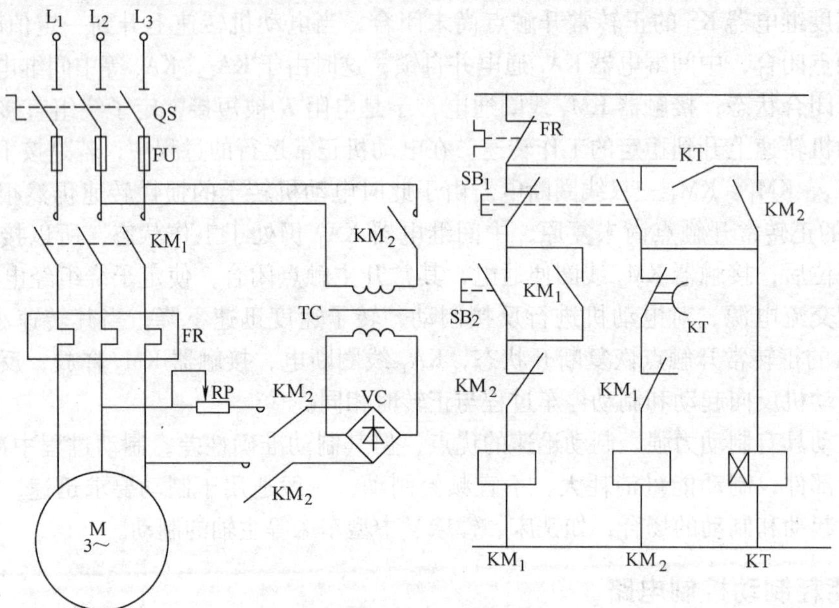

图 2-11　时间原则控制的单向能耗制动控制电路

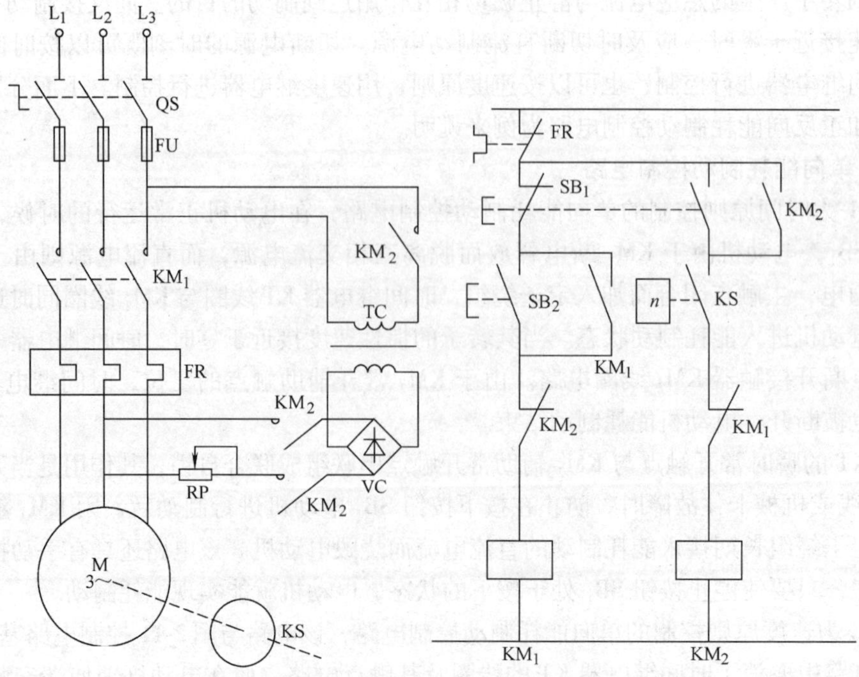

图 2-12　速度原则控制的单向能耗制动控制电路

（二）电动机正反向运行能耗制动控制电路

图 2-13 为电动机按时间原则控制正反向运行能耗制动控制电路，在其正常的正向运转过程中，需要停止时，可按下停止按钮 SB_1，KM_1 断电，KM_3 和 KT 电路通电并自锁，KM_3 常闭触点断开起着锁住电动机起动电路的作用；KM_3 常开主触点闭合，使直流电压加至定子绕组，电动机进行正向能耗制动，电动机正向转速迅速下降，当其接近于零时，时间继电器延时打开的常闭触点 KT 断开接触器 KM_3 线圈电源。由于 KM_3 常开辅助触点的复位，时间继电器 KT 线圈也随之失电，电动机正向能耗制动结束。

电动机反向起动与反向能耗制动的过程与上述正向情况相同。

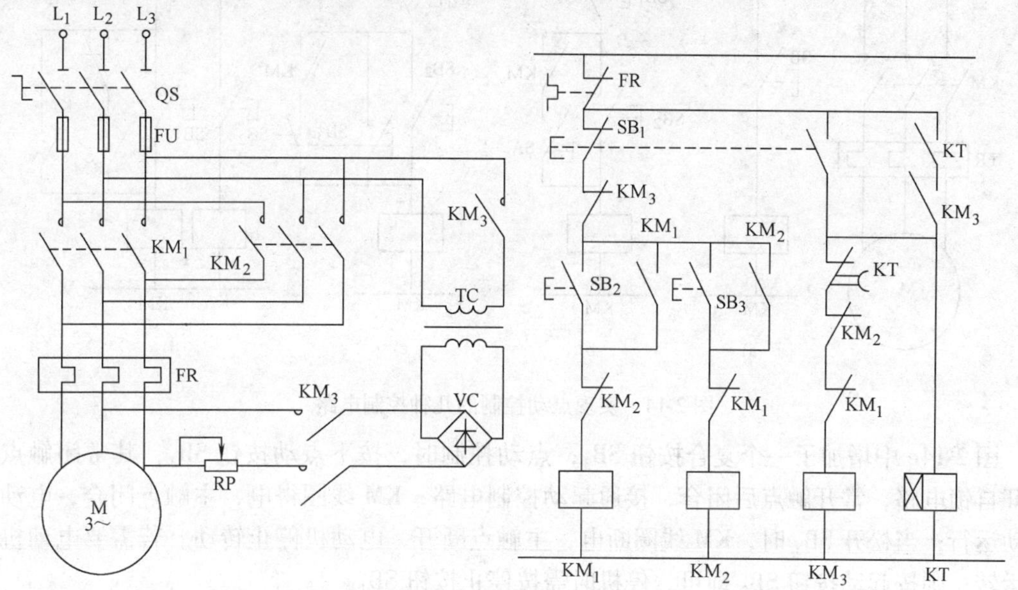

图 2-13　电动机正反向运行能耗制动控制电路

电动机正反向运行能耗制动也可以采用速度原则，用速度继电器取代时间继电器，同样能达到制动目的。

能耗制动的优点是制动准确、平稳，且能量消耗小。缺点是需附加直流电源装置，设备费用较高，制动力较弱，在低速时制动力矩小，一般用于要求制动准确、平稳的场合。而按时间原则控制的能耗制动，适用于负载转速比较稳定的生产机械上，对于那些负载惯性经常变化的生产机械来说，采用速度原则控制的能耗制动更为合适。

第四节　其他基本控制电路

一、点动控制

在生产实践中，机床设备有时需要长时间工作，有时需要短时间间歇工作，因此要有点动控制，还有些生产机械在进行调整工作时也要采用点动控制。

图 2-14 列出了实现点动控制的几种常用的控制电路。

图 2-14a 是最基本的点动控制电路，当按下点动起动按钮 SB 时，接触器 KM 通电吸合，主触点闭合，电动机接通电源；当手松开按钮时，接触器 KM 断电释放，主触点断开，电动

机被切断电源而停止运行。

图 2-14b 是带手动开关 SA 的点动控制电路，当需要点动时，将开关 SA 打开，操作 SB_2 即可实现点动控制；当需要连续工作时合上 SA，将自锁触点接入，即可实现长动控制。

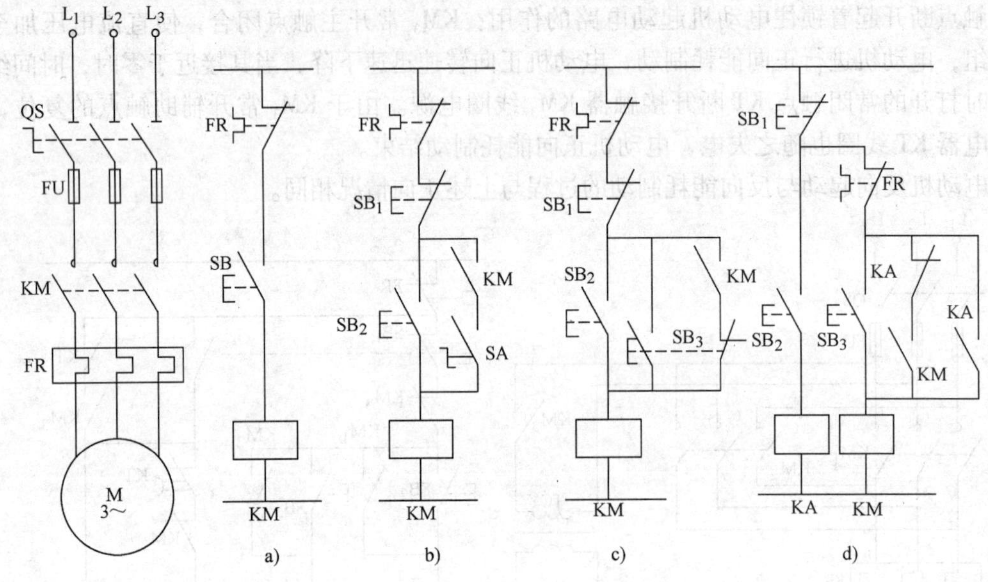

图 2-14　实现点动控制的几种控制电路

图 2-14c 中增加了一个复合按钮 SB_3，点动控制时，按下点动按钮 SB_3，其常闭触点先断开自锁电路，常开触点后闭合，接通起动控制电路，KM 线圈得电，主触点闭合，电动机起动运行；当松开 SB_3 时，KM 线圈断电，主触点断开，电动机停止转动。若需要电动机连续运转，则按起动按钮 SB_2 即可，停机时需按停止按钮 SB_1。

图 2-14d 是利用中间继电器实现点动的控制电路，利用点动起动按钮 SB2 控制中间继电器 KA，KA 的常开触点并联在 SB_3 两端，来控制接触器 KM 实现电动机点动；当需连续运转时可按下 SB_3 按钮，SB_1 是停止按钮。

二、多地控制

有些大型机床和生产设备，为使操作人员在不同的方位均能进行操作，常常要求多地控制。多地控制就是用多组起动、停止按钮控制同一台电动机。多地控制的连接原则是：起动按钮要并联，即逻辑或的关系；停止按钮应串联，即逻辑与的关系。根据这一原则可推广更多地点的控制，图 2-15 所示是多地控制电路。

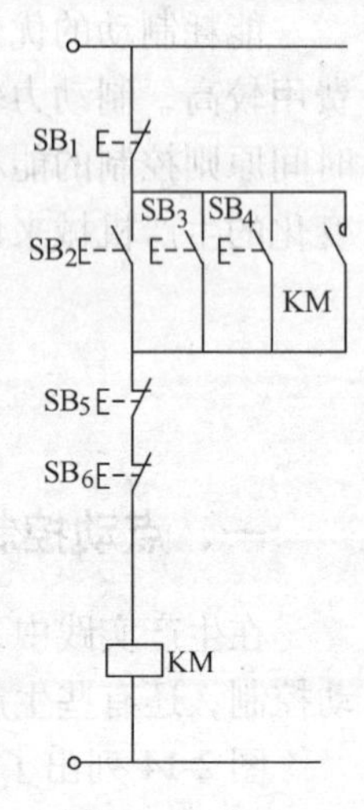

图 2-15　多地控制电路

三、顺序控制

在多机拖动系统中，各电动机所起的作用不同，有时需按一定的顺序起动，才能保证操作过程的合理性和工作的安全可靠，如磨床上要求先起动油泵电动机，再起动主轴电动机。顺序起停控制电路有顺序起动、同时停止控制电路和顺序起动、顺序停止的控制电路二种类型。图 2-16a 所示是两台电动机顺序起动控制电路主电路，图 2-16b、c 为控制电路，其中图

2-16b 电路工作原理如下：按下按钮 SB_2，KM_1 通电并自锁，电动机 M_1 运转，同时串在 KM_2 控制回路中 KM_1 常开触点也闭合，此时再按下 SB_4，KM_2 通电并自锁，则电动机 M_2 起动；如果先按下 SB_4，因 KM_1 常开触点断开，电动机 M_2 不可能先起动，达到了按顺序起动的要求。

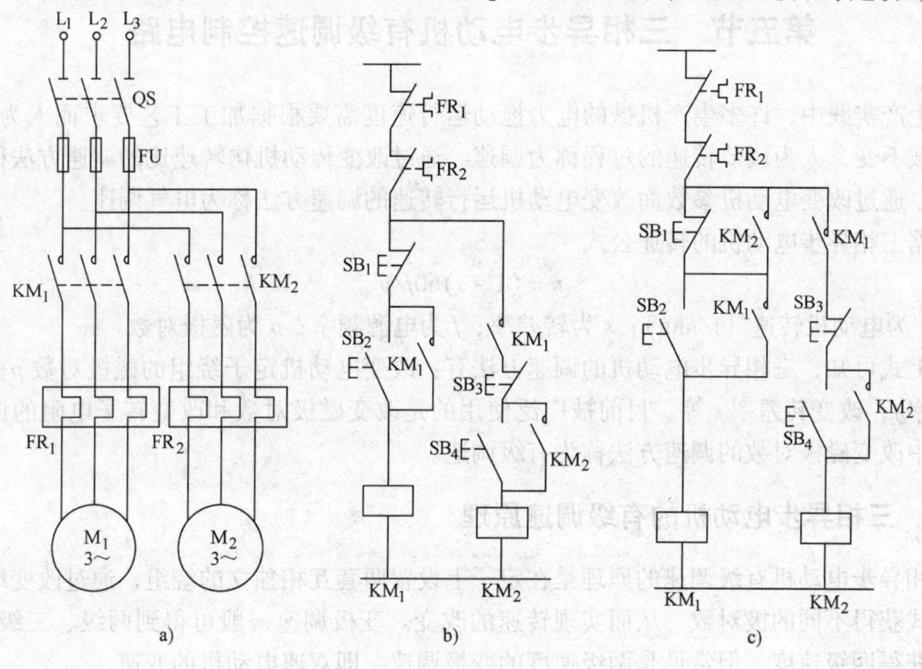

图 2-16 电动机顺序起动控制电路

除了必须按顺序起动外，有些机床还要求按一定顺序停止，如卧式铣床，起动时应先起动主轴电动机 M_1，再起动进给电动机 M_2；停止时应先停止 M_2，再停止 M_1，这样才不会破坏被加工零件表面的精度及损坏刀具。图 2-16c 为按顺序起动和停止的控制电路，要达到这个目的，只需在顺序起动控制电路图的基础上，将接触器 KM_2 的一个辅助常开触点并接在停止按钮 SB_1 的两端，这样，即使先按 SB_1，由于 KM_2 通电，电动机 M_1 也不会停转。只有按下 SB_3，电动机 M_2 先停后，此时按下 SB_1 才有效，达到先停止 M_2，后停止 M_1 的要求。

许多顺序控制还要求有一定的时间间隔，这可以通过时间继电器来实现，图 2-17 所示电路就具有这样的功能。图中 KM_1、KM_2 分别控制 M_1、M_2 电动机，电动机 M_1 起动 t 秒后，时间继电器 KT 的延时时间到，其延时闭合

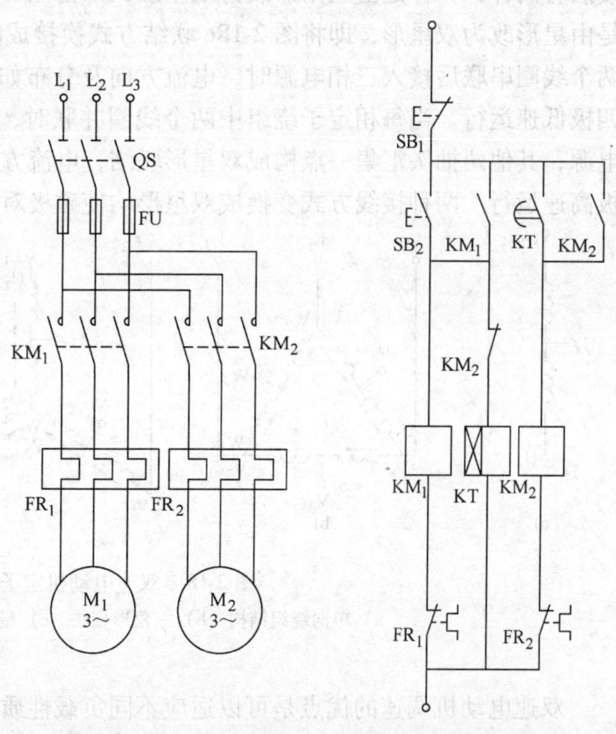

图 2-17 采用时间继电器的顺序起动控制电路

的常开触点接通 KM_2 并使其自锁，电动机 M_2 起动。KM_2 的常闭触点断开，切断时间继电器KT的线圈，使KT停止工作。

第五节　三相异步电动机有级调速控制电路

在生产实践中，许多生产机械的电力拖动运行速度需要根据加工工艺要求而人为调节，这种负载不变，人为调节转速的过程称为调速。通过改变传动机构转速比的调速方法称为机械调速，通过改变电动机参数而改变电动机运行转速的调速方法称为电气调速。

根据三相异步电动机的转速公式

$$n=(1-s)60f/p$$

式中　n 为电动机转速（r/min）；s 为转差率；f 为电源频率；p 为磁极对数。

由上式可知，三相异步电动机的调速方法有：改变电动机定子绕组的磁极对数 p；改变电源频率 f；改变转差率 s 等。目前被广泛使用的是改变磁极对数和改变转子电阻的调速方法，其中改变磁极对数的调速方法称为有级调速。

一、三相异步电动机的有级调速原理

三相异步电动机有级调速的原理是在定子上设置两套互相独立的绕组，通过改变绕组的接线方式获得不同的极对数，从而实现转速的改变。变极调速一般可得到两级、三级速度，最多可获得四级速度，但常见是两级速度的变极调速，即双速电动机的变速。

如图2-18a所示，每相定子绕组由两个线圈连接而成，共有三个抽头。常见的定子绕组接法有两种：一种是由三角形改为双星形，即由图2-18b联结换接成图2-18d联结；另一种是由星形改为双星形，即将图2-18c联结方式换接成图2-18d联结方式。当每相定子绕组的两个线圈串联后接入三相电源时，电流方向及分布如图2-18b或图2-18c中所示，电动机以四极低速运行。当每相定子绕组中两个线圈并联时，由中间抽头（U_3、V_3、W_3）接入三相电源，其他两抽头汇集一点构成双星形联结，电流方向及分布如图2-18d所示，电动机以两极高速运行。两种接线方式变换成双星形均使磁极对数减少一半，转速增加一倍。

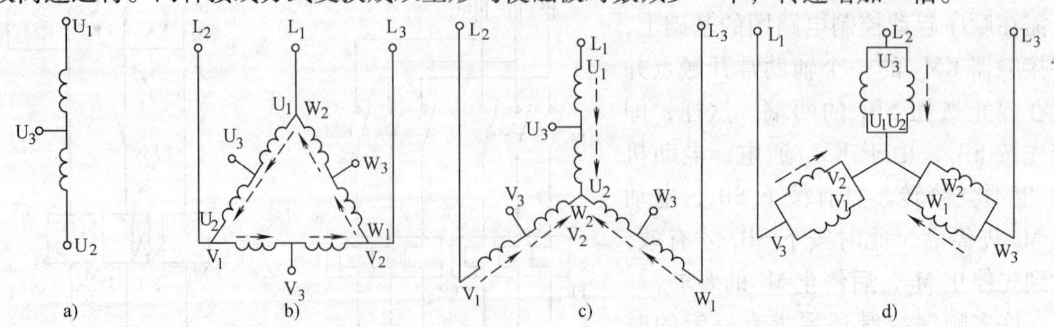

图2-18　双速电动机定子绕组接线

a）单向绕组结构　b）三角形接法　c）星形接法　d）双星形接法

双速电动机调速的优点是可以适应不同负载性质的要求，如需要恒功率调速时可采用三角形—双星形转换接法，需要恒转矩调速时采用星形—双星形转换接法，且电路简单、维修

方便；缺点是只能有级调速且价格较高，通常使用时与机械变速配合使用，以扩大其调速范围。使用时注意，变极调速有“反转向方案”和“同转向方案”两种方法。若变极后电源相序不变，则电动机以反转高速运行；若要保持电动机变极后转向不变，则必须在变极同时改变电源相序。

二、接触器控制的双速电动机控制电路

双速电动机的控制电路有许多种，用双速手动开关进行控制时，其电路较简单，但不能带负荷起动，通常是用交流接触器来改变定子绕组接线的方法来改变其转速。

图 2-19a、b 所示为接触器控制的双速电动机控制电路。当按下按钮 SB_2 时，接触器线圈 KM_1 得电并自锁，主触点闭合，使电动机定子绕组构成三角形联结，低速运行；当按下按钮 SB_3 时，其首先切断 KM_1 线圈回路，电动机脱离三相电源，接着接触器线圈 KM_2、KM_3 得电并自锁，KM_2 和 KM_3 的主触点闭合使电动机定子绕组构成双星形联结，电动机改为高速运行。

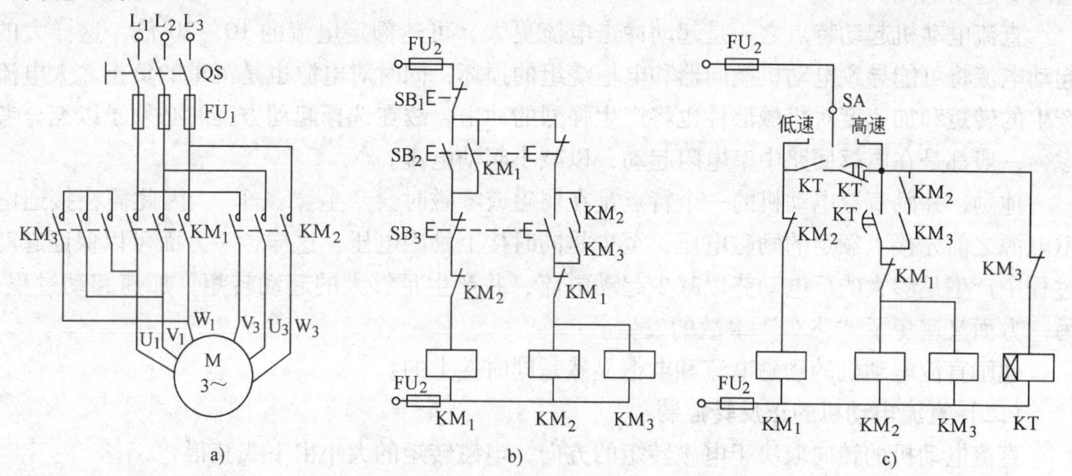

图 2-19　双速电动机变速控制电路

a）主电路　b）接触器控制的调速电路　c）时间继电器控制的调速电路

复合按钮 SB_2、SB_3 的采用及 KM_1、KM_2 常闭触点的互锁是防止电源短路，该电路适用于小容量电动机的控制。

三、时间继电器控制的双速电动机控制电路

图 2-19a、c 所示为时间继电器控制的双速电动机自动控制电路，图中 SA 为选择开关，选择电动机低速运行或高速运行。当 SA 置于“低速”位置时，接通 KM1 线圈电路，电动机直接起动低速运行。当 SA 置于“高速”位置时，时间继电器的瞬时触点闭合，同样先接通 KM_1 线圈电路，电动机绕组三角形接法低速起动，当时间继电器延时时间到时，其延时断开的常闭触点 KT 断开，切断 KM_1 线圈回路，同时其延时接通的常开触点 KT 闭合，接通接触器 KM_2、KM_3 线圈并使其自锁，电动机定子绕组换接成双星形接法，改为高速运行，此时 KM_3 的常闭触点断开使时间继电器线圈失电停止工作。所以该控制电路具有使电动机转速自动由低速切换至高速的功能，以降低起动电流，适用于较大功率的电动机。

第六节　直流电动机控制电路

直流电动机具有良好的起动、制动与调速性能，易实现各种运行状态的自动控制，所以在要求大范围无级调速或大起动转矩的场合常采用直流电动机，尤其是他励和并励直流电动机。在机床等设备中，以他励直流电动机应用较多，故本节以他励直流电动机为例，介绍直流电动机的基本控制方法及控制电路。

一、直流电动机的基本控制方法

直流电动机的常用控制有起动控制、正反转控制、调速控制及制动控制等。

（一）起动控制

直流电动机起动控制的要求与交流电动机类似，即在保证足够大的起动转矩下，尽可能地减少起动电流。

直流电动机起动特点之一是起动冲击电流更大，可达额定电流的 10～20 倍，这样大的起动电流将可能导致电动机换向器和电枢绕组的损坏，同时对电源也是沉重的负担。大电流产生的转矩和加速度对机械部件也将产生强烈的冲击，故在选择起动方案时必须予以充分考虑，一般都是在电枢回路中串电阻起动，以减小起动电流。

他励、并励直流电动机的一个特点是在弱磁或零磁时会产生“飞车”，因此需在接通电枢电源之前先接上额定的励磁电压，至少是同时接上励磁电压，这样，一方面可以保证起动过程中产生足够大的反电动势以减少起动电流，并产生足够大的起动转矩，加速起动过程；另一方面又避免了“飞车”事故的发生。

他励直流电动机的励磁电流和电枢显然是同时接上的。

（二）直流电动机的正反转控制

直流电动机的转向取决于电磁转矩的方向，电磁转矩的大小由下式获得

$$M = C_{M}\Phi I_{a}$$

式中，M 为电磁转矩（N·m）；C_{M} 为转矩常数；Φ 为磁通（Wb）；I_{a} 为电枢电流（A）。因此改变直流电动机的转向有两种方法：一是保持电动机励磁绕组两端电压的极性不变，改变电枢绕组两端电压的极性；二是保持电枢绕组两端电压的极性不变，而改变励磁绕组两端电压的极性。两种方法都可以改变电动机的旋转方向。如果两者的电压极性同时改变时，则电动机的旋转方向保持不变。

在采用改变电枢绕组两端电压极性的方法时，因主电路电流较大，容易产生大的电弧，这对接触器的容量和灭弧能力带来更高的要求，给使用带来不便，所以，采用改变直流电动机励磁电流的极性来改变电动机的转向更为合理，因为电动机的励磁电流仅为额定电流的 2%～5%，故使用的接触器容量小得多，这一点对功率较大的直流电动机尤其突出。但为了避免在改变励磁电流方向的过程中，因 $\Phi=0$ 产生“飞车”现象，通常要求改变励磁的同时要切断电枢回路电源。另外考虑到励磁回路的电感量很大，触点断开时易产生很高的自感电动势，故需加设阻容吸收装置。

在直流电动机正反转控制的电路中，通常都设有制动和联锁电路，以确保在电动机停转后，再作反向起动，以免直接反向产生过大的冲击电流。

（三）调速控制

直流电动机最突出的优点是能够在较大范围内具有平滑、稳定的调速性能。转速调节的主要技术指标有：调速范围、静差率、平滑性及经济性等。

直流电动机转速调节主要有以下四种方法：

（1）改变电枢回路电阻值调速　这种调速方法的特点是电路简单，但是当改变串联在电枢回路中的调速电阻时，电动机的理想空载转速不变。调速电阻越大，电动机的转速降落越大，工作转速就越低，特性变得很软，这就限制了电动机的调速范围。同时它只能在额定转速以下调速，且调速电阻要消耗能量，因此这种调速只适用于要求不高的小功率拖动系统中。

（2）改变励磁电流调速　通常直流电动机的额定励磁接近磁化曲线的饱和点，故磁通难以再增加，一般只能用减弱励磁来提高电动机的转速，所以这种调速方法是以额定转速为下限，以电动机所允许的最高转速为上限。

（3）改变电枢电压调速　改变电枢电压调速时，因为额定电压已经确定，一般只能向下调节，但最低转速常受静差率的限制不能太低。这种调速方式电动机的励磁电流为额定值，当工作电流为额定电流时，则允许的负载转矩不变，所以适用于恒转矩负载。

（4）混合调速　对直流电动机的电枢电压及励磁电流都进行调节的调速方法称为混合调速。这种调速方法得到的调速范围更大，调速性能也更好，适用于调速范围要求广的负载。

（四）制动控制

与交流电动机类似，直流电动机的电气制动方法有能耗制动、反接制动和再生发电制动。

（1）能耗制动　在电动机具有较高转速时，切断其电枢电源而保持其励磁为额定状态不变，这时电动机因惯行而继续旋转，成为直流发电机。如果用一个电阻与电枢绕组并联，则在此电路中产生电流和制动转矩，使拖动系统的旋转机械能转化成电能，并在转子回路电阻中以发热的形式消耗掉，达到制动的目的。由于能耗制动较为平稳，故在机床的直流拖动中应用较普遍。

（2）反接制动　反接制动是在保持励磁为额定状态下不变，而将反极性的电源接到电枢绕组上，从而产生制动转矩，迫使电动机迅速停止的一种制动方式。与异步电动机相同，在反接制动时要注意二个问题：一是要限制过大的制动电流；二要防止电动机反向再起动。其实现方法与异步电动机类似，即采用限流电阻限流和采用速度继电器切断反向电枢电流。

在理论上也可以采用改变励磁电压的极性进行反接制动，但在实际中，因存在失磁“飞车”的问题，实施起来极为不便而不宜采用。

（3）再生发电制动　该制动方法利用重物的势能变化来产生，如吊车下放重物或电力机车下坡时，此时电枢及励磁电源处于某一定值，电动机转速超过了理想转速，电枢的反电动势也将大于电枢的供电电压，电枢电流反向，向电网反馈电能，从而产生制动转矩。这种制动不能使电动机转速下降至零，只能限制转速在理想空载转速之上的某一转速上稳定运行，而不会继续无限增加。

二、他励直流电动机的基本控制电路

（一）他励直流电动机的起动控制电路

直流电动机起动时的一个重要环节是限制起动电流，方法有减小电枢电压和电枢回路串电阻两种。随着晶闸管变流技术的发展，采用减小电枢电压来限制起动电流的方法日趋广泛。但在没有可调直流电源的场合，大多采用电枢回路串电阻多级起动的方法。

如图 2-20 所示为他励直流电动机电枢回路串电阻二级起动控制电路，图中 KM_1 控制电枢回路，KM_2、KM_3 用于切除起动电阻 R_1、R_2，过流继电器 KI_1 实现主电路过流保护，欠电流继电器 KI_2 在励磁回路中实现欠电流保护，二极管 VD、电阻 R 组成的续流回路用于吸收励磁回路的过电压，并保护其他元件。

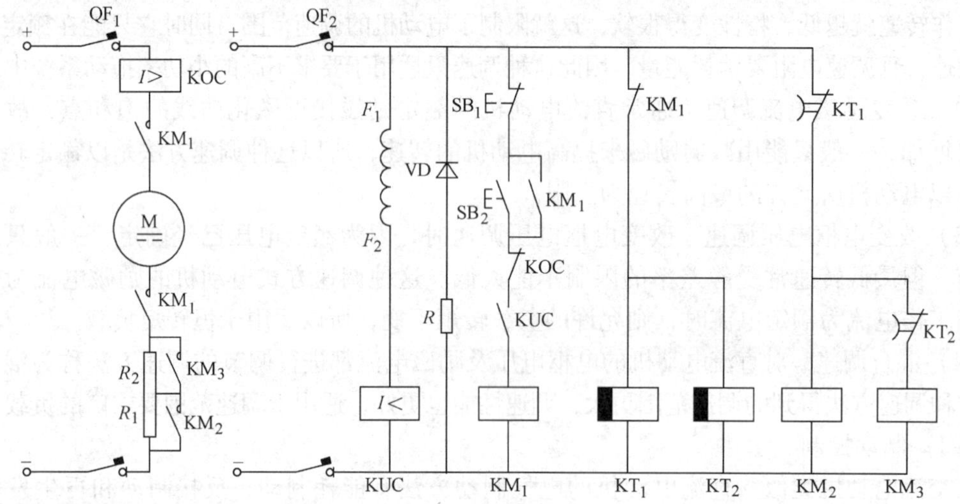

图 2-20　他励直流电动机电枢回路串电阻二级起动控制电路

该电路工作原理如下：

合上电源开关 QF_1、QF_2，接通励磁回路，时间继电器 KT_1、KT_2 得电，其二个延时闭合的常闭触点立即打开，使接触器线圈 KM_2、KM_3 失电，电枢回路串入电阻 R_1、R_2，为起动作准备。按下起动按钮 SB_2，线圈 KM_1 得电并自锁，其主触点使电动机带电阻起动，同时其常闭触点使时间继电器 KT_1、KT_2 失电并开始计时。当 KT_1 计时时间到，其延时闭合的常闭触点闭合，接通 KM_2 线圈，KM_2 常开触点闭合，电枢回路隔离电阻 R_1；当 KT_2 计时时间到，其延时闭合的常闭触点也闭合，接通 KM_3 线圈，KM_3 常开触点闭合，电枢回路隔离电阻 R_2，至此电动机进入全压正常运行。

（二）他励直流电动机的正反转控制电路

实际应用中，常要求电动机既能正转又能反转。如前面所述，改变直流电动机的旋转方向有两种方法：一是电枢反接法，即保持励磁电流方向不变，而改变电枢电流方向；二是励磁绕组反接法，即保持电枢电流方向不变而改变励磁绕组电流的方向。图 2-21 为他励直流电动机电枢反接法正反转控制电路，其中过电流继电器 KOC、欠电流继电器 KUC、吸收回路 VD、R 的作用与起动回路作用相同，KM_1 为正转接触器，KM_2 为反转接触器。若按下按钮 SB_2，则 KM_1 得电并自锁，其主触点闭合，电动机正转；若按下按钮 SB_3，则 KM_2 得电并自锁，其主触点闭合，电枢回路电流与 KM_1 得电时电枢电流相反，电动机反转；要停止时按下按钮 SB_1。为防止 KM_1、KM_2 因误操作而同时得电造成电源短路，该控制电路采用了电气互锁。

通过励磁绕组反接法的直流电动机正反转控制电路与电枢反接法基本相同，但需要指出，在实际应用中，并励和他励直流电动机一般采用电枢反接法。因为励磁绕组匝数较多，电感量较大，当励磁绕组反接时，在励磁绕组中会产生很大的感应电动势，危及开关和励磁绕组的绝缘；同时又存在失磁"飞车"的问题，所以不宜采用励磁绕组反接法。

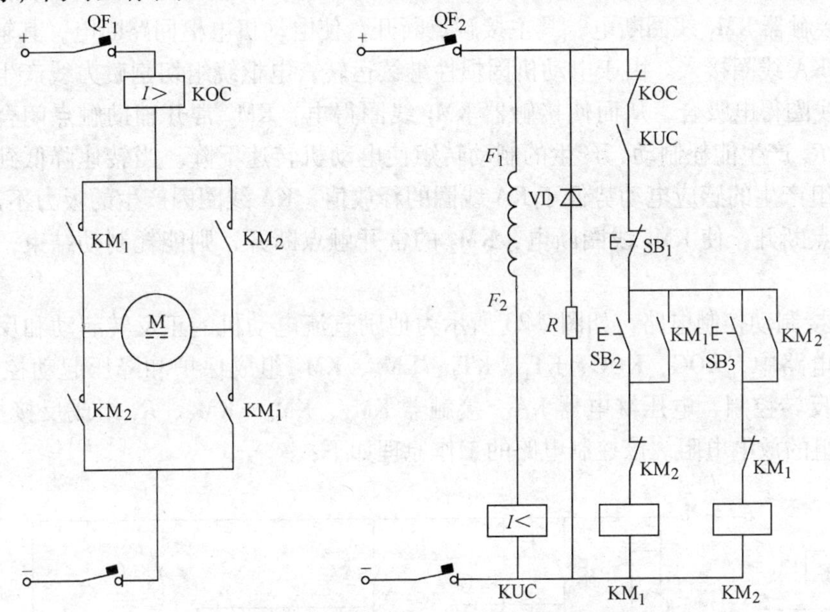

图 2-21　他励直流电动机电枢反接法正反转控制电路

(三) 他励直流电动机的制动控制电路

(1) 能耗制动控制电路　如图 2-22 所示为他励直流电动机能耗制动控制电路，其中 KOC、KUC、VD、R、KT_1、KT_2、KM_3、KM_4 及 KM_1、R_1、R_2 的作用均与起动控制电路相同，起保护及起动控制作用；R_3 与中间继电器 KA 组成能耗制动回路。

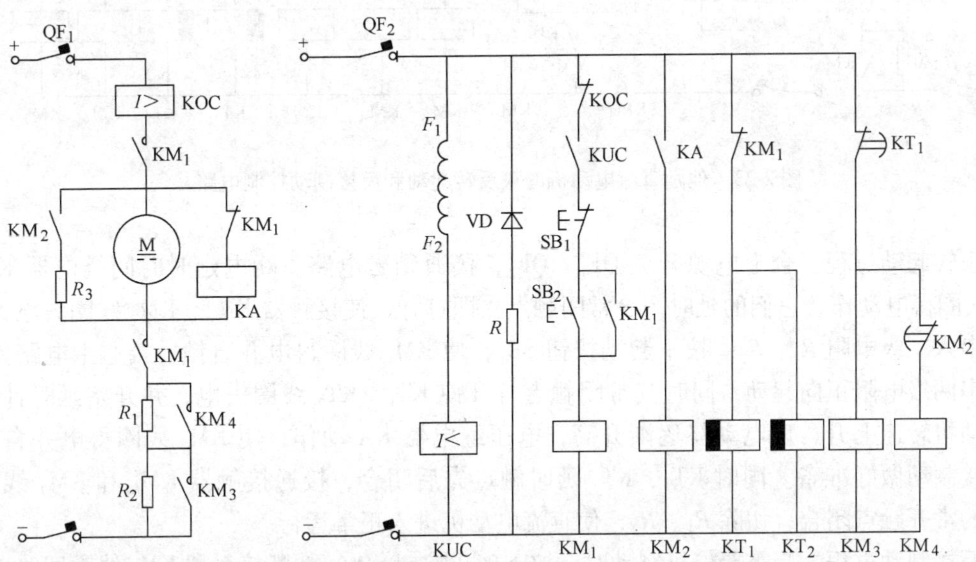

图 2-22　他励直流电动机能耗制动控制电路

该控制电路工作原理如下：

合上电源开关 QF_1、QF_2，按下起动按钮 SB_2，电动机通电并作二级串电阻起动，起动过程与前面他励直流电动机电枢回路串联电阻二级起动相同。当需停车制动时，按下停止按钮 SB_1，使接触器 KM_1 线圈断电，其主接触点断开，使电动机电枢回路断电，其辅助常闭触点闭合，使 KA 线圈接入。由于电动机因惯性继续运转，电枢绕组切割磁力线产生感应电动势而使 KA 线圈得电吸合，从而使接触器 KM_2 线圈得电，KM_2 常开辅助触点闭合，接入能耗制动电阻 R_3 产生能耗制动，产生的制动转矩使电动机转速下降。当转速降低到一定程度时，电枢绕组产生的感应电动势低于 KA 线圈的释放值，KA 线圈因产生的吸力不足而释放，则其常开触点断开，使 KM_2 线圈断电，KM_2 的常开触点断开，则能耗制动结束，电动机自由降速到零。

（2）反接制动控制电路　如图 2-23 所示为他励直流电动机的正反转起动和反接制动控制电路，该电路中，KOC、KUC、KT_1、KT_2、KM_6、KM_7 组成保护和降压起动控制，KM_1、KM_2 实现正反转控制，电压继电器 KA、接触器 KM_3、KM_4、KM_5、R_3 组成反接控制电路，R 为励磁绕组的放电电阻。该控制电路的工作原理如下：

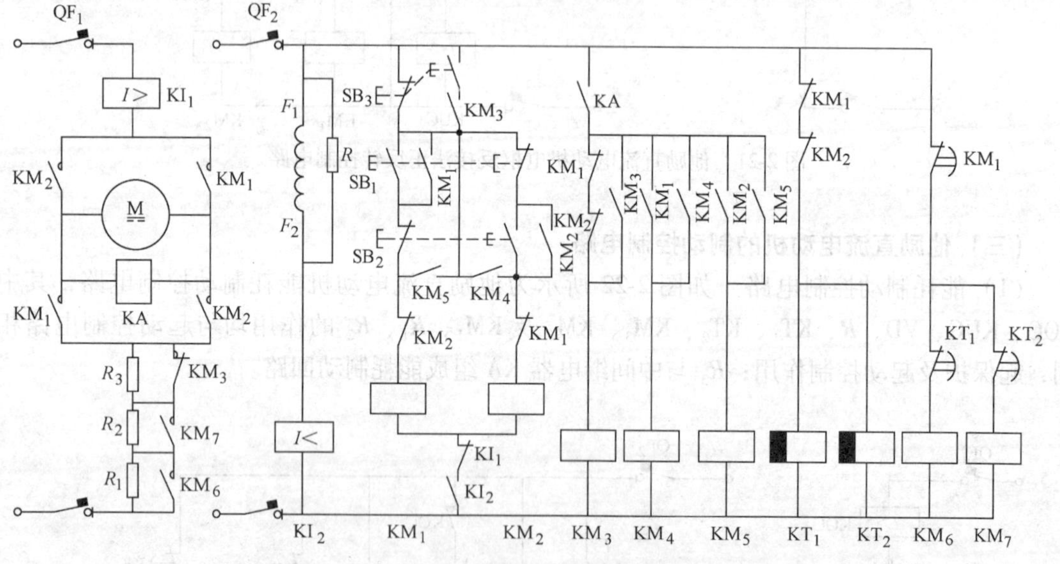

图 2-23　他励直流电动机的正反转起动和反接制动控制电路

正转起动过程：合上电源开关 QF_1、QF_2，接通励磁电路。断电延时时间继电器 KT_1、KT_2 线圈得电动作，它们的延时闭合常闭触点立即打开，使接触器 KM_6、KM_7 线圈失电，主电路串入二级电阻 R_1、R_2。按下起动按钮 SB_1，使 KM_1 线圈得电并自锁，接通主电路使电动机串两级电阻正向起动，同时其常闭触点打开使 KT_1、KT_2 线圈失电，并开始延时计时。随电动机转速上升，反电动势逐渐升高，电压继电器 KA 动作，使 KM_4 线圈得电并自锁，为反接制动做好准备。同时 KT_1、KT_2 延时触点先后闭合，接通接触器 KM_6 和 KM_7 线圈，它们的常开触点闭合，切除 R_1、R_2，使直流电动机进入正常运行。

反接制动过程：当需要停机制动时，按下停止按钮 SB_3，切断接触器 KM_1 线圈回路，其主触点断开，电动机失电但因惯性继续旋转，KA 仍保持吸合状态。同时 KM_1 的常闭触点复位接通，使 KM_3 线圈得电并自锁，KM_3 的常闭触点断开使 R_3 串入主电路，KM_3 的常开触点闭合，使电流通过 KM_3、KM_4 的常开触点和 KM_1 的常闭触点接通 KM_2 线圈并自锁，其主触点闭合，实现反接制动。当转速下降至接近于零时，电压继电器 KA 断电释放，使 KM_3、KM_4 及 KM_2 的线圈断电，KM_2 的主触点断开主电路，于是反接制动结束，电动机自由降速到零。

电动机的反转起动及其反接制动过程同上述相似，这里不再重复。

（四）直流电动机调速控制电路

（1）直流电动机改变励磁电流的调速控制电路　如图 2-24 所示，电动机的直流电源采用两相零式整流电路，为减小起动电流，起动时电枢回路串电阻 R 起动，起动后由 KM_3 隔离电阻 R，同时该电阻还兼作制动时的限流电阻。并励绕组与调速电阻 R_3 串联，调节 R_3 即可对电动机实现调速。为避免励磁绕组在接触器断开瞬间因过高的自感电动势而击穿绝缘或使接触器触点烧蚀，励磁绕组并联了吸能电阻 R_2 以吸收磁场能。接触器 KM_1 为能耗制动接触器，KM_2 为工作接触器，KM_3 为切除起动用电阻的接触器。

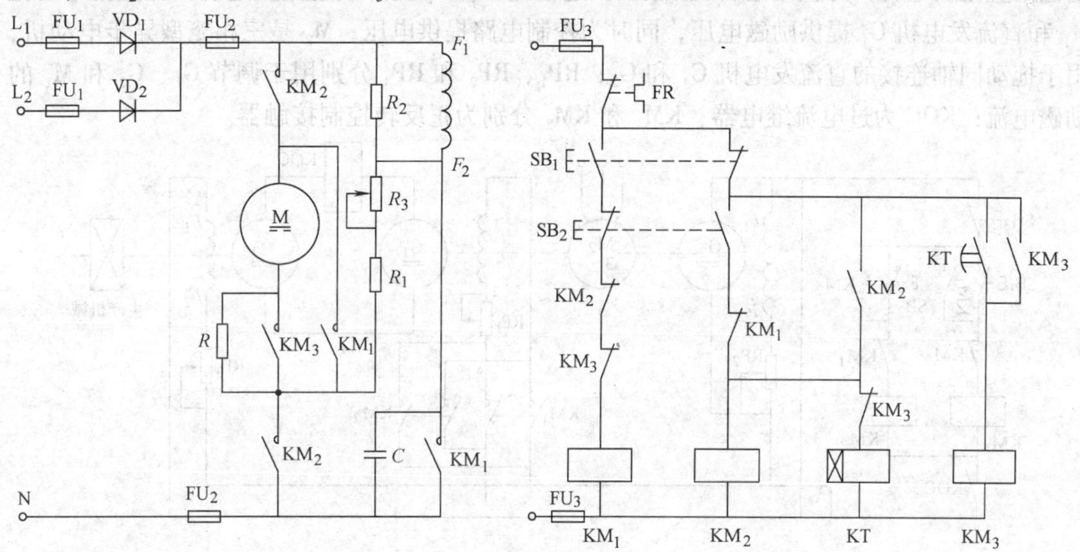

图 2-24　改变励磁电流进行调速的控制电路

该电路的工作原理如下：

起动过程：按下起动按钮 SB_2，使 KM_2 线圈得电并自锁，时间继电器 KT 线圈得电开始计时，KM_2 的常开触点闭合使主电路接通，电动机在主回路中串入电阻 R 起动。而后 KT 延时时间到，接通 KM_3 线圈并使其自锁，KM_3 的常闭触点断开使 KT 线圈失电，常开触点闭合使主回路隔离电阻 R，电动机进入全压正常运行。

调速过程：电动机 M 在正常状态下运行，通过调节电阻 R_3 来改变励磁电流，使电动机的转速得到改变，从而实现对其调速。

停车及制动：按下停止按钮 SB_1，使 KM_2、KM_3 线圈断电，主电路断开，电动机失电，但由于惯性继续旋转。KM_2、KM_3 的常闭触点闭合接通了 KM_1 线圈，KM_1 的一个常开触点闭合接通了能耗制动回路，KM_1 的另一常开触点闭合，短接电容 C，使电源电压全部降在励磁绕组上，加强制动过程中的励磁效果。松开按钮 SB_1，线圈 KM_1 失电，其触点断开，能耗制动结束。

（2）直流电动机改变电枢电压调速控制电路　改变电枢电压需要有可调直流电源，而直流电源的取得需要通过专门的电源装置，方法有二种：一种是用直流发电机提供可调直流电源，组成 G-M 系统（直流发电机-电动机系统），G-M 系统能够实现平滑和比较广范围的调速，它由一台交流电动机带动一台并励直流发电机和一台励磁机，发电机是电动机的电源，励磁机供给发电机和电动机励磁电流。另一种是目前广泛使用的用晶闸管整流装置作为直流电动机可调电源，省去了交流电动机、直流电动机和励磁机的晶闸管-直流电动机调速系统，直接由晶闸管三相全控桥式整流供给电动机电枢电流，由可控硅单相半控桥式整流供给电动机的励磁电流。这种调速系统可以调压调速和调磁调速，实现恒功率控制，调速范围广。

图 2-25 所示为 G-M 拖动系统控制电路，M_1 是他励直流电动机，用于拖动生产机械；G_1 是他励直流发电机，为直流电动机 M_1 提供电枢电压；G_2 是并励直流发电机，为直流电动机 M_1 和直流发电机 G_1 提供励磁电压，同时为控制电路提供电压；M_2 是三相笼型异步电动机，用于拖动同轴连接的直流发电机 G_1 和 G_2；RP_1、RP_2 和 RP_3 分别用于调节 G_1、G_2 和 M_1 的励磁电流；KOC 为过电流继电器；KM_1 和 KM_2 分别为正反转控制接触器。

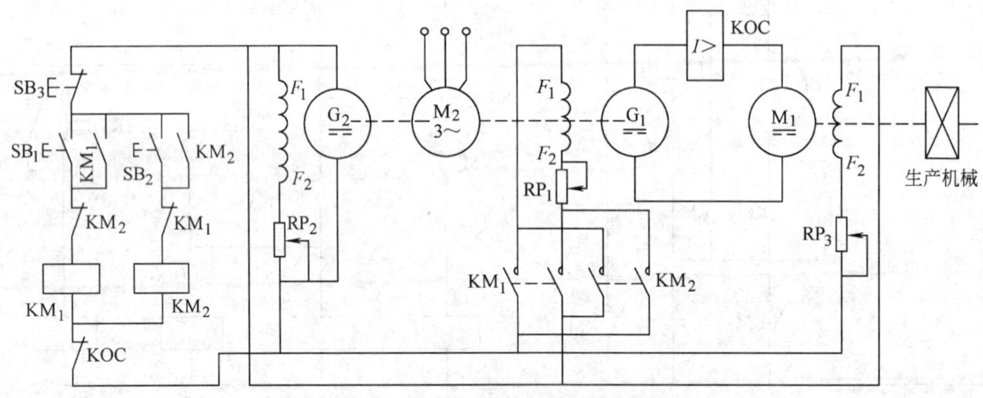

图 2-25　G-M 拖动系统控制电路

调速时，通过调节 RP_1，改变发电机 G_1 的励磁电流，则发电机 G_1 的输出电压发生变化，因此电动机 M_1 得到的电枢电压 U_M 也发生变化，从而使输出速度改变，达到了调速的目的。例如增大 RP_1 电阻，则减小了发电机 G_1 励磁电流，使其输出电压减小，则电动机 M_1 得到的电枢电流减小，从而使输出转速下降。需要加速时则调节过程刚好相反。

由于电动机 M_1 的电枢电压不能超过其额定电压值，所以通过调节 RP_1 调速时，只能在电动机额定转速值以下调节。

若要使电动机的转速在额定转速以上范围内进行平滑调速，则必须通过减小 M_1 励磁电流的方法，即通过调节 RP_3 的方法来实现。

由此可见，G-M 系统具有调速平滑性好，范围广，可实现无级调速等优点，因此，G-M 系统曾得到广泛应用。但该系统也有设备费用大，机组多，占地面积大，效率低，过渡时间较长等缺点，现已普遍采用晶闸管-直流电动机调速拖动系统来代替。

思考题与习题

1. 自锁环节是怎样组成的？它起什么作用？并具有什么功能？

2. 什么是互锁环节？它起到了什么作用？

3. 三相笼型异步电动机为什么要降压起动？降压起动的方式有哪些？

4. 在有自动控制的机床上，电动机由于过载而自动停车后，有人立即按起动按钮，但不能开车，试说明可能是什么原因？

5. 什么是零电压、欠电压保护？采用什么电器来实现零电压、欠电压保护？

6. 画出具有双重联锁的异步电动机正反转控制电路。

7. 什么叫反接制动？什么叫能耗制动？各有什么特点及适用场合？

8. 设计一个控制电路，要求第一台电动机起动5s后，第二台电动机自行起动，运行10s后，第一台电动机停止并同时使第三台电动机自行起动，再运行15s后，电动机全部停止。

9. 某机床的主轴和液压泵分别由两台电动机 M_1、M_2 拖动。试设计控制电路，其要求如下：

1）液压泵电动机 M_1 起动后主轴电动机 M_2 才能起动。

2）主轴电动机 M_2 能正反转，且能单独停止。

3）该控制电路具有短路、过载、零电压保护。

10. 有一台四级带式运输机，分别由 M_1、M_2、M_3、M_4 四台电动机拖动。其动作要求如下：

1）起动时要求按 $M_1 \to M_2 \to M_3 \to M_4$ 顺序起动。

2）停机时要求按 $M_4 \to M_3 \to M_2 \to M_1$ 顺序停机。

3）按时间原则实现。

11. 现有一双速电动机，试按下述要求设计控制电路：

1）分别用两个按钮操作电动机的高速起动和低速起动，用一个总停按钮操作电动机的停止。

2）起动高速时，应先接成低速经延时后再自动换接到高速。

3）应有短路保护与过载保护。

12. 设计一小车运行的控制电路，小车由异步电动机拖动，其动作程序如下：

1）小车由原位开始前进，到终端后自行停止。

2）在终端停留2min后自动返回原位停止。

3）要求能在前进或后退中任意位置都能停止或起动。

13. 某升降台由一台笼型异步电动机拖动直接起动，制动有电磁抱闸。控制要求：按下起动按钮后先松抱闸，经3s后电动机正向起动，工作台升起，再经5s后，电动机自动反向，工作台下降，再经8s后，电动机停止，电磁抱闸抱紧。试设计主电路与控制电路。

14. 直流电动机常用的起动方法有哪几种？

15. 直流电动机的调速方法有哪几种？

16. 直流电动机采用什么方法来改变转向？在控制电路上有何特点？

17. 直流电动机通常采用哪两种电气制动方法？简述其工作原理及控制电路的特点。

第三章　典型生产机械电气控制

生产机械的电气自动控制系统，不仅能完成起动、反转、制动和调速等一些基本控制要求，而且应保证设备各部分动作的准确与协调，以满足生产工艺所提出的具体要求。目前，电气控制电路的实现，可以是继电器、接触器逻辑控制方法、可编程序逻辑控制方法及计算机控制方法等，但绝大多数生产机械仍采用继电器、接触器等电器元件控制，掌握传统生产机械电气控制电路的分析方法具有重要的现实意义。本章介绍了几种常用典型机床的结构、工作特点，并分析了各种机床电气控制的原理。通过对整台机床电气控制原理的分析，有助于加深对基本控制电路的认识和理解，熟悉机、电、液在控制中的相互配合，掌握各种机床电气控制的规律，培养阅读电气控制图的能力，进一步掌握分析电气控制图的方法，为逐步掌握机床电气控制电路常见故障的分析、检测和维修打好基础。

第一节　电气识图与制图基础知识

为了表达生产机械电气控制系统工作原理，便于使用、安装、调试和检修控制系统，需要将电气控制系统中各电气元件及其连接，用一定的图形表达出来，这样绘制出来的图就是电气控制系统图。

常见的电气控制系统图有电气原理图、电器布置图与电气安装接线图。在本章机床电气控制原理分析中只介绍电气原理图。

CW6132 车床的电气原理图、电器布置图与电气安装接线图分别如图 3-1、图 3-2、图 3-3 所示。

下面以它们为例，分别介绍电气制图与识图的一些基础知识。

一、电气控制系统图的基本表达方法

（一）图幅的分区

为了易于查找和确定图样上某元件或设备的位置，方便阅读，往往需要将图幅分区。图幅分区的方法是：在图的边框处，从标题栏相对的左上角开始，竖边方向用大写拉丁字母，横边方向用阿拉伯数字，依次编号，这样就将图幅分成了若干个图区，图幅分区式样如图 3-4 所示。

图幅分区后，相当于在图样上建立了一个坐标。电气图上的项目和连接线的位置则由此“坐标”而唯一地确定，用“图号/行、列或区号”标注。

如图 3-4 中 X 元件位于 B_2 区，可标记为 $08/B_2$；Y 元件位于 C_4 区，标记为 $08/C_4$。

在较简单机床电气原理图中，图幅竖边方向可以不用分区，只在图幅下方横边方向的边框进行图区编号，而将图幅上方横边方向的边框设置为用途栏，用文字注明该栏下方对应的电路元件或元件的功能或用途，以帮助理解电气原理图各部分的功能及全电路的工作原理，如图 3-1 所示。

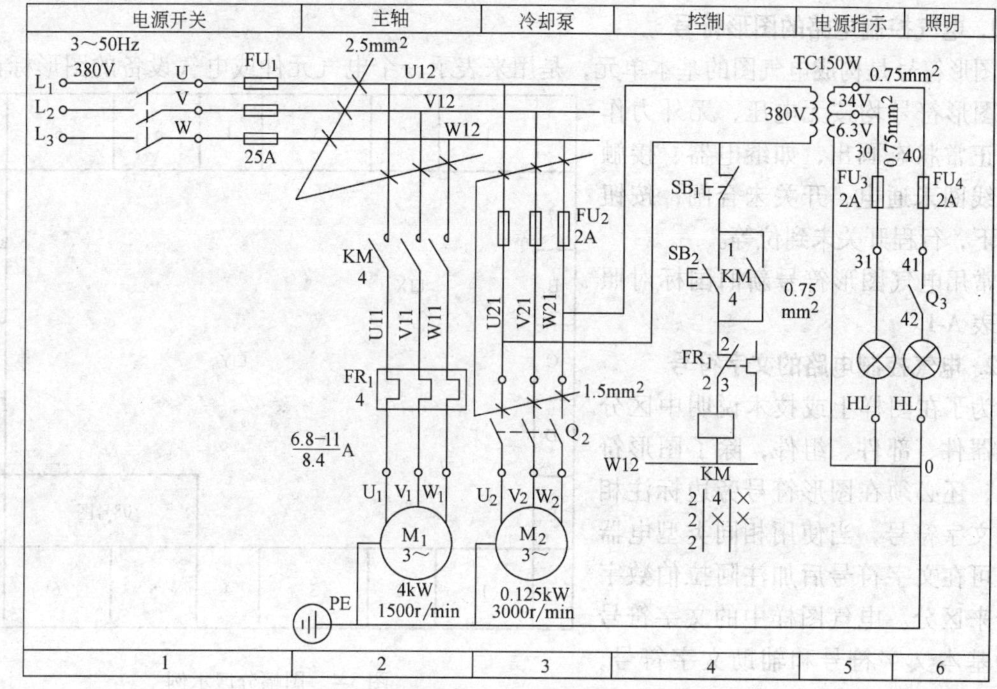

图 3-1　CW6132 车床电气原理图

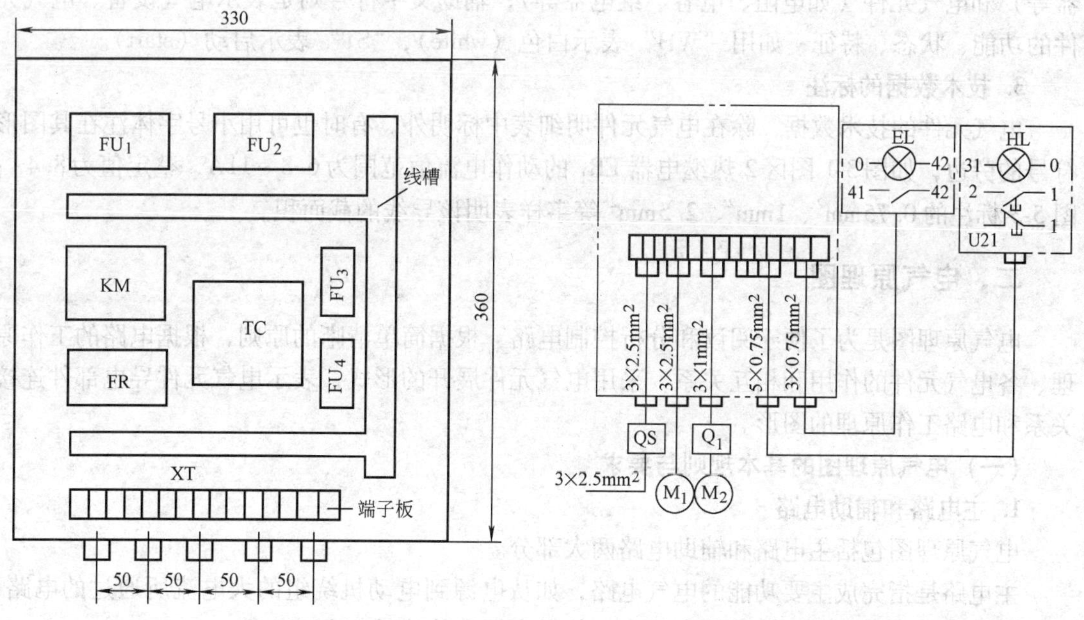

图 3-2　CW6132 车床的电器布置图

图 3-3　CW6132 车床电气安装接线图

（二）电气控制系统中的图形符号、文字符号和回路标号

电气控制系统图中，电气元件的图形符号、文字符号、接线端子标记等必须采用国家最新标准，其他方面应符合电气制图的国家标准。

1. **电气控制电路的图形符号**

图形符号是构成电气图的基本单元，是用来表示一个电气元件或电气设备的图形标记。所有图形符号均按无电压、无外力作用的正常状态画出，如继电器、接触器的线圈未通电，开关未合闸，按钮未按下，行程开关未到位等。

常用电气图形符号新旧国标对照表见表 A-1。

2. **电气控制电路的文字符号**

为了在图样上或技术说明中区分出元器件、部件、组件，除了图形符号外，还必须在图形符号旁边标注相应的文字符号，当使用相同类型电器时，可在文字符号后加注阿拉伯数字序号来区分。电气图样中的文字符号分为基本文字符号和辅助文字符号，这些符号均有指定的意义，而且必须按国家标准规定要求标注。其中，基本文字符号表示电气设备（如电动机、发电机、变压器等）和电气元件（如电阻、电容、继电器等）；辅助文字符号则是表示电气设备、电气元件的功能、状态、特征，如用“WH”表示白色（white），“ST”表示启动（start）。

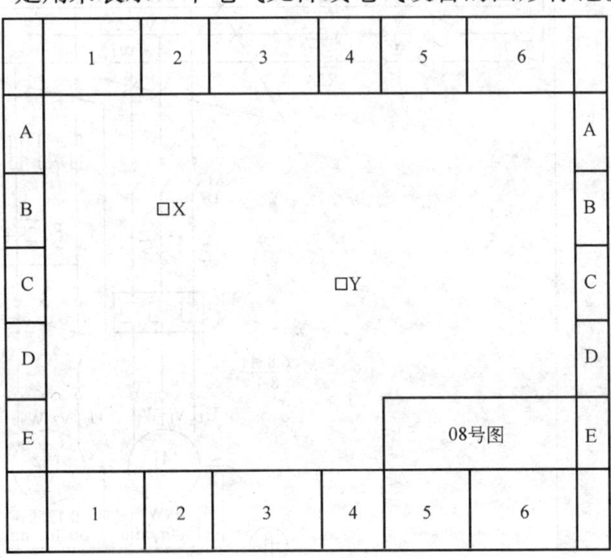

图 3-4　图幅分区示例

3. **技术数据的标注**

电气元件的技术数据，除在电气元件明细表中标明外，有时也可用小号字体注在其图形符号的旁边，如图 3-1 图区 2 热继电器 FR_1 的动作电流值范围为 6. 8 ~ 11A，整定值为 8. 4A；图 5-3 标注的 0. 75mm^2、1mm^2、2. 5mm^2 等字样表明该导线的截面积。

二、电气原理图

电气原理图是为了便于阅读和分析控制电路，根据简单清晰的原则，根据电路的工作原理、各电气元件的作用和相互关系，采用电气元件展开的形式，表示电气元件导电部件连接关系和电路工作原理的图形。

（一）电气原理图的基本规则与要求

1. **主电路和辅助电路**

电气原理图包括主电路和辅助电路两大部分。

主电路是指完成主要功能的电气电路，如从电源到电动机绕组的大电流所通过的电路，其中有刀开关、熔断器、接触器主触点、热继电器发热元件与电动机等。

辅助电路是用来完成辅助功能的电气电路，包括控制电路、照明电路、信号电路和保护电路等。它们主要由继电器或接触器的线圈触点、按钮、照明灯、信号灯及控制变压器等电气元件组成。

主电路一般绘制在电气原理图的左边，辅助电路放在电气原理图的右边。

2. **动力电路**

动力电路、控制和信号电路应分别绘出。

动力电路电源绘成水平线，受电的动力装置及其保护电器支路应垂直于电源电路画出。各个接线端子都要用数字编号，动力电路的接线端子用一个字母后面附一位或二位数字的编号，如 U11、V11、W11。

控制和信号电路应垂直地绘在两条水平电源线之间。耗能元件（如线圈、电磁铁、信号灯等）应直接连接在下端的水平电源线上，控制触点连接在上方水平线与耗能元件之间。辅助电路的接线端子只用数字编号。

3. 图形符号的位置和大小

原理图上各电路的安排应便于分析、维修和寻找故障，按动作顺序和信号流自上而下和自左到右的原则绘制。对功能相关的电气元件应尽量绘在一起，使它们之间关系明确。

图形符号的大小、线条的粗细可放大或缩小，但在同一张图中，同一图形符号的大小应保持一致，各符号间及符号本身比例应该保持不变。

4. 电气元件

各个电气元件在电气原理图中的位置，一般根据便于阅读的原则，按照其动作顺序从上到下、从左至右依次排列，可以水平布置，也可以垂直布置。

电气元件不是按其实际位置绘制的，也不表示元件的大小，只用电气元件导电部件及其接线端子来表示电气元件各个部分，用导线将电气元件各导电部件连接起来。同一电气元件的各个部分可以不画在一起，但文字符号必须相同。如图 3-1 中的接触器 KM_1，它的线圈和辅助触点画在辅助电路里，主触点画在主电路里。

所有电气元件的触点，都按“平常”状态绘出，即均按线圈没有通电或不受外力作用时的状态画出。对主令开关是指手柄置于“零位”时各触点位置；电器应是未通电时的状态；二进制元件应是置零时的状态；机械开关应是循环开始前的状态。

5. 导线的连接与标识

有直接电联系的交叉导线连接点要用实心黑圆点表示，无直接电连接交叉导线的交叉处不画黑圆点。

电路的交接点，需要测试和拆、接外部引出线的端子应该用图符号“空心圆”表示。

用导线直接连接的互连端子，因为其电位相同故应采用相同线号，互连端子的符号应与元器件端子的符号有所区别。

6. 标注

原理图应标注下列数据：①各个电源电路的电压值、极性或频率及相数；②某些元器件的特性，如电阻、电容的数值；③不常用的电器操作方法和功能。

对非电气控制和人工操作的电器，必须在电气图上用相应的图形符号表示其操作方式及工作状态。同一个机械操作件动作的所有触点，应用机械连杆符号表示其联动关系。

（二）符号、位置的索引

在较复杂的电气原理图中，由于接触器、继电器的线圈和触点在电气原理图中不是画在一起，其触点分布在图中所需的各个图区，为便于阅读，在接触器、继电器线圈的文字符号下方可标注其触点位置的索引，而在触点文字符号下方也可标注其线圈位置的索引。

符号位置的索引，可采用“图号/页次·图区号”的组合索引法。

当某一元件相关的各符号元素出现在不同图号的图样上，而当每个图号仅有一页图样时，索引代号可省去页次；当与某一元件相关的各符号元素只出现在同一图号的图样上，而该图号有几张图样时，索引代号可省去图号；当与某一元件相关的各符号元素只出现在一张图样的不同图区时，索引代号只用图区表示。

对于接触器线圈，索引中各栏含义如下：

左　栏	中　栏	右　栏
主触点所在图区号	辅助常开触点所在图区号	辅助常闭触点所在图区号

对于继电器，索引表中各栏含义如下：

左　栏	右　栏
辅助常开触点所在图区号	辅助常闭触点所在图区号

例如在图 3-1 中，图区 4 接触器 KM 线圈下索引标注表明：KM 有三对主触点在图区 2，一个常开辅助触点在图区 4，一个常开辅助触点和两个常闭辅助触点没有使用。

又如图 3-1 中，图区 4 中热继电器触点文字符号 FR_1 下面的“2”，为最简单的索引代号，它指出热继电器 FR_1 的线圈位置在图区 2。

三、电器布置图

电器布置图是用来表明电气设备上所有电动机和各电气元件的实际位置，如电动机要和被拖动的机械部件画在一起、行程开关应放在要取得信号的地方、操作元件应放在操作的地方、一般电气元件应放在控制柜内，从而为生产机械上电气控制设备的安装和维修提供必备的资料。

电器布置图主要由机床电气设备布置图、控制柜及控制板电气设备布置图、操纵台或悬挂操纵箱电气设备布置图等组成。在图中各个电器的代号应和相关电路图及其清单上的代号保持一致，在电气元件之间还应留有导线槽的位置。

CW6132 车床的电器布置图如图 3-2 所示。

四、电气安装接线图

电气安装接线图主要是用来表示电气控制系统中各种电气设备之间的实际接线关系，它是根据电气元件布置合理、经济等原则来安排的，它可以清楚地表明各电气元件之间的电气连接，是实际安装接线的重要依据，绘制时应把各电气元件的各个部分（如接触器的线圈和触点）画在一起，文字符号、元件连接顺序、电路号码都必须与电气原理图一致。不在同一控制箱和同一配电屏上的各电气元件都必须经接线端子板连接。电气安装接线图中的电气连接关系用线束来表示，连接导线应注明导线规范（数量、截面积等），一般不表明实际走线途径，施工时应根据实际情况选择最佳走线方式。

对于控制装置的外部连接线应在图上或用接线表示清楚，并标明电源的引入点。

CW6132 车床的电气安装接线图如图 3-3 所示。

五、机床电气控制电路分析具体步骤

（一）熟悉机床

分析控制电路前应首先了解机床的基本结构、运动形式、加工工艺过程、操作方法和机床对电气控制的基本要求等，然后再根据控制电路及有关说明来分析该机床的各个运动形式是如何实现的。

要弄清各电动机的安装部位、作用、规格和型号。初步掌握各种电器的安装部位、作用以及各操纵手柄、开关、控制按钮的功能和操纵方法。注意了解与机床的机械、液压发生直接联系的各种电器的安装部位及作用，如行程开关、撞块、压力继电器、电磁离合器、电磁铁等。

（二）主电路分析

从主电路入手，根据每台电动机和电磁阀等执行电器的控制要求，去分析它们的控制内容。控制内容包括起动、方向控制、调速和制动等。

如从主电路中看机床用几台电动机来拖动，搞清楚每台电动机的作用，这些电动机分别用哪些接触器或开关控制，有没有正反转或降压起动，有没有电气制动，各电动机由哪个电器进行短路保护，哪个电器进行过载保护，还有哪些保护。如果有速度继电器，则应弄清与哪个电动机有机械联系。

（三）控制电路分析

1. 分析控制环节

根据主电路中每台电动机和电磁阀等执行电器的控制要求，逐一找出控制电路中的控制环节，利用前面学过的基本环节的知识，按功能不同，划分成若干个局部控制电路来进行分析。

将控制电路可以分为几个环节，每个环节一般主要控制一台电动机。将主电路中接触器的文字符号和控制电路中的相同文字符号一一对照，分清控制电路中哪一部分电路控制哪一台电动机，如何控制；各个电器线圈通电，它的触点会引起或影响哪些动作，以及机械操作手柄和行程开关之间有什么联系等。

2. 分析辅助电路

辅助电路包括电源显示、工作状态显示、照明和故障报警等部分，它们大多由控制电路中的元件来控制，所以在分析时，还要对照控制电路进行分析。

3. 机床中其他电路

如照明与信号等电路的分析。

4. 分析联锁与保护环节

机床对于安全性和可靠性有很高的要求，实现这些要求，除了合理地选择拖动和控制方案以外，在控制电路中还设置了一系列电气保护和必要的电气联锁。

5. 总体检查

经过“化整为零”，逐步分析了每一个局部电路的工作原理以及各部分之间的控制关系之后，还必须用“集零为整”的方法，检查整个控制电路，看是否有遗漏。特别要从整体角度去进一步检查和理解各控制环节之间的联系，理解电路中每个元件所起的作用。

第二节　C650 型卧式车床电气控制

卧式车床是机械加工中用得最广泛的一种机床，可以完成切削外圆、内圆、端面、螺纹、倒角、切断及割槽等加工，并可以装上钻头或铰刀进行钻孔和铰孔等加工。

一、卧式车床的主要结构及运动形式

卧式车床主要结构如图 3-5 所示，它由床身、主轴箱、尾座、进给箱、丝杠、光杠、刀架及溜板箱等组成。

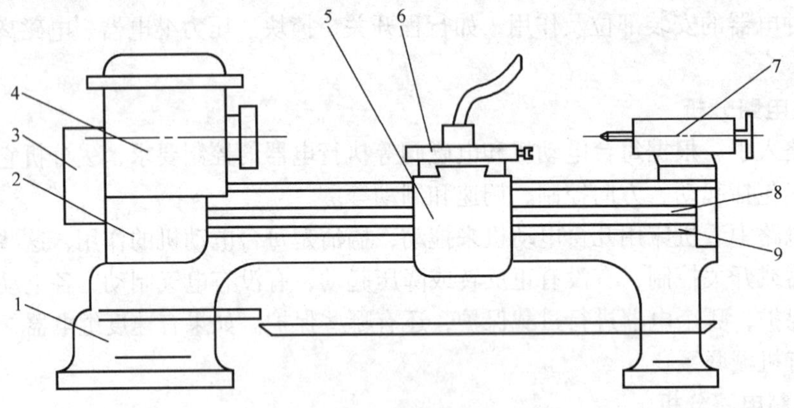

图 3-5　卧式车床的结构示意图

1—床身　2—进给箱　3—交换齿轮箱　4—主轴箱　5—溜板箱
6—溜板及刀架　7—尾座　8—丝杠　9—光杠

车床在加工过程中主要有两种运动；主运动和进给运动。

主运动是主轴通过卡盘或顶尖带动工件作旋转运动，它消耗绝大部分能量。进给运动是溜板带动刀架的纵向和横向的直线运动，它消耗的能量很小。

二、卧式车床的电力拖动及控制要求

根据卧式车床加工的需要，其电气控制电路应满足如下几点要求：

1. 轴转速和进给速度可调

车削加工时，由于工件的材料性质、尺寸、工艺要求、加工方式、冷却条件及刀具种类不同，切削速度应不同，因此要求主轴转速能在相当大的范围内进行调节。

中小型卧式车床主轴转速的调节方法有两种：一种是通过改变电动机的磁极对数来改变电动机的转速，以扩大车床主轴的调速范围；另一种是用齿轮变速箱来调速。

目前中小型车床多采用不变速的异步电动机拖动，靠齿轮箱的有级调速来实现变速。对于大型或重型车床，以及主轴需要无级调速的车床，可采用晶闸管控制的直流调速系统。

加工螺纹时，要求保证工件的旋转速度与刀具的移动速度之间具有严格的比例关系，为此，车床溜板箱与主轴之间通过齿轮来连接，所以刀架移动和主轴旋转都是由一台电动机来拖动的，而刀具的进给是通过交换齿轮箱传给进给箱的配合来实现的。

2. 主轴能正反两个方向旋转

车削加工一般只需要单向旋转，但在车削螺纹时，为避免乱扣，要求主轴反转来退刀，因此要求主轴能正反旋转。车床主轴旋转方向可通过改变主轴电动机转向及用机械手柄（离合器）来控制。

3. 主轴电动机起动应平稳

为满足此要求，一般功率较小的电动机（在 5kW 以下）可以直接起动，功率较大的电动机（在 10kW 以上）一般用降压起动，但若电动机在空载或轻载情况下起动，虽然功率较大，仍可用直接起动。

4. 主轴应能迅速停车

迅速停车可以缩短辅助时间，提高工作效率，为使停车迅速，电动机必须采取制动。车床主轴电动机的制动方式有两种，一种是电气制动（例如能耗制动和反接制动），另一种是机械制动（例如机械摩擦的离合器制动）。

5. 车削时的刀具及工件应进行冷却

由于加工时刀具及工件的温度相当高，应设专用电动机拖动冷却泵工作。

6. 控制电路应有必要的保护及照明等电路。

现以 C650 卧式车床为例分析其电气控制电路原理。

三、C650 卧式车床的电气控制电路分析

图 3-6 是 C650 卧式车床的电气控制原理图，它属于中型车床，床身的最大工件回转半径为 1020mm，最大工件长度为 3000mm。

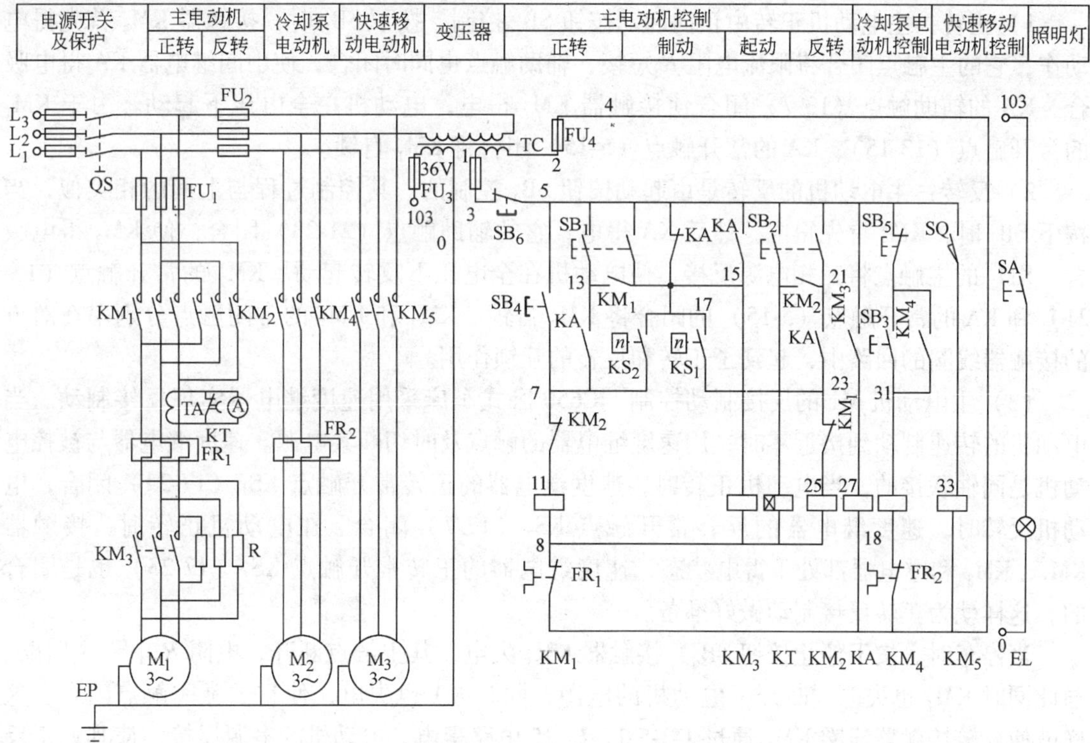

图 3-6　C650 卧式车床的电气控制原理图

C650 卧式车床主电动机的功率为 30kW，为提高工作效率，该机床采用了反接制动，为减少制动电流，定子回路串入了限流电阻 *R*。为减轻工人的劳动强度和节省辅助工作时间，专门设置一台 2. 2kW 的拖动溜板箱的快速移动电动机。

1. 主电路分析

该车床有三台电动机，M_1 为主电动机，拖动主轴旋转，并通过进给机构以实现进给运动。M_2 为冷却泵电动机，提供切削液。M_3 为快速移动电动机，拖动刀架快速移动。

开关 QS 将三相电源引入，FU_1 为主电动机 M_1 的短路保护用熔断器，FR_1 为 M_1 的过载保护用热继电器。R 为限流电阻，防止在点动时连续的起动电流造成电动机的过载。通过电流互感器 TA 接入电流表 A 以监视主电动机绕组的电流，熔断器 FU_2 为 M_2、M_3 电动机的短路保护，接触器 KM_4、KM_5 为 M_2、M_3 起动用接触器。FR_2 为 M_2 的过载保护用热继电器，因快速电动机 M_3 短时工作，故不设过载保护。

2. 控制电路分析

（1）主电动机 M_1 的点动调整控制　调整车床时，要求主电动机 M_1 点动控制。电路中 KM_1 为 M_1 电动机的正转接触器，KM_2 为 M_1 的反转接触器，KA 为中间继电器。工作过程如下：

M_1 电动机的点动由点动按钮 SB_4 控制。按下 SB_4，接触器 KM_1 得电吸合，主触点闭合，电动机定子绕组经限流电阻 R 和电源接通，电动机在低速下起动。松开 SB_4，KM_1 断电，电动机被反接制动而停止。在点动过程中，中间继电器 KA 不通电，因此 KM_1 不会自锁。

（2）主电动机 M_1 的正、反转控制电路

1）正转：主电动机正转由正向起动按钮 SB_1 控制。按下 SB_1 时，接触器 KM_3 首先得电动作，它的主触点闭合将限流电阻 R 短接，辅助触点也同时闭合，使中间继电器 KA 得电吸合，KA 的辅助触点（13-7）闭合使接触器 KM_1 得电，电动机在全电压下起动。由于 KM_1 的常开触点（13-15）、KA 的常开触点（5-15）闭合将 KM_1 自锁。

2）反转：主电动机的反转是由起动按钮 SB_2 控制的。其控制过程与上面的相类似，当按下 SB_2 时，KM_3 首先得电，然后 KA 得电，它的辅助触点（21-23）闭合，使 KM_2 得电吸合，KM_2 的主触点将三相电源反接，使电动机在全电压下反转起动。KM_2 的常开触点（15-21）和 KA 的常开触点（5-15）的闭合将 KM_2 自锁。KM_2 和 KM_1 的常闭触点分别串在对方的接触器线圈的回路中，起到了正转和反转的互锁作用。

（3）主电动机 M1 的反接制动控制　C650 卧式车床采用速度继电器实现反接制动。当电动机的转速制动到接近零时，用速度继电器的触点及时切断其电源。速度继电器与被控电动机是同轴联接的，当电动机正转时，速度继电器的正转常开触点 KS_1（17-23）闭合，电动机反转时，速度继电器的反转常开触点 KS_2（17-7）闭合。在电动机正转时，接触器 KM_1，KM_3 和继电器都处于得电状态，速度继电器的正转常开触点 KS_1（17-23）也是闭合的，这样就为正转反接制动做好准备。

当停车时，按下停止按钮 SB_6，接触器 KM_3 失电，其主触点断开，电阻 R 串入主回路。与此同时 KM_1 也失电，断开了电动机的电源，同时 KA 也失电，使它的常闭触点闭合。这样就使反转接触器线圈 KM_2 通过 1-3-5-17-23-25 电路得电，电动机的电源反接，使其处于反接制动状态。当电动机的转速下降为速度继电器的复位转速时，速度继电器的正转常开触点 KS_1（17-23）断开，切断了 KM_2 的通电回路，电动机脱离电源停止。

电动机反转时的制动与正转时的制动相似。当电动机反转时，速度继电器的反转常开触点 KS_2 是闭合的，这时按下 SB_6，正转接触器线圈通过 1-3-5-17-7-11 电路得电，正转接触器 KM_1 吸合将电源反接并串入电阻 R 使电动机制动停止。

（4）刀架的快速移动和冷却泵控制　刀架的快速移动是由转动刀架手柄压动限位开关

SQ，使接触器 KM_5 吸合，M_3 电动机转动来实现的。M_2 电动机为冷却泵电动机，它的起动和停止通过按钮 SB_3 和 SB_5 控制。

（5）其他辅助电路　监视主回路负载的电流表是通过电源互感器接入的，为防止电动机起动、点动和制动电流对电流表的冲击，电路中采用一个时间继电器 KT。例如当电动机起动时，KT 线圈通电，而 KT 的延时断开的常闭触点尚未动作，电流互感器二次电流只流经该触点构成闭合回路，电流表没有电流流过。电动机起动后，KT 延时断开的常闭触点打开，此时电流才流经电流表。电动机点动和制动时，电流表 A 的监测情况，请读者自行分析。

控制电路的电源采用了控制变压器 TC 低压供电，这样使之更加安全。此外，为了便于工作，设置了工作照明灯。

第三节　组合机床的电气控制电路

组合机床是针对特定工件，进行特定加工而设计的一种高效率自动化专用加工设备，这类设备大多能多机多刀同时工作，并且具有工作自动循环的功能。组合机床通常由标准通用部件和加工专用部件组合构成，动力部件采用电动机驱动或采用液压系统驱动，由电气系统进行工作自动循环的控制，是典型的机电或机电液一体化的自动化加工设备。

常见的组合机床标准通用部件有动力滑台，各种加工动力头以及回转工作台等，可用电动机驱动，也可用液压驱动。各标准通用动力部件的控制电路是独立完整的，当多个动力部件组合构成一台组合机床时，该机床的控制电路可由各动力部件的控制电路通过一定的连接电路组合构成。

多动力部件构成的组合机床，其控制通常有三方面的工作要求：第一方面是动力部件的点动及复位控制；第二方面是动力部件的单机自动循环控制（也称半自动循环控制）；第三方面是整批全自动工作循环控制。下面以双面钻孔组合机床为例，分析这类机床的控制电路。

一、机床的结构及运动

双面钻孔组合机床用于在工件两相对表面上钻孔，图 3-7 是机床的结构简图。机床由动力滑台提供进给运动，电动机拖动主轴箱的刀具主轴提供切削主运动。两液压动力滑台对面布置，安装在标准侧底座上，刀具是电动机固定在滑台上，中间底座上装有工件定位夹紧装置。机床工作的自动循环过程见图 3-8a 中的机床工作循环图，工作时，工件装入夹具（定位夹紧装置），按动起动按钮 SB_6，开始工件的定位和夹紧，然后，两面的动力滑台同时进行快速进给、工作进给和快速退回的加工循环，同时刀具电动机也起动工作，冷却泵在工进过程中提供切削液，加工循环结束后，动力滑台退回到原位，夹具松开并拔出定位销，一次加工的工作循环结束。

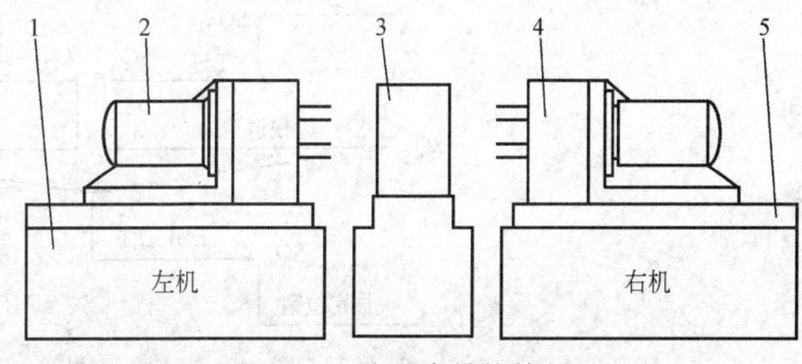

图 3-7　组合机床结构简图

1—侧底座　2—刀具电动机　3—工件及定位夹紧装置
4—主轴箱及钻头　5—动力滑台

二、机床的拖动及控制要求

1）机床的动力滑台和工件的定位夹紧装置均由液压系统驱动，动力滑台的液压系统已在前一章分析过，定位夹紧装置的动作由定位销液压缸和夹紧液压缸完成，三位四通电磁换向阀控制液压缸活塞运动方向的切换。电磁阀线圈 YV_{5-1} 与 YV_{5-2} 控制定位销液压缸活塞运动方向，YV_{1-1} 与 YV_{1-2} 控制夹紧液压缸活塞运动方向，YV_{2-1}、YV_{2-2}，YV_{4-1} 为左机滑台油路中电磁换向阀线圈，YV_{3-1}、YV_{3-2}，YV_{6-2} 为右机滑台油路中电磁换向阀线圈。

2）M_1 为液压泵的驱动电动机，液压泵电动机 M_1 首先直接起动，使系统正常供油后，其他电动机的控制电路以及液压系统的控制电路方可通电工作。

3）M_2 为左机的刀具电动机，M_3 为右机的刀具电动机，刀具电动机在滑台进给循环开始时即起动，滑台退回原位后停机。

4）M_4 为冷却泵电动机，冷却泵电动机可由手动控制起停，也可机动控制在滑台工作进给时，自动起动供液和工作进给结束时停止供液。

三、机床控制电路分析

双面钻孔组合机床的控制电路如图 3-8b、c 所示，电器元件说明见表 3-1。图 3-8b 中主电路共接有 4 台电动机，电动机均为直接起动，单向旋转，由控制接触器 KM_1，KM_2、KM_3、KM_4 分别控制电动机 M_1、M_2、M_3 和 M_4 的定子绕组通电或断电，控制电路有交流电路部分和直流电路部分，交流部分用于对电动机进行控制，直流部分用于对液压系统的控制。

1. 交流电路

交流控制电路中，SB_1 为总停按钮，SB_2 为液压泵电动机的起动按钮。当按下 SB_2 时液压泵电动机的控制接触器 KM_1 线圈得电，其主触点闭合，液压泵电动机起动工作，其辅助触点闭合，接通刀具电动机的控制电路和液压系统的控制电路，满足机床进入加工工作循环的条件。刀具电动机 M_2 与 M_3 在加工自动循环过程中，由中间继电器及行程开关控制起停，在调整时，由按钮 SB_3、SB_4 手动控制起停，通过选择开关 SA_1 与 SA_2 将刀具电动机从工作循环中摘除，以便于运动部件分别调整。

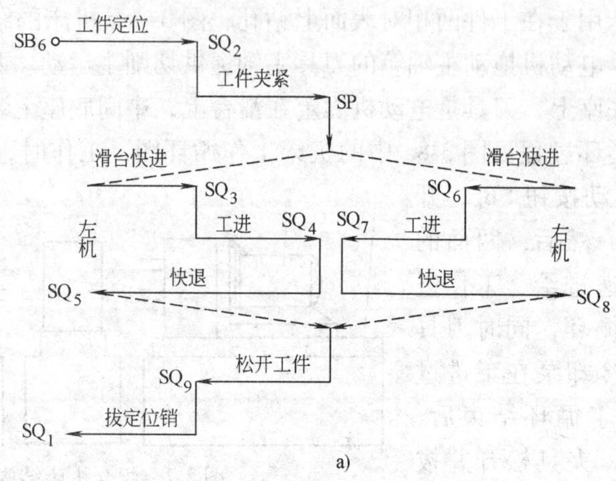

图 3-8　双面钻孔组合机床控制电路

a）机床工作循环

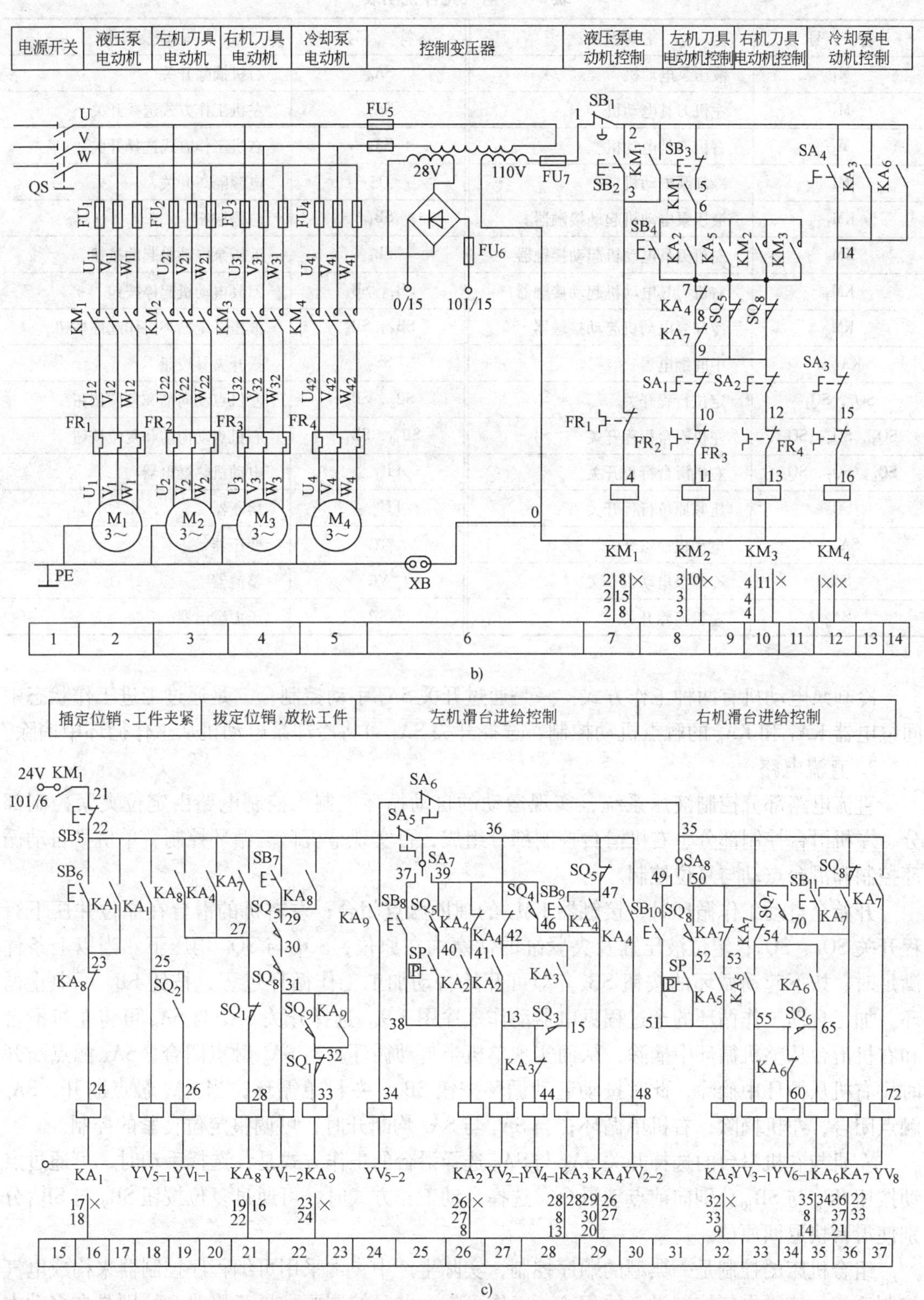

图 3-8　双面钻孔组合机床控制电路（续）

b）机床控制电路图一　c）机床控制电路图二

表 3-1　电气元件说明表

符　号	名称及用途	符　号	名称及用途
M_1	液压泵电动机	SA_6	右机摘除开关
M_2	左机刀具电动机	SA_7	左机工作方式选择开关
M_3	右机刀具电动机	SA_8	右机工作方式选择开关
M_4	冷却泵电动机	QS	电源隔离开关
KM_1	液压泵电动机起动接触器	SB_1	总停按钮
KM_2	左机刀具电动机起动接触器	SB_2	液压泵电动机起动按钮
KM_3	右机刀具电动机起动接触器	SB_3，SB_4	刀具电动机起停按钮
KM_4	冷却泵电动机起动接触器	SB_5，SB_6	液压系统循环工作起停按钮
$KA_{1\sim9}$	中间继电器	SB_7	松开夹具按钮
SQ_1，SQ_2	定位行程开关	SB_8，SB_9	左机点动向前和复位按钮
SQ_3，SQ_4，SQ_5	左机滑台行程开关	SB_{10}，SB_{11}	右机点动向前和复位按钮
SQ_6，SQ_7，SQ_8	右机滑台行程开关	$FR_{1\sim4}$	电动机热继电器
SQ_9	压紧原位行程开关	$FU_{1\sim7}$	熔断器
$SA_{1\sim3}$	电动机摘除开关	TC	变压器
SA_4	冷却泵电动机开关	VC	整流器
SA_5	左机摘除开关	SP	压力继电器

冷却泵电动机有两种工作方式：一是通过开关 SA_4 手动控制；二是通过工进工作状态中间继电器 KA_3 和 KA_6 的触点机动控制，选择开关 SA_3 可将冷却泵电动机从工作循环中摘除。

2. 直流电路

直流电路部分控制液压系统，实现运动的自动循环控制，控制电路由定位夹紧控制部分、左机滑台控制部分、右机滑台控制部分组成，可实现整机自动循环控制、单机半自动循环控制和滑台点动与复位控制。

开始全自动工作循环时，接触器 KM_1 的辅助触点闭合；左右机的滑台在原位并压下行程开关 SQ_5、SQ_8；定位液压缸及夹紧缸的活塞均在原位，SQ_1 与 SQ_9 均压下。当以上条件满足时，按下起动循环的按钮 SB_6，即可开始自动加工工作循环过程，按钮 SB_5 可中止循环。加工自动工作循环的全过程见电器动作顺序图 3-9。选择开关 SA_5 与 SA_6 可将左机滑台和右机滑台从整机循环中摘除，从而实现单机半自动循环。当 SA_5 触点闭合，SA_6 触点断开时，右机从循环中摘除，此时按动起动循环按钮 SB_6，左机单循环；当 SA_5 触点断开，SA_6 触点闭合，左机摘除，右机单循环；当 SA_5 与 SA_6 均断开时，可调整定位夹紧的控制。

左机与右机滑台的选择开关 SA_7 与 SA_8 选择滑台的工作方式是：选择手动时，可通过点动按钮 SB_8 与 SB_{10} 分别向前点动滑台；选择自动工作方式时，可通过复位按钮 SB_9 与 SB_{11} 分别使滑台快退回原位。

组合机床的控制是一典型的顺序控制，实际生产中，常采用可编程序控制器来构成电气控制系统，使得电气控制设备体积小，工作可靠，并且控制要求易于修改，特别是在多动力部件、运动循环复杂的工况下，优点更突出。

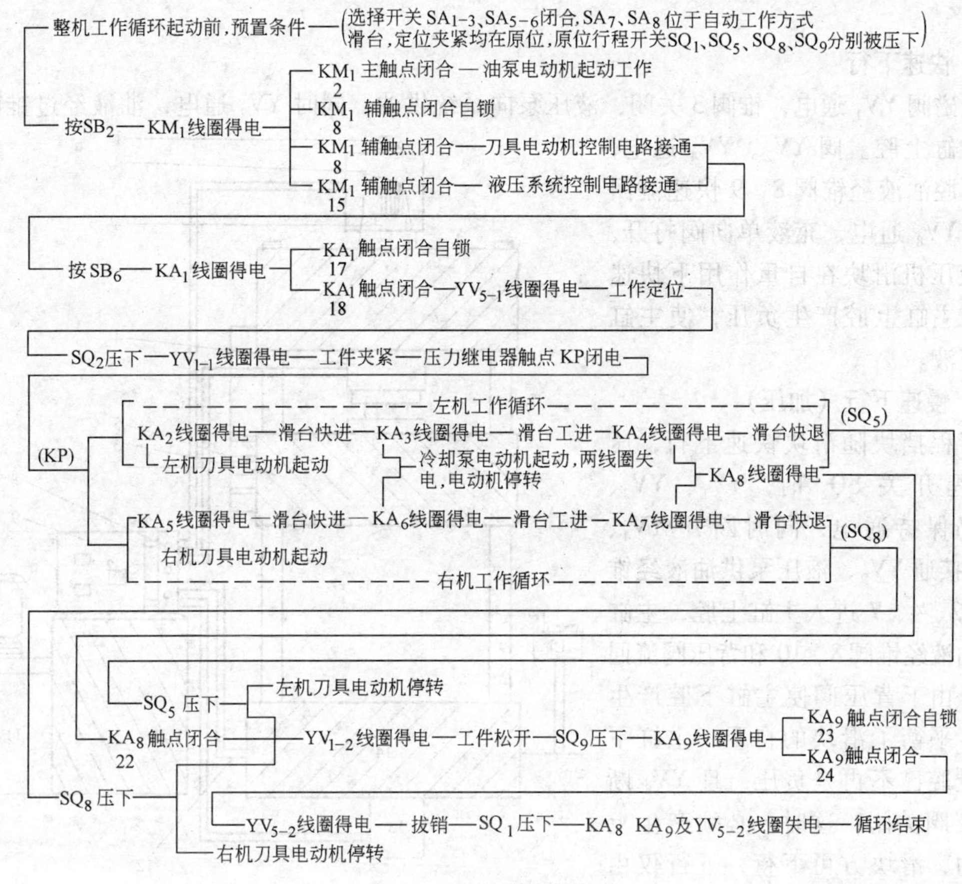

图 3-9　电气动作顺序图

第四节　锻压机械的电气控制电路

锻压机械设备应用相当广泛，液压机是常用的一种锻压机械，它主要适用于金属材料的压制工艺。本节以 YH32-500D 型四柱液压机为例，对其电液控制系统作简要介绍。

YH32-500D 型液压机由四根立柱、滑块（机身）、主液压缸、工作台、顶出缸、液压及驱动控制装置等组成，图 3-10 为其结构简图。

液压机采用液压驱动、电气控制，两台 30kW 的交流电动机驱动两台液压泵同时工作，驱动主液压缸和顶出缸的活塞做上、下运动。

顶出缸安装在工作台中间，用以将压制的成品顶出，其操作方式要求手控点动操作。滑块（机身）由主液压缸驱动，有调整和半自动两种操作方式，并且压力、压制速度可在规定范围内任意调节，能完成定压成形和定程成形两种工作方式，并在压制后进行保压延时及自动回程操作，图 3-11 为其控制原理图。

一、液压机工作过程

（一）主缸动作循环

主缸（滑块）动作循环分滑块快速下行、慢速加压、保压、卸压、回程及原位停止等过程。

1. 快速下行

电磁阀 YV_1 通电，锥阀3关闭，液压泵向系统供油，同时 YV_2 通电，油液经过锥阀4、7供到主缸上腔。阀 YV_2、YV_4 通电，主缸下腔油液经锥阀8、9快速流回油箱。YV_8 通电，充液单向阀打开，于是液压机滑块在自重作用下快速下行，主缸上腔产生负压，使主缸上腔充液。

2. 慢速下行（加压）

行程挡块随滑块快速下行，压下行程开关 SQ_2 时，YV_1、YV_2、YV_6 仍保持通电，同时断开 YV_4、YV_8，接通 YV_9，液压泵供油液经锥阀1、2、4、7进入主缸上腔，主缸下腔油液经锥阀8、10和背压阀流回油箱。由于背压阀使主缸下腔产生压力，平衡了滑块的自重，主缸下行时上腔已不再是负压，且 YV_8 断电充液阀关闭，这时，必须产生上腔压力，滑块方可下行，下行仅由液压泵供油，经过阀7，使主缸慢速下行或加压。

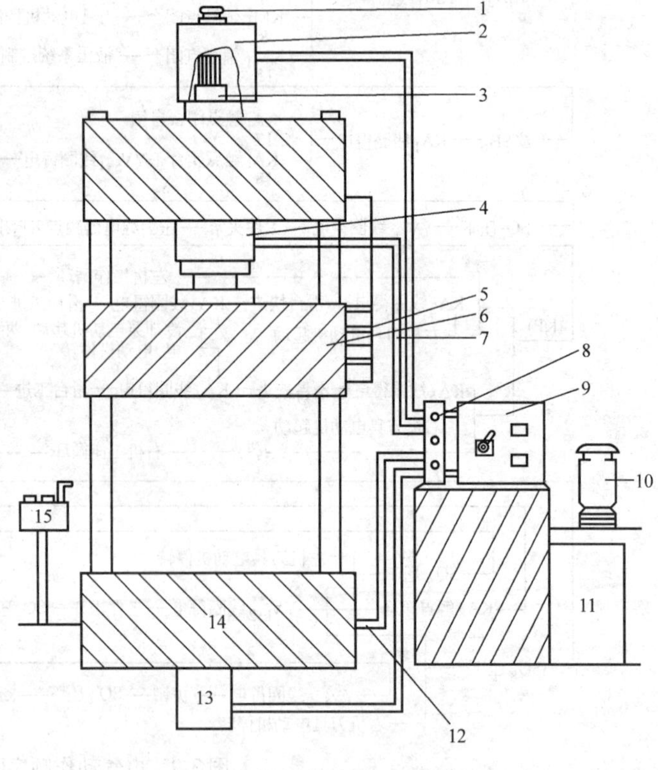

图3-10　YH32-500D液压机结构

1—空气过滤器　2—充液油箱　3—充液阀　4—主液压缸　5—滑块行程限位开关　6—机身　7—上油管　8—液压控制柜　9—电气柜　10—液压泵驱动电动机　11—动力机构　12—下管路　13—顶出缸　14—工作台　15—活动按钮盒

3. 保压

当主缸上腔压力达到压力继电器 KP_1 的整定压力时，压力继电器发信号（若定程下行时，可由行程挡块压下行程开关 SQ_3 发信号），使 YV_1、YV_2 断电，同时接通时间继电器，泵的油液经锥阀3卸荷（此时滑块已无运动），锥阀4、7关闭，充液单向阀也关闭，主缸上腔保压，保压时间由时间继电器控制。

4. 卸压

保压到一定时间，由时间继电器发信号，使电磁阀 YV_7 通电，主缸上腔油液经可调节流器和电磁球阀接通油箱，使主缸上腔卸压。

5. 回程

主缸上腔卸压到允许换向压力值时，压力继电器 KP_3 发信号，接通电磁阀 YV_1 和 YV_8，锥阀3关闭，液压泵停止卸荷。油液控制油路作用到充液阀控制活塞上，打开充液阀。当充液阀控制油路中压力达到压力继电器 KP_3 的发信压力时，KP_3 发信号，接通电磁阀 YV_3 和 YV_5，液压泵油液经锥阀1、2、5、8作用到主缸下腔，上腔油液经充液阀排回油箱，滑块快速回程。

6. 停止

当滑块回程结束后，挡块压下行程开关 SQ_1，使所有电磁阀均断电，锥阀8关闭，滑块处于停止状态，液压泵卸荷。表 3-2 为液压机动作循环状态。

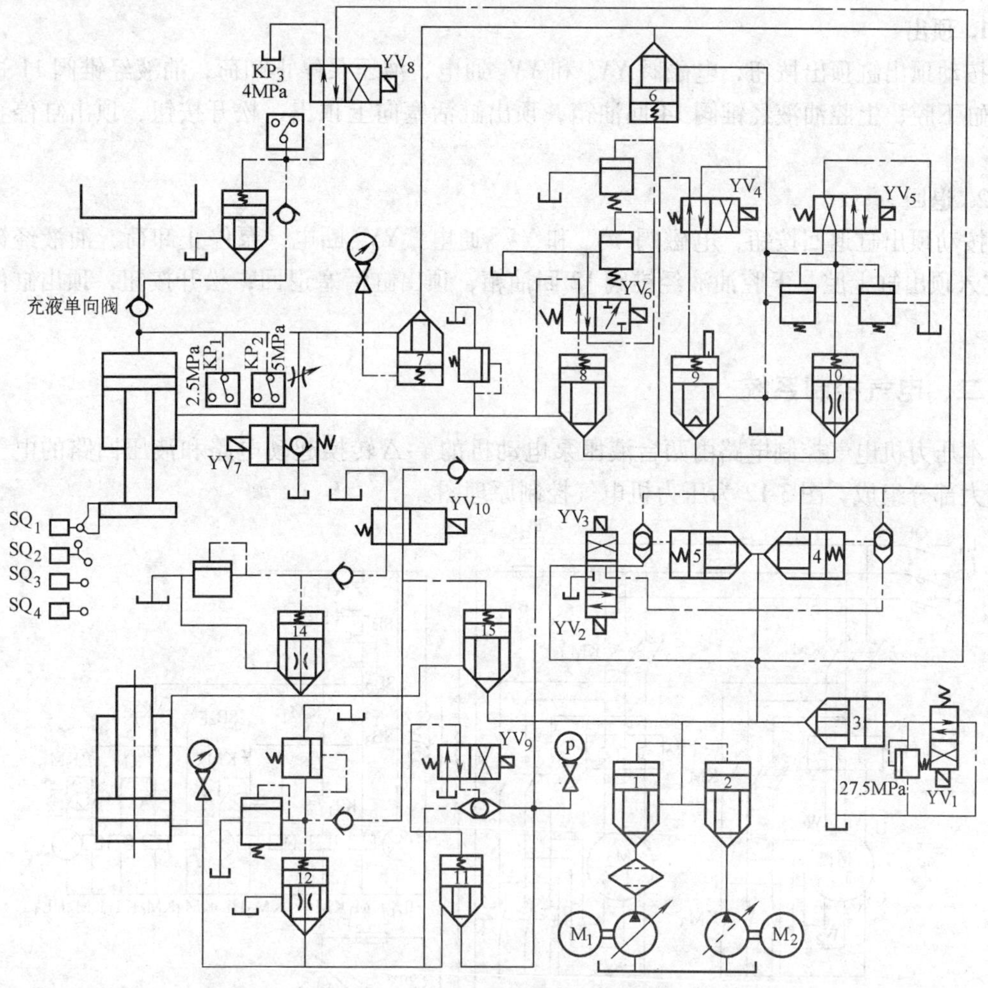

图 3-11　压力机液压回路控制原理

表 3-2　液压机动作循环状态

动作		YV_1	YV_2	YV_3	YV_4	YV_5	YV_6	YV_7	YV_8	YV_9	YV_{10}	下一个动作的发信元件
主缸	快速下行	+	+		+		+		+			SQ_2
	慢速下行（加压）	+	+			+	+					KP_1
	保压					+	+					KT
	卸压							+				KP_2
	回程	+		+		+			+			SQ_1
	停止											
顶出缸	顶出	+								+		SB_{10}
	退回	+									+	SB_{11}

注：“+”表示电磁铁通电；“空格”表示电磁铁不通电。

（二）顶出缸动作循环

1. 顶出

按动顶出缸顶出按钮，电磁阀 YV_1 和 YV_9 通电，液压泵停止卸荷，油液经锥阀 11 进入顶出缸下腔，上腔油液经锥阀 14 回油箱，顶出缸活塞向上顶出，松开按钮，顶出缸停止顶出。

2. 退回

按动顶出缸退回按钮，电磁阀 YV_1 和 YV_{10} 通电，YV_9 断电，泵停止卸荷，油液经锥阀 13 进入顶出缸上腔，下腔油液经锥阀 12 回油箱，顶出缸活塞退回，松开按钮，顶出缸停止退回。

二、电气控制系统

本压力机电气控制电路由两台液压泵电动机的Y-△转换起动电路和液压回路的电气控制两大部分组成，图 3-12 为压力机电气控制原理图。

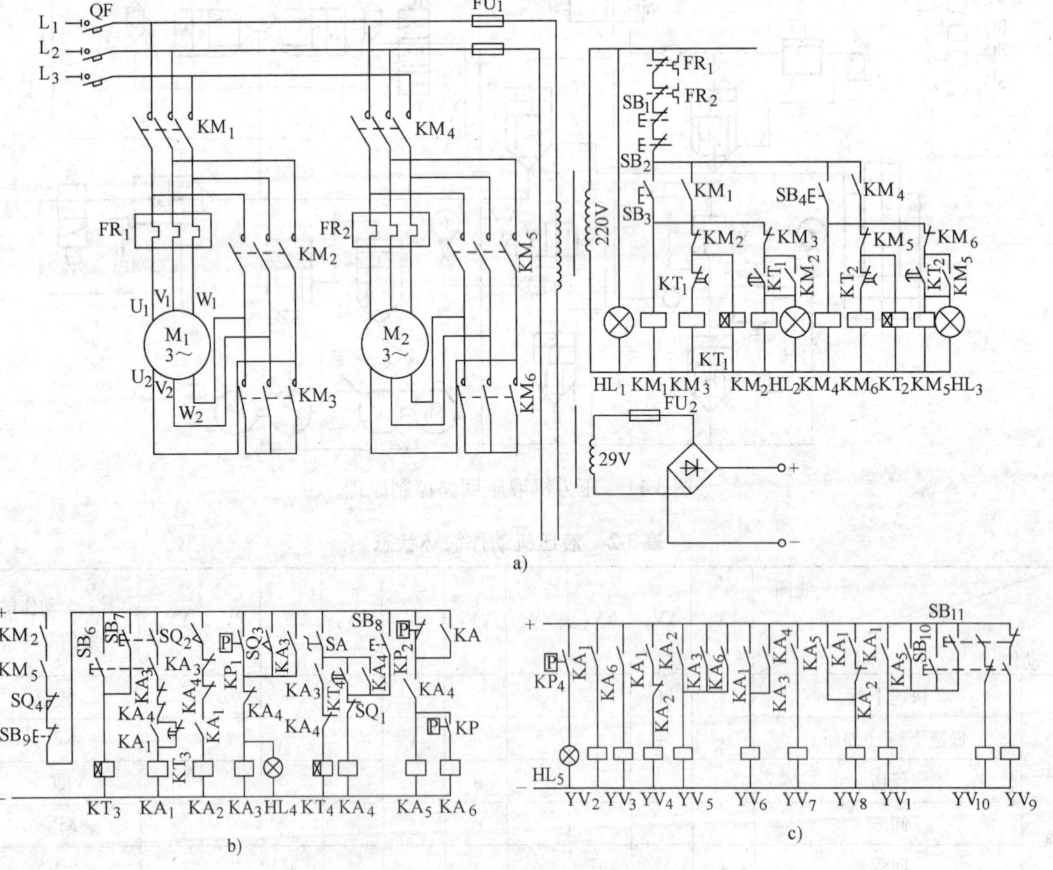

图 3-12　压力机电气控制原理图

a）主回路 Y-△启动　b）控制电路　c）电磁铁控制电路

合上电源开关 QF（断路器），电源指示灯 HL_1 亮。依次按动起动按钮 SB_3、SB_4，电动机 M_1 和 M_2 以星形起动方式起动延时 3～5s 后，起动结束，自动转入三角形运行，信号灯

HL_2、HL_3 亮。

当按动停车按钮 SB_1 或 SB_2 及出现过载时，FR_1 或 FR_2 常闭触点断开，交流接触器线圈断开，电动机 M_1、M_2 断电停止工作。

三、滑块（机身）的电气控制

当液压泵电动机起动后，KM_2、KM_5 的联动触点闭合，即可对液压控制电路进行操作。将移动操作台上滑块工作方式选择开关 SA 分别扳至“调整”和“工作”位置时，滑块可实现调整与单循环（半自动）两种不同的工作方式。各工步电磁阀动作见表 3-2。

1. 调整工作方式

选择开关 SA 在调整位置时，其触点断开，双手同时按下 SB_6、SB_7，可实现滑块快速下行、慢行加压、下行停止等操作，松开按钮，运行过程停止。按动回程按钮 SB_8，滑块回程。

具体控制原理分析如下：

为了操作者的安全，须双手同时按动 SB_6、SB_7 按钮，方可实现滑块下行。时间继电器 KT_3 用来保证双手同时操作的时间误差不大于一定值（0.5 ~ 1s）时，才能经过 KT_3 延开触点使 KA1 线圈通电自锁。否则，只能重新松开按钮，让 KT_3 线圈断电后，再进行双手操作。

同时按下 SB_6、SB_7 后，KA_1 通电自锁，电磁阀 YV_1、YV_2、YV_4、YV_6、YV_8 通电，实现滑块快速下行。滑块下行到滑块挡铁压动 SQ_2 时，中间继电器 KA_2 线圈通电（KA_1 仍通电），电磁阀 YV_1、YV_2、YV_5、YV_6 通电，YV_8 断电，滑块下行速度由快变慢，以工作速度下行，同时主液压缸上腔油路开始加压。定压压制时，压力上升到压力继电器整定值，KP_1 发出信号；定程压制时，滑块挡铁压动行程开关 SQ_3 发出信号，由 KP_1 或 SQ_3 动合触点使 KA_3 通电自锁，信号灯 HL_4 亮，发出压制成形信号，KA_3 动断触点使 KA_1、KA_2 线圈断电，电磁阀线圈 YV_1、YV_2 断电，YV_5、YV_6 通电，滑块下行停止，处于保压状态，松开双手，调整方式动作停止。

按下滑块回程按钮 SB_8，中间继电器 KA_4 线圈通电，电磁阀 YV_7 通电，主缸上腔卸压，同时，KA_5 线圈通电，电磁阀 YV_1、YV_8 通电，液压泵停止卸荷，打开充液阀，卸压结束，充液阀完全打开，压力继电器 KP_3 发出信号，中间继电器 KA_6 线圈通电，电磁阀 YV_3、YV_5 通电，YV_1、YV_8 仍维持通电状态，滑块快速回程，直至终点滑块挡铁压下行程开关 SQ_1 或松开按钮 SB_8，继电器 KA_4、KA_5、KA_6 线圈断电，通电电磁铁均断电，回程停止。

2. 单循环（半自动）工作方式

单循环包括滑块快速下行、滑块慢速下行（加压）、保压延时、卸压、快速回程到原位停止等过程。

将工作方式选择开关 SA 扳至“工作”位置，同调整方式操作方法一样，用双手按下 SB_6、SB_7 使滑块快速下行，然后滑块慢速下行（加压），直到下行结束，中间继电器 KA_3 线圈通电，KA_1、KA_2 线圈断电，电磁阀 YV_1、YV_2 断电，YV_5、YV_6 通电，主缸上腔保压。与此同时，时间继电器 KT_4 线圈通电延时保压；保压时间到，KT_4 延时闭合触点使中间继电器 KA_4 线圈通电自锁（此时可松开双手按钮），KA_5 线圈通电，电磁阀 YV_7 通电，主缸上腔卸压，YV_1、YV_8 通电，为回程做好准备，上腔压力卸到一定值时，压力继电器 KP_3 发出信号，中间继电器 KA_6 线圈通电，YV_3、YV_5 通电，滑块回程，其动作与调整方式相同，滑块回到原位，挡铁压下行程开关 SQ_1，单循环过程结束。

四、顶出缸和停止操作

顶出缸只有点动一种操作方式，按顶出按钮 SB_{10}或退回按钮 SB_{11}，电磁阀 YV_1、YV_9 或 YV_1、YV_{10}通电，顶出器上升或退回，松开按钮时运动停止。因顶出器未设行程限位保护，由操作者视成品已经顶出即可停止上升，然后按 SB_{11}使顶杆退回原位。

按动停止按钮 SB_9，滑块控制电路断电，滑块停止，液压泵电动机仍运转。当主油路压力超过电接点压力表整定压力时，超压报警灯 HL_5 亮。

第五节　Z3040 摇臂钻床电气控制

钻床是一种孔加工机床，可用于在大、中型零件上进行钻孔、扩孔、铰孔、锪孔、攻螺纹及修刮端面等加工。因此，钻床要求主轴运动和进给运动有较宽的调速范围。Z3040 型摇臂钻床的主轴调速范围为 50:1，正转最低转速为 40r/min，最高转速为 2000r/min，进给范围为 0.05 ~ 1.60mm/r。

钻床的种类很多，有台式钻床、立式钻床、卧式钻床、摇臂钻床、深孔钻床、多轴钻床及专用钻床等。在各类钻床中，摇臂钻床具有操作方便、灵活、适用范围广等特点，特别适用于多孔大型零件的孔加工，是机械加工中的常用机床设备。本节以 Z3040 型摇臂钻床为例，分析其电气控制。

一、Z3040 摇臂钻床主要结构

摇臂钻床的主要结构如图 3-13 所示。它主要由底座、内立柱、外立柱、摇臂、主轴箱和工作台等部分组成。

二、Z3040 摇臂钻床的运动形式和控制要求

Z3040 摇臂钻床加工前，通过摇臂的回转和升降、主轴箱的移动定位，调整各个部分移动；加工时，主轴箱由夹紧装置紧固在摇臂导轨上，摇臂紧固在外立柱上，外立柱紧固在内立柱上，主轴带动钻头或丝锥旋转并向下垂直进给，实现钻孔或攻螺纹等加工。

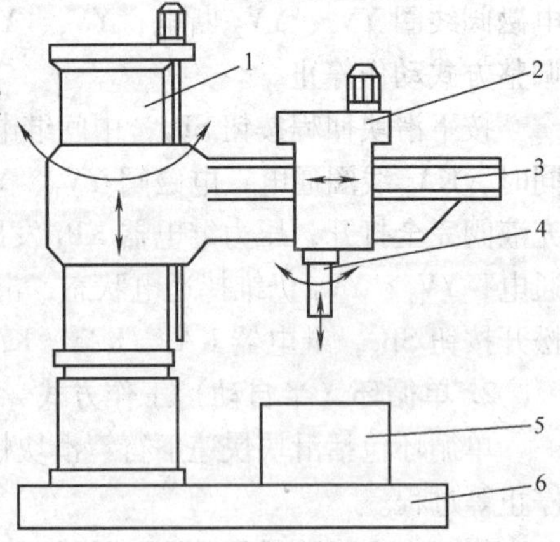

图 3-13　钻床结构示意图

1—内、外立柱　2—主轴箱　3—摇臂　4—主轴　5—工作台　6—底座

（一）主运动和进给运动

Z3040 摇臂钻床的主运动是主轴的旋转运动，进给运动是主轴的上、下移动。

主轴的旋转及主轴上、下进给都是由主轴电动机拖动，在加工螺纹时要求主轴可正反转，主轴的正反转和主轴上、下进给都是由机械方法获得。主轴变速和进给变速的机构都在主轴箱内，用变速机构分别调节主轴转速和上、下进给量，所以主轴电动机只要求单方向旋转，可直接起动，不需要调速和制动。

（二）辅助运动

Z3040 摇臂钻床的辅助运动有摇臂连同外立柱绕内立柱的回转运动、摇臂沿外立柱上、下移动、主轴箱沿摇臂导轨水平移动。

（1）摇臂连同外立柱绕内立柱的回转运动　摇臂钻床内立柱固定在底座上，外立柱套在内立柱的外面，并可绕内立柱回转 360°。摇臂与外立柱之间不能作相对转动，可以连同外立柱一起绕内立柱回转 360°。

摇臂同外立柱绕内立柱的回转运动是依靠人力推动的，但在推动前必须先将外立柱松开。外立柱的松开与夹紧和主轴箱的松开与夹紧是依靠液压推动松紧机构同时进行的。

（2）摇臂沿外立柱上、下移动　摇臂借助丝杠的正反转可沿外立柱作上、下移动。摇臂沿外立柱升降时的松开与夹紧是依靠液压推动松紧机构进行的。

（3）主轴箱沿摇臂导轨水平移动　通过手轮操纵，主轴箱可以在摇臂水平导轨上移动，但在移动前也必须将主轴箱松开。因此，摇臂的升降电动机要求能正、反向旋转，可直接起动，不需要调速和制动。液压泵电动机通过拖动液压泵来控制夹紧机构实现夹紧与放松，所以也要求能正、反向旋转，采用点动控制，直接起动，不需要调速和制动。

（4）工件冷却　冷却泵电动机带动冷却泵提供切削液，采取直接起动，只要求单方向旋转，不需要调速和制动。

三、Z3040 摇臂钻床电气原理图分析

图 3-14 所示为 Z3040 摇臂钻床电气原理图。

（一）主电路分析

三相交流电源由开关 Q 引入。

M_1 为主轴电动机，由接触器 KM_1 控制其单方向起停，热继电器 FR_1 作过载保护。

M_2 为摇臂升降电动机，由接触器 KM_2 和 KM_3 控制其正反转，因 M_2 是短时运行，所以不设过载保护。

M_3 为液压泵电动机，由接触器 KM_4 和 KM_5 控制其正反转，由热继电器 FR_2 作过载保护。

M_4 为冷却泵电动机，由于容量小，所以用转换开关 SA_1 直接控制。

熔断器 FU_1 作为 M_1、M_4 的短路保护，熔断器 FU_2 作为 M_2、M_3 及控制电路的短路保护。所有电动机外壳均采取接地保护。

（二）控制电路分析

（1）控制电路电源　控制电路由变压器 T 将 380V 交流电压降为 110V，作为控制电源。

（2）主轴电动机的旋转控制　主轴电动机 M_1 单方向旋转，由按钮 SB_1、SB_2 和接触器 KM1 控制其起动和停止。按下起动按钮 SB_2（2-3），接触器 KM_1 得电吸合，触点 KM_1（2-3）自锁，主轴电动机 M_1 起动，HL_3 指示灯亮。按下停止按钮 SB_1，接触器 KM_1 断电释放，主轴电动机 M_1 停转，指示灯 HL_3 熄灭。过载时，热继电器 FR_1 的常闭触点断开，接触器 KM_1 释放，主轴电动机 M_1 停转。

（3）摇臂升降控制　控制电路要保证在摇臂升降时，首先使液压泵电动机起动运转，供出液压油，经液压系统将摇臂松开，然后才使摇臂升降电动机 M_2 起动，拖动摇臂上升或下降。当移动到位后，控制电路又要保证 M_2 先停下，再通过液压系统将摇臂夹紧，最后液压泵电动机 M_3 停转。

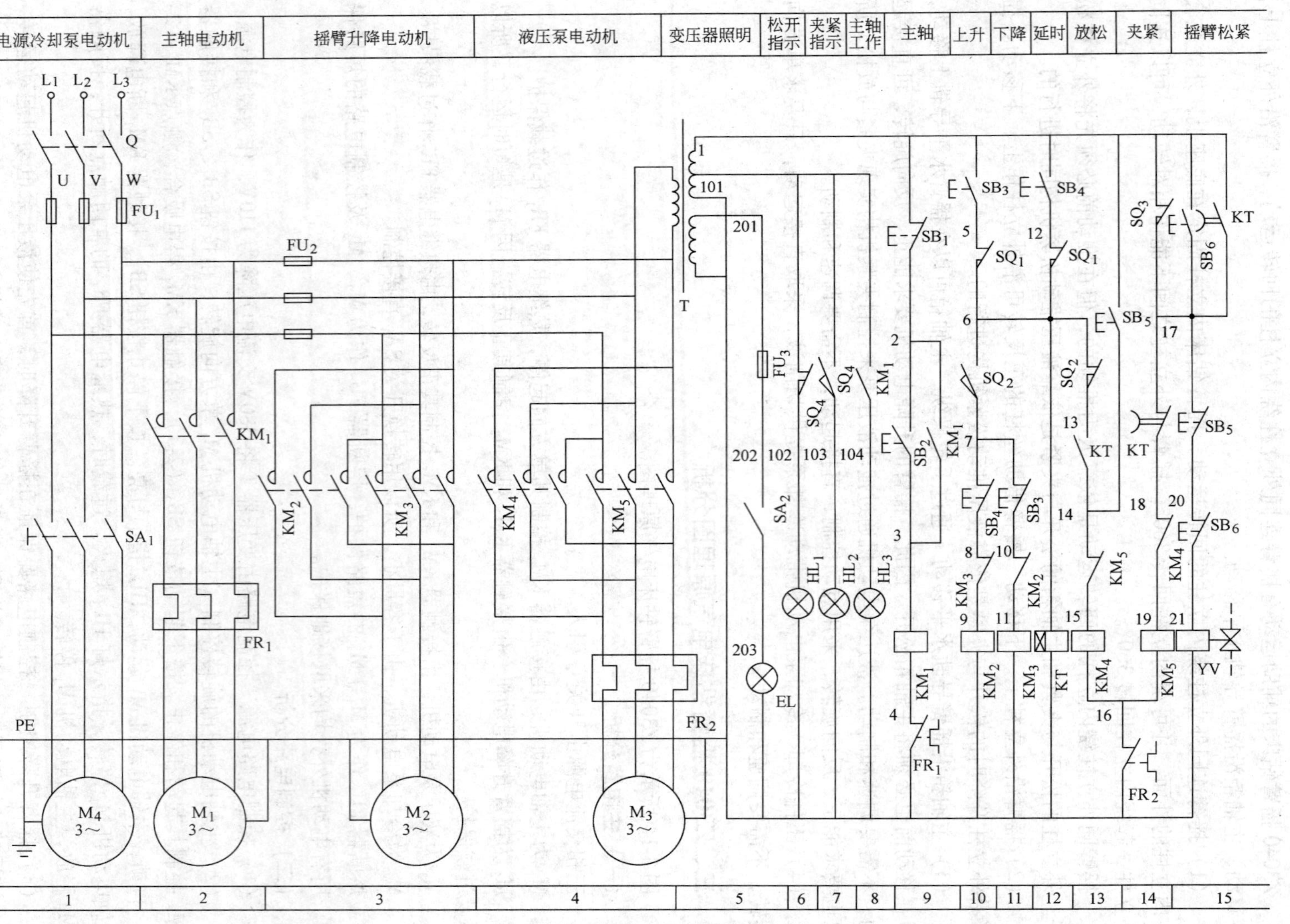

图 3-14　Z3040 摇臂钻床电气原理图

1）松开摇臂。按住上升按钮 SB_3（或下降按钮 SB_4），时间继电器 KT 线圈通电，其常开触点（13-14）闭合，常闭延时闭合触点（17-18）断开，接触器 KM_4 线圈通电，使 M_3 正转，液压泵供出正向液压油。同时，KT 常开延时打开触点（1-17）闭合，接通电磁阀 YV 线圈，使液压油进入摇臂松开油腔，推动松开机构。

2）摇臂上升（或下降）。摇臂松开机构动作完成时碰压行程开关 SQ_2，其常闭触点（6-13）断开，接触器 KM4 线圈断电，M_3 停止转动，摇臂维持放松状态。同时，SQ_2 常开触点（6-7）闭合，使接触器 KM_2（下降为 KM3）线圈通电，摇臂升降电动机 M_2 正转（下降为反转），拖动摇臂上升（或下降）。

3）夹紧摇臂。当摇臂上升（或下降）到所需位置时，松开按钮 SB_3（或 SB_4），接触器 KM_2（下降为 KM_3）和时间继电器 KT 均断电，摇臂升降电动机 M_2 停转，摇臂停止升降。KT 释放后，延时 1～3s，其常闭延时闭合触点（17-18）闭合，KM_5 线圈通电，液压泵电动机 M_3 反转，反向供给液压油。因 SQ_3 的常闭触点（1-17）是闭合的，YV 线圈仍通电，结果使液压油进入摇臂夹紧油腔，推动夹紧机构使摇臂夹紧。夹紧后，夹紧机构压下 SQ_3，其常闭触点（1-17）断开，KM_5 和电磁阀 YV 因线圈断电而使液压泵电动机 M_3 停转，完成了摇臂的整个升降过程。

如果点动按钮 SB_3 或 SB_4 通电时间过短，可能会造成摇臂处于半放松状态，使行程开关 SQ_3 常闭触点（1-17）复位，这时，电磁阀 YV 线圈通电，时间继电器 KT 的延时闭合常闭触点（17-18）闭合，接通接触器 KM_5，使 M_3 反转，直至夹紧后 SQ_3 被压下，断开 KM_5 和 YV，这样就保证了摇臂在加工工件前总是处于夹紧状态。

（4）主轴箱和立柱的放松与夹紧控制　立柱与主轴箱的放松与夹紧均采用液压操纵，两者同时进行工作，工作时要求二位六通电磁阀 YV 不通电。

按主轴箱放松按钮 SB_5（1-14），接触器 KM_4 通电，液压泵电动机 M_3 正转，电磁阀 YV 不通电，液压油进入主轴箱放松液压缸和立柱放松液压缸，推动松紧机构使主轴箱和立柱松开。行程开关 SQ_4 不受压，其常闭触点（101-102）闭合，指示灯 HL_1 亮，表示主轴箱和立柱已经松开，可以操纵主轴箱和立柱的移动。主轴箱在摇臂的水平导轨上由手轮操纵来回移动，通过推动摇臂可使其与外立柱一起绕内立柱旋转。

按下主轴箱夹紧按钮 SB_6（1-17），接触器 KM_5 通电，液压泵电动机 M_3 反转，这时，电磁阀 YV 仍不通电，液压油进入主轴箱和摇臂夹紧液压缸，推动松紧机构使主轴箱和摇臂夹紧，同时行程开关 SQ_4 被压，其常闭触点（101-102）断开，指示灯 HL_1 灭，其常开触点（101-103）闭合，指示灯 H_{12}亮，表示主轴箱和立柱已夹紧，可以进行加工。

利用主轴箱和立柱的夹紧、放松，还可以检查电源相序正确与否，以确保摇臂升降电动机 M_2 工作正常。

（三）其他电路分析

控制变压器 T 输出照明用交流安全电压 36V，由主令控制开关 SA_2 控制，采用熔断器 FU_3 作短路保护。

控制变压器 T 输出 6.3V 交流电压，供给指示灯用。指示灯 HL_1 灯亮表示主轴箱和立柱同时处于放松状态，指示灯 HL_2 灯亮表示主轴箱和立柱同时处于夹紧状态，这两只指示灯分别由行程开关 SQ_4 的常闭、常开触点控制。指示灯 HL_3 灯亮表示主轴电动机带动主轴旋转工作，由接触器 KM_1 的常开辅助触点控制。

（四）其他联锁和保护

（1）按钮、接触器联锁　在摇臂升降电路中，除了采用按钮 SB_3 和 SB_4 的机械联锁外，还采用了接触器 KM_2 和 KM_3 的电气联锁，即对摇臂升降电动机 M_2 实现了正反转复合联锁。在液压泵电动机 M_3 的正反转控制电路中，接触器 KM_4 和 KM_5 采用了电气联锁，在主轴箱和立柱的夹紧、放松电路中，为保证液压油不供给摇臂夹紧油路，将按钮 SB_5 和 SB_6 的常闭触点串联在电磁阀 YV 线圈的电路中，以达到联锁目的。

（2）限位联锁　在摇臂升降电路中，行程开关 SQ_2 是摇臂放松到位的信号开关，其常开触点（6-7）串联在接触器 KM_2 和 KM_3 线圈中，它在摇臂完全放松到位后才动作闭合，以确保摇臂的升降在其放松后进行。

行程开关 SQ_3 是摇臂夹紧到位的信号开关，其常闭触点（1-17）串联在接触器 KM_5 线圈、电磁阀 YV 线圈电路中。如果摇臂未夹紧，则行程开关 SQ_3 常闭触点闭合保持原状，使得接触器 KM_5 线圈、电磁阀 YV 线圈通电，对摇臂进行夹紧，直到完全夹紧为止，行程开关 SQ_3 的常闭触点才断开，切断接触器 KM_5 线圈、电磁阀 YV 线圈。

（3）时间联锁　通过时间继电器 KT 延时断开的常开触点（1-17）和延时闭合的常闭触点（17-18），时间继电器 KT 能保证在摇臂升降电动机 M_2 完全停止运行后，才能进行摇臂的夹紧动作，时间继电器 KT 的延时长短由摇臂升降电动机 M_2 从切断电源到停止的惯性大小来决定。

（4）失压（欠压）保护　主轴电动机 M_1 采用自锁控制方式，具有失压保护；其他各接触器线圈自身也具有欠电压保护功能。

（5）机床的限位保护　摇臂升降都有限位保护，由组合限位开关 SQ_1 来完成。SQ_1（5-6）为上极限限位，SQ_1（12-6）为下极限限位。摇臂上升到上极限位置时，撞块使组合开关触点 SQ_1（5-6）断开，接触器 KM_2 线圈断电，摇臂升降电动机 M_2 停转。此时，组合限位开关 SQ_1 的触点（12-6）仍闭合，可按下按钮 SB_4 使摇臂下降。当摇臂下降达下极限位置时，撞块使组合限位开关 SQ_1 触点（12-6）断开，接触器 KM_3 线圈断电，摇臂升降电动机 M_2 停转，此时，组合限位开关 SQ_1 的触点（5-6）仍闭合，可按按钮 SB_3 使摇臂上升。

思考题与习题

1. 试分析 C650 型卧式车床的控制电路的工作过程。

2. 试分析 C650 型卧式车床的控制电路发生下列情况时可能的故障原因。

1）三台电动机均不能起动。

2）主轴电动机起动后，松开起动按钮，电动机停止。

3）快移电动机不能启动。

3. 在 Z3040 摇臂钻床中，时间继电器 KT 与电磁阀 YV 在什么时候动作？YV 动作时间比 KT 长还是短？YV 什么时候不动作？

4. Z3040 摇臂钻床的控制电路中，有哪些联锁与保护环节？有何作用？

5. 根据 Z3040 摇臂钻床的控制电路，分析摇臂不能下降时可能出现的故障。

6. 什么是组合机床？常用在什么场合？

7. 组合机床通常由哪些部件组成？各有什么功能？其控制电路有什么特点？

8. 请叙述双面钻孔组合机床单机半自动循环的工作过程。

第四章 可编程序控制器及其工作原理

可编程序控制器是以微处理器为核心的工业自动控制通用装置，其种类繁多，不同厂家的产品各有特点，且有一定的区别。但作为工业标准设备，可编程序控制器具有一定的共性，它们都是通过输入接口，接收工业设备或生产过程的各类输入信号（如从操作按钮、行程开关等送来的开关量或由电位器、传感器、变送器等提供的模拟量），并将其转换成其能够接受和处理的数据，运行用户控制程序，将产生的结果通过输出接口转换成外设所需要的控制信号，去驱动控制对象（如接触器、电磁阀、调节阀、指示灯、调速装置等），进而控制工业设备或生产过程。

本章主要介绍可编程序控制器的一般特性，重点讲述可编程序控制器的一般结构、工作原理、以及循环扫描工作方式等。

第一节 可编程序控制器概述

一、可编程序控制器的产生与发展

（一）可编程序控制器的产生

20 世纪 20 年代出现了将接触器、各种继电器、定时器、其他电器及其触点按一定逻辑关系连接的继电接触器控制系统，其结构简单、价格便宜、便于掌握，在一定范围内能满足控制要求，在工业控制中一直占有主导地位。但也存在着设备体积大、动作速度慢、功能少而固定、可靠性差、难于实现较复杂的控制的缺点。特别是由于它是靠硬连线逻辑构成的系统，接线繁杂，当生产工艺改变时，原有的接线和控制盘就要更换，缺乏通用性和灵活性。

20 世纪 60 年代，由于小型计算机的出现和大规模生产及多机群控的需要，人们曾试图用小型计算机来实现工业控制的要求，但由于价格高，输入、输出电路不匹配和编程技术复杂等原因，一直未能得到推广应用。

20 世纪 60 年代末期，美国汽车制造业竞争激烈，各生产厂家的汽车型号不断更新，它必然要求加工的生产线随之改变，整个控制系统需重新配置。为了适应生产工艺不断更新的需要，寻求一种比继电器更可靠、功能更齐全、响应速度更快的新型工业控制器势在必行。1968 年美国最大的汽车制造商美国通用汽车公司（GM）公开招标，并从用户角度提出了新一代控制器应具备的十大条件，引起了开发热潮。这十大条件中比较主要的是：编程方便，可现场修改程序；维修方便，采用插件式结构；可靠性高于继电器控制装置；体积小于继电器控制盘；数据可直接送入管理计算机；成本可与继电器控制盘竞争；扩展时原系统改变最少。这些要求实际上提出了将继电接触器的简单易懂、使用方便、价格低的优点，与计算机的功能完善、通用性好、灵活性好的优点结合起来，将继电接触器控制的硬连线逻辑变为计算机的软件逻辑编程的设想，采取程序修改方式改变控制功能，这是从接线逻辑向存储逻辑进步的重要标志，是由接线程序控制向存储程序控制的转变。

1969 年，美国数字设备公司（DEC）研制出了第一台可编程序控制器 PDP-14，并在 GM 公司汽车生产线上试用成功，取得了满意的效果，可编程序控制器由此诞生，所以可编程序控制器是生产力发展的必然产物。

（二）可编程序控制器的发展

可编程序控制器自问世以来，发展极其迅速。1971 年，日本开始生产可编程序控制器；1973 年，欧洲开始生产可编程序控制器。目前，世界各国的一些著名电器厂家几乎都在生产可编程序控制器，可编程序控制器已作为一个独立的工业设备进行生产，已成为当代电控装置的主导。

早期的可编程序控制器主要由分立元件和中小规模集成电路组成，指令系统简单，一般只具有逻辑运算的功能，人们把它称之为可编程序逻辑控制器（Programmable Logic Controller），缩写为 PLC。

现在，PLC 不仅能进行逻辑控制，在模拟量闭环控制、数字量的智能控制、数据采集、监控、通信联网及集散控制系统等各方面都得到了广泛的应用。如今，大、中型，甚至小型 PLC 都配有 A/D、D/A 转换及算术运算功能，有的还具有 PID 功能。这些功能使 PLC 在模拟量闭环控制、运动控制、速度控制等方面具有了硬件基础；许多 PLC 具有输出和接收高速脉冲的功能，配合相应的传感器及伺服设备，PLC 可实现数字量的智能控制；PLC 配合可编程序终端设备，可实时显示采集到的现场数据及分析结果，为系统分析、研究工作提供依据，利用 PLC 的自检信号可以实现系统监控；PLC 具有较强有力的通信功能，可以与计算机或其他智能装置进行通信及联网，从而能方便地实现集散控制。功能完备的 PLC 不仅能满足控制要求，还能满足现代化大生产管理的需要，因此美国电气制造协会（NEMA）于 1980 年正式将其命名为可编程序控制器（Programmable Controller），简称 PC。但是近年来 PC 又通常被认为是个人计算机（Personal Computer）的简称，为了有所区别，现在仍把可编程控制器简称为 PLC。

近年来，可编程序控制器发展更为迅速，更新换代周期缩短为 3 年左右。展望未来，可编程序控制器在规模上和功能上将向两大方向发展：一是大型可编程序控制器向高速、大容量和高性能方向发展，如有的机型扫描速度高达 0.1ms/千字（0.1μs/步），可处理几万个开关量 I/O 信号和多个模拟量 I/O 信号，用户程序存储器达十几兆字节；二是发展简易、经济和超小型可编程控制器，以适应单机控制和小型设备自动化的需要。另外，不断增强 PLC 工业过程控制的功能，研制采用工业标准总线，使同一工业控制系统中能连接不同的控制设备，增强可编程序控制器的联网通信功能，便于分散控制与集中控制的实现，大力开发智能 I/O 模块，增强可编程序控制器的功能等都是其发展方向。

二、可编程序控制器的用途与特点

（一）可编程序控制器的用途

PLC 的初期由于其价格高于继电器控制装置，使其应用受到限制。但近几年来由于微处理器芯片及有关元件价格大大下降，使 PLC 成本下降，同时又由于 PLC 的功能大大增强，使 PLC 的应用越来越广泛，广泛应用于钢铁、水泥、石油、化工、采矿、电力、机械制造、汽车、造纸、纺织、环保等行业。PLC 的应用通常可分为五种类型：

1. 顺序控制

这是PLC应用最广泛的领域，用以取代传统的继电器顺序控制。PLC可应用于单机控制、多机群控、生产自动线控制等。如注塑机、印刷机械、订书机械、切纸机械、组合机床、磨床、装配生产线、电镀流水线及电梯控制等。

2. 运动控制

PLC制造商目前已提供了拖动步进电动机或伺服电动机的单轴或多轴位置控制模块。在多数情况下，PLC把描述目标位置的数据送给模块，其输出移动一轴或数轴到目标位置。每个轴移动时，位置控制模块保持适当的速度和加速度，确保运动平滑。

相对来说，位置控制模块比计算机数值控制（CNC）装置体积更小，价格更低，速度更快，操作更方便。

3. 闭环过程控制

PLC能控制大量的物理参数，如温度、压力、速度和流量等。PID（Proportional Integral Derivative）模块的提供使PLC具有闭环控制功能，即一个具有PID控制能力的PLC可用于过程控制。当过程控制中某一个变量出现偏差时，PID控制算法会计算出正确的输出，把变量保持在设定值上。

4. 数据处理

在机械加工中，出现了把支持顺序控制的PLC和计算机数值控制（CNC）设备紧密结合的趋向。著名的日本FANUC公司推出的System10、11、12系列，已将CNC控制功能作为PLC的一部分。为了实现PLC和CNC设备之间内部数据自由传递，该公司采用了窗口软件。通过窗口软件，用户可以独自编程，由PLC送至CNC设备使用。美国GE公司的CNC设备新机种也同样使用了具有数据处理的PLC，预计今后几年CNC系统将变成以PLC为主体的控制和管理系统。

5. 通信和联网

为了适应国外近几年来兴起的工厂自动化（FA）系统、柔性制造系统（FMS）及集散控制系统（DCS）等发展的需要，必须发展PLC之间、PLC和上级计算机之间的通信功能。作为实时控制系统，不仅PLC数据通信速率要求高，而且要考虑出现停电或故障时的对策等。

（二）可编程序控制器的特点

（1）抗干扰能力强，可靠性高　继电接触器控制系统虽有较好的抗干扰能力，但使用了大量的机械触点，使设备连线复杂，由于器件的老化、脱焊、触点的抖动及触点在开闭时受电弧的损害，故大大降低了系统的可靠性，而PLC采用微电子技术，大量的开关动作由无触点的电子存储器件来完成，大部分继电器和繁杂的连线被软件程序所取代，故寿命长，可靠性大大提高。

微机虽然具有很强的功能，但抗干扰能力差，工业现场的电磁干扰、电源波动、机械振动、温度和湿度的变化都可能使一般通用微机不能正常工作。而PLC在电子电路、机械结构以及软件结构上都吸取了生产控制经验，主要模块均采用了大规模与超大规模集成电路，I/O系统设计有完善的通道保护与信号调理电路；在结构上对耐热、防潮、防尘、抗震等都有精确考虑；在硬件上采用隔离、屏蔽、滤波、接地等抗干扰措施；在软件上采用数字滤波等抗干扰和故障诊断措施，所有这些使PLC具有较高的抗干扰能力。目前各生产厂家生产的PLC，平均无故障时间都大大超过了IEC规定的10万小时，有的甚至达到了几十万小时。

（2）控制系统结构简单、通用性强、应用灵活　PLC产品均成系列化生产，品种齐全，外围模块品种也很多，可由各种组件灵活组合成各种大小和不同要求的控制系统。在 PLC 构成的控制系统中，只需在 PLC 的端子上接入相应的输入、输出信号线即可，不需要诸如继电器之类的物理电子器件和大量而又繁杂的硬接线电路。当控制要求改变，需要变更控制系统功能时，可以用编程器在线或离线修改程序，修改接线的工作量是很小的。同一个 PLC 装置用于不同的控制对象，只是输入、输出组件和应用软件不同而已。

（3）编程方便，易于使用　PLC 是面向用户的设备，PLC 的设计者充分考虑到现场工程技术人员的技能和习惯，PLC 程序的编制，采用梯形图或面向工业控制的简单指令形式。梯形图与继电器原理图相类似，直观易懂，容易掌握，不需要专门的计算机知识和语言，深受现场电气技术人员的欢迎。近年来又发展了面向对象的顺控流程图语言，也称功能图，使编程更加简单方便。

（4）功能完善，扩展能力强　PLC 中含有数量巨大的用于开关量处理的继电器类软元件，可轻松地实现大规模的开关量逻辑控制，这是一般的继电器控制所不能实现的。PLC 内部具有许多控制功能，能方便地实现 D/A、A/D 转换及 PID 运算，实现过程控制、数字控制等功能。PLC 具有通信联网功能，它不仅可以控制一台单机、一条生产线，还可以控制一个机群、许多条生产线。它不但可以进行现场控制，还可以用于远程控制。

（5）PLC 控制系统设计、安装、调试方便　PLC 中相当于继电接触器系统中的中间继电器、时间继电器、计数器等“软元件”，数量巨大，硬软件齐全，且为模块化积木式结构，并已商品化，故可按性能、容量（输入、输出点数、内存大小）等选用组装。又由于用软件编程取代了硬接线来实现控制功能，使安装接线工作量大大减小。设计人员只要有一台 PLC 就可进行控制系统的设计，并可在实验室进行模拟调试。而继电接触器系统需在现场调试，工作量大且繁难。

（6）维修方便，维修工作量小　PLC 具有完善的自诊断、履历情报存储及监视功能。对于其内部工作状态、通信状态、异常状态和 I/O 点的状态均有显示。工作人员通过它可查出故障原因，以便于迅速处理，及时排除。

（7）结构紧凑、体积小、重量轻，易于实现机电一体化　由于 PLC 具有上述特点，使得 PLC 获得了极为广泛的应用。

三、可编程序控制器的分类

（一）按 I/O 点数容量分类

一般来说，PLC 处理的 I/O 点数比较多，反映控制关系比较复杂，用户要求的程序存储器容量比较大，要求 PLC 指令及其他功能比较多，指令执行的过程也比较快等。按 PLC 的输入输出点数可将 PLC 分为三类。

1. 小型机

小型 PLC 的功能一般以开关量控制为主，其输入、输出总点数在 256 点以下，用户程序存储器容量在 4K 字以下。现在的高性能小型机还具有一定的通信能力和少量的模拟量处理能力。这类 PLC 价格低廉，体积小，适合于控制单台设备，开发机电一体化产品。

典型的小型机有 SIEMENS 公司的 S7-200 系列、OMRON 公司的 CPM2A 系列、MITSUBISH 公司的 FX 系列和 AB 公司的 SLC500 系列等整体式 PLC 等产品。

2. 中型机

中型机 PLC 的输入、输出总点数在 256～2048 点之间，用户程序存储器容量达到 2～8K 字。中型 PLC 不仅具有开关量和模拟量的控制功能，还具有更强的数字计算能力，他的通信功能和模拟量处理能力更强大。中型机的指令比小型机更丰富，适用于复杂的逻辑控制系统以及连续生产过程控制场合。

典型的中型机有 SIEMENS 公司的 S7-300 系列、OMRON 公司的 C200H 系列、AB 公司的 SLC500 系列模块式 PLC 等产品。

3. 大型机

大型机 PLC 的输入、输出总点数在 2048 点以上，用户程序存储器容量达到 8～16K 字。大型 PLC 的性能已经与工业控制计算机相当，它具有计算、控制和调节的功能，还具有强大的网络结构和通信联网能力。它的监视系统采用 CRT 显示，能够表示过程的动态流程，记录各种曲线，PID 调节参数选择图；它配备多种智能板，构成一个多功能系统。这种系统还可以和其他型号的 PLC 互联，和上位机相连，组成一个集中分散的生产过程和产品质量控制系统。大型机适用于设备自动化控制、过程自动化控制和过程监控系统。

典型的大型 PLC 有 SIEMENS 公司的 S7-400 系列、OMRON 公司的 CVM1 和 CS1 系列、AB 公司的 SLC5/05 系列等产品。

上述划分没有一个严格的界限，随着 PLC 技术的飞速发展，某些小型 PLC 也具有中型机和大型机的功能，这也是 PLC 的发展趋势。

（二）按结构形式分

按 PLC 物理结构形式的不同，可分为整体式（也称单元式）和组合式（也称模块式）两类。

1. 整体式结构

整体式结构的 PLC 是将中央处理单元（CPU）、存储器、输入单元、输出单元、电源、通信端口、I/O 扩展端口等组装在一个箱体内构成主机。另外还有独立的工 I/O 扩展单元等通过扩展电缆与主机上的扩展端口相连，以构成 PLC 不同配置与主机配合使用。整体式结构的 PLC 结构紧凑、体积小、成本低、安装方便。小型机常采用这种结构。整体式 PLC 的组成如图 4-1 所示。

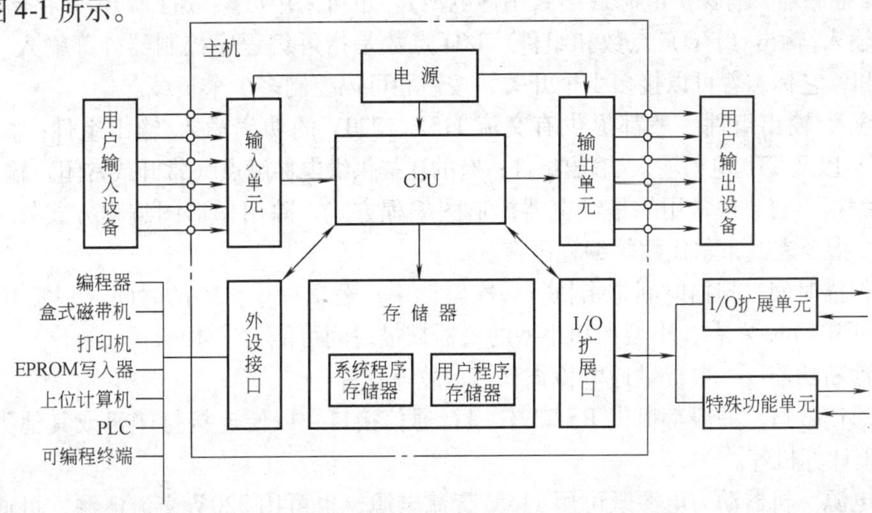

图 4-1　整体式 PLC

2. 组合式结构

这种结构的PLC是将CPU、输入单元、输出单元、电源单元、智能I/O单元、通信单元等分别做成相应的电路板或模块，各模块可以插在带有总线的底板上。装有CPU的模块称为CPU模块，其他称为扩展模块。组合式的特点是配置灵活，输入接点、输出接点的数量可以自由选择，各种功能模块可以依需要灵活配置。大、中型PLC常用组合式结构。图4-2为组合式PLC的组成示意图。

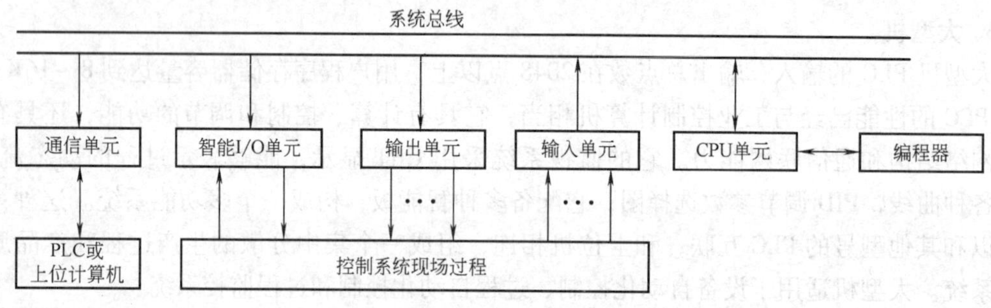

图4-2　组合式PLC

四、可编程序控制器的性能指标

用户在选用PLC时，首先要了解PLC的结构和功能。一般可用CPU芯片、编程语言、用户程序容量、扫描速度（ms/k）、I/O点数这五方面的性能予以反映。通常CPU档次高、编程语言完善、用户程序容量大、扫描速度快、I/O点数多，则PLC性能就好，功能就强，当然它的价格也就较高。

（一）PLC的基本性能

（1）基本的控制功能　一般PLC都具备顺序控制、定时、计数、逻辑运算和四则运算等功能。

（2）存储器容量和类型　存储器容量是指可编程序控制器内部用于存放用户程序的存储器容量，一般以步为单位，一个字（16位二进制数）为一步。存储器类型多数采用CMOSRAM存储器，有保护电源（多数用锂电池）。也可采用可擦写的EPROM存储器。

（3）输入/输出（I/O）点数和组件　I/O点数是指可编程序控制器外部输入、输出端子数的总和，它标志着可以接多少个开关、按钮和可以控制多少个负载。

关于输入/输出组件一般都提供有交流115V、220V的功率输入/输出组件；直流24V、48V和115V以及TTL电平输入/输出组件；有的还提供继电器触点（常开或常闭）输出组件。

（4）编程语言　最常用的是继电器梯形图编程方式，除用梯形图编程方式外，还可采用功能图、指令表或布尔代数等编程语言。

（5）扫描时间　扫描时间是指执行一次解读用户逻辑程序所需的时间。一般1000条指令执行时间为10ms左右，小型和超小型的机器扫描时间可能大于40ms。

（6）诊断功能　一般提供通电检查和指示故障软件。

（7）通信接口　一般都提供RS-232C串行通信接口，以便连接打印机或其他类型的机器，如管理计算机等。

（8）电源　机器动力电源既可用115V交流电源，也可用220V交流电源，可通过跨接短路片进行选择。

(9) 工作环境　一般都能在下列环境条件下工作：温度 0～60℃；湿度 <95%（无结霜)。

(二) PLC 的高级性能

一般小规模的 PLC 只具有基本功能，高级功能只有中型机以上的机型才有。

(1) 数据传送和矩阵处理功能　可适应大型企业管理的需要。

(2) PID 调节功能　备有模拟量输入/输出组件和 PID 调节软件包，以满足化工等行业批量控制的要求。

(3) ASCII 代码操作功能　可适应连接多种终端设备，且可用 ASCII 代码直接编程。

(4) 远程 I/O 功能　I/O 通道可以分散安装在被控设备附近，以减少现场电缆布线和系统成本。

(5) 智能 I/O 组件　目前高档机提供的智能 I/O 组件有：高速计数器、热电偶或热电阻直接输入组件、PID 调节功能组件、BCD 码输入组件、高温控制组件、阀门控制组件、位置控制组件等。

(6) 图形显示功能　借助于图形显示软件包和计算机 CRT 屏幕显示，可方便和直观地显示被控机械或过程的运行工况。

(7) 联网功能　通过数据高速公路（DATA HIGHWAY）连接多台 PLC，或将 PLC 和管理计算机连接，以构成控制网络。

五、常见可编程序控制器简介

世界范围内有几十家公司生产各种型号的可编程序控制器，其中美国、欧洲（主要是德国）和日本的厂家较多，市场占有率高。

现将在中国应用较多的产品介绍如下：

(1) 美国 A-B 公司　主推 PLC-5 系列大型 PLC，其 CPU 模块主要有 PLC-5/10、5/11、5/12、5/15、5/20、5/25、5/30、5/40、5/60、5/250 等。小型 PLC 主要是 SLC-500 系列。

(2) 德国西门子（SIEMENS）公司　以前的产品主要是 S5 系列，有 S5-95U、S5-100U、S5-115U、S5-135U、S5-155U 等；目前，S5 系列 PLC 产品已被新研制的 S7 系列所替代。S7 系列以结构紧凑、可靠性高、功能全等优点，在自动控制领域占有重要地位。SIMATIC S7 系列 PLC 又分为 S7-200、S7-300 和 S7-400 三个子系列，分别为 S7 系列的小（微）型、中型、大型 PLC 系统。小型可编程序控制器应用广泛，结构简单，使用方便，尤其适合控制规模不大的单台设备使用。

(3) 美国 GE-FANUC 公司　其有优势的产品是 90 系列，有 PLC90-70、90-30、90-20 和分布式 I/O 系统 Genius I/O 等。

(4) 日本三菱电机株式会社（MITSUBISH1）　目前主要有 FX 系列、A 系列和 Q 系列。FX 系列是整体式结构的小型机，较新的产品有：$FX_{0(S)}$、FX、FX_{0N}、$FX_{(2C)}$、$FX_{2N(C)}$，目前市场上应用较多的是 $FX_{2N(C)}$ 系列。A 系列是模块组合式中大型 PLC，又分三个小系列，它们是：A1N、A2N（S1）、A3N；A1S（S1）、A2S（S1）、A2AS（S1）；A2A（S1）、A3A。

(5) 日本 OMRON 公司　其产品主要有三个系列：属于 Micro 机种的 SP 系列：SPIO、SP16、SP20；低档机 P 系列：C20P、C28P、CAOP、C60P 和 C20 板式机；较 P 系列处理速度提高一个量级，有的还与上位机有通信联网能力的 H 系列机：C20H、C28H，CAOH、

C60H、C200H、C1000H、C2000H。到了20世纪90年代初期，OMRON公司又推出了全新的模块式CQM1机。

第二节 可编程序控制器的结构和工作原理

一、可编程序控制器的结构

传统的继电接触器控制系统，是由输入设备（按钮、开关等）、控制电路（由各类继电器、接触器、导线连接而成，执行某种逻辑功能的电路）和输出设备（接触器线圈、指示灯等）三部分组成。这是一种由物理器件连接而成的控制系统。

与继电接触器系统相似，PLC控制系统是由输入部分、输出部分和控制逻辑三部分组成的，如图4-3所示。

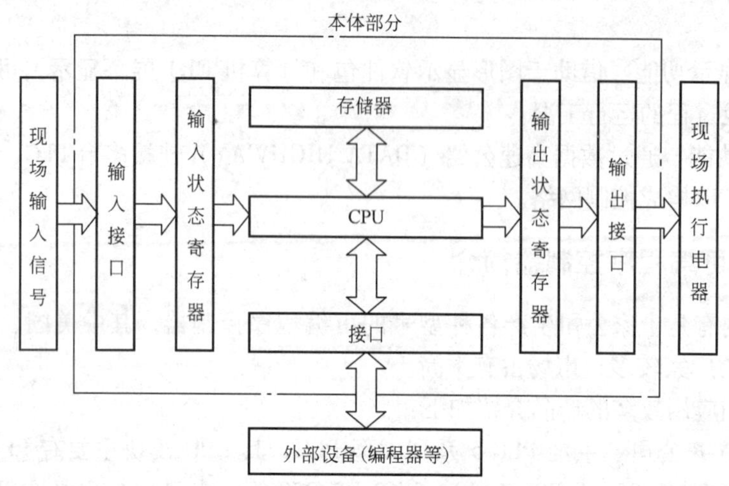

图4-3　PLC系统结构框图

所不同的是PLC的控制逻辑部分是用微处理器、存储器等取代由继电器、接触器组成的硬件控制电路，其控制作用是通过编写程序来实现的。可编程序控制器虽然种类繁多，但其结构组成和工作原理基本相同。PLC的基本结构由微处理器（CPU）、存储器、输入/输出接口、电源、扩展接口、通信接口、编程工具和智能I/O接口等组成。

（一）微处理器（CPU）

微处理器又称中央处理器，简称CPU，它是PLC的核心，由控制电路、运算器和存储器等组成。CPU的作用是按照生产厂家预先编制的系统程序接收并存储编程器输入的用户程序和数据，采用扫描工作方式接收现场输入信号，从存储器逐条读取并执行用户程序，根据运算结果实现输出控制。不同型号的PLC使用不同种类的中央处理器（CPU），小型PLC用一片CPU，大型PLC采用多片CPU，CPU的性能直接影响PLC的性能。

（二）存储器

存储器用来存放系统程序、用户程序、逻辑变量和其他信息。

PLC使用的存储器有只读存储器ROM、读写存储器RAM和用户固化程序存储器E^2PROM。ROM存放PLC制造厂家编写的系统程序，具有开机自检、工作方式选择、信息传递和对用户程序的解释翻译功能，ROM 存放的信息是永远留驻的。RAM 一般存放用户程序和逻辑变量，用户程序在设计和调试过程中要不断进行读写操作，读出时，RAM 中内容保持不变；写入时，新写入的信息将覆盖原来的信息；若 PLC 失电，RAM 存放的内容会丢失；如果有些内容失电后不容许丢失，可以把它放在断电保持的 RAM 存储单元中，这些存储单元接上备用锂电池供电，具有断电保持能力；如果用户经调试后的程序要长期使用，可以用专用的 E^2PROM 写入器把程序固化在 E^2PROM 芯片中，再把该芯片插入 PLC 的 E^2PROM 专用插座上。

（三）输入/输出接口（I/O）

输入/输出接口是 PLC 与外界连接的接口，输入部分的作用是把从输入设备来的输入信号送到可编程序控制器。输入设备一般包括各类控制开关（如按钮、行程开关、热继电器触点等）、电位器、测速发电机和传感器等，这些量通过输入接口电路的输入端子与 PLC 的微处理器 CPU 相连。CPU 处理的是标准电平，因此，接口电路为了把不同的电压或电流信号转变为 CPU 所能接收的电平，需要有各类接口模块。输出接线端子与控制对象如接触器线圈、电磁阀线圈、指示灯等连接，为了把 CPU 输出电平转变为控制对象所需的电压或电流信号，需要有输出接口电路。

输入/输出接口有数字量（包括开关量）输入/输出和模拟量输入/输出两种形式。数字量输入/输出接口的作用是将外部控制现场的数字信号与 PLC 内部信号的电平相互转换；而模拟量输入/输出接口作用是将外部控制现场的模拟信号与 PLC 内部的数字信号相互转换。输入/输出接口一般都具有光电隔离和滤波，其作用是把 PLC 与外部电路隔离开，以提高 PLC 的抗干扰能力。

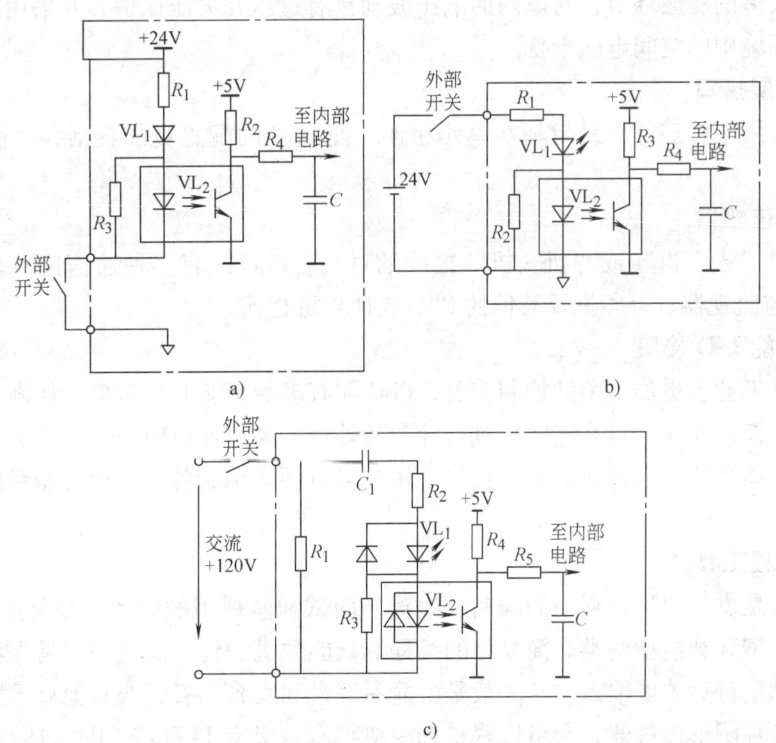

图 4-4　PLC 的输入接口电路

a）干接触式　b）直流输入　c）交流输入

PLC 的开关量输入接口电路通常有干接触式、直流输入、交流输入三种形式。干接触式由内部的直流电源供电，交流输入必须外加电源。图 4-4 为 PLC 的输入接口电路原理图。

开关量输出接口是把 PLC 的内部信号转换成现场执行机构如接触器线圈、电磁阀线圈、指示灯等的各种驱动开关信号。开关量输出单元又分为继电器输出、晶体管输出和晶闸管输出三种形式。继电器输出可接交流负载或直流负载；晶体管输出只能接直流负载；晶闸管输出只能接交流负载。输出负载必须外接电源。图 4-5 为三种输出形式的接口电路图。

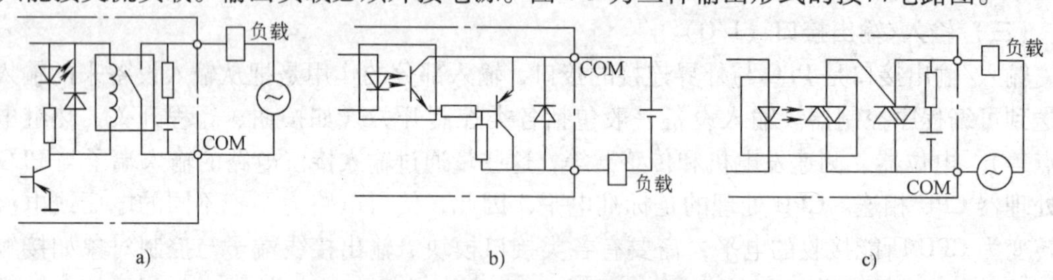

图 4-5　PLC 的输出接口电路

a）继电器输出　b）晶体管输出　c）晶闸管输出

（四）电源

PLC 一般使用 220V 单相电源，电源部件是将交流电压变成 CPU、存储器等所需的直流电，保证 PLC 的正常工作，还可以为外部输入元件提供直流 24V 电源。该电源部件对供电电源采用了较多的滤波环节，对电网的电压波动具有过压和欠压保护，并采用屏蔽措施防止和消除工业环境中的空间电磁干扰。

（五）扩展接口

扩展接口用于将扩展单元与基本单元相连，使 PLC 的配置更加灵活，以满足不同控制系统的需求。

（六）通信接口

为了实现“人—机”或“机—机”之间的对话，PLC 配有多种通信接口。通过这些接口 PLC 可以与监视器、打印机及其他的 PLC 或计算机相连。

（七）智能 I/O 接口

为了满足工业上更加复杂的控制需要，PLC 配有多种智能 I/O 接口，如满足位置调节需要的位置闭环控制模块，对高速脉冲进行计数和处理的高速计数模块等。这类智能模块都有其自身的处理器系统，通过智能 I/O 接口，用户可方便地构成各种工业控制系统，实现各种控制功能。

（八）编程工具

编程工具是供用户进行程序的编制、编辑、调试和监视用的设备，最常用的是编程器，编程器有简易型和智能型两类。简易型的编程器只能联机编程，而且一般是先将梯形图转化为机器语言助记符后才能输入，它一般是由简易键盘和发光二极管或其他显示器件组成。智能型编程器又称图形编程器，它可以联机和脱机编程，具有 LCD 或 CRT 图形显示功能，可以直接输入梯形图和通过屏幕对话。

也可以采用微机辅助编程，许多 PLC 厂家为自己的产品设计了计算机辅助设计编程软件，运用这些软件可以编辑、修改用户程序，监控系统的运行，打印文件，采集和分析数据，在屏幕上显示系统运行状态，对作业现场和系统进行仿真等，但微机与可编程序控制器之间要配有相应的通信电缆。

综上所述，PLC相当于一台工业用微机，它通过外围设备可以进行主机与生产机械之间、主机与人之间的信息交换，实现对工业生产过程以及对某些工艺参数的自动控制。

二、可编程序控制器的工作原理

PLC是依靠执行用户程序来实现控制要求的，使PLC进行逻辑运算、数据处理、输入和输出步骤的助记符称为指令，实现某一控制要求的指令的集合称为程序。PLC在执行程序时，首先逐条执行程序命令，把输入继电器的状态值（接通为1，断开为0）存放于输入映象寄存器中，在执行程序过程中把每次运行结果的状态存放于元件映象寄存器中。

（一）可编程序控制器的扫描工作方式

可编程序控制器在进入RUN状态之后，采用循环扫描方式工作，从第一条指令开始，在无中断或跳转控制的情况下，按程序存储的地址号递增的顺序逐条执执行程序，直到程序结束。然后再从头开始扫描，并周而复始地重复进行。

可编程序控制器工作时的扫描过程如图4-6所示，它包括五个阶段：内部处理、通信处理、输入扫描、程序执行、输出处理。PLC完成一次扫描过程所需的时间称为扫描周期，扫描周期的长短与用户程序的长度和扫描速度有关。

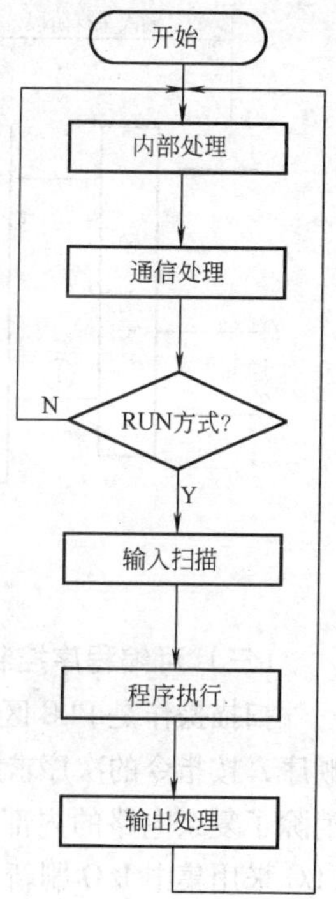

图4-6 PLC的扫描过程

内部处理阶段：CPU检查内部各硬件是否正常，在RUN模式下，还要检查用户程序存储器是否正常，如果发现异常，则停机并显示报警信息。

通信处理阶段：CPU自动检测各通信接口的状态，处理通信请求，如与编程器交换信息，与微机通信等。在PLC中配置了网络通信模块时，PLC与网络进行数据交换。

当PLC处于STOP状态时，只完成内部处理和通信服务工作；当PLC处于RUN状态时，除完成内部处理和通信服务的操作外，还要完成用户程序的整个执行过程，如输入扫描、程序执行和输出处理。

（二）可编程序控制器的程序执行过程

PLC的程序执行过程一般可分为输入采样、程序执行和输出刷新三个主要阶段，如图4-7所示。

（1）输入采样阶段　输入采样阶段，PLC以扫描方式按顺序将所有输入端的输入信号状态（“0”或“1”，表现在接线端上是否承受外加电压）读入输入映像寄存器区，如图4-7中①所示。这个过程称为对输入信号的采样，或称输入刷新。

（2）程序执行阶段　在程序执行阶段，PLC对程序按顺序进行扫描，又称程序处理阶段。如果程序用梯形图表示，则总是按先上后下、先左后右的顺序对由接点构成的控制电路进行逻辑运算，然后根据逻辑运算的结果，刷新输出映像寄存器区或系统RAM区对应位的状态。在程序执行阶段，只有输入映像寄存器区存放的输入采样值不会发生改变，其他各种元素在输出映像寄存器区或系统 RAM 存储区内的状态和数据都有可能随着程序的执行随时发生改变。扫描是从上到下顺序进行的，前面执行的结果可能被后面的程序所用到，从而影响后面程序的执行结果；而后面扫描的结果却不可能改变前面的扫描结果，只有到了下一个扫描周期再次扫描前面程序的时候才有可能起作用。如果程序中两个操作相互用不到对方的操作结果，那么这两个操作的程序在整个用户程序中的相对位置是无关紧要的，程序执行阶段如图 4-7 中的②、③所示。

（3）输出刷新阶段　这个阶段是在执行完用户所有程序后，PLC 将输出映像寄存器中的内容送到输出锁存器中，再通过一定的方式去驱动用户设备的过程。输出刷新阶段如图 4-7 中的④、⑤所示。

以上三个阶段是 PLC 的程序执行的过程，完成上述过程所需的时间称为 PLC 的扫描周期。PLC 在完成一个扫描周期后，又返回去进行下一个扫描，读入下一周期的输入继电器状态，再进行运算、输出。PLC 扫描周期的长短，取决于 PLC 执行一个指令所需的时间和有多少条指令。如果执行每条指令所需的时间是 12μs，程序有 800 条指令，则这一扫描周期的时间就为 9. 6ms。

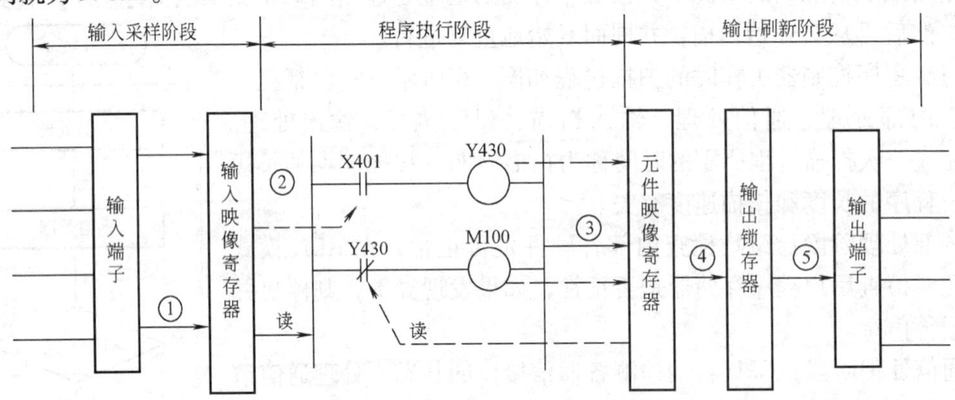

图 4-7　PLC 的程序执行过程

（三）可编程序控制器的 I/O 响应时间

扫描操作是 PLC 区别于其他控制系统的最典型的特征之一，它提供了固定的逻辑判定顺序，按指令的次序求解逻辑运算，而且每个运算的结果可立即用于后面的逻辑运算，从而消除了复杂电路的内部竞争，使用户在编程的时候，可以不考虑内部继电器动作的延迟。PLC 采用集中 I/O 刷新方式，在程序执行阶段和输出刷新阶段，即使输入信号发生变化，输入映像寄存器区的内容也不会改变，不会影响本次循环的扫描结果。输出信号的变化滞后于输入信号的变化，这产生了 PLC 的输入输出响应滞后现象，最大滞后时间为 2 ~3 个扫描周期。

产生输入输出响应滞后现象的原因除了 PLC 的扫描工作方式外，还与输入滤波器的滞后作用有关。为了提高 PLC 的抗干扰能力，在每个开关量的输入端都采用光电隔离和 R—C 滤波电路等技术，其中，R—C 滤波电路的滤波常数一般为 10 ~20ms。若 PLC 采用继电器输出方式，输出回路中继电器触点的机械滞后作用，也是引起输入输出响应滞后现象的一个因素。

PLC 的这种滞后响应，在一般的工业控制系统是完全允许的，但不能适应要求 I/O 响应速度快的实时控制场合。为此，近期的大、中、小型 PLC 除了加快扫描速度，还在软硬件上采取一些措施，以提高 I/O 的响应速度。在硬件方面，可选用快速响应模块、高速计数模块等；可以采用改变信息刷新方式、运用中断技术、调整输入滤波器等方面进行改进。

三、PLC 的编程语言

PLC 的编程语言有梯形图语言、助记符语言、顺序功能图语言和高级编程语言等。其中前两种语言用得较多，顺序功能图语言也在许多场合被采用。

（一）梯形图（LAD）语言

梯形图语言是按照原继电器控制设计思想开发的一种编程语言，它与继电器控制电路图相类似，对从事电气专业人员来说，简单、直观、易学、易懂。它是 PLC 的主要编程语言，使用非常广泛，其特点是：

1）梯形图从上至下编写，每一行从左至右顺序编写。PLC 程序执行顺序与梯形图的编写顺序一致。

2）图左、右边垂直线称为起始母线、终止母线。每一逻辑行必须从起始母线开始画起，终止母线可以省略。

3）梯形图中的触点有两种，即常开触点和常闭触点，这些触点可以是 PLC 的输入触点或内部继电器触点，也可以是内部继电器、定时器/计数器的状态。与传统的继电器控制图一样，每一触点都有自己的特殊标记，以示区别。因每一触点的状态存入 PLC 内的存储单元中，可以反复读写，所以同一标记的触点可以反复使用，次数不限。

4）梯形图的最右侧必须连接输出元素。

5）梯形图中的触点可以任意串、并联，而输出线圈只能并联，不能串联。

（二）助记符（STL）语言

助记符语言是一种类似于计算机中汇编语言的助记符指令编程语言。用梯形图编程虽然直观、简便，但要求 PLC 配置较大的显示器方可输入图形符号，这在有些小型机上常难以满足，所以助记符语言也是较常用的一种编程方式。尤其是采用简易编程器进行 PLC 编程、调试、监控时，必须将梯形图转化成助记符语言，然后通过简易编程器输入 PLC 进行编程、调试、监控。

不同型号的 PLC，其助记符语言也不同，但其基本原理是相近的。编程时，一般先根据要求编制梯形图语言，然后再根据梯形图转换成助记符语言。PLC 中最基本的运算是逻辑运算，最常用的指令是逻辑运算指令，如与、或、非等。这些指令再加上“输入”、“输出”、“结束”等指令，就构成了 PLC 的基本指令。

（三）顺序功能图语言

顺序功能图语言 SFC（Sequential Function Chat）是一种描述顺序控制系统功能的图解表示法，主要由“步”、“转移”及“有向线段”等元素组成。它将一个完整的控制过程分为若干个阶段（状态），各阶段具有不同的动作，阶段间有一定的转换条件，条件满足就实现状态转移，上一状态动作结束，下一动作开始。

功能图编程是一种在数字逻辑电路设计基础上开发的一种图形编程语言，其逻辑功能清晰、输入输出关系明确，适用于熟悉数字电路系统设计人员采用智能型编程器（专用图形编程器或计算机软件编程）编程。

(四) 高级编程语言

随着 PLC 技术发展，大型（超大型）、高档 PLC 具有很强运算与数据处理等功能，为了方便用户编程，许多高档 PLC 都配备了 BASIC 语言、C 语言等高级编程语言。

四、PLC 控制与继电器控制的区别

继电器控制为接线程序控制，它是由分立元件（继电器、接触器、电子元件等）用导线连接起来加以实现的，它的程序就在接线之中，对于控制功能的修改必须通过改变接线来实现。

PLC 控制为存储程序控制，其工作程序存放在存储器中，系统要完成的控制任务是通过存储器中的程序来实现的，其程序是由程序语言来表达的。控制程序的修改不需要改变 PLC 的内接线（即硬件），只要通过编程器来改变存储器中某些语句的内容就可实现。

图 4-8 为继电器控制系统框图，图 4-9 为 PLC 控制系统框图。可以看出，PLC 控制系统的输入、输出部分与传统的继电器控制系统基本相同，其差别仅在于其控制部分，其控制元器件和工作方式是不一样的，主要区别有以下几个方面。

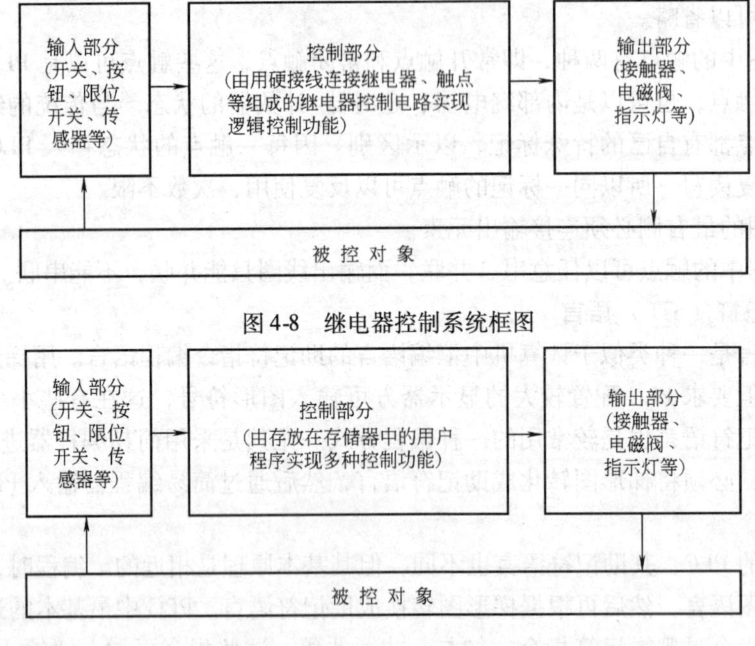

图 4-8 继电器控制系统框图

图 4-9 PLC 控制系统框图

(一) 元器件不同

继电器控制电路是由各种硬件继电器组成，而 PLC 梯形图中输入继电器、输出继电器、辅助继电器、定时器、计数器等软继电器是由软件来实现，不是硬件继电器。

(二) 工作方式不同

继电器控制电路工作时，电路中硬件继电器都处于受控状态，凡符合条件吸合的硬件继电器都同时处于吸合状态，受各种约制条件不应吸合的硬件继电器都同时处于断开状态。PLC 梯形图中软件继电器都处于周期性循环扫描工作状态，受同一条件制约的各个软继电器

的动作顺序取决于程序扫描顺序。

（三）元件触点数量不同

硬件继电器的触点数量有限，一般只有 4～8 对，而 PLC 梯形图中软继电器的触点数量，编程时可无限制使用，可常开又可常闭。

（四）控制电路实施方式不同

继电器控制电路是通过各种硬件继电器之间接线来实施控制的，控制功能固定，当要修改控制功能时必须重新接线。PLC 控制电路由软件编程来实施，可以灵活变化和在线修改。

下面以接触器控制电动机单向旋转控制电路为例来进一步体会上述两种系统的不同。图 4-10a 为其主电路，图 4-10b 为其控制电路图。要实现控制功能需按图接线，若改变功能必须改动接线。图 4-10c 为采用 PLC 完成同样功能需进行的接线。由图可知，将起动按钮 SB2、停止按钮 SB1、热继电器 FR 接入 PLC 的输入端子，将接触器 KM 线圈接于 PLC 的输出端子便完成了接线，具体的控制功能是靠输入 PLC 的用户程序来实现的，不仅接线简单，当变动控制功能时不用改动接线，只要改变程序即可，非常方便。

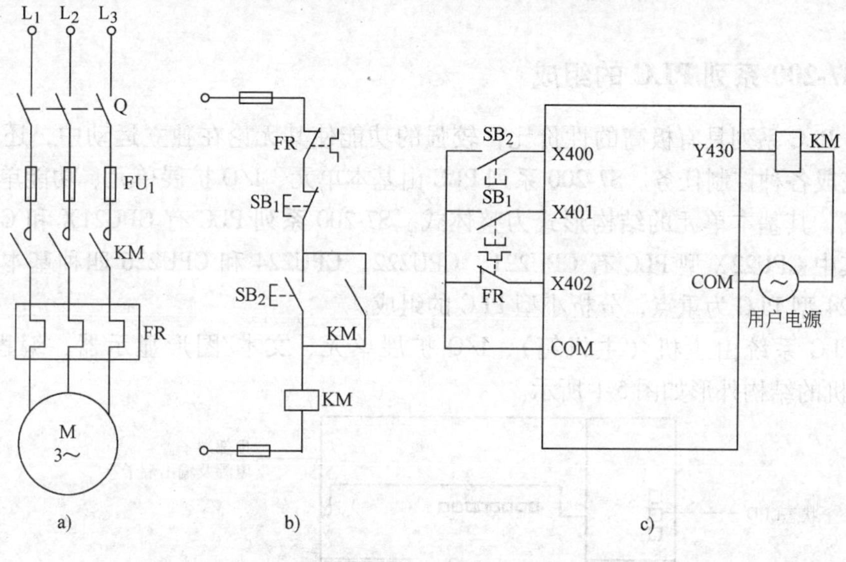

图 4-10 接触器控制电动机单向旋转控制电路

思考题与习题

1. 可编程控制器具有哪些特点？
2. 整体式 PLC、组合式 PLC 由哪儿部分组成？各有何特点？
3. PLC 控制与继电器控制比较，有何相同之处？有何不同之处？
4. PLC 的硬件指的是哪些部件？它们的作用是什么？
5. 为什么称 PLC 的继电器是软继电器？与物理继电器相比，其在使用上有何特点？
6. PLC 的编程语言常用的有哪几种？各有何特点？
7. PLC 的工作方式是什么？何为 PLC 的扫描周期？
8. 简述 PLC 的工作过程。
9. PLC 的主要性能指标有哪些？各指标的意义是什么？

第五章　S7 系列可编程序控制器

可编程序控制器的产品众多，不同厂家、不同系列、不同型号的 PLC，功能和结构均有所不同，但工作原理和组成基本相同。德国西门子（SIEMENS）公司生产的 SIMATIC S7 系列以结构紧凑、可靠性高、功能全等优点，在自动控制领域占有重要地位。

SIMATIC S7 系列 PLC 的机型为 S7-200、S7-300 和 S7-400，分别为 S7 系列的小、中、大型 PLC 系统。本章主要以 S7-200 系列 PLC 为例，介绍小型 PLC 系统的构成、编程用的元器件、指令系统等 PLC 应用的基础知识。

第一节　S7-200 系列可编程序控制器组成

一、S7-200 系列 PLC 的组成

S7-200 PLC 系列具有极高的性价比，较强的功能使其无论在独立运动中，还是相连成网络皆能完成各种控制任务。S7-200 系列 PLC 由基本单元、I/O 扩展单元、功能单元和外部设备等组成，其基本单元的结构形式为整体式。S7-200 系列 PLC 有 CPU21X 和 CPU22X 两代产品，其中 CPU22X 型 PLC 有 CPU221，CPU222，CPU224 和 CPU226 四种基本型号。本节以 CPU224 型 PLC 为重点，分析小型 PLC 的组成。

小型 PLC 系统由主机（主机箱）、I/O 扩展单元、文本/图形显示器、编程器组成。CPU224 主机的结构外形如图 5-1 所示。

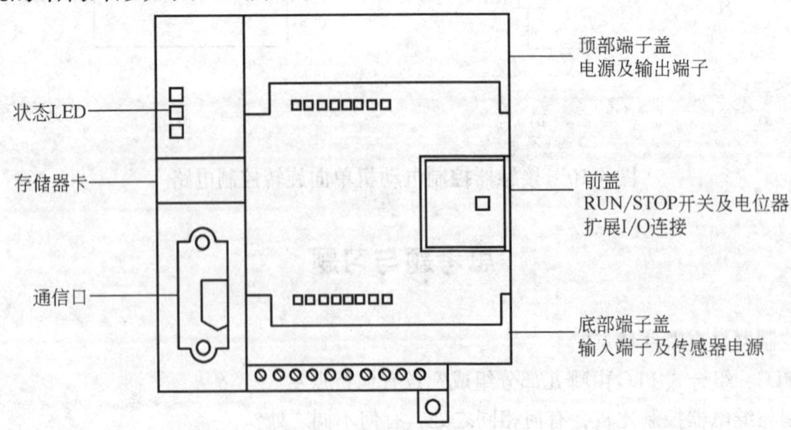

图 5-1　S7-200 CPU 结构

CPU224 主机箱外部设有 RS-485 通信接口，用以连接编程器（手持式或 PC 机）、文本/图形显示器、PLC 网络等外部设备；还设有工作方式开关，模拟电位器，I/O 扩展接口，工作状态指示和用户程序存储卡，I/O 接线端子排及发光指示等。

1. 基本 I/O

CPU224 集成 14 输入/10 输出共 24 个数字量 I/O 点，可连接 7 个扩展模块，最大扩展至 168 路数字量 I/O 或 35 路模拟 I/O 点、13KB 字节程序和数据存储空间。

CPU224 主机有 I0.0 ~ I0.7、I1.0 ~ I1.5 计 14 个输入点和 Q0.0 ~ Q0.7、Q1.0 ~ Q1.1 计 10 个输出点。CPU 224 输入电路采用了双向光电耦合器，24V DC 极性可任意选择，系统设置 1M 为 I0.X 字节输入端子的公共端，2M 为 I1.X 字节输入端子的公共端。在晶体管输出电路中采用了 MOSFET 功率驱动器件，并将数字量输出分为两组，每组有一个独立公共端，共有 1L、2L 两个公共端，可接入不同的负载电源。CPU224 外部电路原理如图 5-2 所示。

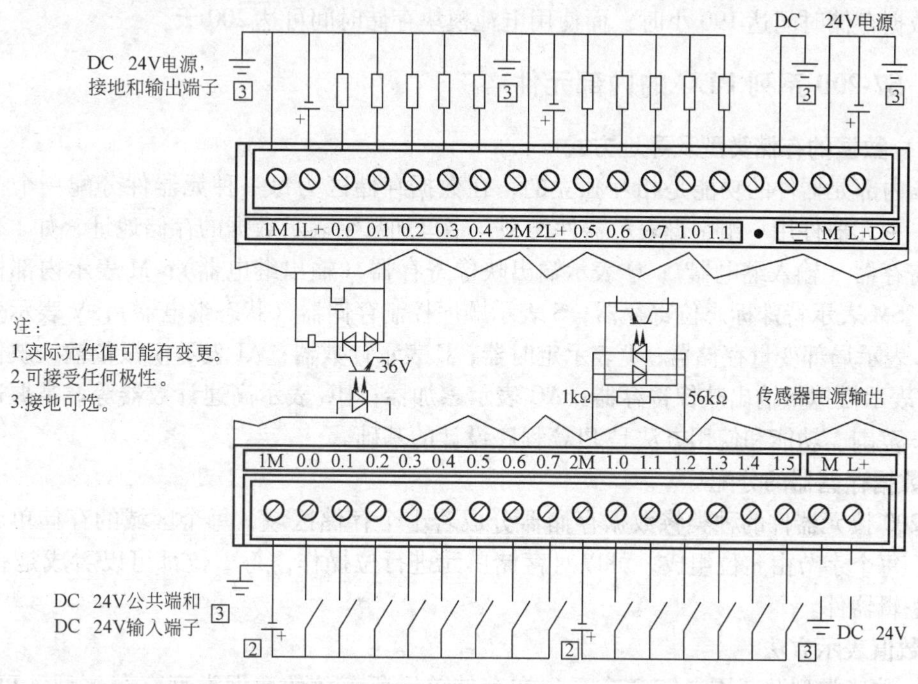

图 5-2 CPU224 AC/DC/继电器连接器端子图

S7-200 系列 PLC 的 I/O 接线端子排分为固定式和可拆卸式两种结构。可拆卸式端子排能在不改变外部电路硬件接线的前提下，方便的拆装，为 PLC 的维护提供了便利。

2. 基本 I/O 及扩展

CPU224 PLC 主机的输入点数为 14 点，输出点数为 10 点，可以扩展的模块数目为 7。

3. 高速反应性

CPU224 PLC 有 6 个高速计数脉冲输入端（I0.0 ~ I0.5），最快的响应速度为 30kHz，用于捕捉比 CPU 扫描周期更快的脉冲信号。另外还有 2 个高速脉冲输出端（Q0.0、Q0.1），输出脉冲频率可达 20kHz，用于 PTO（高速脉冲束）和 PWM（宽度可变脉冲输出）高速脉冲输出。

4. 存储系统

S7-200 CPU 存储系统由 RAM 和 EEPROM 两种存储器构成，用以存储器用户程序、CPU 组态（配置）、程序数据等。当执行程序下载操作时，用户程序、CPU 组态（配置）、程序数据等由编程器送入 RAM 存储器区，并自动复制到 EFPROM 区，永久保存。系统掉电时，自动将 RAM 中 M 存储器的内容保存到 EEPROM 存储器。

上电恢复时，用户程序及 CPU 组态（配置）自动存入 RAM 中，如果 V 和 M 存储区内容丢失时，EEPROM 永久保存区的数据会复制到 RAM 中去。

执行 PLC 的上载操作时，RAM 区用户程序、CPU 组态（配置）上装到个人计算机（PC），RAM 和 EEPROM 中数据块合并后上装 PC 机。

5. 存储卡

该卡可以选择安装扩展卡。扩展卡有 EEPROM 存储卡、电池和时钟卡等模块。EEPROM 存储模块用以用户程序的复制；电池模块用以长时间保存数据，使用 CPU 224 内部存储电容数据存储时间达 190 小时，而使用电池模块存储时间可达 200 天。

二、S7-200 系列 PLC 的内部元件

（一）数据的存储类型及寻址方式

PLC 内部元器件的功能是相互独立的，在数据存储区为每一种元器件分配一个存储区域。每一种元器件用一组字母表示器件类型，字母加数字表示数据的存储地址，如 I 表示输入映像寄存器（输入继电器）；Q 表示输出映像寄存器（输出继电器）；M 表示内部标志位存储器；SM 表示特殊标志位寄存器；S 表示顺序控制存储器（状态继电器）；V 表示变量存储器；L 表示局部变量存储器；T 表示定时器；C 表示计数器；AI 表示模拟量输入映像寄存器；AQ 表示模拟量输出映像寄存器；AC 表示累加器；HC 表示高速计数器等。掌握这些器件定义、范围、功能和使用方法是 PLC 程序设计的基础。

1. 数据存储器的分配

S7-200 按元器件的种类将数据存储器分成若干个存储区域，每个区域的存储单元按字节编址，每个字节由 8 位组成，可以对存储单元进行位操作，每 1 位都可以看成是有 0、1 状态的逻辑器件。

2. 数值表示方法

（1）数值类型及范围　S7-200 系列在存储单元所存放的数据类型有布尔型（BOOL）、整数型（INT）和实数型（REAL）三种。表 5-1 给出了不同长度数值所能表示的整数范围。

表 5-1　数据长度大小范围及相关整数范围

数据长度大小	无符号整数		有符号整数	
	十进制	十六进制	十进制	十六进制
B（字节）8 位	0 ~ 255	0 ~ FF	-128 ~ 127	80 ~ 7F
W（字）16 位	0 ~ 65535	0 ~ FFFF	-32768 ~ 32767	8000 ~ 7FFF
DW（双字）32 位	0 ~ 4294967295	0 ~ FFFFFFFF	-2147483648 ~ 2147483647	80000000 ~ 7FFFFFFF

（2）常数　在 S7-200 的许多指令中使用常数，其长度可以是字节、字或双字。CPU 以二进制数方式存储常数，可以采用十进制，十六进制，ASCII 码成浮点数形式书写常数。

3. S7-200 寻址方式

S7-200 将信息存于不同的存储单元，每个单元有一个唯一的地址，系统允许用户以字节、字、双字为单位存、取信息。提供参与操作的数据地址的方法称为寻址方式，S7-200 数据寻址方式有立即数寻址、直接寻址和间接寻址三大类。立即寻址的数据在指令中以常数

形式出现，直接寻址和间接寻址方式有位、字节、字和双字四种寻址格式，下面对直接寻址和间接寻址方式加以说明。

(1) 直接寻址方式　直接寻址方式是指在指令中直接使用存储器或寄存器的元件名称和地址编号直接查找数据。数据直接寻址指的是，在指令中明确指出了存取数据的存储器地址，允许用户程序直接存取信息。数据直接地址表示方法如图 5-3 所示。

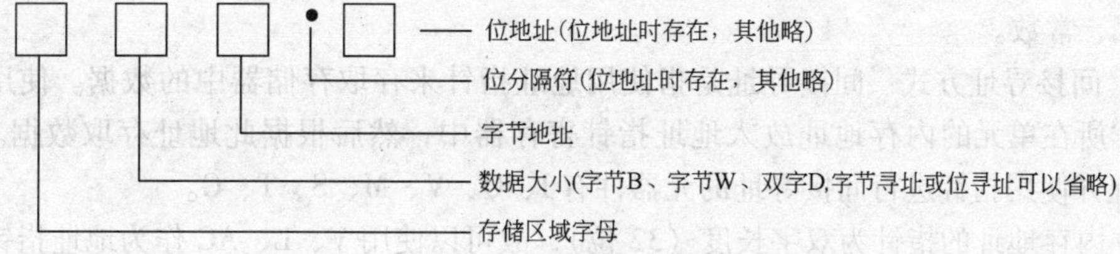

图 5-3　数据地址格式

位寻址举例如图 5-4 所示，图中 I7.4 表示数据地址为输入映像寄存器的第 7 字节第 4 位的位地址，可以根据 I7.4 地址对该位进行读写操作。

可以进行位操作的元器件有：输入映像寄存器 (I)，输出映像寄存器 (Q)，内部标志位 (M)，特殊标志位 (SM)，局部变量存储器 (L)，变量存储器 (V)，状态元件 (S) 等。

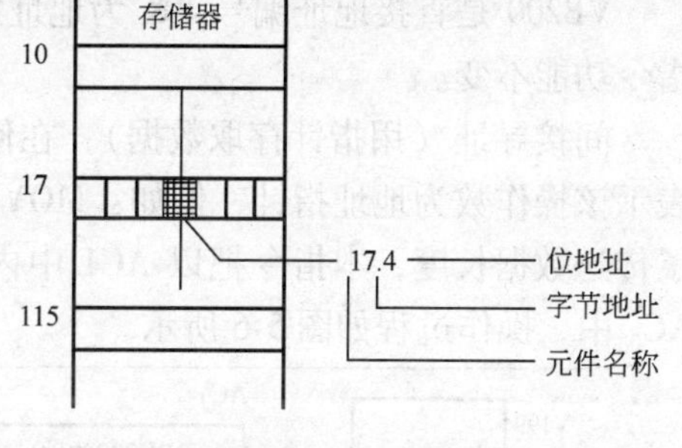

图 5-4　位寻址

字节、字、双字操作：直接访问字节 (8 位)、字 (16 位)、双字 (32 位) 数据时，必须指明数据存储区域、数据长度及起始地址。当数据长度为字或双字时，最高有效字节为起始地址字节。对变量存储器 V 的数据操作如图 5-5 所示。

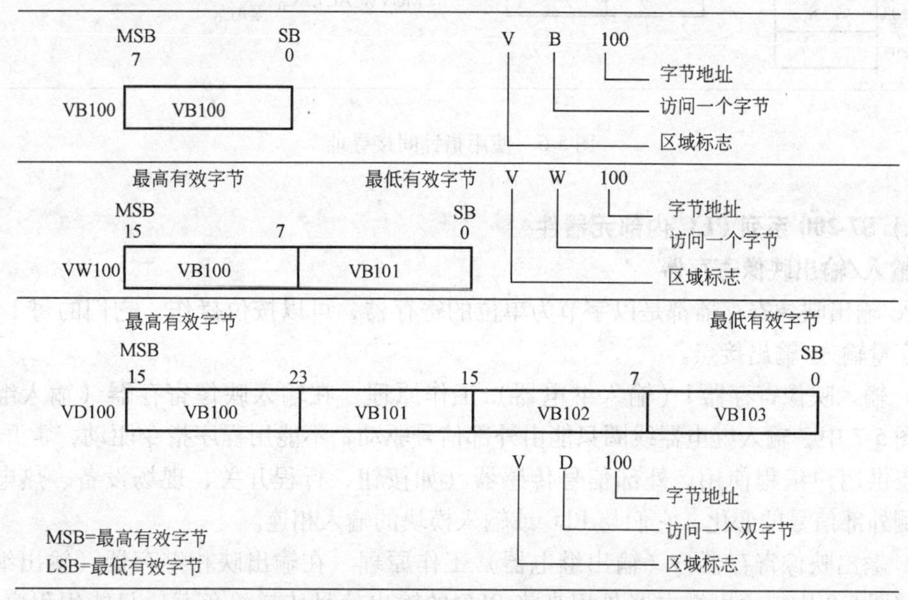

图 5-5　字节、字、双字寻址方式

可按字节 B（Byte）操作的元器件有：I、Q、M、SM、S、V、L、AC（只用低 8 位）、常数。

可按字 W（Word）操作的元器件有：I、Q、M、SM、S、T、C、L、AC（只用低 16 位）、常数。

可按双字 D（Double Word）操作的元器件有；I、Q、M、SM、S、V、L、AC（32 位全用）、HC、常数。

（2）间接寻址方式　间接寻址是指使用地址指针来存取存储器中的数据。使用前，首先将数据所在单元的内存地址放入地址指针寄存器中，然后根据此地址存取数据。S7-200 CPU 中允许使用指针进行间接寻址的元器件有 I、Q、V、M、S、T、C。

建立内存地址的指针为双字长度（32 位），故可以使用 V、L、AC 作为地址指针。必须采用双字传送指令（MOVD）将内存的某个地址移入到指针当中，以生成地址指针。指令中的操作数（内存地址）必须使用“ &”符号表示内存某一位置的地址（32 位），例如：MOV & VB200，AC_1//将 VB200 地址值送 AC_1。

VB200 是直接地址编号，& 为地址符号，将本指令中 &VB200 改为 &VW200 或 VD200，指令功能不变。

间接寻址（用指针存取数据）：在使用指针存取数据的指令中，操作数前加有“ * ”时表示该操作数为地址指针，例如：MOVW * AC_1，AC_0//将 AC_1 作为内存地址指针，W 规定了传送数据长度，本指令把以 AC1 中内容为起始地址的内存单元的 16 位数据送到累加器 AC_0 中，操作过程如图 5-6 所示。

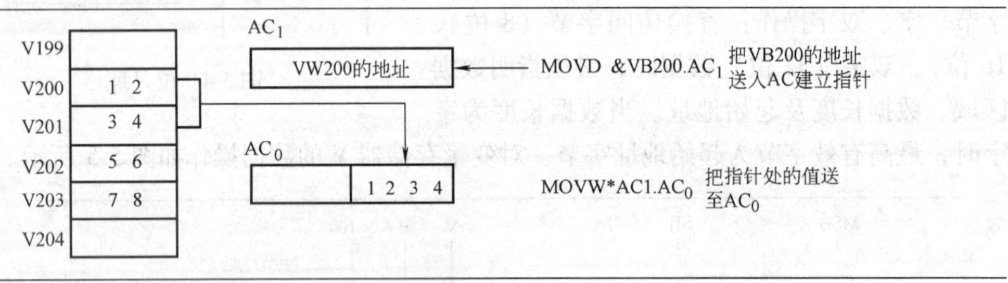

图 5-6　使用指针间接寻址

（二）S7-200 系列 PLC 内部元器件

1. 输入/输出映像寄存器

输入/输出映像寄存器都是以字节为单位的寄存器，可以按位操作，它们的每 1 位对应一个数字量输入/输出接点。

（1）输入映像寄存器 I（输入继电器）工作原理　在输入映像寄存器（输入继电器）的示意图 5-7 中，输入继电器线圈只能由外部信号驱动，不能用程序指令驱动，常开触点和常闭触点供用户编程使用。外部信号传感器（如按钮、行程开关、现场设备、热电偶等）用来检测外部信号的变化，它们与 PLC 或输入模块的输入相连。

（2）输出映像寄存器 Q（输出继电器）工作原理　在输出映相继存器（输出继电器）等效电路图 5-8 中，输出继电器是用来将 PLC 的输出信号传递给负载，只能用程序指令驱动。

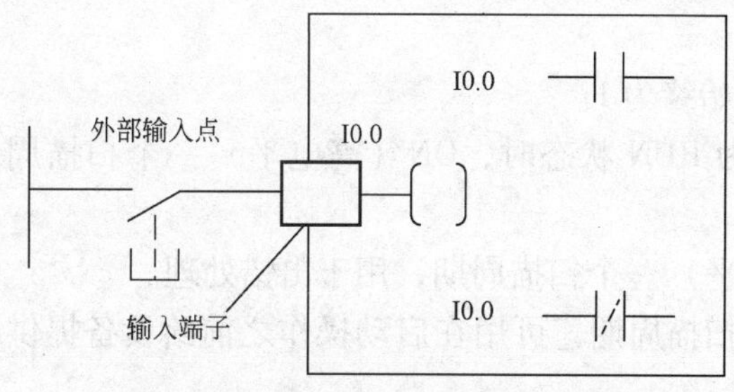

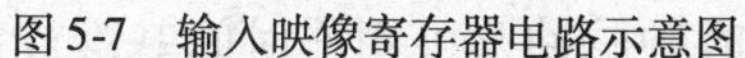

图 5-7　输入映像寄存器电路示意图

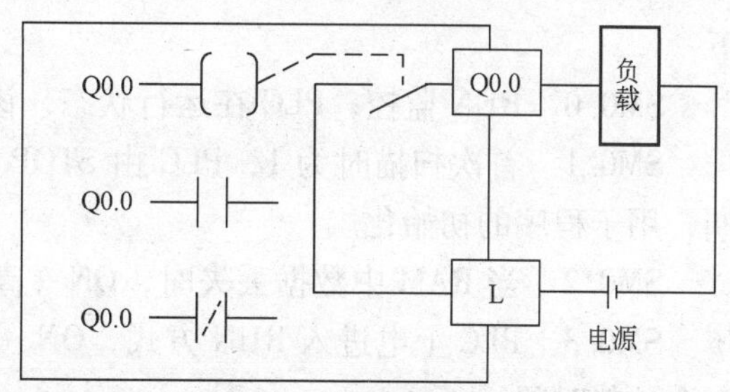

图 5-8　输出映像寄存器等效电路示意图

程序控制能量流从输出继电器 Q0. 0 线圈左端流入时，Q0. 0 线圈通电（存储器位置 1），带动输出触电动作，使负载工作。

负载又称执行器（如接触器，电磁阀，LED 显示器等），连接到 PLC 输出模块的输出接线端子，由 PLC 控制执行的启动和关闭。

I/O 映像寄存器可以按位、字节、字或双字等方式编址，例：I0. 1、Q0. 1（位寻址）、IBI、QB5（字节寻址）。

S7-200 CPU 输入映像寄存器区域有 I0 ~ I15 等 16 个字节存储单元，能存储 128 点信息。CPU224 主机有 I0. 0 ~ I0. 7、1. 0 ~ I1. 5 共 14 个数字量输入接点，其余输入映像寄存器可用于扩展或其他。

S7-200 CPU 输出映像寄存器区域共有 Q0 ~ Q15 等 16 个字节存储单元，能存储 128 点信息。CPU224 主机有 Q0. 0 ~ Q0. 7、Q1. 0、Q1. 1 共十个数字量输出端点，其余输出映像寄存器可用于扩展或其他。

2. 变量存储器 V

变量存储器 V 用于存储运算的中间结果，也可以用来保存工序或任务相关的其他数据，如模拟量控制，数据运算，设置参数等。变量存储器可按位使用，也可按字节、字或双字使用。变量存储器有较大的存储空间，如 CPU224 有 VB0. 0 ~ VB5119. 7 的 5KB 存储容量。

3. 内部标志位（M）存储区

内部标志位（M）可以按位使用，作为控制继电器（又称中间继电器），用来存储中间操作数或其他控制信息，也可以按字节、字或双字来存取存储区的数据，编址范围为 M0. 0 ~ M31. 7。

4. 顺序控制继电器（S）存储区

顺序控制继电器 S 又称为状态元件，用来组织机器操作或进入等效程序段工步，以实现顺序控制和步进控制。可以按位、字节、字或双字来存取 S 位，编址范围为 S0. 0 ~ S31. 7。

5. 特殊标志位（SM）存储器

SM 存储器提供了 CPU 与用户程序之间信息传递的方法，用户可以使用这些特殊的标志位提供的信息，SM 控制 S7-200 CPU 的一些特殊功能，特殊标志位可以分为只读区和读/写区两大部分。CPU224 的 SM 编址范围为 SM0. 0 ~ SM179. 7 共 180 个字节，其中 SM0. 0 ~ SM29. 7 的 30 个字节为只读型的区域。

例如，特殊存储器只读字节 SMB0 为状态位，在每次扫描循环结尾由 S7-200 CPU 更新，用户可使用这些位的信息启动程序内的功能，编制用户程序。SMB0 字节特殊标志位定义如下：

SM0.0　RUN 监控，PLC 在运行状态，该位始终为 1。

SM0.1　首次扫描时为 1，PLC 由 STOP 转为 RUN 状态时，ON（高电平）一个扫描周期，用于程序的初始化。

SM0.2　当 RAM 中数据丢失时，ON（高电平）一个扫描周期，用于出错处理。

SM0.3　PLC 上电进入 RUN 方式，ON 一个扫描周期，可用在启动操作之前给设备提供一个预热时间。

SM0.4　分脉冲，该位输出一个占空比为 50% 分时钟脉冲，可用作时间基准或简易延时。

SM0.5　秒脉冲，该位输出一个占空比为 50% 秒时钟脉冲，可用作时间基准或简易延时。

SM0.6　扫描时钟，一个扫描周期为 ON（高电平），另一为 OFF（低电平）循环交替。

SM0.7　工作方式开关位置指示，0 为 TERM 位置，1 为 RUN 位置。为 1 时，使自由端口通信方式有效。

指令状态位 SMB1 提供不同指令的错误指示，例如表及数学操作，部分位的操作如下：

SM1.0　零标志，运算结果为零时，该位置 1。

SM1.1　溢出标志，运算结果溢出或查出非法数值时，该位置 1。

SM1.2　负数标志，数学运算结果为负时，该位为 1。

特殊标志位 SM 的详细定义及功能可参看其使用手册。

6. 局部存储器（L）

局部存储器（L）和变量存储器（V）很相似，主要区别在于局部存储器（L）是局部有效的，变量存储器（V）则是全局有效的。全局有效是指同一个存储器可以被任何程序（如主程序，中断程序或子程序）存取，局部有效是指存储区和特定的程序相关联。

S7-200 有 64 个字节的局部存储器，编址范围为 LB0.0 ~ LB63.7，其中，60 个字节可以用作暂时存储器或者给子程序传递参数，最后 4 个字节为系统保留字节。S7-200 PLC 根据需要分配局部存储器，当主程序执行时，64 个字节的局部存储器分配给主程序；当中断或调用子程序时，局部存储器重新分配给相应程序。局部存储器在分配时 PLC 不进行初始化，初始值是任意的。

可以用直接寻址方式按字节、字或双字来访问局部存储器，也可以把局部存储器作为间接寻址的指针，但不能作为间接寻址的存储区域。

7. 定时器（T）

PLC 中定时器相当于时间继电器，用于延时控制。S7-200 CPU 中的定时器是对内部时钟累计时间增量的设备。

定时器的主要参数有定时器预置值，当前计时值和状态位。

时间预置值为 16 位符号整数，由程序指令给定；16 位的当前值寄存器用以存放当前计时值（16 位符号整数），定时器输入条件满足时，当前值从零开始增加，每隔 1 个时间基准增 1。时间基准又称定时精度，S7-200 共有 3 个时基等级（1ms、10ms、100ms）。定时器按地址编号的不同，分属各个时基等级；每个定时器除有预置值和当前值外，还有 1 位状态位。定时器的当前值增加到大于等于预置值后，状态位为 1，梯形图中代表状态位读操作的常开触点闭合。

定时器的编址（如 T3）可以用来访问定时器的状态位，也可以用来访问当前值。

8. 计数器

计数器主要用来累计输入脉冲个数，其结构与定时器相似，其设定值（预置值）在程序中赋予，有 1 个 16 位当前值寄存器和 1 位状态位。当前值用以累计脉冲个数，计数器当前值大于或等于预置值时，状态位为 1。

S7-200 CPU 提供有三种类型的计数器，一种为增计数；一种为减计数；另一种为增/减计数。计数器用符号 C 和地址编号表示。

9. 模拟量输入/输出映像寄存器（AI/AQ）

S7-200 的模拟量输入电路将外部输入的模拟量（如温度、电压）等转化成 1 个字长（16 位）的数字量，存入模拟量输入映像寄存器区域，可以用区域标志符（AI），数据长度（W）及字节的起始地址来存取这些值。因为模拟量为 1 个字长，起始地址定义为偶数字节地址，如 AIW1，AIW2，……AIW62，共有 32 个模拟量输入点，模拟量输入值为只读数据。

S7-200 模拟量输出电路将模拟量输出映像寄存器区域的 1 个字长（16 位）数字值转换为模拟电流或电压输出，可以用标识符（AQ）、数据长度（W）及起始字节地址来设置。

因为模拟量输出数据长度为 16 位，起始地址也采用偶数字节地址，如 AQW0，AQW2，……AQW62，共有 32 个模拟量输出点。用户程序只能输出映像寄存器区域置数，而不能读取。

10. 累加器（AC）

累加器是用来暂存数据的寄存器，可以与子程序之间传递参数以及存储计算结果的中间值。S7-200 CPU 中提供了 4 个 32 位累加器 AC0 ~ AC3。累加器支持以字节（B）、字（W）或双字（D）的存取，按字节或字为单位存取时，累加器只使用低 8 位或低 16 位，数据存储长度由所用的指令决定。

11. 高速计数器（HC）

CPU 224 PLC 提供了 6 个高速计数器（每个计数器最高频率为 30kHz）用来累计比 CPU 扫描速率更快的事件。高速计数器的当前值为双字长的符号整数，且为只读值。高速计数器的地址由符号 HC 和编号组成，如 HC0、HC1…HC5。

（三）S7-200 PLC 有效编程范围

可编程序控制器的硬件结构是软件结构的基础，S7-200 PLC 各编程元器件及操作数的有效编程范围见附录 B 中的表 B-1 和表 B-2。

第二节　S7-200 系列 PLC 的基本指令

S7-200 系列 PLC 具有丰富的指令集，并有梯形图 LAD、语句表 STL 和功能图 FBD 三种编程语言。本节以 S7-200 系列 PLC 的 SIMATIC 指令系统为例，主要讲述基本位操作指令、梯形图和语句表的基本编程方法。

基本指令包括基本逻辑指令，算术、逻辑运算指令，数据处理指令，程序控制指令等。

一、基本位操作指令

位操作指令是 PLC 常用的基本指令；梯形图指令有触点和线圈两大类，触点又分为常开和常闭两种形式；语句表指令有与、或、以及输出等逻辑关系。位操作指令能够实现基本的位逻辑运算和控制。

1. 指令格式

梯形图指令由触点或线圈符号和直接位地址两部分组成，含有直接位地址的指令又称位操作指令，基本位操作指令操作数寻址范围：I，Q，M，SM，T，C，V，S，L 等。

基本位操作指令格式见表 5-2。

表 5-2　基本位操作指令格式

LAD	STL	功能
bit —| |—　bit —|/|—　bit —(　)	LD BIT　LDN BIT	用于网络段起始的常开/常闭触点
	A BIT　AN BIT	常开/常闭触点串联，逻辑与/与非指令
	O BIT　ON BIT	常开/常闭触点并联，逻辑或/或非指令
	= BIT	线圈输出，逻辑置位指令

梯形图的触点符号代表 CPU 对存储器的读操作。CPU 运行扫描到触点符号时，到触点位地址指定的存储器位访问，该位数据（状态）为 1 时，触点为动态（常开触点闭合、常闭触点断开）；数据（状态）为 0 时，触点为常态（常开触点断开、常闭触点闭合）。

梯形图的线圈符号代表 CPU 对存储器的写操作。线圈左侧触点组成逻辑运算关系，逻辑运算结果为 1 时，能量流可以到达线圈，使线圈通电，CPU 将线圈位地址指定的存储器位置 1，逻辑运算结果为 0 时，线圈不通电，存储器位置 0（复位）。梯形图利用线圈通、断电描述存储器位的置位、复位操作。

综上所述，得出以下两个结论：梯形图的触点代表 CPU 对存储器的读操作，由于计算机系统读操作的次数不受限制，所以用户程序中，常开、常闭触点使用的次数不受限制。梯形图的线圈符号代表 CPU 对存储器的写操作，由于 PLC 采用自上而下的扫描方式工作，在用户程序中，每个线圈只能使用一次，使用次数（存储器写入次数）多于一次时，其状态以最后一次为准。

语句表的基本逻辑指令由指令助记符和操作数两部分组成，操作数由可以进行位操作的寄存器元件及地址组成，如 LD I0.0。常用指令助计符的定义如下所述：

1）LD（Load）：装载指令，对应梯形图从左侧母线开始，连接常开触点。

2）LDN（Load Not）：装载指令，对应梯形图从左侧母线开始，连接常闭触点。

3）A（And）：与操作指令，用于常开触点的串联。

4）AN（And Not）：与操作指令，用于常闭触点的串联。

5）O（Or）：或操作指令，用于常开触点的并联。

6）ON（Or Not）：或操作指令，用于常闭触点的并联。

7）=（Out）：置位指令，线圈输出。

位操作指令程序应用如图 5-9 所示。

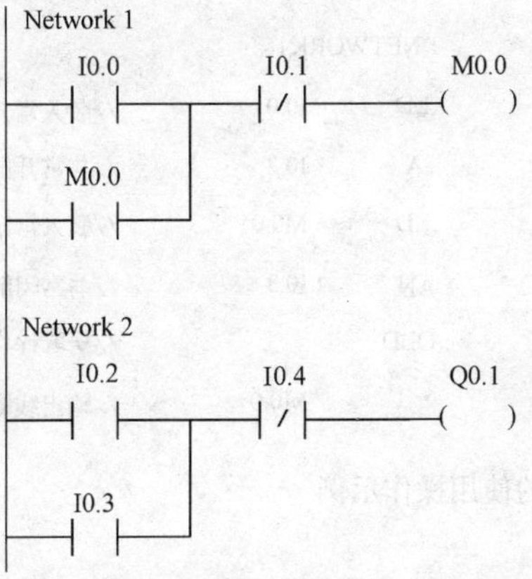

Network 1: I0.0, M0.0, I0.1, M0.0; Network 2: I0.2, I0.3, I0.4, Q0.1

```
NETWORK1
LD      I0.0        //装入常开触点
O       M0.0        //或常开触点
AN      I0.1        //与常闭触点
=       M0.0        //输出线圈

NETWORK2
LD      I0.2        //装入常开触点
O       I0.3        //或常开触点
AN      I0.4        //与常闭触点
=       Q0.1        //输出线圈
```

图 5-9　位操作指令程序应用

梯形图分析：

网络段 1：当输入点 I0.0 有效（I0.0 = 1 态）、输入端 I0.1 无效（I0.1 = 0 态）时，线圈 M0.0 通电（内部标志位 M0.0 置 1），其常开触点闭合自锁，即使 I0.0 复位无效（I0.0 = 0 态），M0.0 线圈仍然维持导电。M0.0 线圈断电的条件是常闭触点 I0.1 打开（I0.1 = 0），M0.0 自锁回路打开，线圈断电。

网络段 2：当输入点 I0.2 或 I0.3 有效、I0.4 无效时，满足网络段 2 的逻辑关系，输出线圈 Q0.1 通电（Q0.1 置 1）。

2. STL 指令对较复杂梯形图的描述方法

在较复杂梯形图的逻辑电路图中，梯形图无特殊指令，绘制非常简单，但触点的串、并联关系不能全部用简单的与、或、非逻辑关系描述，语句表指令系统中设计了电路块的“与”操作和电路块的“或”操作指令，以及栈操作指令，下面对这类指令加以说明。

（1）块的“与”操作指令 ALD　用于两个或两个以上的触点并联连接的电路之间的串联，称之为并联电路块的串联连接。

ALD 指令的使用操作示例如图 5-10 所示。

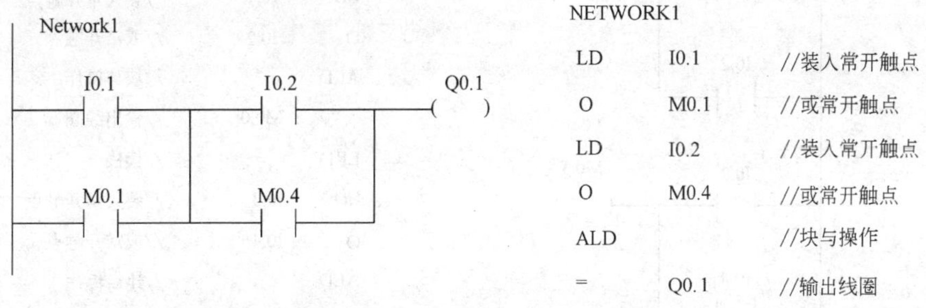

图 5-10　ALD 指令的使用操作示例

块的“与”操作是将梯形图中以 LD 起始的电路块与以 LD 起始的电路串联起来。

（2）块的“或”操作指令 OLD　用于两个或两个以上的触点串联连接的电路之间的并联，称之为串联电路块的并联连接。

OLD 指令的使用操作示例如图 5-11 所示。

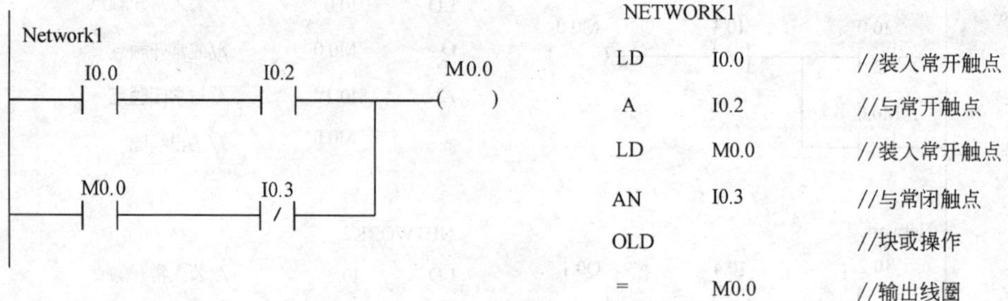

图 5-11　OLD 指令的使用操作示例

块的“或”操作就是将梯形图中以 LD 起始的电路块和另以 LD 起始的电路块并联起来。

（3）栈操作指令

LPS：（Logic Push）逻辑堆栈操作指令（无操作元件）。

LRD：（Logic Read）逻辑读栈指令（无操作元件）。

LPP：（Logic Pop）逻辑弹栈指令（无操作元件）。

S7-200 采用模拟栈结构，用来存放逻辑运算结果、以及保存断点地址，所以其操作又称为逻辑栈操作。在此，仅讨论断点保护功能的栈操作概念。

堆栈操作时将断点的地址压入栈区，栈区内容自动下移（栈底内容丢失）。读栈操作时，将存储器栈区顶部的内容读入程序的地址指针寄存器，栈区内容保持不变。弹栈操作时，栈的内容依次按照后进先出的原则弹出，将栈顶内容弹入程序的地址指针寄存器，栈的内容依次上移。

逻辑堆栈指令（LPS）可以嵌套使用，最多为 9 层。为保证程序地址指针不发生错误，堆栈和弹栈指令必须成对使用，最后一次读栈操作应使用弹栈指令。栈操作指令应用程序如图 5-12 所示。

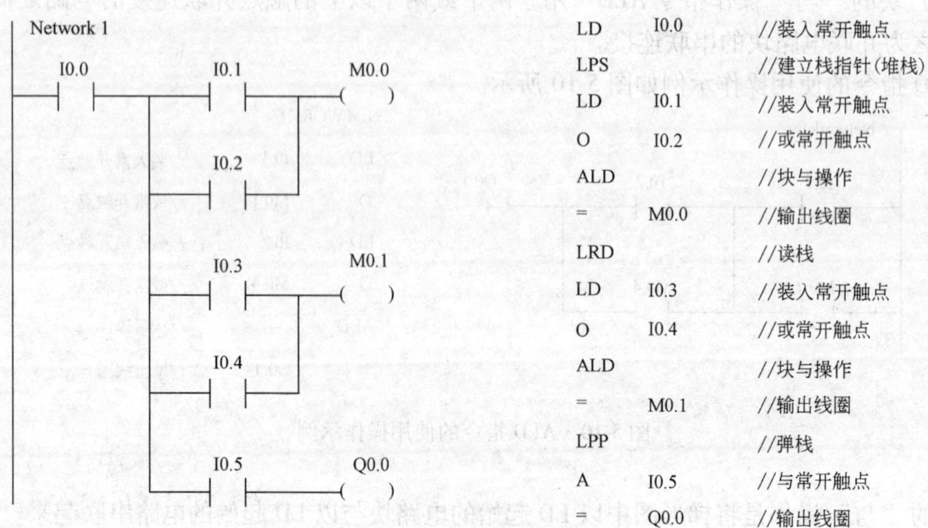

图 5-12　栈操作指令应用程序段

二、取反和空操作指令

取反和空操作指令格式见表5-3。

表5-3 取反和空操作指令格式

LAD	STL	功能	LAD	STL	功能
—┤NOT├—	NOT	取非	N —[NOP]—	NOP N	空操作指令

（1）取反指令（NOT） 指对存储器位的取非操作，用来改变能量流的状态。梯形图指令用触点形式表示，触点左侧为1时，右侧为0，能量流不能到达右侧，输出无效。反之触点左侧为0时，右侧为1，能量流可以通过触点向右传递。

（2）空操作指令（NOP） 起增加程序容量的作用。使能输入有效时，执行空操作指令，将稍微延长扫描周期长度，不影响用户程序的执行，不会使使能流输出断开。

操作数N为执行空操作指令的次数，$N=0\sim255$。

（3）AENO指令 梯形图的指令盒指令右侧的输出连线为使输出端ENO，用于指令盒或输出线圈的串联（与逻辑），不串联元件时，作为指令行的结束。

AENO指令（And ENO）的作用是和前面的指令盒输出端ENO相与，AENO指令只能在语句表中使用。

STL指令格式：AENO（无操作数）。

取反指令和空操作指令应用举例如图5-13所示。

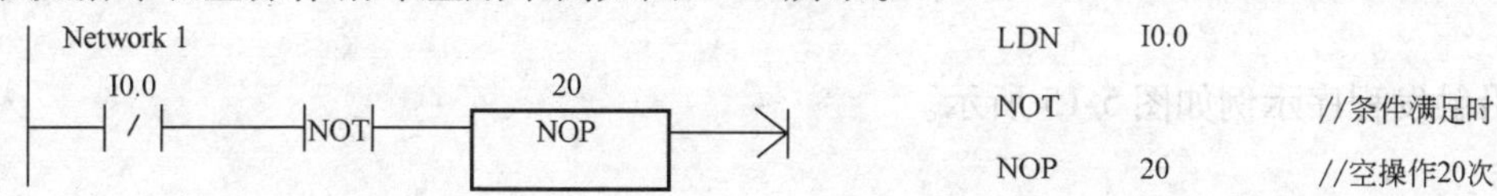

图5-13 取反指令和空操作指令应用

三、置位/复位指令

普通线圈获得能量流时线圈通电（存储器位置1），能量流不能到达时，线圈断电（存储器位置0）。梯形图利用线圈通、断电描述存储器位的置位、复位，置位/复位指令则是将线圈设计成置位线圈和复位线圈两大部分，将存储器的置位、复位功能分离开来。置位线圈受到脉冲前沿触发时，线圈通电锁存（存储器位置1），复位线圈受到脉冲前沿触发时，线圈断电锁存（存储器位置0），下次置、复位操作信号到来前，线圈状态保持不变（自锁功能）。为了增强指令的功能，置位、复位指令将置位和复位的位数扩展为N位，指令格式见表5-4。

表5-4 置位/复位指令格式

LAD	STL	功能
S-bit —(S) N S-bit —(R) N	S S-BIT，N R S-BIT，N	从起始位（S-BIT）开始的N个元件置1 从起始位（S-BIT）开始的N个元件清0

执行置位（置1）/复位（置0）指令时，从操作数的直接位地址（Bit）或输出状态表（OUT）指定的地址参数开始的 N 个点（最多 255 个）都被置位/复位。当置位、复位输入同时有效时，复位优先。

置位/复位指令的应用实例如图 5-14 所示。

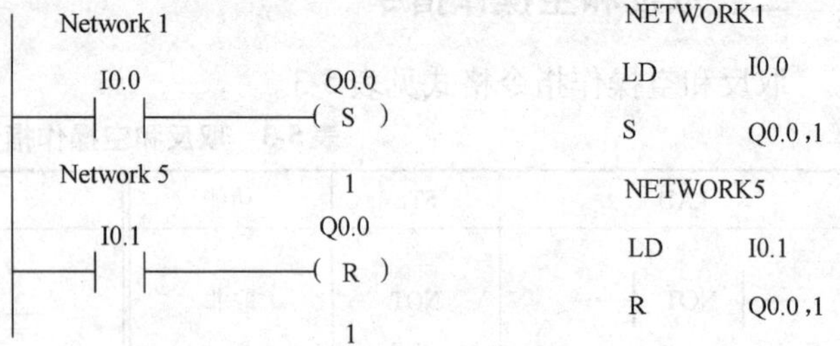

图 5-14 置位/复位指令应用程序段

编程时，置位、复位线圈之间间隔的网络个数可以为任意值。置位、复位线圈通常成对使用，也可以单独使用或与指令盒配合使用。

四、边沿触发指令（脉冲生成）

边沿触发是指用边沿触发信号产生一个扫描周期的扫描脉冲，通常用作脉冲整形。边沿触发指令分为正跳变出发（上升沿）和负跳变出发（下降沿）两大类。正跳变触发指输入脉冲的上升沿，使触点 ON 一个扫描周期。负跳变出发指输入脉冲的下降沿，使触点 ON 一个扫描周期。边沿触发指令格式见表 5-5。

表 5-5 边沿触发（脉冲形成）指令格式

LAD	STL	功能、注释	LAD	STL	功能、注释
─┤P├─	EU(Edge Up)	正跳变,无操作元件	─┤N├─	ED(Edge Down)	负跳变,无操作元件

边沿触发程序示例如图 5-15 所示。

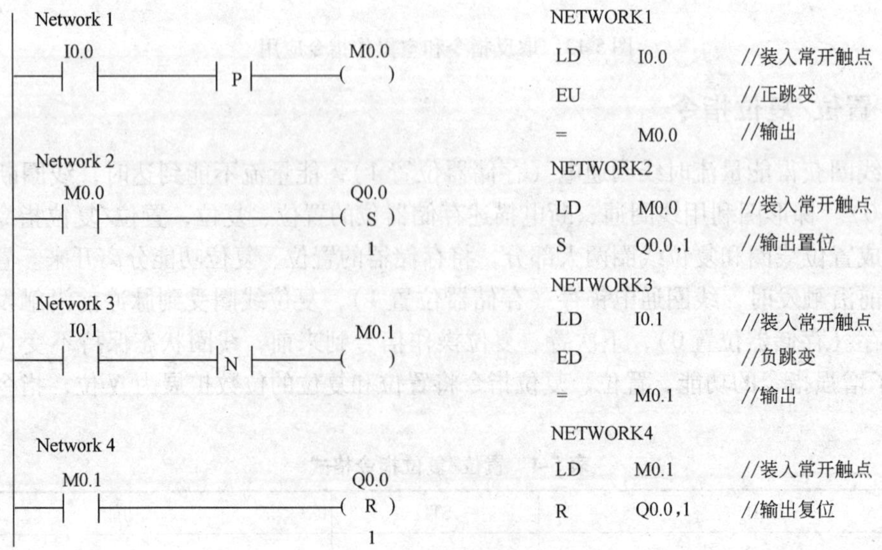

图 5-15 边沿触发指令示例

运行结果分析如下：

I0.0 的上跳沿：触点（EU）产生一个扫描周期的时钟脉冲，M0.0 线圈通电一个扫描周期，M0.0 常开触点闭合一个扫描周期，使输出线圈 Q0.0 置位有效（输出线圈 Q0.0 = 1），并保持。

I0.0 的下跳沿：触点（EU）产生一个扫描周期的时钟脉冲，驱动输出线圈 M0.1 通电一个扫描周期，M0.1 常开触点闭合（一个扫描周期），使输出线圈 Q0.0 复位有效（Q0.0 = 0），并保持时序分析如图 5-16 所示。

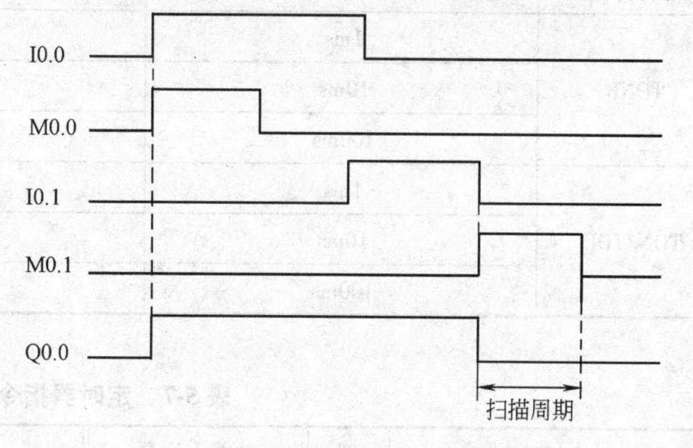

图 5-16　边沿触发时序图

五、定时器指令

S7-200 PLC 的定时器为增量型定时器，用于实现时间控制，可以按照工作方式和时间基准（时基）分类，时间基准又称为定时精度和分辨率。

1. 按工作方式分类

按照工作方式，定时器可分为通电延时型（TON）、有记忆的通电延时型（保持型）（TONR）和断电延时型（TOF）三种类型。

2. 按时基基准分类

按照时基基准，定时器可分为 1ms、10ms、100ms 三种类型，不同的时基基准，定时精度、定时范围和定时器的刷新方式不同。

定时器的工作原理是定时器使能输入有效后，当前值寄存器对 PLC 内部的时基脉冲增 1 计数，当计数值大于或等于定时器的预置值后，状态位置 1。从定时器输入有效，到状态位输出有效经过的时间为定时时间。定时时间 T = 时基 × 预置值，时基越大，但精度越差。定时器使能输入有效后，当前寄存器对时基脉冲递增计数。

定时器的刷新方式：

1ms 定时器每隔 1ms 定时器刷新一次，定时器刷新与扫描周期和程序处理无关。10ms 定时器，在每个扫描周期开始时刷新，每个扫描周期之内，当前值不变。

100ms 定时器是定时器指令执行时被刷新，下一条执行的指令即可使用刷新后的结果，非常符合正常思维，使用方便可靠。但应当注意，如果该定时器的指令不是每个周期都执行（比如条件跳转时），定时器就不能及时刷新，可能会导致出错。

CPU 22X 系列 PLC 的 256 个定时器分属 TON（TOF）和 TONR 工作方式，以及三种时基标准，TOF 与 TON 共享同一组定时器，不能重复使用，定时器的工作方式及类型见表 5-6。

使用定时器时应参照表 5-6 的时基标准和工作方式合理选择定时器编号，同时要考虑刷新方式对程序执行的影响。

3. 定时器指令格式

定时器指令格式见表 5-7，其中，IN 是使能输入端：编程范围 T0 ~ T255；PT 是预置输入端，最大预置值 32767；PT 类型：INT。

表 5-6　定时器工作方式及类型

工作方式	用毫秒（ms）表示的分辨率	用秒（s）表示的最大当前值	定时器号
TONR	1ms	32.767s	T0，T64
	10ms	327.67s	T1～T4，T65～T68
	100ms	3276.7s	T5～T31，T69～T95
TON/TOF	1ms	32.767s	T32，T96
	10ms	327.67s	T33～T36，T97～T100
	100ms	3276.7s	T37～T63，T101～T255

表 5-7　定时器指令格式

LAD	STL	功能、注释	LAD	STL	功能、注释
???? IN TON ????-PT	TON	通电延时型	???? IN TOF ????-PT	TOF	断电延时型
???? IN TONR ????-PT	TONR	有记忆通电延时型			

4. 使用方法

（1）通电延时型（TON）　使能端（IN）输入有效时，定时器开始计时，当前值从 0 开始递增，大于或等于预置值（PT）时，定时器输出状态位置 1（输出触点有效），当前值的最大值为 32767。使能端无效（断开）时，定时器复位（当前值清零，输出状态位置 0）。通电延时型定时器应用程序如图 5-17 所示。

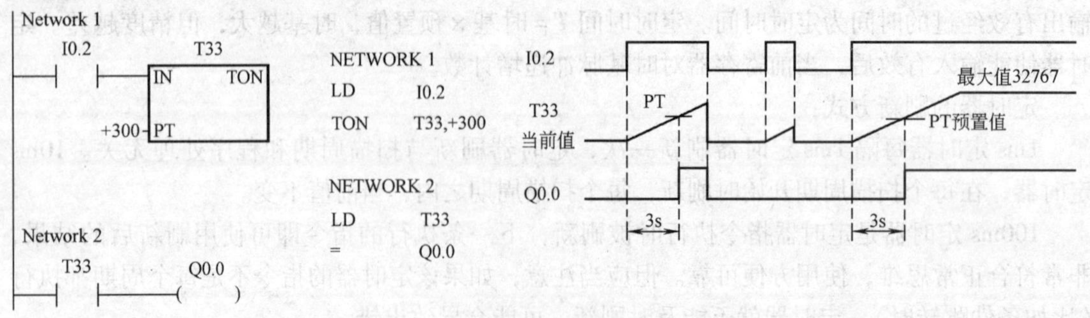

图 5-17　通电延时型定时器应用程序

（2）有记忆通电延时型（TONR）　使能端（IN）输入有效时（接通），定时器开始对时间基准递增计数，当前值大于或等于预置值（PT）时，输出状态位置 1。使能端输入无效（断开）时，当前值保持（记忆），使能端（IN）再次接通有效时，在原记忆值的基础上递增计时。有记忆通电延时型（TONR）定时器采用线圈的复位指令（R）进行复位操作，当复位线圈有效时，定时器当前值清零，输出状态位置 0。有记忆通电延时型定时器应用程序如图 5-18 所示。

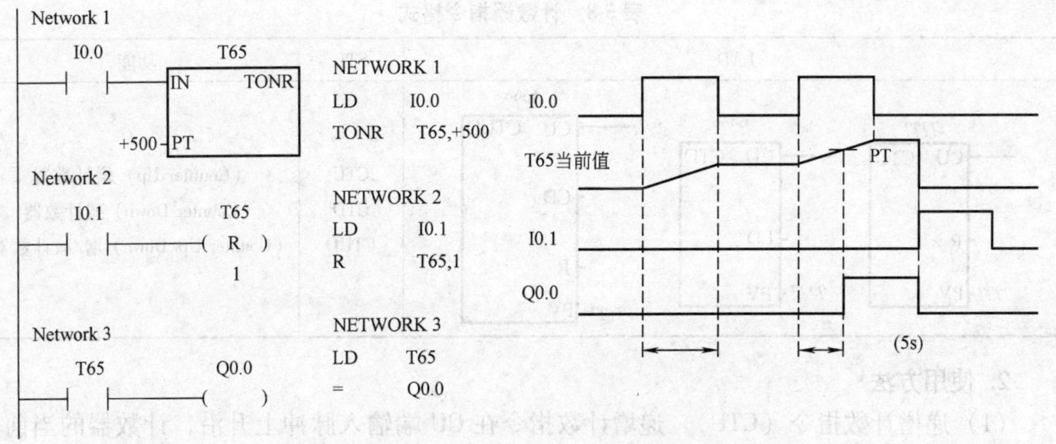

图 5-18 有记忆通电延时型定时器应用程序

（3）断电延时型（TOF） 使能端（IN） 输入有效时，定时器输出状态位立即置 1，当前值复位（为 0）。使能端（IN） 断开时，开始计时，当前值从 0 递增，当前值达到预置值时，定时器状态位复位置 0，并停止计时，当前值保持。断电延时型定时器应用程序如图 5-19 所示。

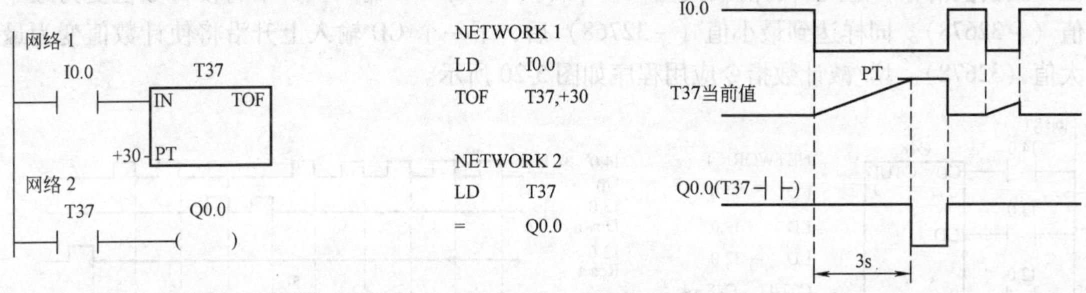

图 5-19 断电延时型定时器应用程序

该程序在 I0.0 接通时，T37 的当前值立即置 0，常开触点 T37 立即接通。I0.0 断开时，常开触点 T37 并不立即断开，当前值从 0 开始计数，该计数器为 100ms 定时精度，计数 30 次对应的定时时间为 3s，计满后常开触点 T37 才断开，且计数值保持。

六、计数器指令

S7-200 系列 PLC 有递增计数（CTU）、递减计数（CTD）、增/减计数（CTUD） 等三类计数指令。计数器的使用方法和基本结构与定时器基本相同，其结构主要由预置值寄存器、当前值寄存器、状态位等组成。

1. 指令格式

计数器的梯形图指令符号为指令盒形式，指令格式见表 5-8。

梯形图指令符号中 CU 为增 1 计数脉冲输入端；CD 为减 1 计数脉冲输入端；R 为复位脉冲输入端；LD 为减计数器的复位输入端。编程范围 C0 ~ C255；PV 预置值最大范围 32767；PV 数据类型：INT（整数）。

表 5-8　计数器指令格式

LAD	STL	功能
???? CU CTU R ???? PV	CTU	（Counter Up）增计数器
???? CD CTD LD ???? PV	CTD	（Counter Down）减计数器
???? CU CTUD CD R ???? PV	CTUD	（Counter Up/Down）增/减计数器

2. 使用方法

（1）递增计数指令（CTU）　递增计数指令在 CU 端输入脉冲上升沿，计数器的当前值增 1 计数。当前值大于或等于预置值（PV）时，计数器状态位置 1，当前值累加的最大值为 32767。复位输入（R）有效时，计数器状态位复位（置 0），当前计数值清零。

（2）增/减计数指令（CTUD）　增/减计数器有两个脉冲输入端，其中 CU 端用于递增计数，CD 端用于递减计数。执行增/减计数指令时，只要当前值大于或等于预置值（PV）时，计数状态位置 1，否则置 0。复位输入（R）有效或执行复位指令时，计数器状态位复位，当前值清零；达到当前值最大值 32767 后，下一个 CU 输入上升沿将使计数值变为最小值（－32678）。同样达到最小值（－32768）后，下一个 CD 输入上升沿将使计数值变为最大值（32678）。增/减计数指令应用程序如图 5-20 所示。

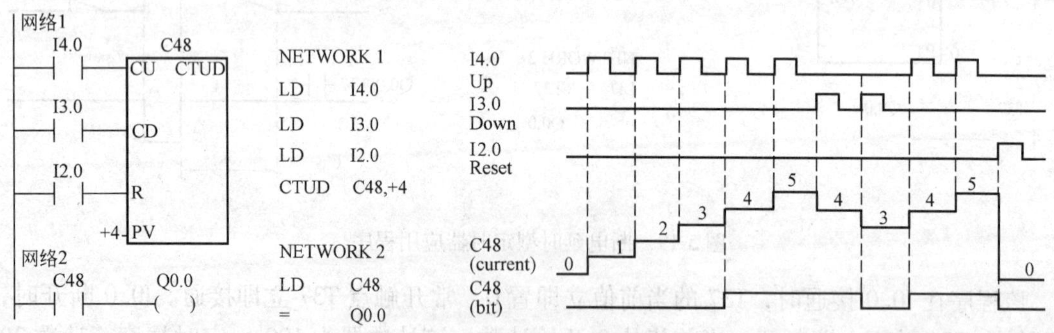

图 5-20　增/减计数应用程序

该指令的功能是对 I4.0 输入信号的上升沿作加 1 计数；对 I3.0 信号的上升沿作减 1 计数。只要计数值大于或等于 4，计数器触点 C48 就置 1，否则置 0。当复位输入 I2.1 有效时，C48 复位，且当前值清零。C48 输出状态的通断可通过 Q0.0 观察。

（3）递减计数指令（CTD）　复位输入（LD）有效时，计数器把预置值（PV）装入当前值存储器，计数器状态位复位（置 0）。CD 端每输入一个脉冲上升沿，减计数器的当前值从预置值开始递减计数，当前值等于 0 时，计数器状态位置位（置 1），停止计数。减计数器指令应用程序如图 5-21 所示。

减计数器在计数脉冲 I3.0 的上升沿减 1 计数，当前值从预置值开始减至 0 时，定时器输出状态位置 1，Q0.0 通电（置 1）。复位脉冲 I1.0 的上升沿，定时器状态位置 0（复位），当前值等于预置值，为下次计数工作做好准备。

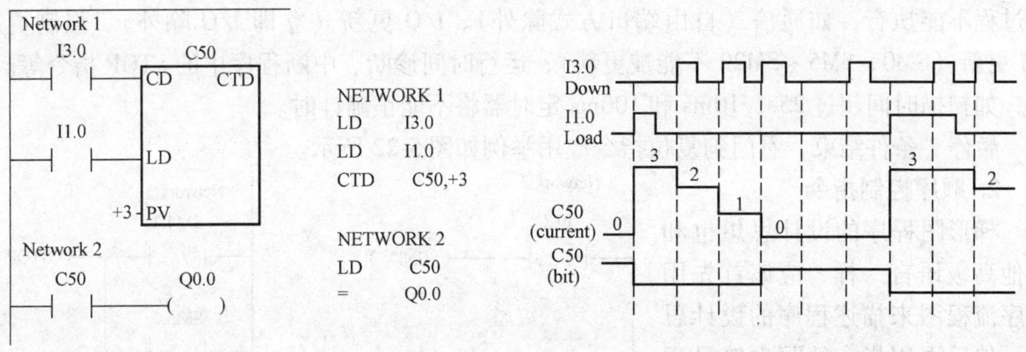

图 5-21　减计数程序段

七、程序控制指令

S7 系列 PLC 的程序控制类指令包括暂停、结束、看门狗复位、顺序控制、跳转、循环、子程序调用等几组指令。

1. 暂停、结束、看门狗复位指令

指令格式见表 5-9。

表 5-9　暂停、结束、看门狗复位指令

LAD	STL	功能	LAD	STL	功能
—(STOP)	STOP	暂停指令	—(WDR)	WDR	看门狗复位指令
—(END)	END/MEND	条件/无条件结束指令			

（1）暂停指令（STOP）　STOP 指令在使能输入有效时，立即终止程序的执行，CPU 工作方式由 RUN 切换到 STOP 方式。如在中断程序中执行 STOP 指令，则该中断立即终止，并且忽略所有挂起的中断，继续扫描程序的剩余部分，在本次扫描的最后，将 CPU 由 RUN 切换到 STOP。

（2）结束指令（END/MEND）　梯形图结束指令直接连在左侧电源的母线时，为无条件结束指令（MEND）；不连在左侧的母线时，为条件结束指令（END）。条件结束指令只在其使能输入有效时，终止用户程序的执行返回主程序的第一条指令执行（循环扫描工作方式）。无条件结束指令，无使能输入，直接连在左侧的母线，该指令在运行中立即终止主程序的执行，返回主程序的第一条指令。

结束指令只能在主程序中使用，不能用于子程序和中断服务程序。

STEP-Micro/WIN32 V3. 1 SP1 编程软在主程序的结尾自动生成无条件结束（MEND）指令，用户不得输入无条件结束指令，否则编译出错。

（3）看门狗复位指令（WDR）

看门狗定时器指令的功能是在其使能输入有效时，重新触发看门狗定时器 WDR，增加程序的本次扫描时间。一般在程序扫描周期超过 300ms 时使用。若 WDR 的使能输入无效，则看门狗定时器时间到时，程序必须终止当前指令，不能增加本次扫描时间，并返回到第一条指令重新启动 WDR 执行新的扫描周期。

使用 WDR 指令时，要防止过度延迟扫描完成时间，因为在终止本次扫描之前，许多操

作过程不能执行，如通信（自由端口方式除外）、I/O 更新（立即 I/O 除外）、强制更新、SM 更新（SM0，SM5 ~ SM29 不能被更新）、运行时间诊断、中断程序中的 STOP 指令等。另外，如扫描时间超过 25s，10ms 和 100ms 定时器将不能正确计时。

暂停、条件结束、看门狗复位指令应用举例如图 5-22 所示。

2. 顺序控制指令

梯形图程序的设计思想也和其他高级语言一样，应该首先用程序流程图来描述程序的设计思想，然后再用指令编写出符号程序设计思想的程序。梯形图程序常用的一种程序流程图叫程序的功能流图，使用功能流图可以描述程序的顺序执行、循环、条件分支、程序的合并等功能流程概念。在功能流图中，程序的执行分成各个程序步，每一步有进入条件、程序处理、转换条件和程序结束等四个部分组成。功能流图中常用顺序控制继电器位 S0.0 ~ S31.7 代表程序的状态步，顺序控制指令可以将功能流图转换成梯形图程序。

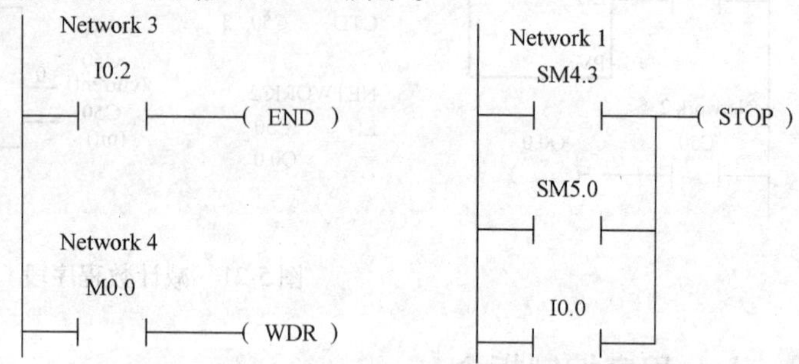

图 5-22　暂停、条件结束、看门狗复位指令应用举例

顺序控制用三条指令描述程序的顺序控制步进状态，指令格式见表 5-10。

表 5-10　顺序控制指令格式

LAD	STL	功能	LAD	STL	功能
??.? SCR	LSCR　Sx. y	步开始	—(SCRE)	SCRE	步结束
??.? —(SCRT)	SCRT　Sx. y	步转移			

（1）顺序步开始指令（LSCR）　顺序控制继电器位 Sx. y = 1 时，该程序步执行。

（2）顺序步结束指令（SCRE）　SCRE 为顺序步结束指令，顺序步的处理程序在 LSCR 和 SCRE 之间。

（3）顺序步转移指令（SCRT）　使能输入有效时，将本顺序步的顺序控制继电器位 Sx. y 清零，下一步顺序控制继电器位置 1。

例 5-1　编写红绿灯顺序显示控制程序，步进条件为时间步进型。状态步的处理为点红灯，熄绿灯，同时启动定时器，步进条件满足时（定时时间到），进入下一步，关断上一步。梯形图程序如图 5-23 所示。

当 I0.1 输入有效时，启动 S0.0，执行程序的第一步，输出点 Q0.0 置 1（点亮红灯），Q0.1 置 0（熄灭绿灯），同时启动定时器 T37，经过 2 秒，步进转移指令使得 S0.1 置 1，S0.0 置 0，程序进入第二步，输出点 Q0.1 置 1（点亮绿灯），Q0.0 置 0（熄灭红灯），同时启动定时器 T38，经过 2 秒，步进转移指令使得 S0.0 置 1，S0.1 置 0，程序进入第一步执行。如此周而复始，循环工作。

3. 跳转、循环、子程序调用指令

跳转、循环、子程序调用指令用于程序执行顺序的控制，指令格式见表 5-11。

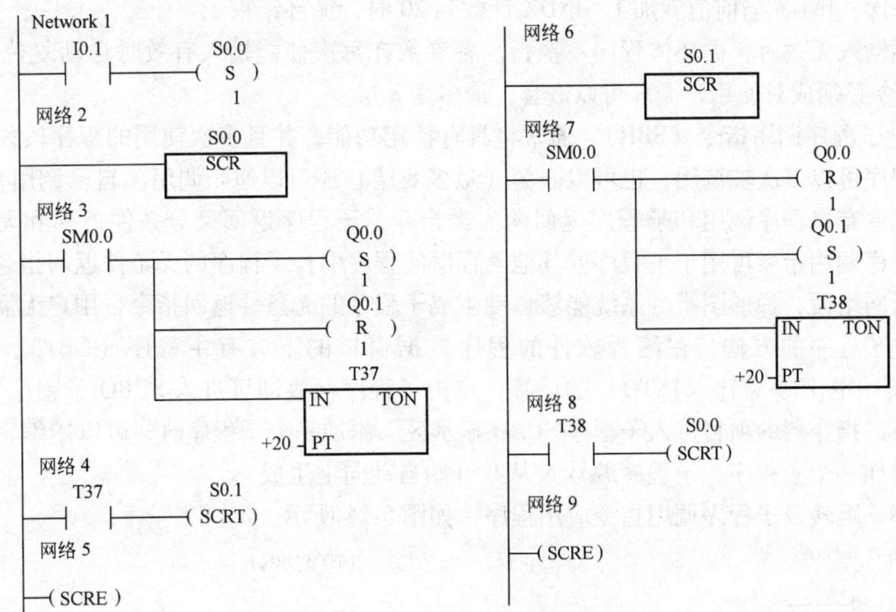

图 5-23 红绿灯顺序显示梯形图程序

表 5-11 跳转、循环指令格式

LAD		STL	功能
n —(JMP)	n LBL	JMP n LBL n	跳转指令 跳转标号
FOR: EN ENO; ???? INDX; ???? INIT; ???? FINAL	—(NEXT)	FOR IN1，IN2，IN3 NEXT	循环开始 循环返回
SBR0: EN	—(RET)	CALL SBR0 CRET RET	子程序调用 子程序条件返回 自动生成无条件返回

(1) 程序跳转指令（JMP） 跳转指令（JMP）和跳转地址标号指令（LBL）配合使用，实现程序的跳转。使能输入有效时，使程序跳转到指定标号 n 处执行（在同一程序内），跳转标号 n = 0 ~ 255。使能输入有效时，程序顺序执行。

(2) 循环控制指令（FOR） 程序循环结构，用于重复循环执行一段程序，由 FOR 和 NEXT 指令构成程序的循环体。FOR 指令标记循环的开始，NEXT 指令为循环体的结构指令。

FOR 指令为指令盒格式；EN 为使能输入；INIT 为循环次数初始值；INDX 为当前值计数；FINAL 为循环计数终值。

工作原理：使能输入（EN）有效，循环体开始执行，执行到 NEXT 指令时返回，每执行一次循环体，当前计数器（INDX）增 1，达到终值（FINAL）时，循环结束。例如初始值 FINAL 为 10，终值 FINAL 为 20，当 EN 有效时执行循环体时，INDDX 从 10 开始计数，每执行一次，INDX 当前值就加 1，INDX 计数到 20 时，循环结束。

使能输入无效时，循环体程序不执行。各参数在每次使能输入有效时自动复位。FOR/NEXT 指令必须成对使用，循环可以嵌套，最多为 8 层。

（3）子程序调用指令（SBR） 通常将具有特定功能，并且多次使用的程序段作为子程序。子程序可以多次被调用，也可以嵌套（最多 8 层）还可以递归调用（自己调用）。

子程序有自程序调用和子程序返回两大类指令，子程序返回又分条件返回和无条件返回。子程序调用指令可用于主程序或其他子程序的程序中；子程序的无条件返回指令在子程序的最后网络段，梯形图指令系统能够自动生成子程序的无条件返回指令，用户无需输入。

建立子程序的方法：在编程软件的程序数据窗口的下方有主程序（OB1）、子程序（SUBO）、中断服务程序（INTO）的标签，点击子程序标签即可进入 SUBO 子程序显示区。也可以通过指令树的项目进入子程序 SUBO 显示区。添加一个子程序时，可以用编辑菜单的插入项增加一个子程序，子程序编号 N 从 0 开始自动向上生成。

循环、跳转及子程序调用指令应用程序，如图 5-24 所示。

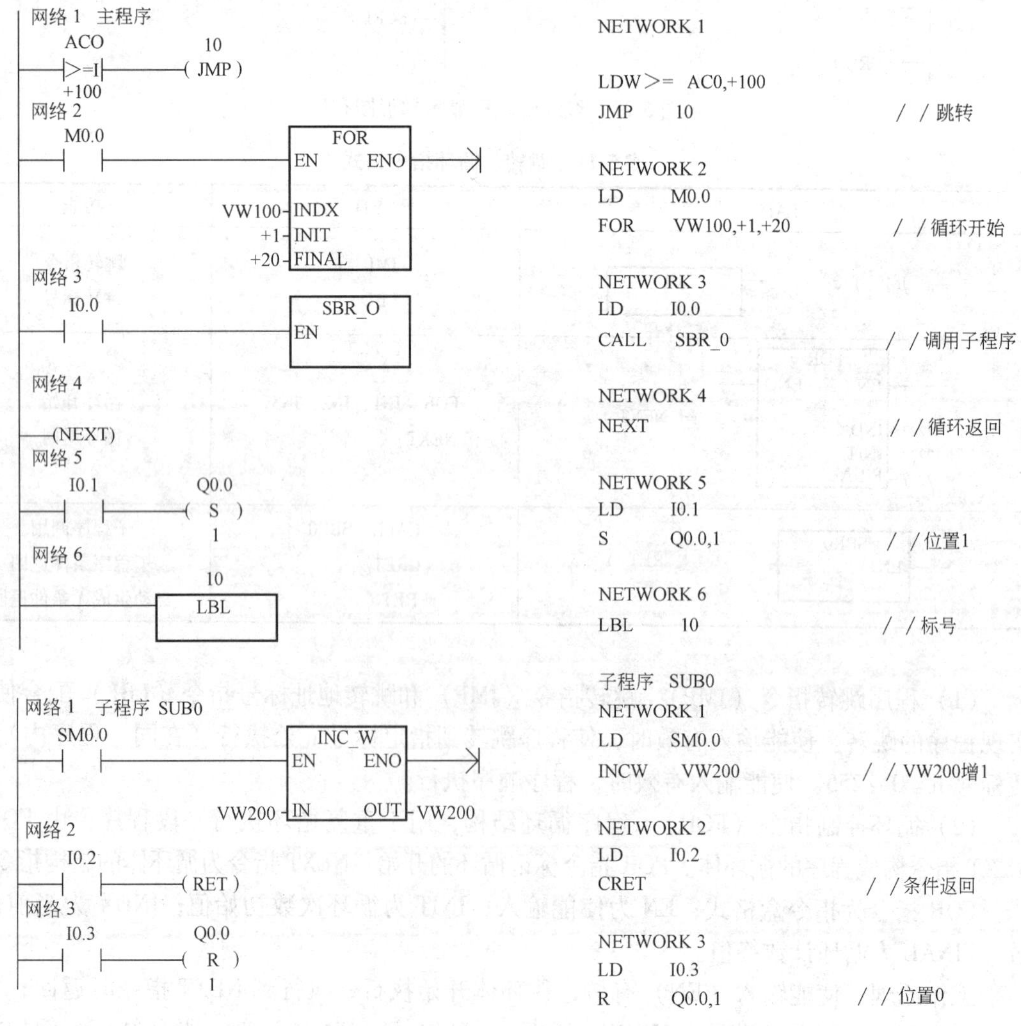

图 5-24 循环、跳转及子程序调用指令应用程序

第三节　S7-200 系列 PLC 的中断指令

中断是计算机在实时处理和实时控制时不可缺少的一项技术。所谓中断，指当控制系统执行正常程序时，对系统中出现的某些异常情况或特殊请求的紧急处理。这时系统暂时中断现行程序，转去对随机发生的更紧迫事件进行处理（进行中断服务程序），当该事件处理完毕后，系统自动回到原来被中断的程序继续执行。

一、中断源

中断源是能够向 PLC 发出中断请求的中断事件。S7-200 有 26 个中断源，每个中断源都分配一个编号用于识别，称为中断事件号。例如 I0.0 上升沿引起的中断被固定定义为事件 0，定时中断 0 被固定定义为事件 10 等。这些中断源大致分为三大类：通信中断、I/O（输入/输出）中断和时间中断。

（1）通信中断　可编程序控制器在自由通信模式下，通信口的状态可由程序来控制。用户可以通过编程来设置通信协议、波特率和奇偶校验。

（2）I/O 中断　I/O 中断包括外部输入中断、高速计数器中断和脉冲串输出中断。外部输入中断是系统利用 I0.0 ~ I0.3 的上升或下降沿产生中断。这些输入点可被用做连接某些一旦发生必须引起注意的外部事件；高速计数器中断可以影响当前值、预置值、计数方向的改变、计数器外部复位等事件所引起的中断；脉冲串输出中断可以用来响应给定数量的脉冲输出完成所引起的中断。

（3）时间中断　时间中断包括定时中断和定时器中断。定时中断可用来支持一个周期的活动。周期时间以 1ms 为单位，周期设定时间 5ms ~ 255ms。对于定时中断 0，把周期时间值写入 SMB34；对于定时中断 1，把周期时间值写入 SMB35。每当达到定时时间值，相关定时器溢出，执行中断处理程序。定时中断可以用来以固定的时间间隔作为采样周期，实现对模拟量输入采样或执行一个回路的 PID 控制回路。

定时器中断只能使用 1ms 通电和断电延时定时器 T32 和 T96。

二、中断优先级

在 PLC 应用系统中通常有多个中断源，当多个中断源同时向 CPU 申请中断时，要求 CPU 能将全部中断源按中断性质和处理的轻重缓急进行排队，并给予优先权。给中断源指定处理的次序就是给中断源确定中断优先级。

SIEMENS 公司 CPU 规定的中断优先级由高到低依次是通信中断、输入/输出中断、定时中断，每类中断的不同中断事件又有不同的优先权。具体详细内容请查阅 SIEMENS 公司的有关技术规定。

三、CPU 响应中断的顺序

PLC 中，CPU 响应中断的顺序可以分为以下三种情况：

1）当不同的优先级的中断源同时申请中断时，CPU 响应中断请求的顺序为优先级高的中断源到优先级低的中断源。

2）当相同的优先级的中断源同时申请中断时，CPU 按先来先服务的原则响应中断请求。

3）当 CPU 正在处理某中断，又有中断源提出中断请求时，新出现的中断请求按优先级排队等候处理，当前中断服务程序不会被其他甚至更优先级的中断程序打断。任何时刻 CPU 只执行一个中断程序。

四、中断控制指令

经过中断判优后，将优先级最高的中断请求送给 CPU，CPU 响应中断后自动保存逻辑堆栈、累加器和某些特殊标志寄存器位，即保护现场。中断处理完成后，又自动恢复这些单元保存起来的数据，即恢复现场。中断控制指令有 4 条，中断子程序有 2 条，其指令格式见表 5-12。

表 5-12　中断指令的指令格式

LAD	STL	功能描述
—(ENI)	ENI	开中断指令，使能输入有效时，全局地允许所有中断事件中断
—(DISI)	DISI	关中断指令，使能输入有效时，全局地关闭所有被连接的中断事件
ATCH：EN　ENO；???? - INT；???? - EVNT	ATCH　INT　EVENT	中断连接指令，使能输入有效时，把一个中断事件 EVENT 和一个中断程序 INT 联系起来，并允许中断
DTCH：EN　ENO；???? - EVNT	DTCH　EVENT	中断分离指令，使能输入有效时，切断一个中断事件和所有中断的联系，并禁止该中断事件

说明：

1）当进入正常运行 RUN 模式时，CPU 禁止所有中断，但可以在 RUN 模式下执行中断允许指令 ENI，允许所有中断。

2）多个中断事件可以调用一个中断程序，但一个中断事件不能同时连接调用多个中断程序。

3）中断分离指令 DTCH 禁止中断事件和中断程序之间的联系，它仅禁止某中断事件，全局中断禁止指令 DISI，禁止所有中断。

4）中断服务子程序是用户为处理中断事件而事先编制的程序，编制时可以用中断程序入口处的中断程序号 n 来识别每一个中断程序。中断服务程序从中断程序号开始，以无条件返回指令结束。在中断程序中间，用户可根据逻辑需要使用条件返回指令，返回主程序。PLC 系统中的中断指令与微机原理不同，它不允许嵌套。

操作数类型：

n　　中断程序号　　0 ~ 127（为常数）

EVENT　中断事件号　　0～32（为常数）

第四节　S7-200 系列 PLC 的高速处理指令

高速处理类指令有三种，即高速计数指令、高速脉冲输出和立即类指令。

一、高速计数指令

高速计数器 HSC（High Speed Counter）在现代自动控制的精确定位控制领域有重要的应用价值。高速计数器用来累计比可编程序控制器的扫描频率高的多的脉冲输入（30kHz），利用产生的中断事件完成预定的操作。

1. 高速计数器

不同型号的 PLC 主机，高速计数器的数量不同，使用时每个高速计数器都有地址编号（HC_n，非正式程序中有时也用 HSC_n）。HC（或 HSC）表示该编程元件是高速计数器，n 为地址编号。每个高速计数器包含有两个方面的信息：计数器位和计数器当前值。高速计数器当前值为双字长的整数，且为只读值。

S7 系列中 CPU22X 的高速计数器的数量与地址编号见表 5-13。

表 5-13　CPU22X 高速计数器数量与编号地址表

主机	CPU221	CPU222	CPU224	CPU226
可用 HSC 数量	4	4	6	6
HSC 地址	HSC_0　HSC_3 HSC_4　HSC_5	HSC_0　HSC_3 HSC_4　HSC_5	HSC_0～HSC_5	HSC_0～HSC_5

2. 中断事件类型

高速计数器的计数和动作可采用中断方式进行控制。各种型号的 CPU 采用高速计数器的中断事件大致分为三种方式：当前值等于预设值中断、输入方向改变中断和外部复位中断。所有高速计数器都支持当前值等于预设置中断，但并不是所有的高速计数器都支持三种方式。高速计数器产生的中断事件有 14 个。中断源优先级等详细情况可查阅有关技术手册。

3. 操作模式和输入线的连接

（1）操作模式　每种高速计数器有多种功能不相同的操作模式。高速计数器的操作模式与中断事件密切相关。使用一个高速计数器，首先要定义高速计数器的操作模式，可用 HDEF 指令来进行设置。

高速计数器最多有 12 种操作模式，不同的高速计数器有不同的模式。

高速计数器 HSC_0、HSC_4 有模式 0、1、3、4、6、7、9、10；HSC_1 有模式 0、1、2、3、4、5、6、7、8、9、10、11；HSC_2 有模式 0、1、2、3、4、5、6、7、8、9、10、11；HSC_3、HSC_5 只有模式 0。

（2）输入线的连接　在正确使用一个高速计数器时，除了要定义它的操作模式外，还必须注意它的输入端连接系统为它定义了固定的输入点。高速计数器预输入点的对应关系见表 5-14。

表 5-14　高速计数器的指定输入

高速计数器	使用的输入端	高速计数器	使用的输入端
HSC_0	I0.0、I0.1、I0.2	HSC_3	I0.1
HSC_1	I0.6、I0.7、I1.0、I1.1	HSC_4	I0.3、I0.4、I0.5
HSC_2	I1.2、I1.3、I1.4、I1.5	HSC_5	I0.4

使用时必须注意，高速计数器输入点、输入/输出中断的输入点都包括在一般数字量输入点的编号范围内，同一个输入点只能有一种功能。如果程序定义了某些输入点由高速计数器使用，只有高速计数器不用的输入点才可以用来作为输入/输出中断或一般数字量的输入点。

4. 高速计数指令

高速计数指令有两条：HDEF 和 HSC，其指令格式见表 5-15。

表 5-15　高速计数指令的格式

LAD	STL	功能描述
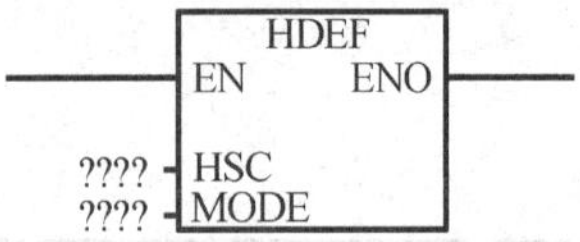	HDEF　HSC　MODE	高速计数器定义指令，使能输入有效时，为指定的高速计数器分配一种工作模式
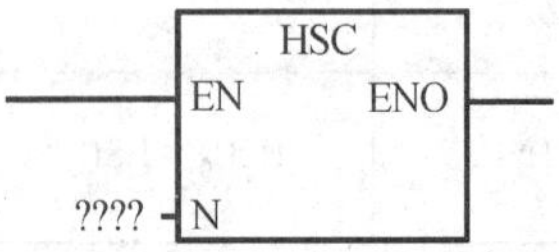	HSC　N	高速计数器定义指令，使能输入有效时，根据高速计数器特殊存储器位的状态，并按照 HDEF 指令指定的模式，设置高速计数器并控制其工作

说明：

1）操作数类型：

HSC：高速计数器编号　　字节型 0 ~ 5 的常数。

MODE：工作模式　　　　字节型 0 ~ 5 的常数。

N：高速计数器编号　　　字节型 0 ~ 5 的常数。

2）使能流输出 ENO 断开的出错条件。SM4.3（运行时间）；0003（输入点冲突）；0004（中断中的非法指令）；000A（HSC 重复定义）；0001（在 HDEF 之前使用 HSC）；0005（同时操作 HSC/PLS）。

3）每个高速计数器都有固定的特殊功能存储器与之配合完成计数功能。这些特殊功能存储器包括：状态字节，控制字节，当前值双字，与设值双字。

二、高速脉冲输出

高速脉冲输出功能是指在可编程序控制器的某些输出端产生高速脉冲，用来驱动负载，实现高速输出和精确控制。

1. 高速脉冲输出的形式和输出端子的连接

（1）高速脉冲的输出形式　高速脉冲输出有高速脉冲串输出 PTO 和宽度可调脉冲输出 PWM 两种形式。

高速脉冲串输出 PTO 主要是用来输出指定数量的方波（占空比 50%），用户可以控制方波的周期和脉冲数。

高速脉冲串的周期以 μs 或 ms 为计量单位，它是一个 16 位无符号数据，周期变化范围 50～655535μs 或 2～65535ms，编程时周期值一般设置成偶数。脉冲串的个数，用双字长无符号数表示，脉冲数取值范围是 1～4294967295 之间。

宽度可调脉冲输出 PWM 主要是用来输出占空比可调的高速脉冲串，用户可以控制脉冲的周期和脉冲宽度。

宽度可调脉冲 PWM 的周期和脉冲宽度以 μs 或 ms 为计量单位，是一个 16 位无符号数据，周期变化范围与高速脉冲串 PTO 相同。

（2）输出端子的连接　每个 CPU 有两个 PTO/PWM 发生器产生高速脉冲和脉冲宽度可调的波形，一个发生器分配在数字输出端 Q0.0，另一个分配在 Q0.1。

PTO/PWM 发生器和输出映象寄存器共同使用 Q0.0 或 Q0.1，当 Q0.0 或 Q0.1 设定为 PTO 或 PWM 功能时，PTO/PWM 发生器控制输出，在输出点禁止使用通用功能。输出映象寄存器的状态、强制输出、立即输出等指令的执行都不影响输出波形，当不使用 PTO/PWM 发生器时，输出点恢复为原通用功能状态，输出点的波形由输出映象寄存器来控制。

2. 相关的特殊功能寄存器

每个 PTO/PWM 发生器都有一个控制字节、16 位无符号的周期时间值和脉宽值各一个、32 位无符号的脉冲计数值一个。这些字都占有一个指定的特殊功能寄存器，一旦这些特殊功能寄存器的值被设置成所需操作，可通过执行脉冲指令 PLS 来执行这些功能。

3. 脉冲输出指令

脉冲输出指令可以输出两种类型的方波信号，在精确位置控制中有很重要的应用，其指令格式见表 5-16。

表 5-16　脉冲输出的指令格式

LAD	STL	功能描述
PLS（EN，ENO；????—Q0.X）	PLS　Q	脉冲输出指令，当使能端输入有效时，检测用程序设置的特殊功能寄存器位，激活有控制位定义的脉冲操作。从 Q0.0 或 Q0.1 输出高速脉冲

说明：

1）高速脉冲串输出 PTO 和宽度可调脉冲输出都有 PLS 指令来激活输出。

2）操作数 Q 为字型常数 0 或 1。

3）高速脉冲串输出 PTO 可采用中断方式进行控制，而宽度可调脉冲输出 PWM 只能由指令 PLS 来激活。

例 5-2 编写实现脉冲宽度调制 PWM 的程序。根据要求控制字节（SMB77）＝$(DB)_{16}$，设定周期为 10000ms，脉冲宽度为 1000ms，通过 Q0.1 输出。

设计程序如图 5-25 所示。

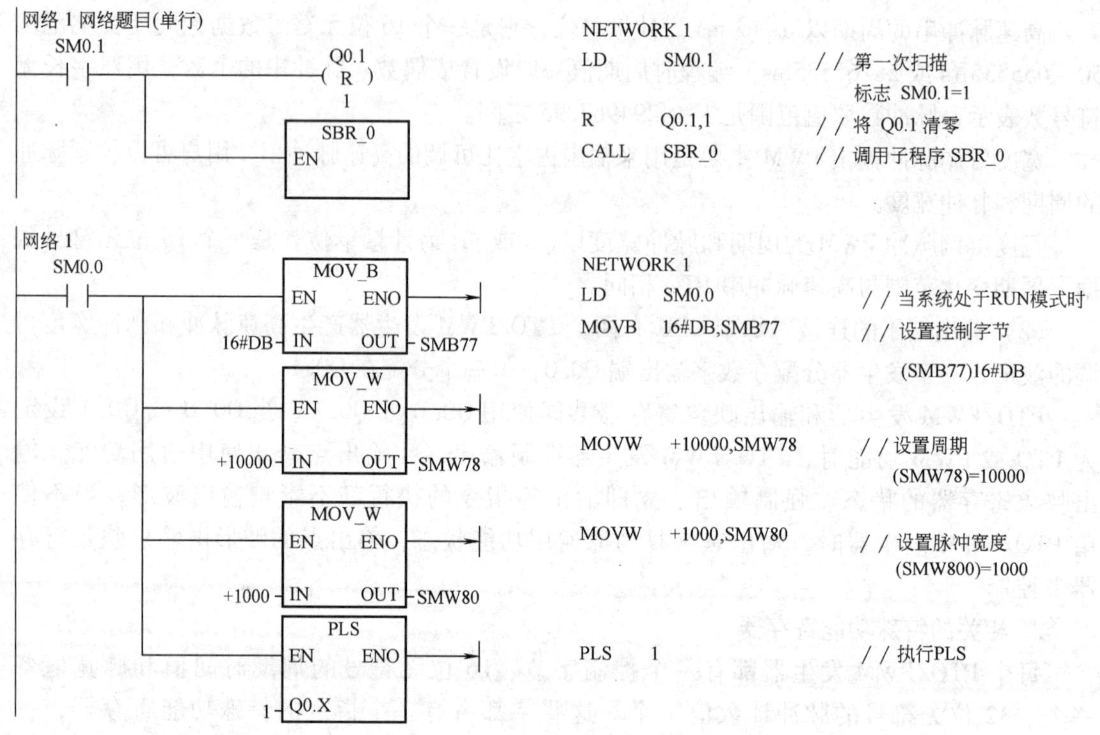

图 5-25

三、立即类指令

立即类指令允许对输入和输出点进行直接读、写操作。立即类指令操作分为两种情况，即立即触点指令和立即输出指令。

1. 立即触点指令

立即触点指令只能对输入继电器进行操作，当用此类指令读取输入点的状态时，立即把输入点的值读到栈顶，但不刷新相应的输入映像寄存器的值。这类指令有：LDI、LDNI、AI、ANI、OI、ONI 六条。该类指令的格式、功能与标准触点指令类似。

2. 立即输出指令

立即输出指令分为立即复位、立即置位和立即输出三种情况。

用立即输出指令访问输出点时，把栈顶程序当前值立即复制到指令所指示的物理输出点，并同时刷新输出映像寄存器的内容。

这类指令包括：I、SI、RI 三条指令，其指令格式功能与通用输出、复位、置位指令相同。

为缩短程序的响应时间，特别是在某些特殊场合下，应尽可能采用新的输入点信息，执行程序后，应尽可能快的将运算结果送到输出端子。

第五节　西门子 SIMATIC 其他系列 PLC 简介

德国西门子公司可编程序控制器的第一代是 SIMATIC S3 系列，它实际上是带有简单操作接口的二进制控制器。1979 年，S3 系列 PLC 被 SIMATIC S5 取代，S5 系列 PLC 广泛地使用了微处理器。20 世纪 80 年代初，S5 系列 PLC 进一步升级为 U 系列。1994 年，S7 系列 PLC 以更国际化、更高性能等级、更小的安装空间、更好的 Windows 用户界面等优势推向市场。目前，S7 系列 PLC 有 S7-200、S7-300、S7-400 三个子系列。

一、西门子公司 SIMATIC S7-300

1. 概述

S7-300 是模块化小型 PLC 系统，但其功能强大，速度快，扩展灵活，具有紧凑的、无槽位限制的标准模板式结构。

S7-300 的主要组成部分有导轨、电源模板、中央处理单元模板、接口模板、信号模板、功能模板等。通过 MPI（Multi Point Interface 多点接口）网的接口直接与编程器、操作员面板和其他 S7 系列 PLC 相连。

导轨是安装 S7-300 各类模板的机架，是特制的不锈钢异型板（DIN 标准导轨），长度有 160mm，482mm、530mm、830mm、2000mm 5 种，可根据实际需要选择。S7—300 采用背板总线的方式将模板从物理上和电气上连接起来。

电源模块 PS 307 输出 24V 直流，它与 CPU 模板和其他信号模板之间通过电缆连接，而不是通过背板总线连接。

中央处理单元 CPU 模板有多种型号，如：CPU 312IFM、CPU 313、CPU 314、CPU 315、CPU315-2 DP 等。CPU 模板除完成执行用户程序的主要任务外，还为背板总线提供 5V 直流电源，并通过 MPI 多点接口与其他中央处理器或编程装置通信。

信号模板 SM 使不同的过程信号电平和 S7-300 的内部信号电平相匹配，主要有数字量输入模板 SM321、数字量输出模板 SM322、模拟量输入模板 SM331、模拟量输出模板 SM332。

功能模板 FM 主要用于实时性强、存储计数量较大的过程信号处理任务。例如快给进和慢给进驱动定位模板 FM351、电子凸轮控制模板 FM352、步进电动机定位模板 FM353、伺服电动机位控模板 FM354 等。

2. S7-300 CPU 模板主要性能

S7-300 有 5 种不同的 CPU 模板，可以根据不同的应用，采用不同级别的模板。

（1）CPU 312 IFM　CPU 312 IFM 内置 6KB RAM，其装载存储器为内置的 20KB RAM 和 20KB 的 EEPROM，指令执行速度为每执行 1000 条（二进制）指令约需 0.7ms。最大数字量 I/O 点数为 144（包括 CPU 板上集成的 10 个输入点和 6 个输出点）。最大模拟量 I/O 通道数为 32 个。有 64 个定时器和 32 个计数器。

CPU 312 IFM 的 S7-300 扩展模板只能装在一个机架上，最多带 8 块模块。CPU312 IFM 的时钟为软件时钟，不带后备电池。

（2）CPU 313　具有 12KB 的 RAM、20KB（RAM）的装载存储器，可用存储卡扩充装载存储器，容量最大到256KB，每执行1000条二进制指令约需0.7ms。扩展模板只能装在一个机架上，最多带8块模块。最大扩展128点数字量I/O和32路模拟量通道。有128个定时器和64个计数器。CPU 313 采用的也是软件时钟。

（3）CPU 314　CPU 314 具有24KB的RAM、40KB（RAM）的装载存储器，可用存储卡扩充装载存储器，容量最大到512KB，每执行1000条二进制指令约需0.3ms。最大扩展512点数字量I/O和64路模拟量通道。可以带4个机架，32块模块。有128个定时器和64个计数器。CPU 314 内装硬件实时时钟。CPU 314 操作系统是事件驱动的用户程序扫描过程。CPU 响应哪些事件，操作系统自动调用该事件的组织块OB。

（4）CPU 315/CPU 315-2 DP　CPU 315 和 CPU 315-2DP 具有48KB的RAM、80KB（RAM）的装载存储器，可用存储卡扩充装载存储器，容量最大到512KB，每执行1000条二进制指令约需0.3ms。最大扩展1024点数字量I/O和128路模拟量通道。其他性能与CPU 314相同。

CPU 315-2DP 是唯一带现场总线 SINEC L2-DP 接口的 CPU 模块，其特性与 CPU 315 模板完全相同。

3. S7-300 的通信特点

SMATIC S7-300 具有多种不同的通信接口：

1）用多种通信处理器来连接 AS-1 接口、现场总线和工业以太网总线系统。

2）用通信处理器来连接点到点的通信系统。

3）多点接口（MPI）集成在 CPU 中，用于同时连接编程器、PC 机、人机界面系统及其他 SIMATIC S7/M7/C7 等自动化控制系统。

CPU 支持下列通信类型：

1）过程通信。通过总线（AS-I 或现场总线）对 I/O 模板周期寻址（过程映象交换）。

2）数据通信。在自动控制系统之间或人机界面（HM）和几个自动控制系统之间，数据通信会周期地进行也可以被用户程序或功能块调用。

二、西门子公司 SIMATICS7-400

1. 概述

SIMATIC S7-400 是用于中、高档性能控制范围的可编程序控制器，它采用无风扇的模块化设计，具有坚固耐用、扩展灵活方便、通信能力强等特点。其容易实现的分布式结构以及友好的操作界面，使 SIMATIC S7-400 成为中、高档性能控制领域中首选的理想控制设备。

S7-400 主要由电源模板（PS）、中央处理单元（CPU）、信号模板（SM）、通信处理器（CP）、功能模块（FM）、接口模块（IM）等部分组成，通过 MPI 接口实现与其他编程设备和 PLC 相连接。

电源模板 PS 输出 120/230V 交流或 24V 直流电源。

中央处理单元 CPU 模板有多种型号，如：CPU 412-1、CPU 413-1、CPU 413-2DP、CPU 414-1、CPU 414-2DP、CPU 416-1、CPU 416-2DP、CPU 417-4 等。每个 S7-400 的 CPU 都带有一个并行的 I/O 总线，其处理速度为1.5B/ms，可以对 I/O 进行高速存取，CPU 还带有一个串行通信总线，其速度为10.5MB/s。

信号模板SM使不同的过程信号电平和S7-400的内部信号电平相匹配，主要有数字量输入模板SM421、数字量输出模板SM422、模拟量输入模板SM431、模拟量输出模板SM432。

通信处理器CP：用于总线连接和点到点连接。

功能模块（FM）：专门用于技术定位、凸轮等控制任务。

接口模块（IM）：用于连接中央控制单元和扩展单元。SIMATIC S7-400中央控制器最多能连接21个扩展单元。

SIMATIC M7自动化计算机：M7是AT兼容的计算机，主要用来解决高速处理的技术问题。它既可以用作CPU，也可用作功能模块（FM 456-4应用模板）。

2. S7-400 CPU模块的主要性能

S7-400有5种不同的CPU模板，分别为：CPU 412、CPU 413、CPU 414、CPU 416、CPU 417。SIMATIC S7-400的主要性能为：CPU存储器容量64KB，可扩展到16MB；每条指令的处理速度可达80ns；系统可以有4个CPU同时运算；一个中央框（CR）可扩展到21个扩展框（ER）；多种硬件中断（OB40、OB47）和故障中断（OB121、OB122、OB80～OB87）方式；可通过MPI（多点通信）、PPI（点对点通信）、PROFIBUS（工业现场总线）和工业以太网实现各种通信。

3. S7-400的通信特点

SIMATICS7-400有多种通信方式：

1）MPI（多点接口），集成在所有CPU内，可同时连接编程器和个人计算机、HMI系统、S7-300系统、M7系统和其他S7-400系统。

2）PROFIBUS-DP接口，集成在某些CPU内，适用于经济型ET-200分布式I/O系统。

3）通信处理器

用于连接到PROFIBUS和工业以太网。

S7-400的CPU和通信处理器支持的通信类型与S7-300相同。

三、西门子SIMATICS7的编程软件和程序结构

1. 编程软件

西门子公司针对SIMATIC S7系列PLC提供了多种编程工具软件，主要有：STEP Micro/DOS和STEP Micro/WIN、STEPMini、标准软件包STEP7。

S7系列PLC的编程语言非常丰富，有LAD（梯形图）、STL（语句表）、SCL（标准控制语言）、GRAPH（顺序控制）、HIGRAPH（状态图）、CFC（连续功能图）等。用户可以选择一种语言编程，如果需要，也可以混合使用几种语言编程。这些程序语言都是面向用户的，它使控制程序的编程工作大大简化，对用户来说，开发、输入、调试和修改程序都极为方便。

2. 程序结构

S7-200的编程软件STEP-Micro/DOS和STEP-Micro/WIN在程序结构上同标准软件STEP7是不同的。STEP7的程序结构主要适用于S7-300和S7-400，它有线性编程、分布式编程和结构化编程等三种编程方法。

有关STEP7的详细使用方法可参考SIEMENS的《STEP7程序设计编程手册》。

思考题与习题

1. 梯形图程序能否换成语句表程序？所有语句表程序是否均能转换成梯形图程序？

2. 写出图 5-26 所示梯形图程序对应的语句表指令。

3. 根据下列语句表程序，写出梯形图程序。

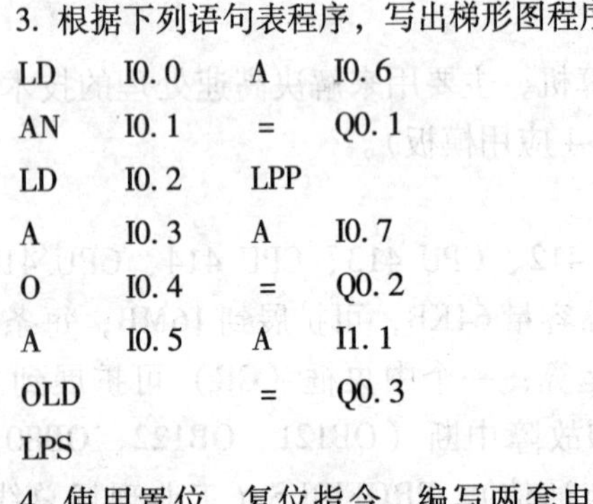

```
LD    I0.0    A    I0.6
AN    I0.1    =    Q0.1
LD    I0.2    LPP
A     I0.3    A    I0.7
O     I0.4    =    Q0.2
A     I0.5    A    I1.1
OLD           =    Q0.3
LPS
```

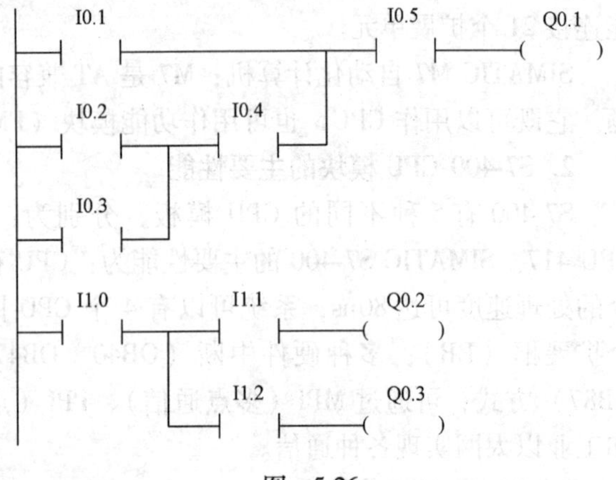

图 5-26

4. 使用置位、复位指令，编写两套电动机（两台）的控制程序，两套程序控制要求如下：

（1）起动时，电动机 M_1 先起动，才能起动电动机 M_2，停止时，电动机 M_1、M_2 同时停止。

（2）起动时，电动机 M_1、M_2 同时起动，停止时，只有在电动机 M_2 停止时，电动机 M_1 才能停止。

5. 设计一个周期为 5s，占空比为 20% 的方波输出信号程序（输出点可以使用 Q0.0）。

6. 编写断电延时 5s 后，M0.0 置位的程序。

7. 使用顺序控制程序结构，编写出实现红、黄、绿三种颜色信号灯循环显示程序（要求循环间隔时间为 1s），并画出该程序设计的功能流程图。

8. 编写一段输出控制程序，假设有 8 个指示灯，从左到右以 0.5s 速度依次点亮，到达最右端后，再从左到右依次点亮，如此循环显示。

9. 装料小车的自动控制：要求装料小车第一次由 1 号仓送料到 2 号仓后，停留 2min 卸料，然后空车返回到 1 号仓停留 3min 装料。第二次由 1 号仓送料到 3 号仓，停留 2min 卸料，然后空车返回到 1 号仓停留 3min 装料。然后再重复工作上述工作过程，工艺流程示意图如图 5-27 所示。

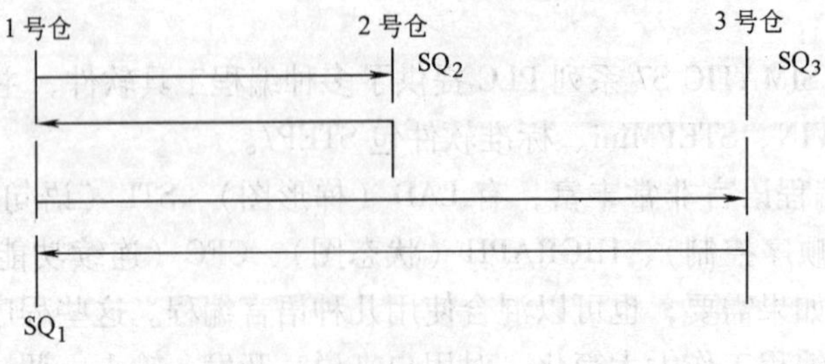

图 5-27

10. 设计一个用 PLC 实现并且有过载保护的三相异步电动机正、反转控制系统，要求画出主电路、PLC 外部接线图、梯形图。

11. 有一台电动机，要求每当按下起动按钮，电动机运转 10s，停止 5s，重复执行 5 次后，电动机自行停止。试画出梯形图，并写出指令程序。

第六章　OMRON 可编程序控制器

日本 OMRON（立石）公司主要 PLC 产品有：MiniSK20、SRM1、CPM1A、CPM2A 等微型机，C200、SYSMAC、CQM1 等中小型机及 CVM1、CV500～2000 等大型机。其中，SYSMAC-C 系列可编程序控制器，设计合理，结构紧凑，具有较高的性能价格比，其控制点数可从 20 点至 2048 点，控制功能从开关量控制到模拟量控制自成系列，品种齐全，在国内的 PLC 应用中有很大影响。在本章只介绍 C 系列 P 型机。

第一节　C 系列 P 型机可编程序控制器概述

C 系列 P 型机包括：C20P、C28P、C40P、C60P，一般专用于开关量控制，其基本构成可分为三部分：基本单元、I/O 扩展单元和编程器。从功能上，它不仅具有一般小型 PLC 机所具有的逻辑运算指令、定时指令、计数指令，还具有简单的数据处理功能，如加法、减法、数据传送、移位、比较、数制变换、编码、译码及高速计数器等功能，能够满足比较复杂的开关量控制的需要。它还有模拟定时单元，可不占用 I/O 点，由外部的电位器改变定时值。它能用微型计算机通过 LSS 软件对系统进行监控和管理，还可通过 I/O 链接单元与 C 系列其他 PLC 进行 I/O 链接或与上位计算机通信，构成分散控制系统。可以共用 C 系列 PLC 机的外部设备，如编程器、打印机、EPROM 写入器等。

一、型号标准

C 系列 P 型机的所有硬件单元都依其功能、特点和性质，编以相应的型号。其型号代码的构成最多有三段：第一段标明基本的规格与特点；第二段标明功能及类型；第三段标明所使用电源的情况。C 系列 P 型机的型号说明如下：

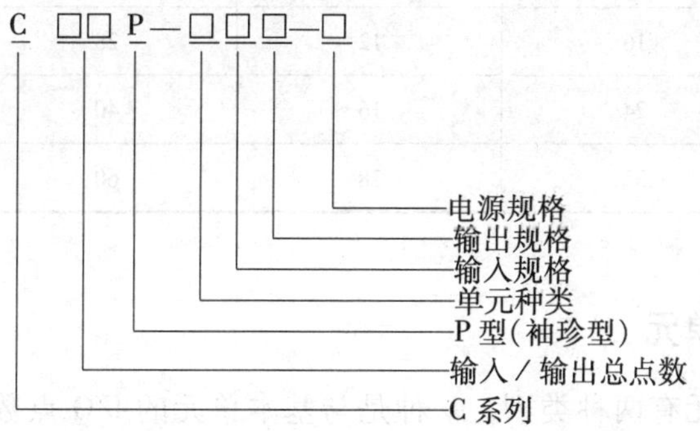

输入/输出总点数：4、16、20、28、40、60。

袖珍型：一般为 P，输入/输出总点数为 4 点时为 K。

单元种类C：CPU 单元（RAM/ROM 切换型）。

　　　　C1：CPU 单元（RAM 型）。

E：I/O 扩展单元。

I：输入单元。

O：输出单元。

TM：模拟定时器单元。

输入规格 A：AC100V 输入。

D：DC24V 输入。

输出规格 R：继电器接点输出（带插座）。

R_1：继电器接点输出（无插座）。

T_1：晶体管输出 1A。

T：晶体管输出 0.5A。

S：双向可控硅输出 0.2A。

S_1：双向可控硅输出 1A。

无：只有插座。

电源规格　再加 E 表示英文信息显示。

A：AC100-240V。

D：DC24V。

二、基本单元

在基本单元中，有 CPU、RAM、ROM，有输入/输出端子、输入/输出状态指示发光二极管（LED），有高速计数输入端子、24VDC 输出端子，有与编程器或 EPROM 写入器等外设相连的接口、与 I/O 扩展单元相连的扩展接口，还有电源指示灯、运行指示灯及报警灯。

P 型机基本单元的品种见表 6-1。

表 6-1　P 型机基本单元的品种

型　号	输入点数	输出点数	I/O 点数	扩展接口数
C20P	12	8	20	1
C28P	16	12	28	1
C40P	24	16	40	1
C60P	32	28	60	1

三、I/O 扩展单元

P 型机的扩展单元有两种类型，一种是与基本单元的 I/O 点数相同的 I/O 扩展单元，如：C20P-E、C28P-E、C40P-E、C60P-E（在 I/O 扩展单元中无 CPU 和存储器）；另一种是单一扩展单元，即扩展的点数都是输入点，或者都是输出点，扩展点数只有 4 点和 16 点，如 C4K、C16P。

在扩展单元上有两个可与基本单元或 I/O 链接单元连接的接口，左右各一个，可用面板上的左右选择开关根据需要选用。

四、编程器

编程器的作用是对程序进行输入和编辑，并能对 PLC 的运行情况进行实时监视，有简易编程器和图形编程器两种。

第二节　C 系列 P 型机的系统配置

一、C 系列 P 型机的系统组成

用 OMRON 公司 C 系列 P 型机组成 PLC 控制系统，最小配置为一个基本单元和一台编程器。在整体式 PLC 中，输入/输出继电器的点数及接线端子是固定的。

P 型机基本单元的 I/O 通道分配见表 6-2。

表 6-2　P 型机基本单元的 I/O 通道分配表

型号	I		O		备　注
	点数	分配	点数	分配	
C20P	12	0000 ~ 0011	8	0500 ~ 0507	0508 ~ 0515
C28P	16	0000 ~ 0015	12	0500 ~ 0511	0512 ~ 0515
C40P	24	0000 ~ 0015 0100 ~ 0107	16	0500 ~ 0511 0600 ~ 0603	0012 ~ 0515, 0604 ~ 0615
C60P	32	0000 ~ 0015 0100 ~ 0115	28	0500 ~ 0511 0600 ~ 0615	0512 ~ 0515

注：备注栏中的输出继电器无对应的输出端子，只能作为内部辅助继电器用。

如果系统的输入信号或输出控制点多于基本单元所能提供的 I/O 点数，可以引入 I/O 扩展单元。I/O 通道分配与系统的组成方案有关，对 4 种型号的基本单元和 6 种型号的 I/O 扩展单元进行组合，可得到 30 多种不同的组合。如 C40P 基本单元和 C40PI/O 扩展单元组合，可得到 48 点输入、32 点输出、I/O 总数为 80 点的 PLC 控制系统，再加上 I/O 链接单元（输入、输出各 16 点），I/O 总点数为 112 点的控制系统。此时的 I/O 通道分配情况见表 6-3。

表 6-3　C40P-C + C40P-E + I/O 链接单元时的通道分配情况表

输入	通道	CH00	CH01	CH02	CH03	CH04
	位	00 ~ 15	00 ~ 07	00 ~ 15	00 ~ 07	00 ~ 15
输出	通道	CH05	CH06	CH07	CH08	CH09
	位	00 ~ 11	00 ~ 03	00 ~ 11	00 ~ 03	00 ~ 15
	备注	12 ~ 15	04 ~ 15	12 ~ 15	04 ~ 15	

注：备注栏中的输出继电器无对应的输出端子，只能作为内部辅助继电器用。

在许多场合下，经常遇到输入量是可连续变化的模拟量，如温度、压力、流量及速度等，而 PLC 不能直接接收模拟量，必须通过模数转换单元（A/D）将模拟量转换成数字量后，才能进入 PLC 进行数据处理及运算。同样在许多的实际控制系统中，也要对模拟量进行调节，则要通过数模转换单元（D/A）将数字量转换成模拟量后，才能实现对模拟量的调节，所以在需要对模拟量进行处理时，要配置相应的 A/D 或 D/A 转换单元。这些单元输入或输出的信号可以是电压信号，也可以是电流信号，均为标准信号。无论是作为输入的 A/D 单元，还是作为输出的 D/A 单元，因其内部要有 8 位的 A/D 或 D/A 转换器，均要占用一个完整的输入或输出的通道。

二、C40P 的通道分配

通道（channel），也称为字，一般是指信号进入 PLC 或流出 PLC 的通路，以及信号在 PLC 中存放的地点，将这些通路和地点赋以编号，称为通道号。PLC 生产厂家已对各个通道的编号做出规定，这些编号是固定的，尤其是输入/输出通道，其编号是和外部输入/输出端子严格对应的。

通道分配是指对 PLC 内的每个通道及每个继电器都分配给一个地址号（字地址和位地址），以便 CPU 能够识别。在 OMRON 公司 C 系列的 PLC 中，每个通道由 16 位组成（由 00 位至 15 位），位（bit）是基本存储单元，每个"继电器"占一位，因此可以说在一个通道中包含 16 个"继电器"。

1. 输入/输出继电器通道的分配

P 型机的输入/输出继电器通道的分配是固定的，CH00 ~ CH04 是输入继电器通道，CH05 ~ CH09 是输出继电器通道，而不同型号的 PLC 机的基本单元和扩展单元所能使用的通道号是不同的。

每个输入/输出继电器的编号为四位十进制数，前两位表示通道号，后两位表示位号，即该通道中的某一位。

对 C40P 基本单元，输入继电器（输入点）为 24 个，占用的输入点是 CH00 的 0000 ~ 0015 和 CH01 的 0100 ~ 0107；输出继电器（输出点）共 16 个，占用的输出点是 CH05 的 0500 ~ 0511 和 CH06 的 0600 ~ 0603。如果在程序中使用了高速计数指令（见下节），则输入继电器 0000 和 0001 作为高速计数器的计数输入端和复位输入端（因为这两个端子具有快速响应特性），不能再作其他输入用。在不使用高速计数器时，这两个输入继电器可作为一般输入继电器使用。

一般 P 型机还可以连接一个 I/O 扩展单元进行扩展，由 I/O 扩展单元所增加的新的输入和输出通道号是在基本单元的通道号的基础上顺序递增，一旦 I/O 扩展单元与基本单元相连，I/O 扩展单元的通道号便自动确定。由于输出点的物理位置关系（基本单元和扩展单元不能用同一的通道号），即使基本单元 I/O 通道中的点未用完，扩展单元也不能接着用，只能从下一个通道号用起。扩展 I/O 单元后还可再接 I/O 链接单元，这时 I/O 链接单元的输入/输出通道号接着它前边的 I/O 扩展单元的通道号递增。A/D、D/A 单元作为 PLC 的特殊 I/O 单元，与扩展单元类似，一旦接入 PLC，其通道号便被自动确定，并且是接着前面已使用的通道号递增。

在 I/O 通道中，只有与输出端子对应的输出点，可直接接负载。如果有部分输出点没有与之对应的输出端子，或在程序中未使用到的输出点，可用作内部辅助继电器。

2. 内部辅助继电器(IR) 通道的分配

在 P 型机中共有 136 个内部辅助继电器，其通道号为 CH10 ~ CH18，占用的地址为 1000 ~ 1807。内部辅助继电器不能接负载。

3. 专用辅助继电器 SR

P 型机共有 16 个专用辅助继电器，有时也称特殊功能继电器，占用的地址为 1808 ~ 1907。这些继电器中，每个都有生产厂家规定好的专门功能，主要是用来监视 PLC 的工作情况，也可以将它们的接点编在程序中（注意，这些继电器的线圈是不可以编辑的，因此不允许出现在梯形图中），以便引入它们的状态，实现所需的控制功能。

1808：当 PLC 中的锂电池电压过低时为 ON 状态。可在程序中设计一个用 1808 动合触点控制的逻辑电路，产生指示电池故障的报警信号。

1809：P 型机的扫描时间不应超过 100ms，当程序扫描时间在 100 ~ 130ms 时，1809 为 ON 状态，可利用其产生报警信号，但 CPU 不停止工作；当扫描时间超过 130ms 时，CPU 停止工作。

1810：在使用高速计数指令时，当 0001 端子收到硬件复位信号时，1810 接通（ON）一个扫描周期。

1811、1812、1814：为常开（OFF）继电器，当 PLC 工作时，其动合触点打开，动断触点闭合。

1813：为常闭（ON）继电器，当 PLC 工作时，其动合触点闭合，动断触点打开。

1815：在程序开始运行的第一个扫描周期内，18150 接通（ON）一个扫描周期。可利用该功能对 PLC 的用户程序做初始化处理，如对计数器进行上电复位。

1900、1901、1902：分别用来产生周期为 0.1s、0.2s 和 1s 的时钟脉冲，其占空比为 1 :1。它们可与计数器配合使用来构成定时器。与定时器不同的是，用这种方法构成的定时器在电源故障时，能保持当前值不变，再考虑与之配合的时钟脉冲周期，就可准确地指示出发生电源故障的时刻，也可用其实现闪烁电路。

1903：在算术运算指令中，如果操作数不是十进制码，或者在进行二进制到十进制码中，当操作数超出范围，即大于 9999 时，1903 为 ON 状态。

1904：进位或借位标志。执行算术运算指令时，如果产生进位或借位时，1904 为 ON 状态。

1905、1906、1907：在执行比较指令时，第一操作数如果大于、等于或小于第二操作数，则与之对应的 1905、1906、1907 分别为 ON 状态。

4. 保持继电器(HR) 通道的分配

在 P 型机中有 160 个保持继电器，它们在电源掉电时能保持原来的状态不变。通道号为 HR0 ~ HR9，占用的地址号为：HR000 ~ HR915。

5. 暂存继电器 TR

在 P 型机中共有 8 个暂存继电器，编号为 TR0 ~ TR7。在同一个程序段中，最多只能使用 8 个暂存继电器，而在不同的程序段中，同一个暂存继电器可多次重复使用。暂存继电器的编号可不按顺序使用。

6. 定时器和计数器通道(TIM/CNT)

在 P 型机中的定时器（TIM）、高速定时器（TIMH）、计数器（CNT）、可逆计数器（CNTR）共计 48 个，编号为 00 ~ 47，它们既可用于定时器，又可用于计数器，但如果一个编号已用作定时器，则这个编号就不能再用作计数器。如果程序中使用高速计数器，则TIM/CNT47作为专用存放高速计数器当前值的计数器，不能再作它用。

当电源掉电时，定时器被复位，当前值变为设定值；而计数器不能复位，其计数的当前值保持不变。

7. 数据存储区通道(DM)

P型机中有64个数据存储区通道，其通道号为DM00～DM63，每个通道有16位，专门用来存储16位字长的数据，因此在使用时必须以通道为单位。在电源掉电时，DM中的数据能保持掉电前的值不变。当使用高速计数器时，DM32～DM63是用来存放高速计数器的上下限数据的设定值区域，不能再作它用。

第三节　C系列P型机的指令系统

小型可编程序控制器的指令系统一般分为两大类：基本逻辑指令及功能指令。基本逻辑指令主要用于顺序逻辑控制，它是在进行可编程序控制器程序编制时应用的最多的一类指令。功能指令则因厂家、型号不同，差别较大，可实现的功能也多种多样。

C系列P型可编程序控制器的指令系统一般可分为如下几类：

1. 逻辑条件类指令

逻辑条件类指令的作用是建立逻辑条件，为其他类指令的执行创造前提，是实现逻辑控制的最基本的指令。执行这类指令，总是与CPU读存储器相联系。

2. 输出类指令

输出类指令的作用是根据逻辑条件类指令的条件，依照不同的输出指令产生不同的输出。没有输出类指令，实现逻辑控制就没有工作对象。执行这类指令，总是与CPU写存储器相联系。

3. 数据处理类指令

数据处理类指令的作用是进行数据处理，如数据传送、比较、数据移位、编码、译码等。数据处理指令不仅可提高PLC的逻辑控制能力，又可为实现模拟量控制提供可能。数据处理类的操作对象多为字（或通道），有的要用多个字。

4. 数据运算类指令

数据运算类指令的作用是进行数据运算，如加、减、乘、除之类的算术运算，有的还能进行逻辑运算。

一、基本逻辑指令

日本OMRON公司生产的C系列P型机有12条基本指令，这12条基本指令在其简易编程器上均有相应的按键，可以直观、方便地将基本逻辑指令通过编程器传送到主机。为了讲述方便，现将高速定时器（TIMH）、可逆计数器（CNTR）这两个功能指令放在此处一同介绍。

1. LD指令和LD NOT指令

LD指令是逻辑条件类指令，其作用是把由操作数指定的触点状态送到存储器的一个工作单元中（此单元为一位的寄存器，称为结果寄存器）。

指令格式：LD XXXX

操作数 XXXX 为继电器号。

LD NOT 指令也是逻辑条件类指令，其作用是把由操作数指定的触点状态取反后送到结果寄存器。

指令格式：LD NOT XXXX

LD 和 LD NOT 指令在梯形图中的符号：

由此可见，LD 指令的功能是将动合（常开）触点接到逻辑母线上，LD NOT 指令的功能是将动断（常闭）触点接到逻辑母线上。

LD 指令及其他基本逻辑指令可使用的继电器见表 6-4。

表 6-4　基本逻辑指令可使用的继电器

继电器		指令			
		LD LDNOT	AND ANDNOT	OR ORNOT	OUT
输入继电器	0000 ~ 0415	√	√	√	
输出继电器	0500 ~ 0915	√	√	√	√
内部辅助继电器	1000 ~ 1807	√	√	√	√
特殊继电器	1808 ~ 1907	√	√	√	
保持继电器	HR_{000} ~ HR_{915}	√	√	√	√
定时器/计数器	TIM/CNT00 ~ 47	√	√	√	
暂存继电器	TR_0 ~ TR_7	√			√

2. AND 指令和 AND NOT 指令

AND 指令也是逻辑条件类指令，其作用是把由操作数指定的触点状态与结果寄存器的状态进行逻辑与，其结果再送结果寄存器。

指令格式：AND XXXX

操作数 XXXX 为继电器号。

AND NOT 指令也是逻辑条件类指令，它的作用是把由操作数指定的触点状态取反后与结果寄存器的状态进行逻辑与，其结果再送结果寄存器。

指令格式：AND NOT XXXX

AND 和 AND NOT 指令在梯形图中的符号：

由此可见，AND 指令的功能是串联一个动合触点，AND NOT 指令的功能是串联一个动断触点。

3. OR 指令和 OR NOT 指令

OR 指令也是逻辑条件类指令，其作用是把由操作数指定的触点状态与结果寄存器的状态进行逻辑或，其结果再送结果寄存器。

指令格式：OR XXXX

操作数 XXXX 为继电器号。

OR NOT 指令也是逻辑条件类指令，其作用是把由操作数指定的触点状态取反后与结果寄存器的状态进行逻辑或，其结果再送结果寄存器。

指令格式：OR NOT XXXX

OR 和 OR NOT 指令在梯形图中的符号：

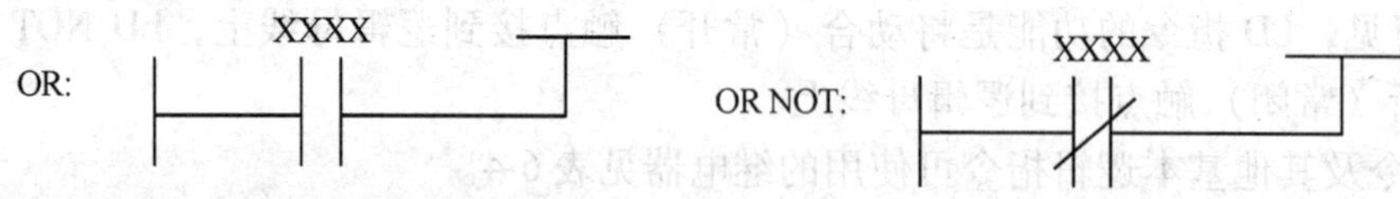

由此可见，OR 指令的功能是并联一个动合触点，OR NOT 指令的功能是并联一个动断触点。

4. OUT 指令

OUT 指令是输出指令，其作用是把结果寄存器的内容写到由操作数指定的继电器中。

指令格式：OUT XXXX

操作数 XXXX 为继电器号。

OUT 指令在梯形图中的符号：

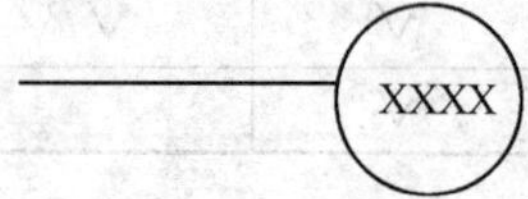

由此可见，OUT 指令的功能就是接一个继电器的线圈。

一般 OUT 指令出现在每个梯级的最右端，该指令将结果寄存器中的内容写到指定的继电器。如输出给输出继电器，则可驱动相应的外部负载。OUT 指令后的继电器号，一般不能重复使用，否则可能引起逻辑上的混乱。、

编程举例：

当输入 0002 和 0003 同时为 ON 时，或输入 0004 为 ON，且 0001 为 OFF 时，输出 0500 为 ON。完成该功能的梯形图程序及指令语句表程序如图 6-1 所示。

5. AND LD 指令和 OR LD 指令

AND LD 指令是逻辑条件类指令，无操作数，其作用是把结果寄存器中内容与堆栈的内容进行逻辑与，其结果再送结果寄存器。

OR LD 指令也是逻辑条件类指令，无操作数，其作用是把结果寄存器中内容与堆栈的内容进行逻辑或，其结果再送结果寄存器。

简单地说，AND LD 指令是将两触点块串联起来，OR LD 指令是将两触点块并联起来。

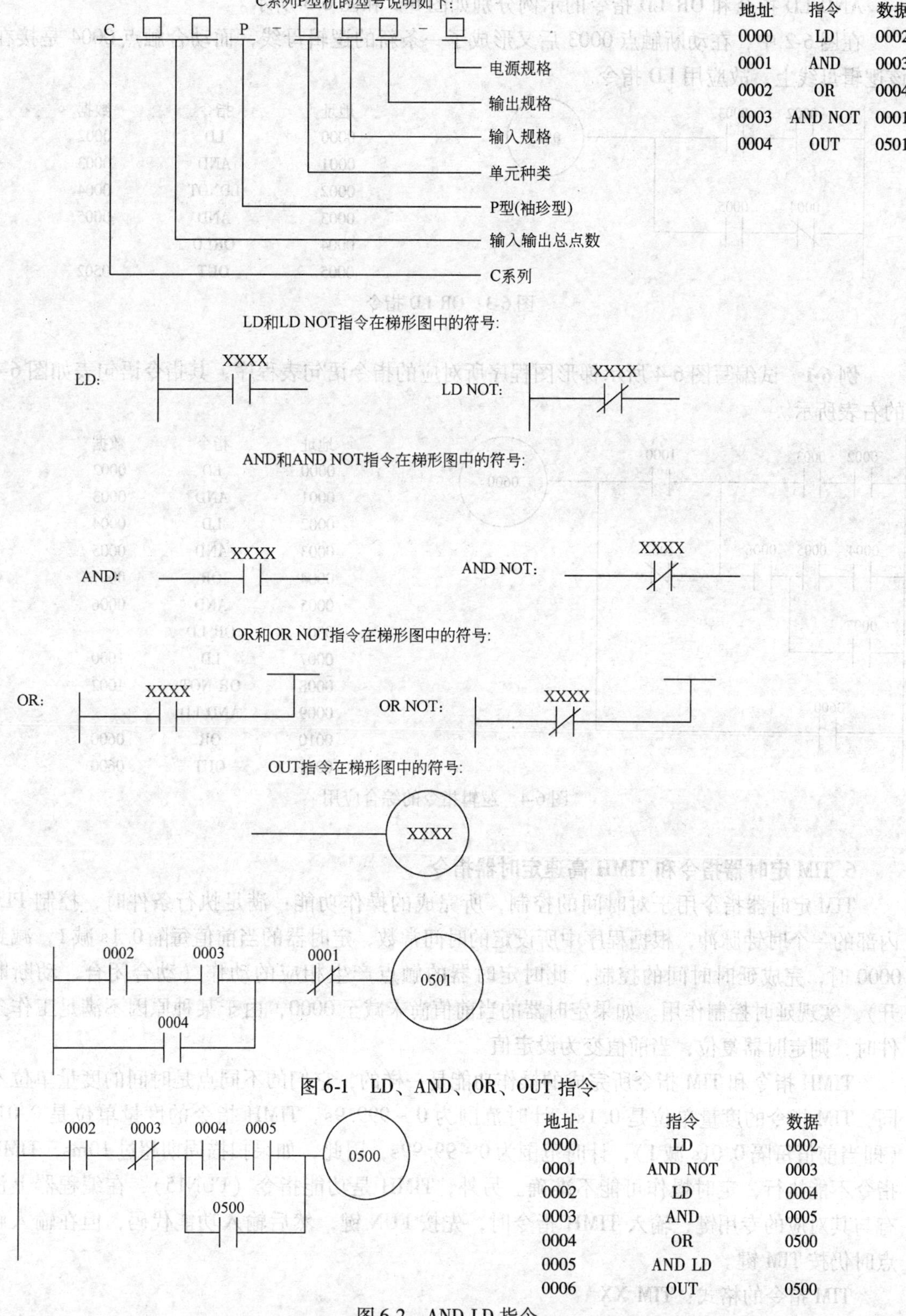

地址	指令	数据
0000	LD	0002
0001	AND	0003
0002	OR	0004
0003	AND NOT	0001
0004	OUT	0501

图 6-1　LD、AND、OR、OUT 指令

地址	指令	数据
0000	LD	0002
0001	AND NOT	0003
0002	LD	0004
0003	AND	0005
0004	OR	0500
0005	AND LD	
0006	OUT	0500

图 6-2　AND LD 指令

AND LD 指令和 OR LD 指令的示例分别如图 6-2 和图 6-3 所示。

在图 6-2 中，在动断触点 0003 后又形成了一条新的逻辑母线，而动合触点 0004 是接在该逻辑母线上，故应用 LD 指令。

地址	指令	数据
0000	LD	0002
0001	AND	0003
0002	LDNOT	0004
0003	AND	0005
0004	ORLD	
0005	OUT	0502

图 6-3　OR LD 指令

例 6-1　试编写图 6-4 所示梯形图程序所对应的指令语句表程序，其指令语句表如图 6-4 的右表所示。

地址	指令	数据
0000	LD	0002
0001	AND	0003
0002	LD	0004
0003	AND	0005
0004	OR	0007
0005	AND	0006
0006	OR LD	
0007	LD	1000
0008	OR NOT	1002
0009	AND LD	
0010	OR	0600
0011	OUT	0600

图 6-4　逻辑指令的综合应用

6. TIM 定时器指令和 TIMH 高速定时器指令

TIM 定时器指令用于对时间的控制，所完成的操作功能：满足执行条件时，控制 PLC 内部的一个时钟脉冲，根据程序中所设定的时间常数，定时器的当前值每隔 0.1s 减 1，减到 0000 时，完成延时时间的控制，此时定时器的触点产生相应的动作（动合闭合、动断断开），实现延时控制作用。如果定时器的当前值尚未减至 0000，由于某种原因不满足工作条件时，则定时器复位，当前值变为设定值。

TIMH 指令和 TIM 指令所完成的操作功能是一样的，它们的不同点是时间的度量单位不同，TIM 指令的度量单位是 0.1s，计时范围为 0 ~ 999.9s。TIMH 指令的度量单位是 0.01s（即当前值每隔 0.01s 减 1），计时范围为 0 ~ 99.99s，因此，如果扫描周期超过 10ms，TIMH 指令不能执行，定时操作可能不准确。另外，TIMH 是功能指令（FUN15），在编程器上没有与其对应的专用键，输入 TIMH 指令时，先按 FUN 键，然后输入功能代码，但在输入触点时仍按 TIM 键。

TIM 指令的格式：TIM XX

#XXXX

TIMH 指令的格式与此类似。

定时器指令要求两个操作数：第一个操作数 XX 为定时器号，范围从 00 ~ 47。第二个操作数是#后 XXXX，为定时器的设定值，其范围为 0000 ~ 9999［十进制，单位 0.1sTIM 指令或 0.01s（TIMH 指令）］。第二个操作数除常数外，还可以是通道号，以通道内容（4 位 BCD 码）为设定值。

TIM 指令和 TIMH 指令在梯形图中的符号：

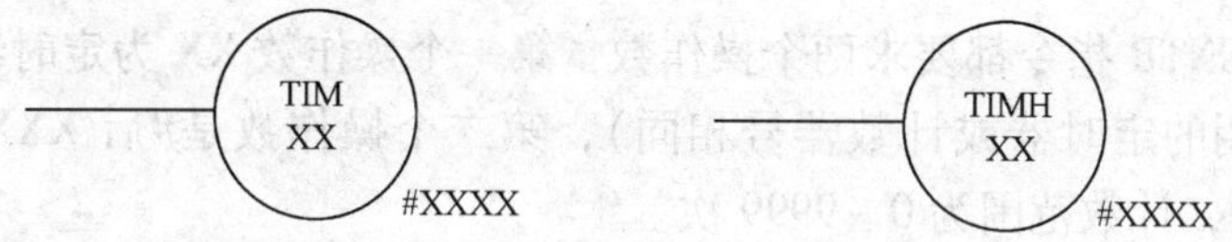

由此可见，定时器指令就是接一个时间继电器的线圈。

图 6-5 中，输入继电器 0002 得电 10s 后，输出继电器 0500 得电。注意：在此期间 0002 不能失电，否则定时器复位，0500 将不能得电。

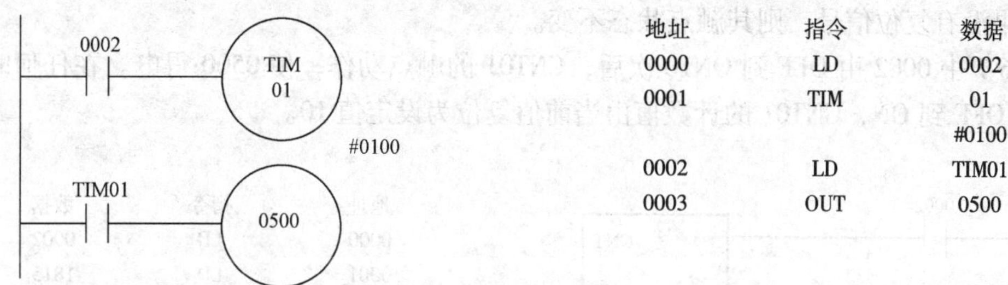

地址	指令	数据
0000	LD	0002
0001	TIM	01
		#0100
0002	LD	TIM01
0003	OUT	0500

图 6-5　TIM 指令

图 6-6 说明了 TIMH 的工作情况：0002 得电 1s 后，0500 得电，0002 失电，0500 同时失电。图 6-6 中部的图形为时序图。

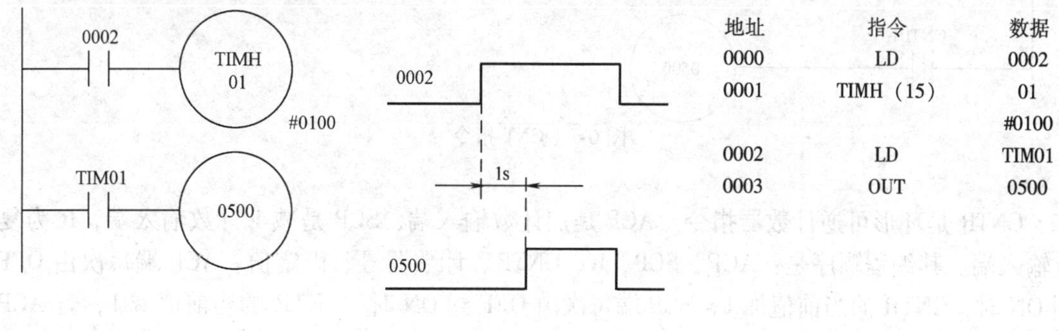

地址	指令	数据
0000	LD	0002
0001	TIMH（15）	01
		#0100
0002	LD	TIM01
0003	OUT	0500

图 6-6　TIMH 指令

C 系列 P 型机中，定时器与计数器总共有 48 个（00 ~ 47），一旦用 TIM 指令指定某一个作为定时器，就不能再将其作为计数器使用。另外，定时器不能直接对外输出，需要时可借助输出继电器。

7. CNT 计数器指令和 CNTR 可逆计数器指令

CNT 指令格式：CNT XX

#XXXX

CNTR 的指令格式与此类似。

CNT 指令和 CNTR 指令在梯形图中的符号：

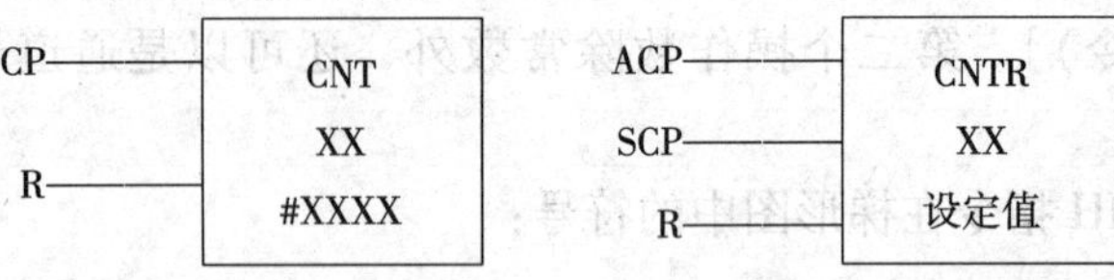

CNT 指令和 CNTR 指令都要求两个操作数：第一个操作数 XX 为定时器号，范围从 00 ~ 47（不能与已使用的定时器或计数器号相同），第二个操作数是#后 XXXX 为计数设定值，设定值为 0 ~ 9999，计数范围为 0 ~ 9999 次。

由此可见，CNT 指令和 CNTR 指令都是接入一个计数器的线圈。

在 CNT 计数器中，CP 端为计数输入端。CP 端每次由 OFF 到 ON 时，该计数器的当前值减 1，当计数器的当前值减到 0000 时，计数器动作。R 端为复位输入端，当 R 端由 OFF 到 ON 时，计数器的当前值复位为设定值。若 CP 与 R 信号同时出现，复位优先。计数器动作后如果没有复位信号，则其触点状态不变。

图 6-7 中 0002 由 OFF 到 ON10 次后，CNT01 的触点动作，使 0500 得电。在任何时刻如 0003 由 OFF 到 ON，CNT01 的计数值由当前值复位为设定值 10。

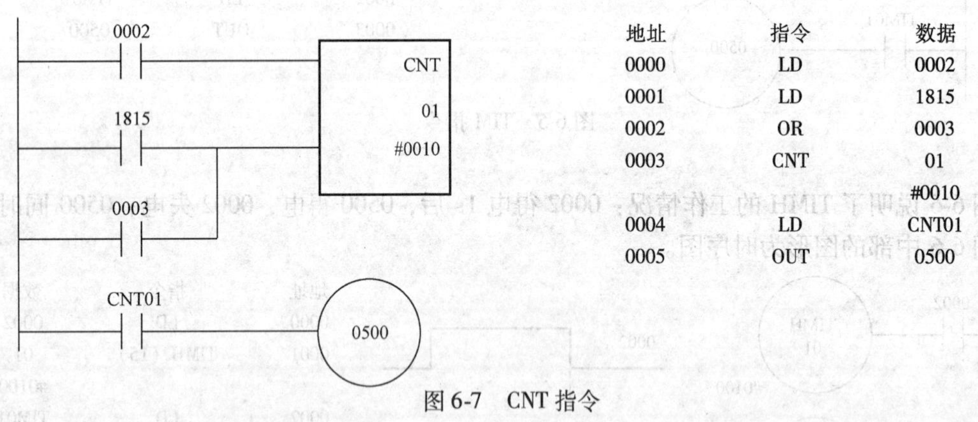

地址	指令	数据
0000	LD	0002
0001	LD	1815
0002	OR	0003
0003	CNT	01
		#0010
0004	LD	CNT01
0005	OUT	0500

图 6-7　CNT 指令

CNTR 是环形可逆计数器指令，ACP 是加计数输入端，SCP 是减 1 计数输入端，R 为复位输入端。其编程顺序是：ACP、SCP、R、CNTR、计数器号、设定值。ACP 端每次由 OFF 到 ON 时，CNTR 的当前值加 1，SCP 端每次由 OFF 到 ON 时，CNTR 的当前值减 1，若 ACP 和 SCP 信号同时到来时，当前计数值不变。当复位输入信号 R 为 ON 时，CNTR 的当前计数值被复位到 0000，此时 ACP 和 SCP 信号均不起作用。

CNTR 采用环形计数方式，在计数器的当前值达到设定值时，若加 1 计数 ACP 再来一个信号，则计数器的当前值变为 0000，产生进位，使计数器产生输出（ON），继续计入新数，当前值增加，而计数器的输出又为 OFF。在计数器的当前值为 0000 时，若减 1 计数 SCP 再来一个信号，则计数器的当前值变为设定值，产生借位，使计数器产生输出，继续计入新数，计数器的当前值减少，而计数器的输出又为 OFF。在程序输入时，对 CNTR 的触点的输入，仍按 CNT 键。

图 6-8 中 0002、0003 波形上方的数字是计数器当前值。

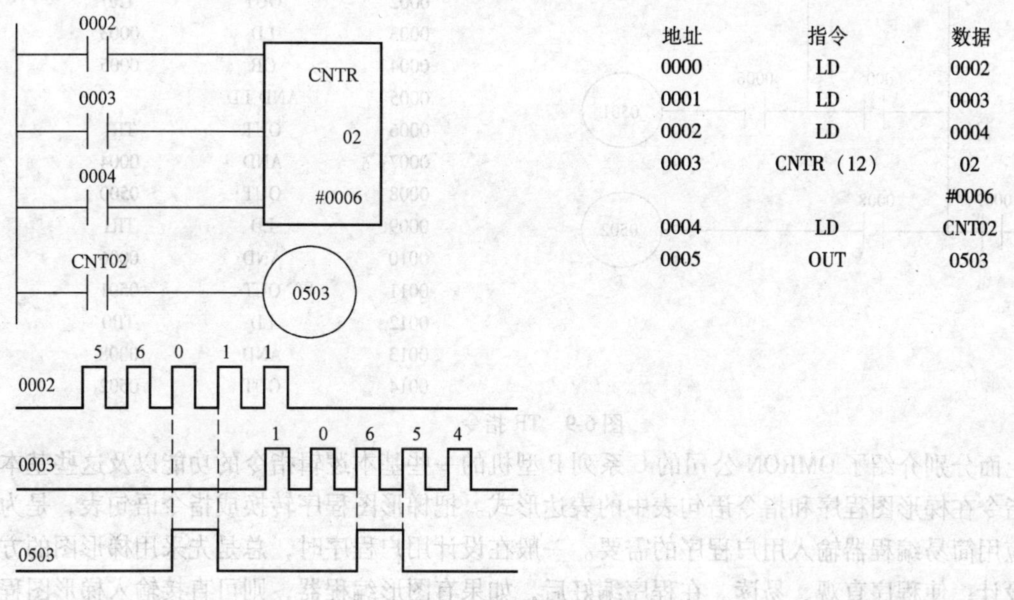

地址	指令	数据
0000	LD	0002
0001	LD	0003
0002	LD	0004
0003	CNTR（12）	02
		#0006
0004	LD	CNT02
0005	OUT	0503

图 6-8　CNTR 指令

CNTR 和 CNT 的设定值也可由某个通道的内容或外部部件（BCD 码拨码开关等）来提供。如用某个通道的内容作为计数器的设定值，可使用的通道为 00 ~ 17 通道、HR0 ~ HR9 通道，通道的内容均以 4 位 BCD 码作为计数器的设定值。在图 6-8 中如欲用 10 通道的内容作为 CNTR02 的设定值，将其梯形图和指令语句表中的“#0006”改为“10”即可（注意：不是改为“#10”）。

定时器和计数器所使用的继电器号都是 00 ~ 47，可任意使用，但不能重复使用。定时器在电源掉电后被复位，计数器当电源掉电时能保持当前数值不变，电源恢复时可继续计数。

8. TR 暂存继电器指令

暂存继电器只能作 LD、LD NOT、OUT 指令的操作数，用于处理梯形图中的分支程序。

指令格式：OUT　TR X

…

LD　TR X

…

OUT 的作用是暂存，LD 的作用是取出。

在分支程序较多时，可使用暂存继电器，在同一程序段中最多可用 8 个暂存继电器 TROTR7，在不同的程序段中可再次使用。

图 6-9 中第 0002 句是将触点 0002 和触点 0007 并联的结果送到暂存继电器 TR0 存储起来，第 0012 句是将 TR0 里的值取出来，相当于执行 0000 ~ 0001 语句。

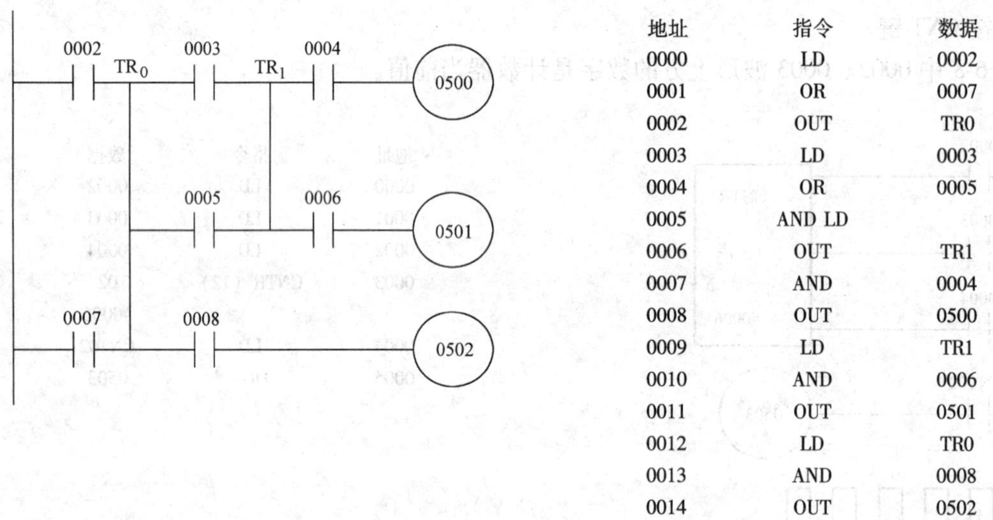

地址	指令	数据
0000	LD	0002
0001	OR	0007
0002	OUT	TR0
0003	LD	0003
0004	OR	0005
0005	AND LD	
0006	OUT	TR1
0007	AND	0004
0008	OUT	0500
0009	LD	TR1
0010	AND	0006
0011	OUT	0501
0012	LD	TR0
0013	AND	0008
0014	OUT	0502

图 6-9　TR 指令

上面分别介绍了 OMRON 公司的 C 系列 P 型机的一些基本逻辑指令的功能以及这些基本逻辑指令在梯形图程序和指令语句表中的表达形式。把梯形图程序转换成指令语句表，是为了适应用简易编程器输入用户程序的需要。一般在设计用户程序时，总是先采用梯形图的方式去设计，使程序直观、易读。在程序编好后，如果有图形编程器，则可直接输入梯形图程序，如果只有简易编程器，就需要将梯形图程序转换成指令语句表，一条一条地输入。另外，在分析、编辑及调试程序时，需要将已输入或存储在存储器中的程序，一条一条地读出，再转换成梯形图，所以，将梯形图转换成指令语句表，或将指令语句表转换成梯形图，是写程序、读程序时应具备的基本能力。

二、基本逻辑指令应用举例

使用上述基本逻辑指令，已能编制很多实用程序，如顺序、联锁、计时和计数等顺序逻辑控制电路。在介绍实例之前，先介绍有关输入、输出的相关问题。

1. 输入继电器触点的处理

由于 PLC 是由继电器逻辑控制系统发展而来，所以将一个继电器控制电路转化成 PLC 的梯形图是很容易实现的。在输入端子接入动合触点时，在梯形图中对应的触点仍然是动合触点。如果在输入端子接入的是动断触点，则在梯形中对应的触点应是动合触点还是动断触点，则需要根据具体情况而定。

如图 6-10 所示的三相异步电动机的起停控制电路有两个动断触点，一个是停止按钮的动断触点 SB_1，另一个是热继电器的动断触点 FR。在将此控制电路图转化为 6-11b 所示的梯形图时，首先要考虑输入设备的接线，然后再考虑在梯形图程序中的通断状态。

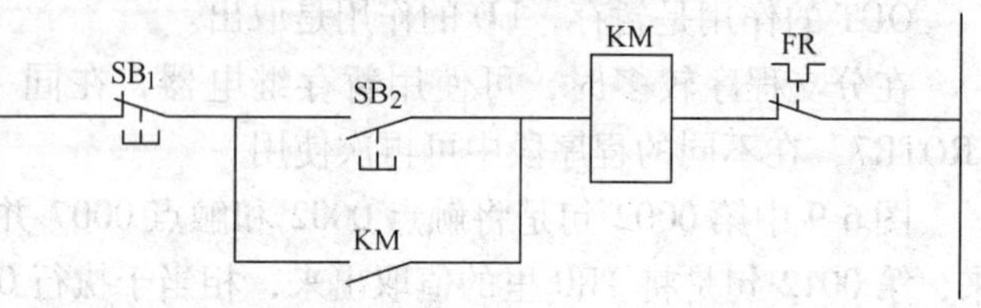

图 6-10　三相异步电动机的起停控制电路

如图 6-11a 中，在未按起动按钮 SB_2 时，输入继电器 0002 是 OFF 状态，而 0003、0004 均为 ON 状态。按下起动按钮 SB_2，0002 也为 ON 状态，输出继电器 0500 线圈接通并自保持。需要停车时，按下停

止按钮 SB_1，0003 为 OFF，断开了输出继电器 0500，从而使电动机停车。注意：在图 6-11a 中，停止按钮 SB_1 接的是动断触点，而在梯形图中，对应于停止按钮的输入继电器 0003 所使用的触点却是动合触点。如果 SB_1 用的是动合触点，0003 则应用动断触点。

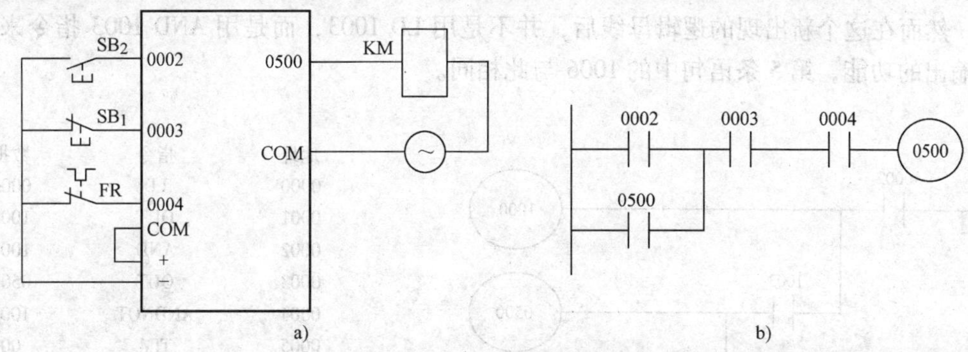

图 6-11　I/O 接线图及梯形图

通常输入设备（尤其是控制按钮和行程开关）在 I/O 接线图中是按照接入动合触点来考虑的，这样停止按钮在梯形图程序中，就应以动断触点的形式出现。对于某些只能使用动断触点的设备，例如用热继电器的动断触点作过载保护，在 I/O 接线图中只能使用其动断触点，这样在梯形图中应根据编程时所使用的输出器件（是一般输出继电器还是锁存器）来决定其触点的开、闭状态。

2. 输出线圈的使用问题

在 PLC 的梯形图程序中，涉及到大量的各式继电器，在梯形图中应合理安排和使用继电器的线圈。

（1）不允许两个线圈串联使用　和继电器控制电路一样，梯形图中也不允许串联使用继电器的线圈。

（2）一般不允许重复使用同一个继电器的线圈号　在梯形图中，除非某继电器可不同时工作在两种状态完全相反的控制逻辑中（如执行跳转指令），否则继电器的线圈号一般不允许重复使用。

（3）并联输出　在梯形图中，两个以上的继电器线圈可并联使用，如图 6-12 所示就是 3 个线圈并联使用的实例。

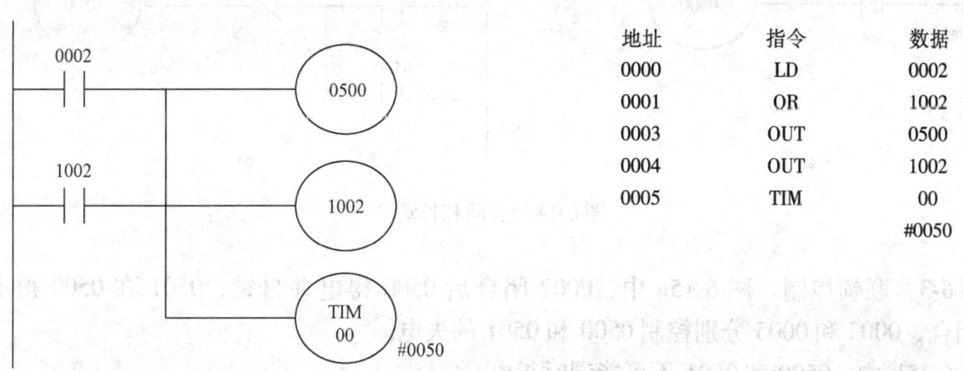

地址	指令	数据
0000	LD	0002
0001	OR	1002
0003	OUT	0500
0004	OUT	1002
0005	TIM	00
		#0050

图 6-12　并联输出

（4）连续输出　图 6-13 中的三个继电器线圈 1000、0500 和 TIM00 不属于并联连接，在 PLC 的梯形图中，对这种结构称之为连续输出。请注意在第 2 条语句 OUT 1000 之后，虽然在梯形图中的该梯级输出处又出现一个新的逻辑母线，并经 1003 的动断触点，输出到线圈 0500，然而在这个新出现的逻辑母线后，并不是用 LD 1003，而是用 AND 1003 指令来执行连续输出的功能，第 5 条语句中的 1006 与此相同。

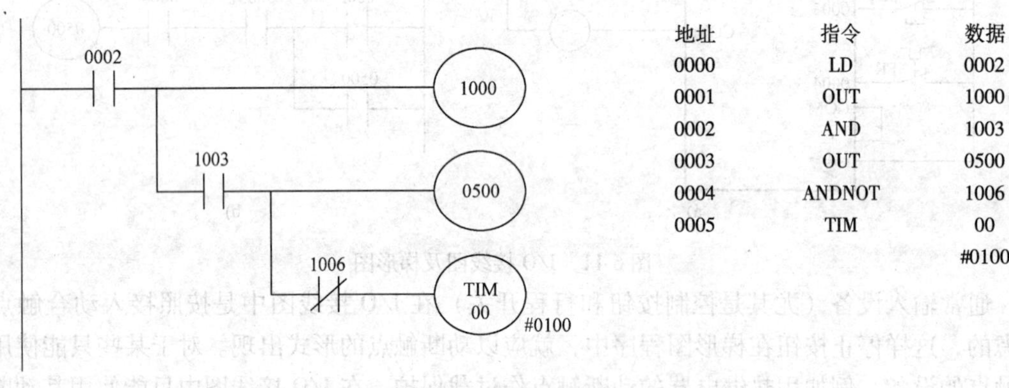

地址	指令	数据
0000	LD	0002
0001	OUT	1000
0002	AND	1003
0003	OUT	0500
0004	ANDNOT	1006
0005	TIM	00
		#0100

图 6-13　连续输出

（5）分支输出　分支输出在梯形图中被大量使用，其结构形式是在分支点引出新的逻辑母线，从这条逻辑母线上引出的每个支路到线圈之间至少有一个或一个以上的触点，每个支路中两个以上的触点组合可以是串联或并联的关系，如图 6-9 即是分支输出。处理具有分支输出程序的方法，可以用暂存继电器 TR，也可以用功能指令 IL 和 ILC 指令来处理。

3. 基本逻辑指令应用实例

例 6-2　点动和长动。图 6-14a 中，0002 闭合，0500 得电；0002 断开，0500 失电。图 6-14b 中，0002 闭合后即使立即断开，0500 也会得电自锁，0500 的失电由 0003 来控制。自锁控制也可用功能指令 KEEP 来实现。

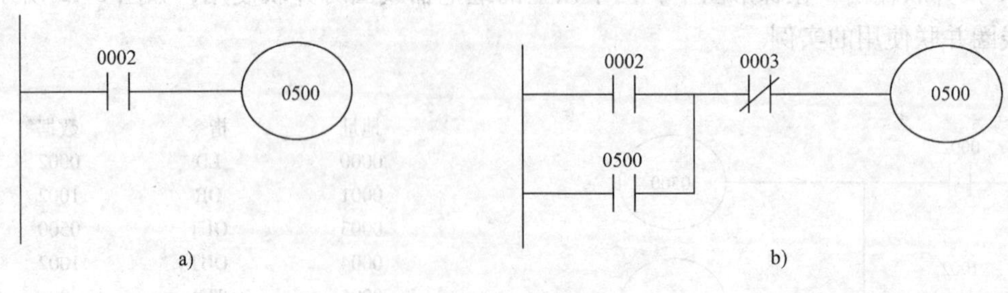

图 6-14　点动和长动

例 6-3　联锁控制。图 6-15a 中，0002 闭合后 0500 得电并自锁，0501 在 0500 得电后 0004 闭合，0003 和 0005 分别控制 0500 和 0501 的失电。

图 6-15b 中，0500 和 0501 不可能同时得电。

例 6-4　延时、顺序控制。图 6-16 中，0002 闭合后，0500 得电并自锁，同时定时器

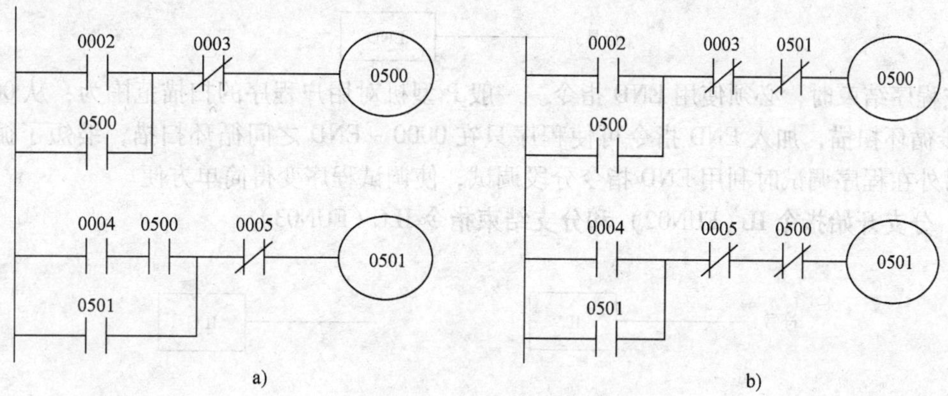

图 6-15　联锁控制

TIM00 开始计时，30s 后 TIM00 动合触点闭合使 0501 得电。0003 闭合后，1000 得电并自锁，1000 的动断触点断开使 0501 立即失电，同时定时器 TIM01 开始计时，20s 后 TIM01 动作，其动断触点断开使 0500 失电。

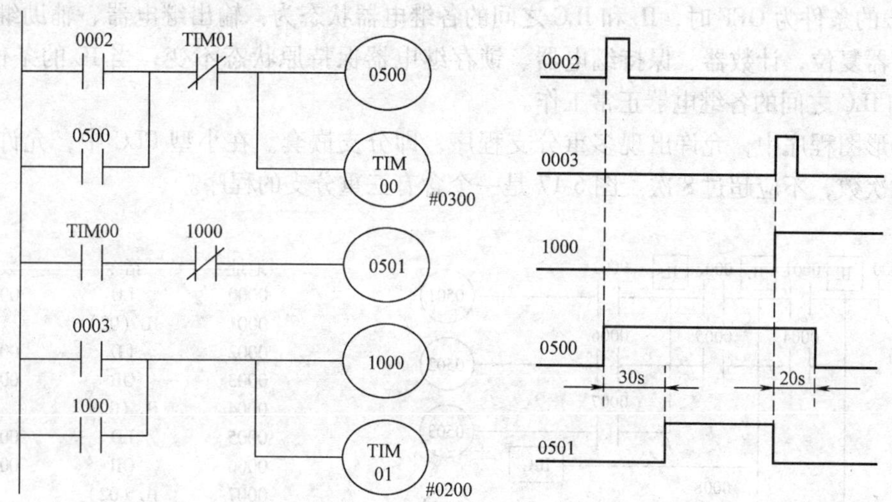

图 6-16　延时、顺序控制

三、功能指令

除基本逻辑指令外，OMRON 公司 C 系列 PLC 还有若干条功能指令，或称专用指令。因机型不同所使用的功能指令数量也不同，如 C20P ~ C60P 有功能指令 25 条，C500 有功能指令 56 条，C200H 有功能指令 133 条，C1000H、C2000H 有功能指令 162 条。档次越高，功能指令数越多，因而控制功能越强。

与基本指令不同，功能指令在编程器上没有与其对应的专用键，输入功能指令时，先按下 FUN 键，然后输入功能代码。不同的功能代码有不同的助记符，以实现不同的功能。下面介绍 C 系列 P 型机的部分功能指令。

1. 程序结束指令 END（FUN01）

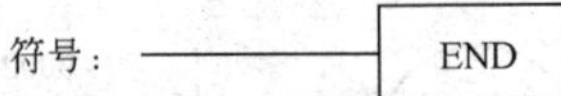

在程序结束时，必须使用 END 指令。一般 P 型机对用户程序的扫描范围为：从 0000 ~ 1193 步循环扫描，加入 END 指令可使程序只在 0000 ~ END 之间循环扫描，缩短了循环周期。另外在程序调试时利用 END 指令分段调试，使调试程序变得简单方便。

2. 分支开始指令 IL（FUN02）和分支结束指令 ILC（FUN03）

如果梯形图中出现具有分支的多路输出程序，且分支电路后的每个输出支路至少有一个串联触点时，可用分支开始指令 IL 编程，分支结束时用 ILC 指令使正指令复位，回到前一级逻辑母线。正指令和 ILC 指令在程序中要求配合使用，但也允许在不会引起程序混乱的前提下用一个 ILC 和多个 IL 配合使用，此时在执行程序检查时会在编程器上显示出错提示"IL—ILCERR"，但这个错误不会影响程序的正常执行。

当 IL 的条件为 OFF 时，IL 和 ILC 之间的各继电器状态为：输出继电器、辅助继电器断开，定时器复位，计数器、保持继电器、锁存继电器保持原状态不变；当 IL 的条件为 ON 时，IL 和 ILC 之间的各继电器正常工作。

在梯形图程序中，允许出现多重分支程序，即分支嵌套。在小型 PLC 中，允许进行分支嵌套的次数，不应超过 8 次。图 6-17 是一个含有三重分支的程序。

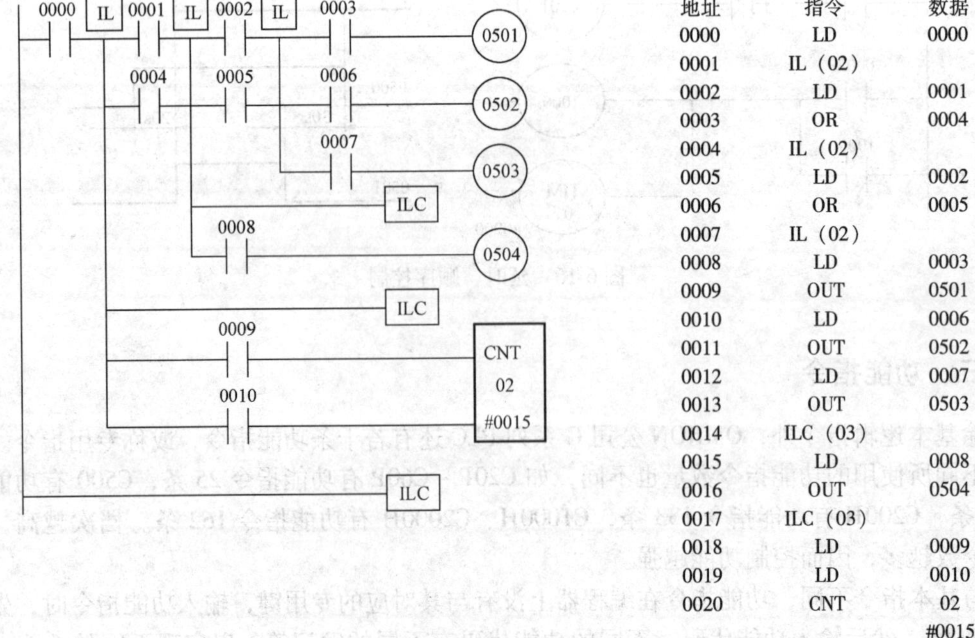

地址	指令	数据
0000	LD	0000
0001	IL（02）	
0002	LD	0001
0003	OR	0004
0004	IL（02）	
0005	LD	0002
0006	OR	0005
0007	IL（02）	
0008	LD	0003
0009	OUT	0501
0010	LD	0006
0011	OUT	0502
0012	LD	0007
0013	OUT	0503
0014	ILC（03）	
0015	LD	0008
0016	OUT	0504
0017	ILC（03）	
0018	LD	0009
0019	LD	0010
0020	CNT	02 #0015
0021	ILC（03）	

图 6-17　IL、ILC 指令

图 6-17 中，在分支处形成一个新的逻辑母线，因此从这个新逻辑母线开始的指令都要用 LD 或 LD NOT 指令。如 0000 为 OFF，0501、0502、0503 和 0504 均为 OFF，CNT02 保持当前计数值；如 0000 为 ON，但 0001 和 0004 均为 OFF 时，0501、0502、0503 和 0504 均为 OFF，CNT 02 正常工作；如 0000 为 ON，但 0001 或 0004 为 ON、0002 或 0005 为 ON 时，程序正常执行。当 0000 为 OFF 时，不满足执行条件，IL-ILC 间的程序不被执行，由此可以看出采用 IL-ILC 编程比采用暂存继电器 TR 可以使程序更加简练。

3. 跳转开始指令 JMP（FUN04）和跳转结束指令 JME（FUN05）

如果 JMP 的条件为 ON 时，程序正常执行，即相当于没有 JMP 和 JME 指令。如果 JMP 的条件为 OFF，则执行跳转，即不执行 JMP ~ JME 间的程序。

图 6-18 中，如 1001 为 ON，程序执行顺序为 A→B→C，否则为 A→C。

如果 JMP 的条件为 OFF，JMP ~ JME 间的各继电器状态为：输出继电器、辅助继电器、保持继电器、锁存继电器保持跳转前的状态不变。定时器复位，停止计时。计数器中断计数，保持跳转前的计数值不变。

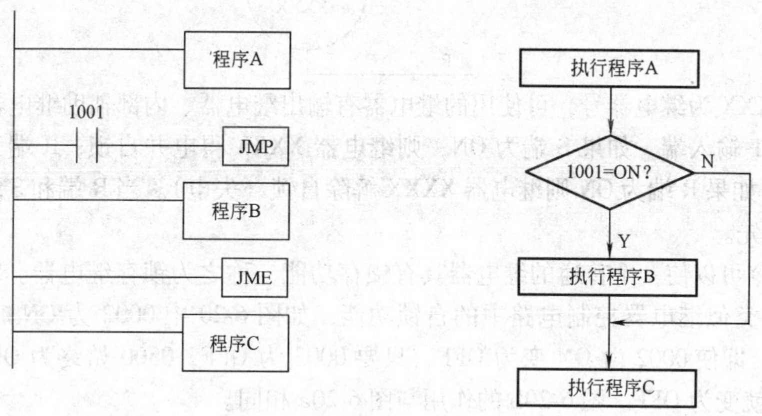

图 6-18 跳转指令

图 6-19 中，当 1000 为 ON 时，程序正常执行；当 1000 为 OFF 时，开始跳转，直接执行 JME 之后的程序。在此期间，无论 1001 是 ON 或 OFF，0500 均保持跳转前的 ON/OFF 状态不变；定时器 TIM00 复位停止工作，即使 1002 为 ON，TIM00 也不会工作；计数器 CNT03 则中断计数，保持跳转前的计数值不变。

与分支指令一样，JMP 和 JME 一般也要求配合使用，也允许不超过 8 次的嵌套，也允许多个 JMP 和一个 JME 配合使用。

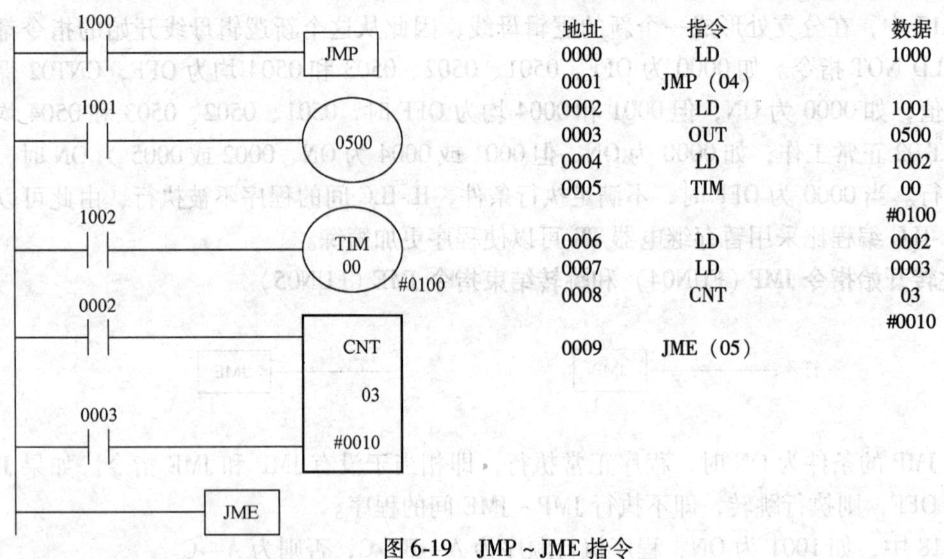

地址	指令	数据
0000	LD	1000
0001	JMP（04）	
0002	LD	1001
0003	OUT	0500
0004	LD	1002
0005	TIM	00 #0100
0006	LD	0002
0007	LD	0003
0008	CNT	03 #0010
0009	JME（05）	

图 6-19　JMP ~ JME 指令

4. 锁存器指令 KEEP（FUN11）

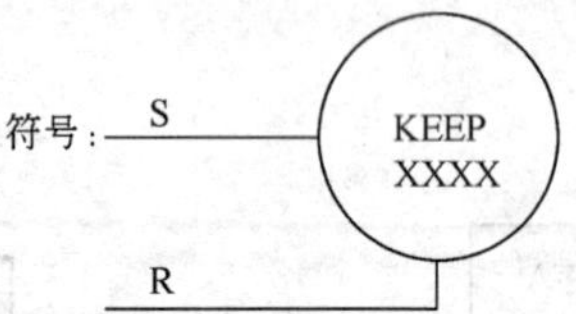

其中，XXXX 为继电器号，可使用的继电器有输出继电器、内部辅助继电器和保持继电器；S 端为置 1 输入端，如果 S 端为 ON，则继电器 XXXX 得电并自锁；R 端为置 0 输入端（即复位端），如果 R 端为 ON 则继电器 XXXX 解除自锁（失电）。当 R 端和 S 端同时出现信号时，复位优先。

KEEP 指令可以使一个普通的继电器具有锁存功能，称之为锁存继电器。利用 KEEP 指令很容易实现类似继电器控制电路中的自锁功能，如图 6-20 中 0002 为 ON 时，0500 变为 ON 并自保持，即使 0002 由 ON 变为 OFF，只要 0003 为 OFF，0500 始终为 ON。如果 0003 为 ON，0500 就变为 OFF。图 6-20b 的作用与图 6-20a 相同。

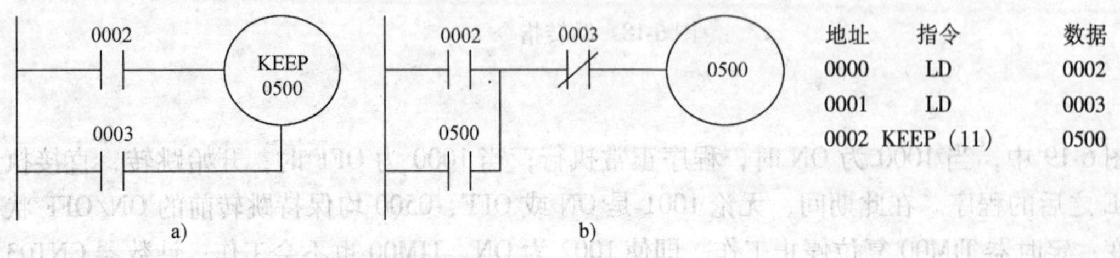

地址	指令	数据
0000	LD	0002
0001	LD	0003
0002	KEEP（11）	0500

图 6-20　KEEP 指令

KEEP 指令具有自锁功能，但须注意的是 KEEP 指令本身并无掉电保持功能，图 6-20a 中如程序运行中电源掉电时，0500 将变为 OFF，如欲在电源发生故障后又恢复送电时，电路的状态保持不变，可用保持继电器作为锁存器。

5. 前沿微分指令 DIFU（FUN13）和后沿微分指令 DIFD（FUN14）

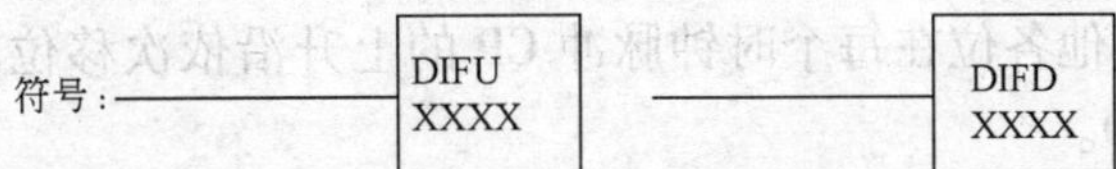

XXXX 为继电器号，DIFU 和 DIFD 指令可使用的继电器为输出继电器、内部辅助继电器和保持继电器。

DIFU 指令的功能是在满足条件的输入信号前沿使指定的继电器 ON 一个扫描周期。DIFD 指令的功能是在满足条件的输入信号后沿使指定的继电器 ON 一个扫描周期。DIFU 和 DIFD 指令在一个程序中最多可使用的数量都是 48 个。

图 6-21 说明了 DIFU 和 DIFD 的工作情况。

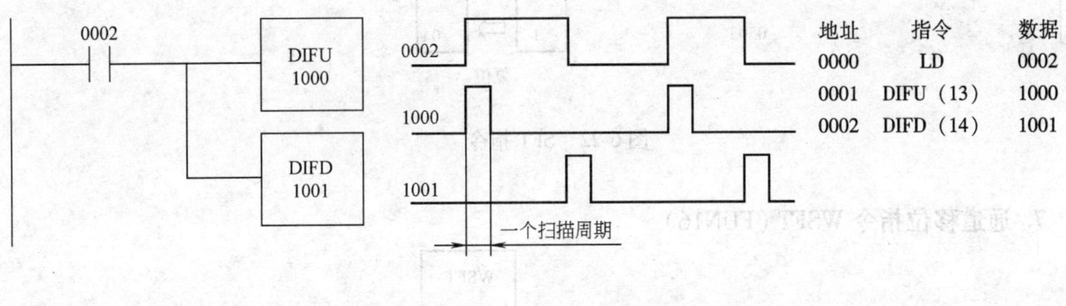

图 6-21　DIFU 和 DIFD

6. 移位寄存指令 SFT（FUN10）

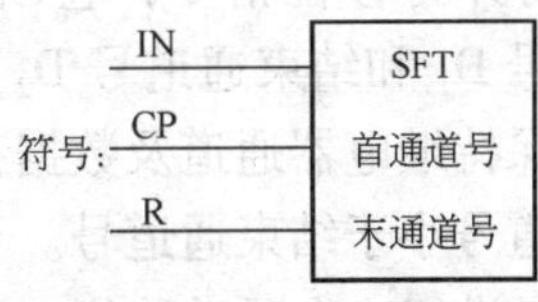

其中，IN 端为数据输入端；CP 端为脉冲输入端；R 端为复位输入端。

SFT 指令的功能相当于一个串行输入移位寄存器，其功能是将从首通道到末通道的 n 个通道的 n×16 位数据按位移位。

SFT 指令可使用的通道可以是输出继电器、内部辅助继电器和保持继电器通道。首通道和末通道可以是同一个通道，也可以不是同一通道（此时要求首通道号小于末通道号，且要保证首通道和末通道是同一类通道）。

用 SFT 指令编程时必须按数据输入、移位脉冲输入、复位输入、SFT、首通道号、末通道号的顺序进行编程。数据移位是由脉冲输入 CP 端控制，CP 端每由 OFF→ON 一次（即在移位脉冲输入的上升沿），从首通道至末通道的所有“位”均将自己的数据（0 或 1）传给下一“位”，首通道的第一位（即首通道的第 00 位）的状态取决于移位脉冲的上升沿所对应的数据输入 IN 端的状态，即在移位脉冲输入的上升沿所对应的时刻，如果 IN 端为 ON，则首通道的第 00 位也为 ON，否则为 OFF。当复位输入 R 端变为 ON 时，所有被移位通道中的数据同时被置 0。如果移位通道是保持继电器通道，则电源掉电时，通道中的内容保持不变。

图6-22 中，在复位输入0503 为OFF 时，0500（即首通道的第一位）的状态取决于数据输入IN（即1000)，其他各位在每个时钟脉冲CP 的上升沿依次移位。在复位输入0503 为ON 时，所有位均被置0。

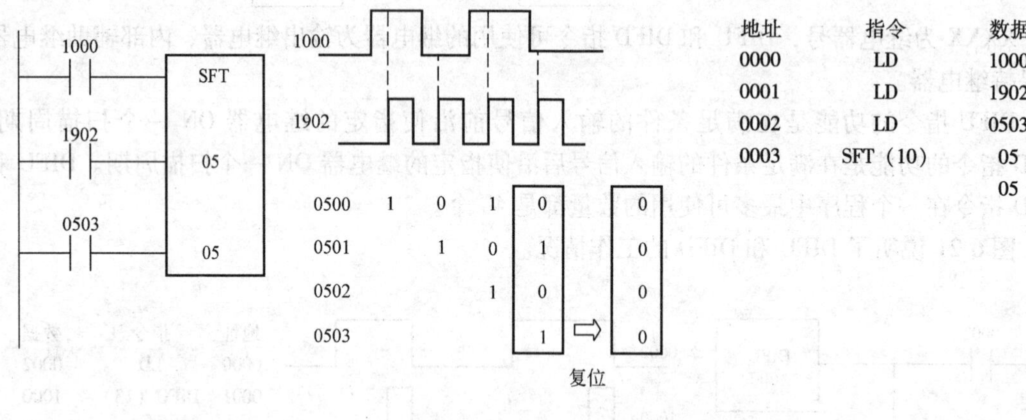

图6-22　SFT 指令

7. 通道移位指令 WSFT（FUN16）

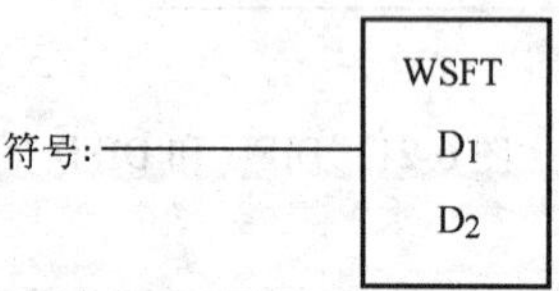

WSFT 是通道移位指令，也称为并行移位指令，它以通道（16 位）为单位进行移位，所以必须设置两个数据：开始通道号 D_1 和结束通道号 D_2。WSFT 可使用的通道为：输出继电器通道、内部辅助继电器通道、保持继电器通道及数据存储通道。开始通道和结束通道必须是同一类通道，并要保证开始通道号小于结束通道号。当移位条件变为ON 时，CPU 每扫描一次程序就执行一次 WSFT 指令，进行一次通道移位。执行 WSFT 时，开始通道的内容移到其下一通道（同时开始通道的内容变为0)，下一通道的内容又移到其下一通道……，结束通道的内容被其上一通道覆盖。如果只想执行一次通道移位操作，应该使用 DIFU 或 DIFD 命令。

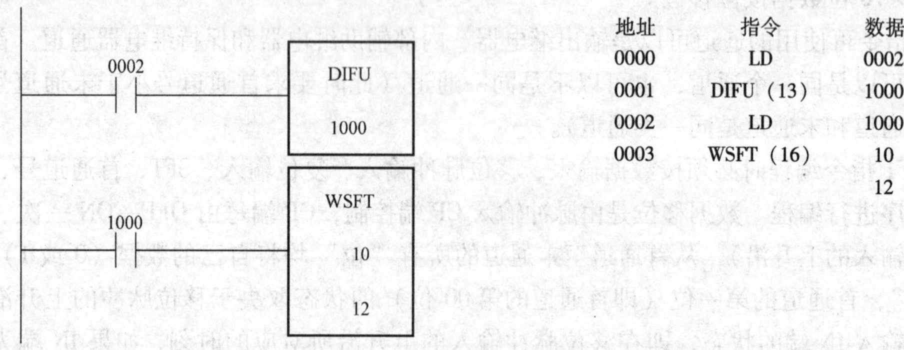

图6-23　WSFT 指令

图6-23 中，设在执行 WSFT 指令之前，10、11 和 12 通道的内容分别为：

10	1100110011001100
11	1010101010101010
12	0110001111001011

当0002变为ON，执行一次WSFT指令后10、11和12通道的内容变为：

10	0000000000000000
11	1100110011001100
12	1010101010101010

如再执行一次WSFT指令，则10、11和12通道的内容变为：

10	0000000000000000
11	0000000000000000
12	1100110011001100

8. 十进制→二进制转换指令BIN（FUN23）和二进制→十进制转换指令BCD（FUN24）

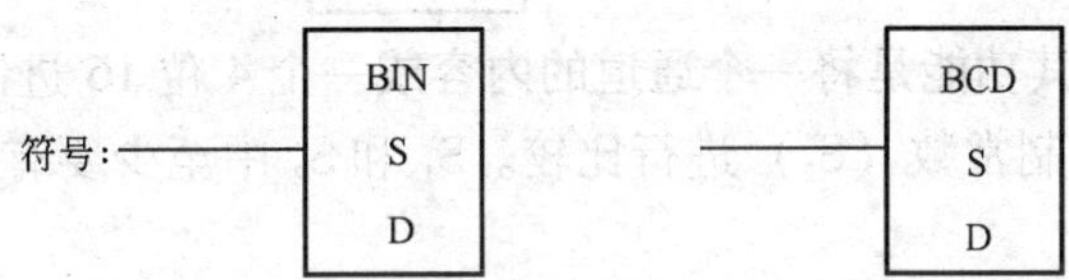

BIN指令的功能是将源通道S中的4位十进制数（BCD码）转换成16位二进制数，再存放到目的通道D中。

BCD指令的功能是将源通道S中的16位二进制数转换成4位十进制数（BCD码），再存放到目的通道D中去。

BIN和BCD指令可使用的源通道为：输入继电器通道、输出继电器通道、定时器/计数器通道、保持继电器通道和数据存储器通道。可使用的目的通道为：输出继电器通道、保持继电器通道和数据存储器通道。执行BIN或BCD指令时，如转换的结果为0，则1906为ON。

图6-24是当0002为ON时，将10通道中的4位十进制数（BCD码形式）转换为16位二进制数，存放到HR1通道中去。如执行BIN指令前，10通道存放的数据为3721（见表6-5），则执行BIN指令后HR1见表6-6。

图6-24 BIN指令

表 6-5　CH10

	$\times 10^3$				$\times 10^2$				$\times 10^1$				$\times 10^0$			
位	15	14	13	12	11	10	09	08	07	06	05	04	03	02	01	00
内容	0	0	1	1	0	1	1	1	0	0	1	0	0	0	0	1
含义	2^3	2^2	2^1	2^0	2^3	2^2	2^1	2^0	2^3	2^2	2^1	2^0	2^3	2^2	2^1	2^0
	3				7				2				1			

表 6-6　HR_1

含义	2^{15}	2^{14}	2^{13}	2^{12}	2^{11}	2^{10}	2^9	2^8	2^7	2^6	2^5	2^4	2^3	2^2	2^1	2^0
位	15	14	13	12	11	10	09	08	07	06	05	04	03	02	01	00
内容	0	0	0	0	1	1	1	0	1	0	0	0	1	0	0	1

注：$3721 = 2^{11} + 2^{10} + 2^9 + 2^8 + 2^7 + 2^3 + 2^0$

9. 比较指令 CMP（FUN20）

符号：

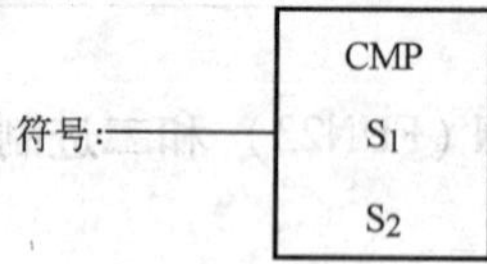

CMP 为比较指令，其功能是将一个通道的内容或一个 4 位 16 进制常数（S_1）与另一个通道的内容或 4 位 16 进制常数（S_2）进行比较。S_1 和 S_2 中至少要有一个是通道内容，不能两个都是常数。

CMP 指令可使用的通道或常数为：输入/输出继电器通道、内部辅助继电器通道、保持继电器通道、定时器/计数器通道、数据存储通道及#0000 ~ FFFF 的常数。

比较后，如果 $S_1 > S_2$，则专用内部辅助继电器 1905 为 ON；

如果 $S_1 = S_2$，则专用内部辅助继电器 1906 为 ON；

如果 $S_1 < S_2$，则专用内部辅助继电器 1907 为 ON。

图 6-25 说明了一个将定时器的当前值与一个通道的内容相比较的例子。

地址	指令	数据
0000	LD	0002
0001	OUT	TR_0
0002	CMP（20）	TIM01
		10
0003	AND	1905
0004	OUT	0500
0005	LD	TR_0
0006	AND	1906
0007	OUT	0501
0008	LD	TR_0
0009	AND	1907
0010	OUT	0502

图 6-25　CMP 指令

10. 传送指令 MOV（FUN21）和取反传送指令 MVN（F～22）

符号：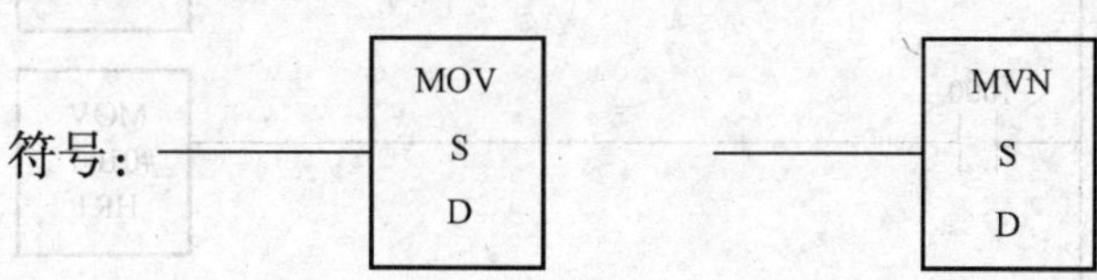

MOV 指令将源通道 S 中的内容或一个 4 位 16 进制常数传送到目的通道 D 中去；而 MVN 指令则是先将源通道 S 中的内容取反后（即 0→1，1→0）再传送到目的通道中去。MOV 及 MVN 指令可使用的通道及常数如下：

	源通道 S	目的通道 D
F0 及内部辅助继电器通道	00～17	05～17
保持继电器通道	HR_0～HR_9	HR_0～HR_9
定时器/继电器通道	00～47	
数据存储器通道	DM00～DM63	DM00～DM31
常数	0000～FFFF	

执行 MOV 指令时，如果源通道 S 中的内容全为 0，或执行 MVN 指令时，源通道 S 中的内容全为 1，则专用内部辅助继电器 1906（零标志）为 ON。

图 6-26 中，当 0002 为 ON 时，CPU 每扫描一次程序，就执行一次 MOV 及 MVN 指令，如果希望 0002 每 ON 一次只进行一次传送，应使用 DIFU 或 DIF 指令。

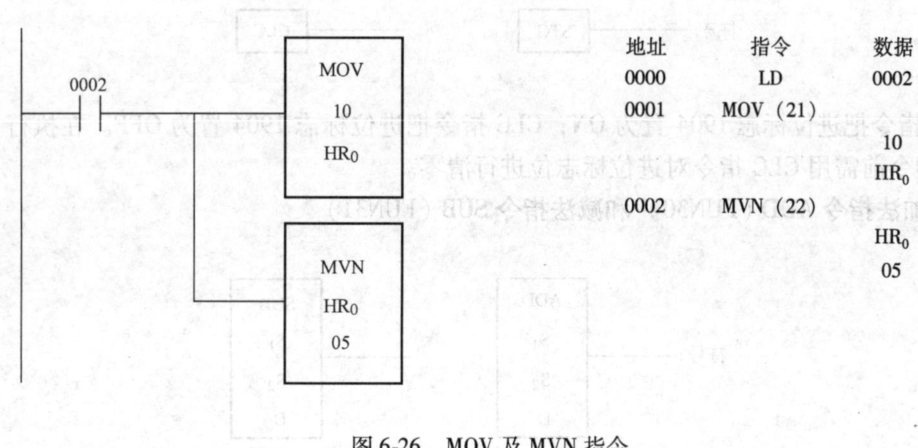

图 6-26　MOV 及 MVN 指令

应用传送指令还可以实现在程序运行时改变定时器和计数器的设定值（此时通道内容须是 4 位 BCD 码，否则 1903 为 ON，使 MOV 指令不能执行），如图 6-27 所示。

图 6-27 是把 HR1 通道的内容作为定时器 TIM01 的设定值，当 0002 为 ON 时，TIM01 的设定值为 10s，10s 后，输出继电器 0500 变为 ON。当 0003 为 ON 时，TIM01 的设定值为 30s，30s 之后 0500 变为 ON。如果 0002 和 0003 同时为 ON，TIM01 不动作。

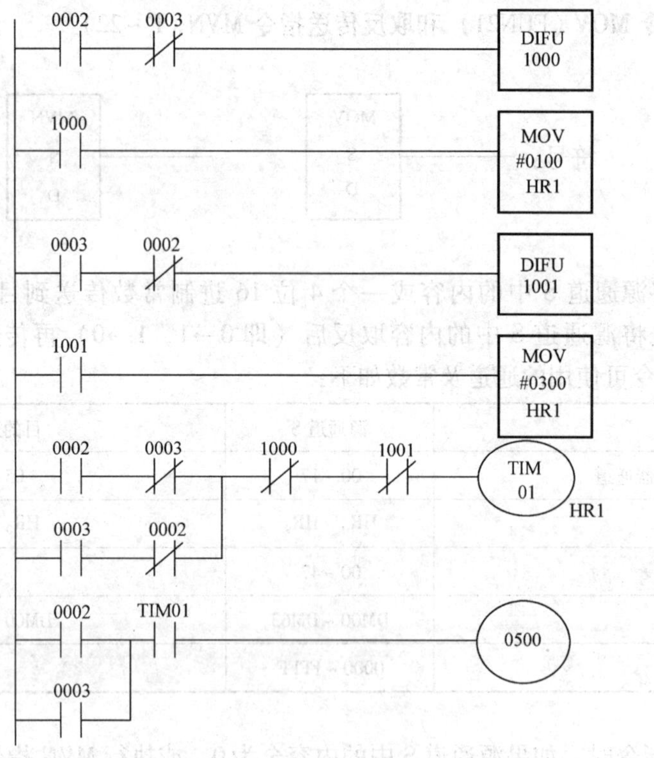

图 6-27 用 MOV 指令改变定时器的设定值

11. 置进位标志指令 STC（FUN40）和清进位标志指令 CLC（FUN41）

STC 指令把进位标志 1904 置为 ON；CLC 指令把进位标志 1904 置为 OFF。在执行 ADD 和 SUB 指令前需用 CLC 指令对进位标志位进行清零。

12. 加法指令 ADD（FUN30）和减法指令 SUB（FUN31）

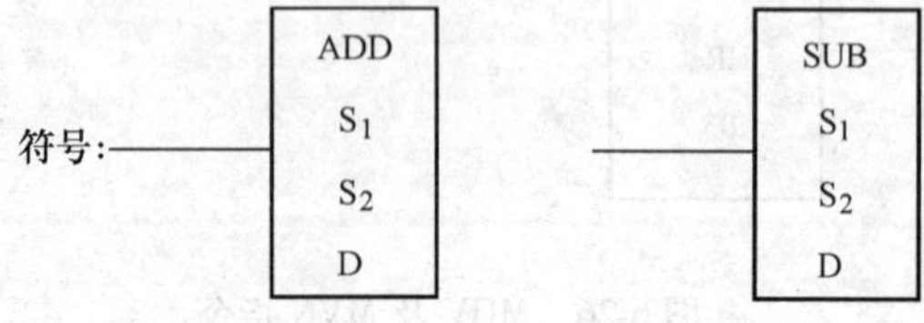

加法指令 ADD 用于两个 4 位数的相加，即将被加数通道 S_1 中的内容加上加数通道 S_2 中的内容或一个常数，其结果送到和通道 D。

减法指令 SUB 用于两个 4 位数的相减，即将被减数通道 S_1 中的内容减去减数通道 S_2 中的内容或一个常数，其结果送到差通道 D。

ADD 及 SUB 指令使用的通道或常数如下：

	S_1 和 S_2	D
I/O 及内部辅助继电器通道	00 ~ 19	05 ~ 17
保持继电器通道	HR_0 ~ HR_9	HR_0 ~ HR_9
定时器/继电器通道	00 ~ 47	
数据存储器通道	DM00 ~ DM63	DM00 ~ DM31
常数	0000 ~ 9999	

使用 ADD 及 SUB 指令时应注意的问题：

1）要求通道内容须为 BCD 码，否则 1903 变为 ON，ADD 及 SUB 指令不能执行。

2）在执行 ADD 或 SUB 指令前，必须先用 CLC 指令对进（借）位标志位 1904 进行清零，否则进位标志位也要参加运算。

3）ADD 和 SUB 指令都是在条件满足时，CPU 每扫描程序一次就执行一次，如果要求只执行一次加减法操作，应使用 DIFU 或 DIFD 指令。

两个 4 位数相加后，其结果可能是 4 位或 5 位数，如果进位标志位（1904）为 ON，则其和为 5 位数，可用传送指令 MOV 将进位标志位存放待用，如图 6-28 所示。

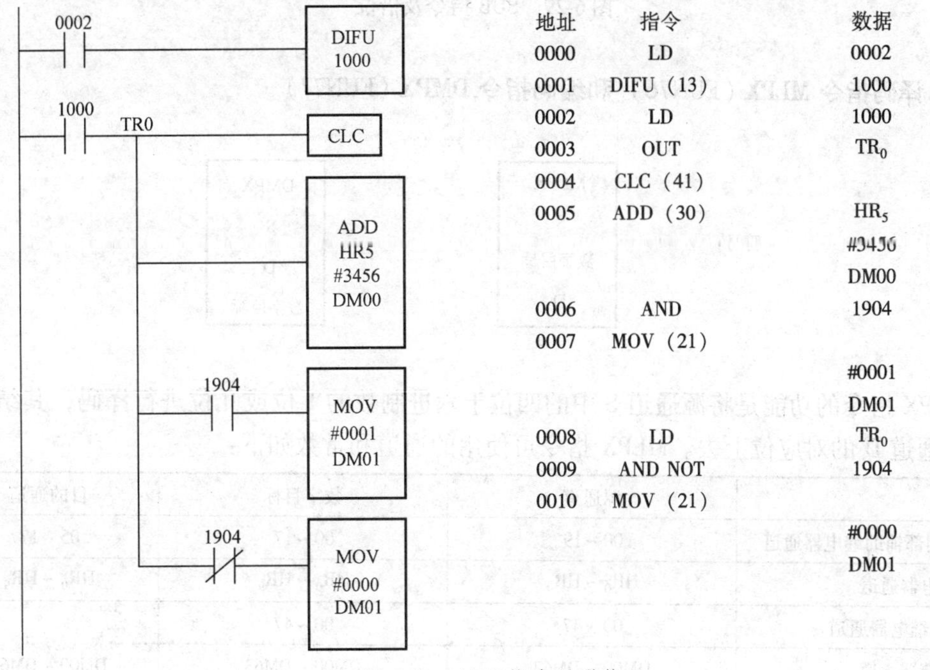

地址	指令	数据
0000	LD	0002
0001	DIFU（13）	1000
0002	LD	1000
0003	OUT	TR_0
0004	CLC（41）	
0005	ADD（30）	HR_5
		#3456
		DM00
0006	AND	1904
0007	MOV（21）	
		#0001
		DM01
0008	LD	TR_0
0009	AND NOT	1904
0010	MOV（21）	
		#0000
		DM01

图 6-28　ADD 指令及进位

在执行 SUB 指令时，如差值为负，则 D 通道的内容为差值的反码，为得到差值的原码，可再执行一次用常数 0000 减去差值反码的减法操作，其结果仍可以送到 D 通道中。

在图 6-29 中，如果 12 通道的内容为 1234，SUB 指令的执行过程图 6-29 中右图所示。

$$1234 - 3456 \Rightarrow 1234 + (10000 - 3456) = 7778$$

$$0000 - 7778 \Rightarrow 0000 + (10000 - 7778) = 2222$$

结果 = −2222

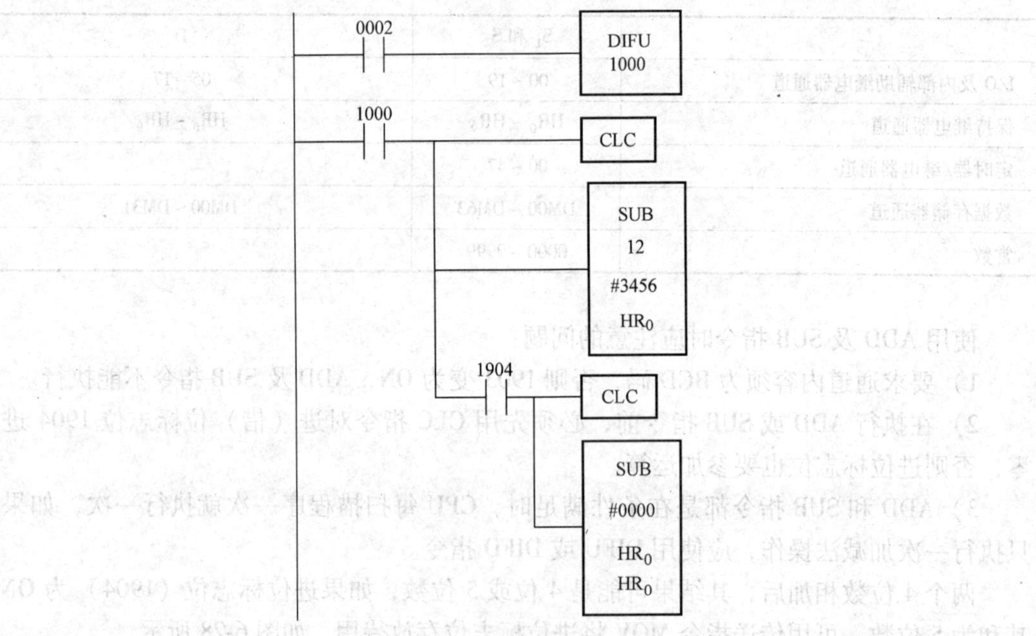

图 6-29　SUB 指令及借位

13. 译码指令 MLPX（FUN76）和编码指令 DMPX（FUN77）

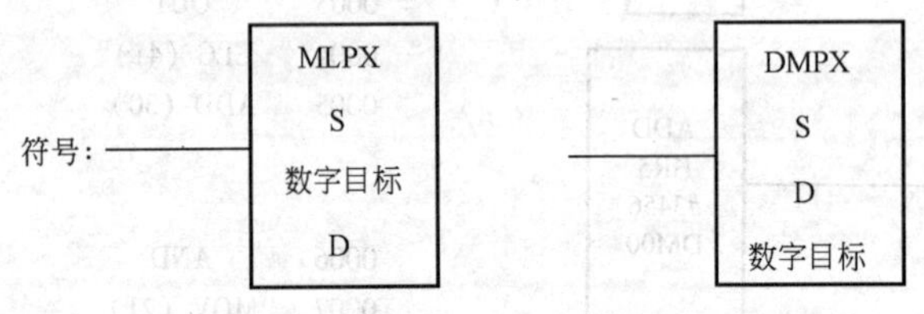

MLPX 指令的功能是将源通道 S 中的四位十六进制数的 1 位或几位进行译码，其结果送到目的通道 D 的对应位上去。MLPX 指令可使用的通道和常数如下：

	源通道	数字目标	目的通道
I/O 及内部辅助继电器通道	00 ~ 19	00 ~ 17	05 ~ 17
保持继电器通道	HR_0 ~ HR_9	HR_0 ~ HR_9	HR_0 ~ HR_9
定时器/继电器通道	00 ~ 47	00 ~ 47	
数据存储器通道	DM00 ~ DM63	DM00 ~ DM63	DM00 ~ DM63
常数		0000 ~ 0033	

在 MLPX 指令中的数字目标使用一个 4 位数，只有低 2 位有效。最低位表示从源通道 S 的第几位数字位开始译码；0、1、2、3 表示从第 0、1、2、3 位开始译码。次低位表示需要译码的位数：0、1、2、3 分别表示要译 1、2、3、4 位。如数字目标为 0023，则表示从源通道 S 的第 3 位开始译码，共译 3 位，它们分别是第 3 位、第 0 位、第 1 位。如果要求译码的位数多于 1 位，则存放译码结果的目的通道 D 也应多于 1 个，在程序中的目的通道 D 仅为

存放第一个译码结果的通道号，其他位的译码结果依次存放到通道 D+1，D+2，…。在 MLPX 指令中，由数字目标指定的源通道和目的通道的对应关系如图 6-30 所示。

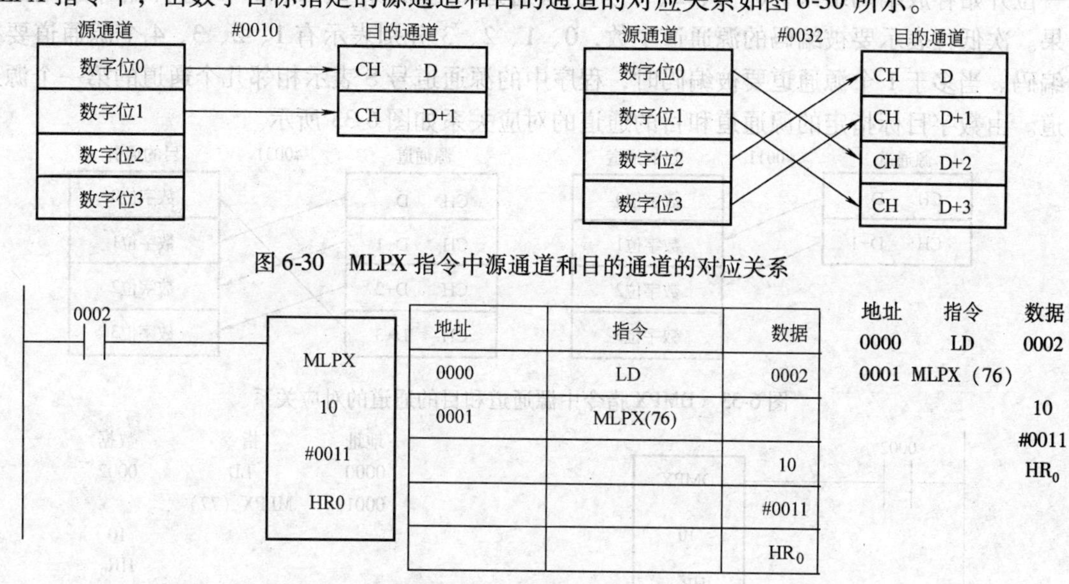

图 6-30　MLPX 指令中源通道和目的通道的对应关系

地址	指令	数据
0000	LD	0002
0001	MLPX(76)	
		10
		#0011
		HR_0

图 6-31　MLPX 指令

图 6-31 中，如果 10 通道中的内容为 18A5，其执行过程如图 6-32 所示。

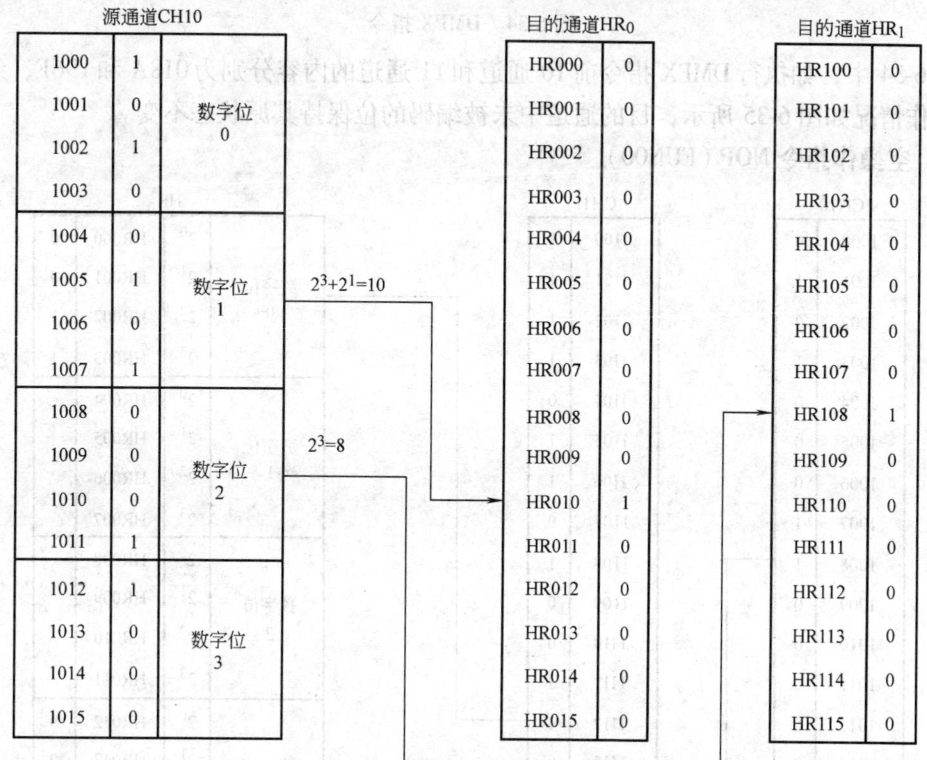

图 6-32　MLPX 指令的执行过程

DMPX 指令的功能是把源通道 S 中内容为 ON 的最高一位是第几位编为 4 位二进制数，传送到目的通道 D 中由数字目标指定的位置中去。DMPX 指令可使用的通道及常数同 MLPX 指令。

DMPX 指令中的数字目标为一个 4 位数，低 2 位有效，最低位表示从目的通道 D 中的哪一位开始存放编码结果，0、1、2、3 分别从通道 D 中的第 0、1、2、3 位开始存放编码结果。次低位表示要被编码的源通道个数，0、1、2、3 分别表示有 1、2、3、4 个源通道要被编码。当多于 1 个源通道要被编码时，程序中的源通道号 S 表示相邻几个通道的第一个源通道。由数字目标指定的源通道和目的通道的对应关系如图 6-33 所示。

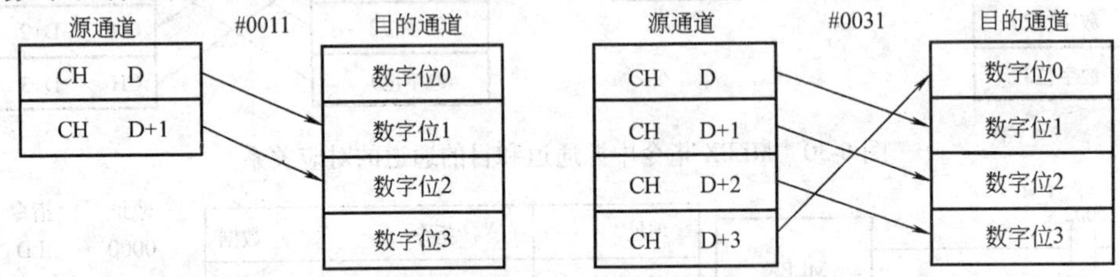

图 6-33 DMPX 指令中源通道和目的通道的对应关系

地址	指令	数据
0000	LD	0002
0001	MLPX（77）	
		10
		HR_0
		#0013

图 6-34 DMPX 指令

图 6-34 中，如执行 DMPX 指令前 10 通道和 11 通道的内容分别为 018A 和 196F，编码指令的工作情况如图 6-35 所示，目的通道中未被编码的位保持其原状态不变。

14. 空操作指令 NOP（FUN00）

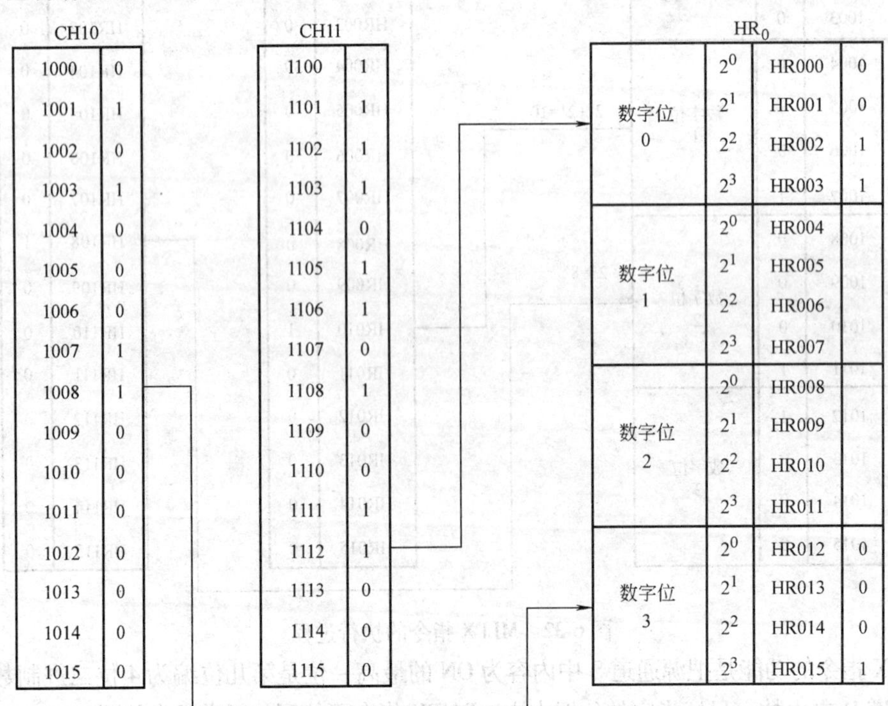

图 6-35 DMPX 指令的执行过程

NOP 指令是让该步序或当前指令不起作用的空操作指令。预先在程序中设置 NOP 指令，在修改和增加指令时，可使步序号的更改减到最低程度，也可以用 NOP 指令取代已写入的指令来修改程序。

第四节　常用基本应用程序举例

前面已经介绍了 OMRON 公司 C 系列 P 型机基本指令和功能指令，这些指令的功能在其他 PLC 中也都基本具备，只是在各种继电器的数量、地址分配、图形符号、指令格式及通道分配等方面的表达方式上有所不同。只要熟练地掌握了一种 PLC 的编程指令，结合新接触的其他 PLC 编程手册，了解各种功能的指令表达方式，就能很快地掌握对新机型的使用和编程。本节将介绍一些常用的基本应用程序。

一、定时器的应用

1. 通电延时

所谓通电延时，是指满足定时条件时，定时器的设定值作为初值赋给该定时器的当前值寄存器，并开始作减运算，直到当前值减到零时，定时器才动作，使其动合触点闭合，动断触点断开。当定时器的输入断开时，定时器立即复位，即把当前值恢复到设定值，使其动合触点断开，动断触点闭合。

2. 失电延时

失电延时是指从某个输入条件断开时开始延时，如图 6-36 所示。

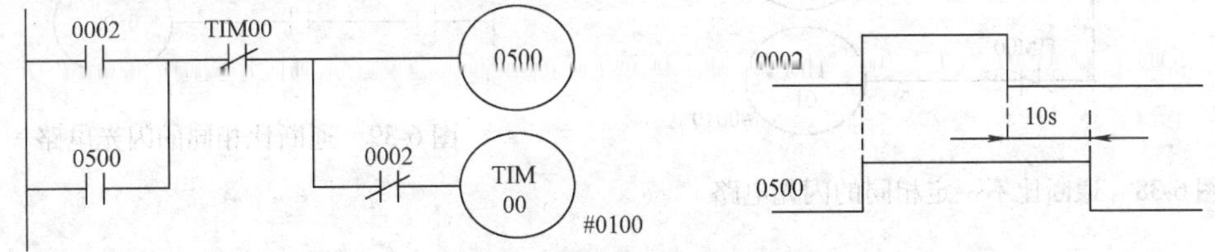

图 6-36　失电延时电路

当 0002 为 ON 时，其动合触点闭合，输出继电器 0500 接通并自锁。当 0002 变为 OFF 后，且断开时间达到 10s 时，0500 才由 ON 变 OFF，实现了失电延时。

3. 双延时

所谓双延时定时器，是指通电和失电均延时的定时器，用两个定时器完成双延时控制，如图 6-37 所示。

当输入 0002 为 ON 时，TIM00 开始定时，5s 后接通 0500 并自锁。当 0002 由 ON 变 OFF 时，TIM01 开始定时，10s 后，TIM01 动断触点断开 0500，实现了输出继电器 0500 在输入 0002 通电和失电时均产生延时控制的效果。

4. 闪光控制

闪光控制是被广泛应用的一种实用控制程序，它既可以控制灯光的闪烁频率，又可以控制灯光的通断时间比。当然也可控制其他负载，如电铃、蜂鸣器等。实现闪光控制的方法很多，常用的方法是用两个定时器或两个计数器来实现。

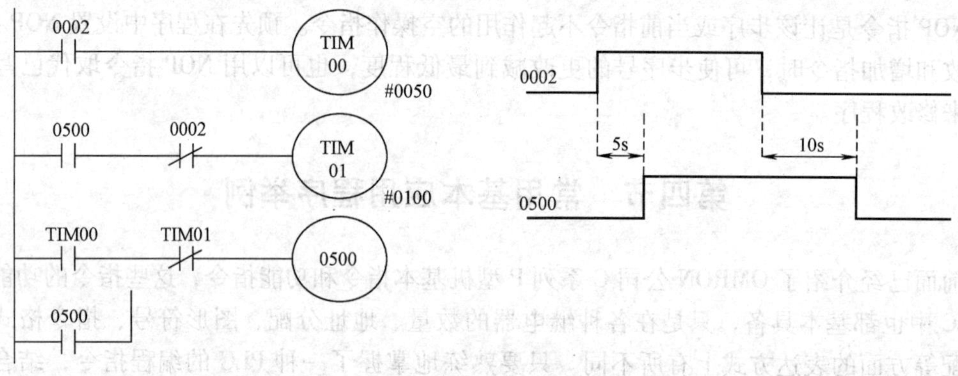

图 6-37　双延时电路

图 6-38 是用两个定时器编写闪光电路的梯形图程序。

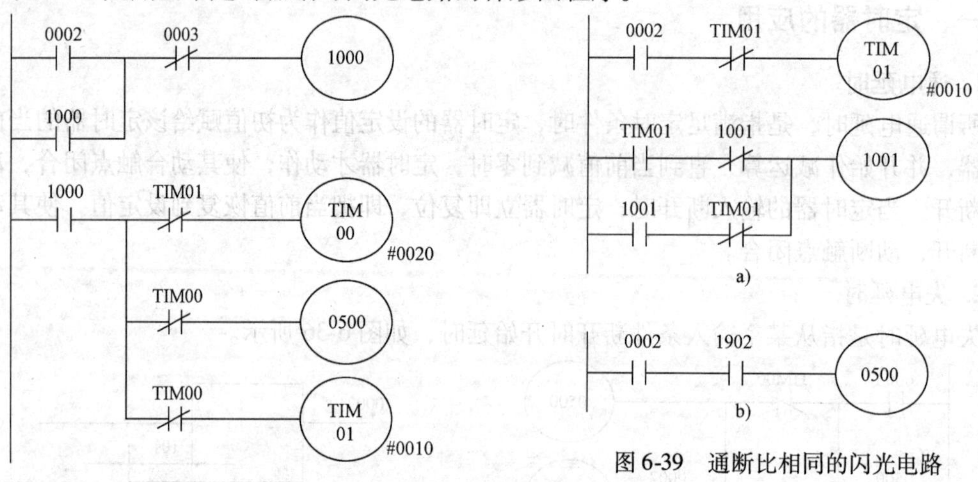

图 6-38　通断比不一定相同的闪光电路

图 6-39　通断比相同的闪光电路

在图 6-40 中，当 0002 为 ON 时，内部辅助继电器 1000 线圈接通并自锁，1000 的动合触点使 0500 为 ON（灯亮）；2s 后，定时器 TIM00 动作，其动断触点断开 0500（灯灭），其动合触点闭合使 TIM01 开始定时；又经过 1 s 后，TIM01 的动断触点断开使 TIM00 复位，TIM00 的动断触点接通 0500，TIM00 的动合触点断开使 TIM0 重复位，TIM01 的动断触点闭合又使 TIM00 开始定时。这样，输出 0500 所接的负载灯，以接通 2s、断开 1s 的频率不停地闪烁，直到 0003 变 ON 为止。若要想改变闪光电路的频率，只需改变两个定时器的时间常数即可。

在闪光控制中，如果通断比相同时，可用一个定时器和一个内部辅助继电器实现闪光控制，如图 6-39a 所示。如 0002 为 ON，启动定时器 TIM01，1s 后 TIM01 的动合触点闭合，1001 的线圈为 ON。到下一个扫描周期，TIM01 的动断触点断开，使 TIM00 复位。待扫描到 1001 的动合触点及 TIM01 的动断触点时，由于它们均为闭合状态，使 1001 的线圈继续为 ON。再到下一个扫描周期，由于 TIM01 的动断触点为闭合状态，又重新启动定时器 TIM01，1s 后 TIM01 的动断触点断开，使 1001 的线圈为 OFF，再经过一个扫描周期使 TIM01 复位，又回到了初始状态。如果 0002 仍为 ON，则开始下一个闪光控制工作周期。

另外，借助专用内部辅助继电器1900、1901和1902来控制输出继电器，也可实现特定频率的闪光控制，如图6-39b所示。

5. 长延时控制

PLC定时器的定时范围是一定的，如C系列PLC的单个TIM定时器的定时范围是0～999.9s。当需要设定的定时值超过此值时，可通过几个定时器的串级组合或通过定时器与计数器的串级组合来扩大定时器的设定范围。

（1）定时器的串级组合　图6-40是由两个定时器TIM00和TIM01组成的延时时间为1500s的延时电路。当0002为ON时，定时器TIM00开始计时，900s后TIM00的动合触点闭合，定时器TIM01开始计时，又经过600s，接通输出继电器05000因此，两个定时器的延时范围为$T=T_1+T_2=900+600=1500s$。n个定时器串级组合的延时时间为$T=T_1+T_2+\cdots+T_n$。

（2）定时器与计数器的串级组合　图6-41是由定时器TIM00和计数器CNT01组成延时范围为7200s的延时电路。TIM00是设定值为800s的具有自复位功能的定时器。当0002为ON时，TIM00开始计时，800s时，TIM00动合触点闭合，CNT01计数一次，下一次扫描时，TIM00的动断触点断开TM00的线圈，待下一次扫描时，TIM00的动断触点又闭合，TIM00的线圈重新接通。这样作为计数器CNT01计数脉冲输入的TIM00动合触点，每800s接通一次，每次接通时间为一个扫描周期。TIM00动作9次后，即800×9=7200s后，计数器CNT01动作，其动合触点闭合使0500得电。因此，用一个定时器和一个计数器串级组合可实现的延时时间为定时器和计数器设定值的乘积。图中1815是为了实现开机时对计数器复位。

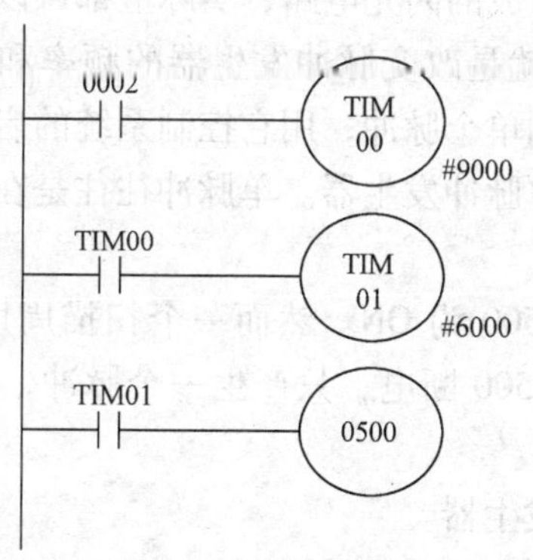

图6-40　两个定时器的串级组合

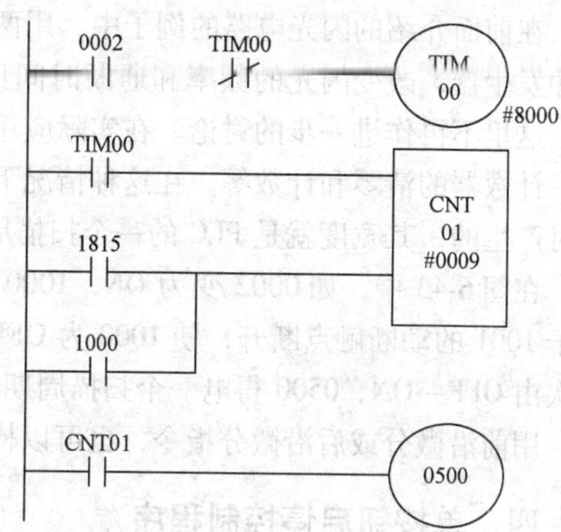

图6-41　定时器和计数器的串级组合

二、计数器的扩展

C系列PLC的计数器的计数范围是0000～9999，如果需要的计数值超过此数值时，可将两个或多个计数器进行串级组合。

图6-42为两个计数器串级组合，CNT00每计数900次后，CNT11计数1次，CNT11计数800次后其动合触点闭合使0500得电，此时总的计数值为900×800=720000次。因此，n个计数器的串级组合可实现的计数值为各计数器设定值的乘积。图中CNT00的复位输入

端的 CNT00 动合触点是为了使 CNT00 每计数 900 次动作后及时复位，以便下一次计数，0006 用来使 CNT01 手动复位。

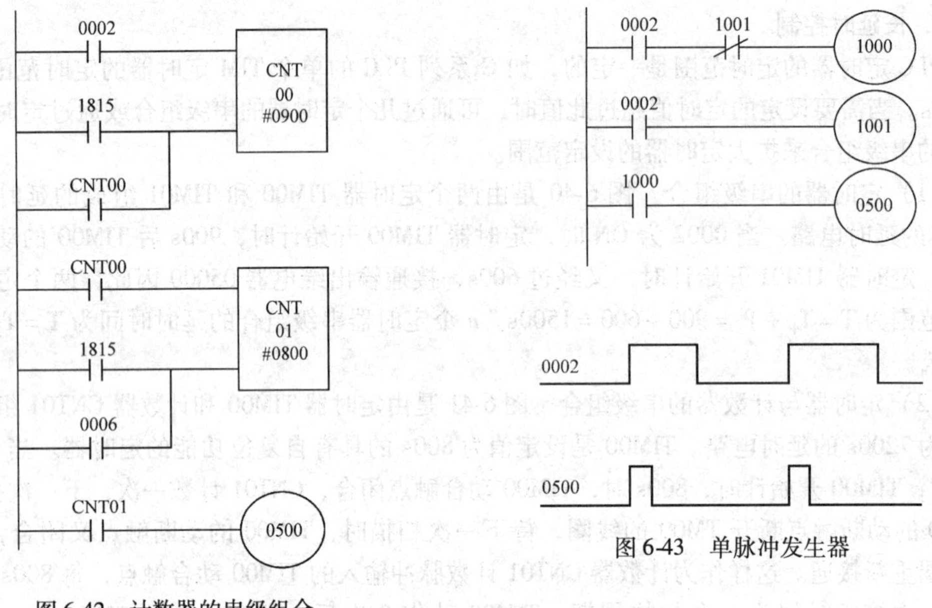

图 6-42　计数器的串级组合

图 6-43　单脉冲发生器

三、单脉冲发生器

在前面介绍的闪光电路的例子中，用两个定时器组成的闪光电路，实际上都可以看做是脉冲发生器，改变闪光的频率和通断时间比，实际上就是改变脉冲发生器的频率和脉冲宽度，这里不再作进一步的讨论。在实际应用中，常用到单个脉冲，用它控制系统的启动、复位、计数器的清零和计数等。在这种情况下，就用了单脉冲发生器。单脉冲往往是在信号变化时产生的，其宽度就是 PLC 的一个扫描周期。

在图 6-43 中，如 0002 变为 ON，1000、1001 及 0500 为 ON。然而一个扫描周期以后，由于 1001 的动断触点断开，使 1000 为 OFF，从而使 0500 断电，只产生一个脉冲，即 0002 每次由 OFF→ON，0500 得电一个扫描周期。

用前沿微分或后沿微分指令，也可以构成单脉冲发生器。

四、单按钮启停控制程序

通常一个电路的启动和停止控制是由两只控制按钮分别完成的，当一台 PLC 控制多个这种具有启停操作的电路时，将占用很多输入点，这时就会面临输入点不足的问题，因此用单按钮实现启停控制就显得很重要。

图 6-44 和图 6-45 分别是用计数器和不用计数器实现的单按钮启停控制程序。

图 6-44 是用计数器实现的单按钮启停控制，当按一下 0002 所对应的输入按钮时，由前沿微分指令使 1000 得电一个扫描周期，使输出 0500 得电并自锁，同时计数器 CNT00 计数 1 次，当第二次按下 0002 所对应的输入按钮时，1000 又得电一个扫描周期，计数器 CNT00 又计数 1 次，由于计数器 CNT00 的计数值达到设定值，计数器 CNT00 动作，其动合触点使

CNT00 复位，为下次计数做好准备，其动断触点断开输出 0500 回路，实现了用一只按钮启停的单数次计数启动、双数次计数停止的控制。

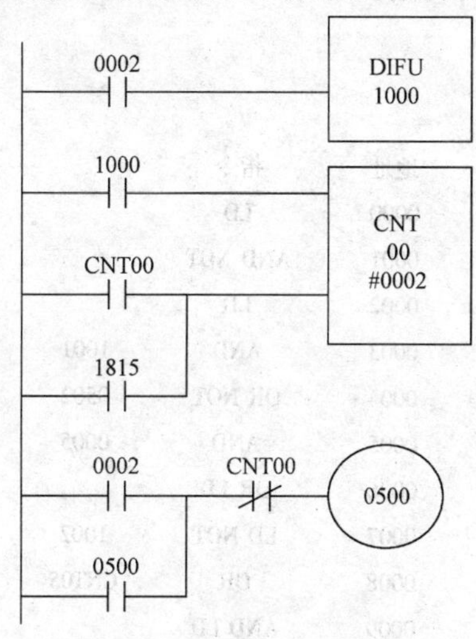

图 6-44　用计数器实现的单按钮启停控制

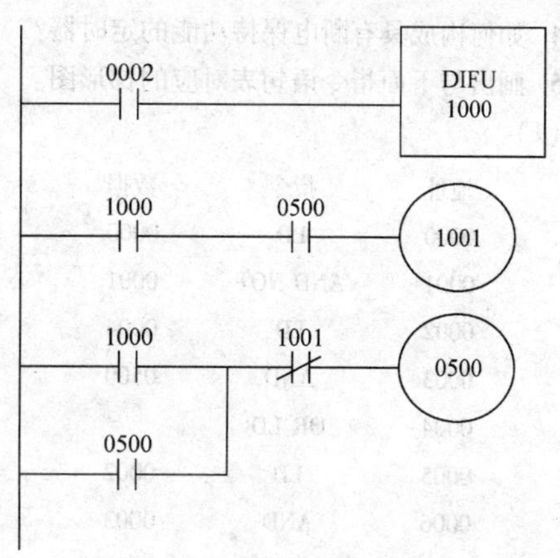

图 6-45　不用计数器实现的单按钮启停控制

图 6-45 是不用计数器就能实现的单按钮启停控制，当按一下 0002 所对应的输入按钮时，前沿微分指令使 1000 ON 一个扫描周期，在当前扫描周期内，当扫描到第二个梯级的 0500 的动合触点时，它为 OFF 状态，因此 1001 为 OFF 状态。当扫描到第三个梯级时，0500 为 ON 状态。在程序执行到下一个扫描周期时，尽管第二个梯级的 0500 的动合触点为 ON，但此时 1000 的动合触点已为 OFF 状态（它只 ON 一个扫描周期），所以 1001 仍为 OFF 状态，0500 继续保持为 ON。当第二次按下 0002 所对应的输入按钮时，1000 ON 一个扫描周期，这时 1001 才变为 ON，其动断触点断开输出 0500 回路，实现了用单按钮的启停控制。

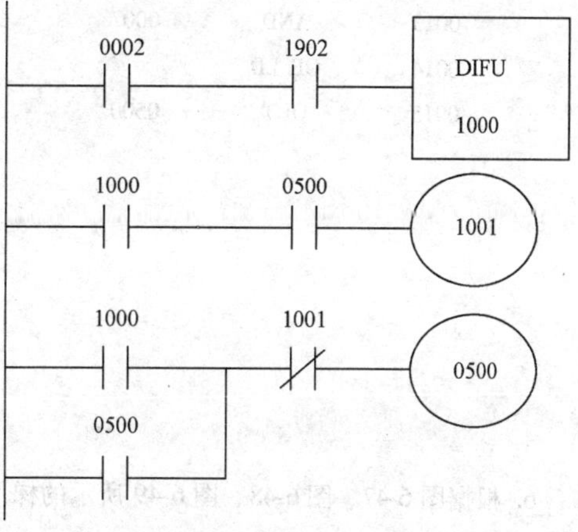

图 6-46　用分频器实现的闪光控制

五、分频器

单按钮的启停控制，已经包含了分频器的思想。如果用有规律的时钟脉冲（如 1900、1901、1902）来代替用于启停控制的单按钮，这就是典型的二分频器。图 6-46 就是用二分频器实现的 ON、OFF 时间均为 1s 的闪光控制程序，而图 6-39b 中 0500 的 ON、OFF 时间 均为 0. 5s。

思考题与习题

1. P 型机的器件有哪些？

2. P型机有哪些器件在电源掉电时能保持原状态？哪些器件被复位？

3. 请说明专用辅助继电器1815、1902、1903，1904，1905、1906、1907的作用。

4. 如何构成具有断电保持功能的定时器？

5. 画出与下面指令语句表对应的梯形图。

（1）

地址	指令	数据
0000	LD	0000
0001	AND NOT	0001
0002	LD	0004
0003	AND	0500
0004	OR LD	
0005	LD	0002
0006	AND	0003
0007	LD	1000
0008	AND NOT	0005
0009	OR	1001
0010	OR LD	
0011	AND LD	
0012	LD	0006
0013	AND	0007
0014	OR LD	
0015	OUT	0500

（2）

地址	指令	
0000	LD	
0001	AND NOT	
0002	LD	
0003	AND	1001
0004	OR NOT	0502
0005	AND	0005
0006	OR LD	
0007	LD NOT	1002
0008	OR	CNT05
0009	AND LD	
0010	OR	0501
0011	OUT	0500
0012	AND	0006
0013	OUT	1002
0014	AND	1003
0015	TIM	02
		#0600
0016	LD	0007
0017	LD	1815
0018	OR	0008
0019	CNT	07
		#0010
0020	END	

6. 根据图6-47、图6-48、图6-49所示的梯形图写出相应的指令语句表。

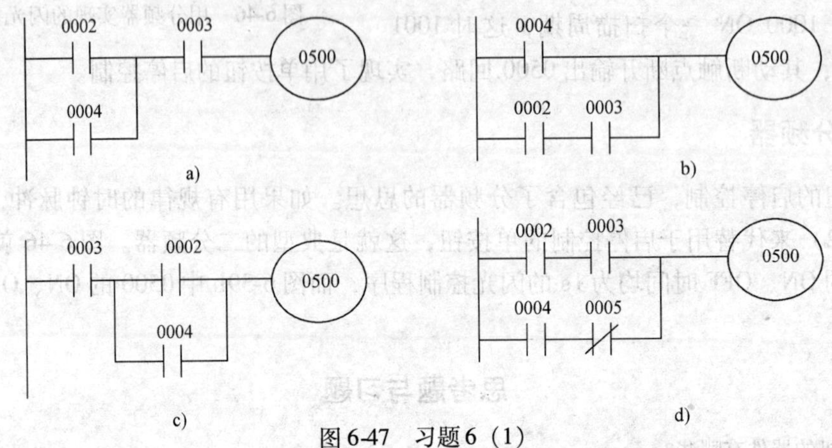

图6-47　习题6（1）

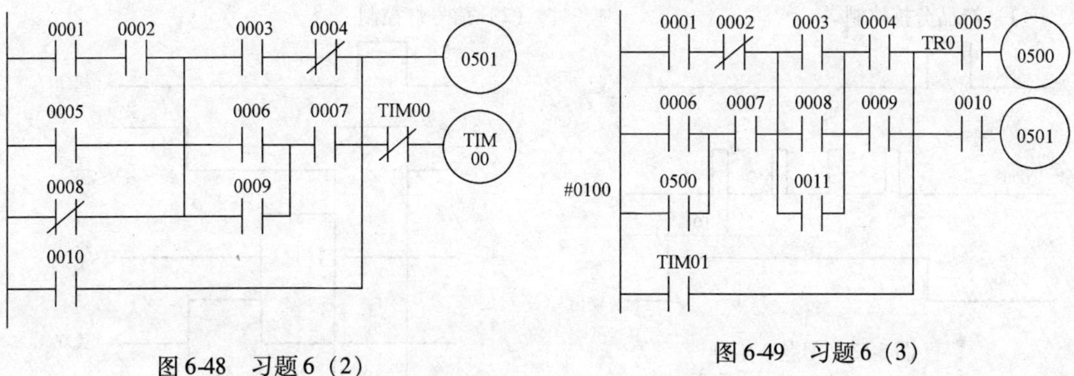

图 6-48　习题 6（2）　　　　图 6-49　习题 6（3）

7. 将图 6-50 所示的梯形图改为最省指令的形式。

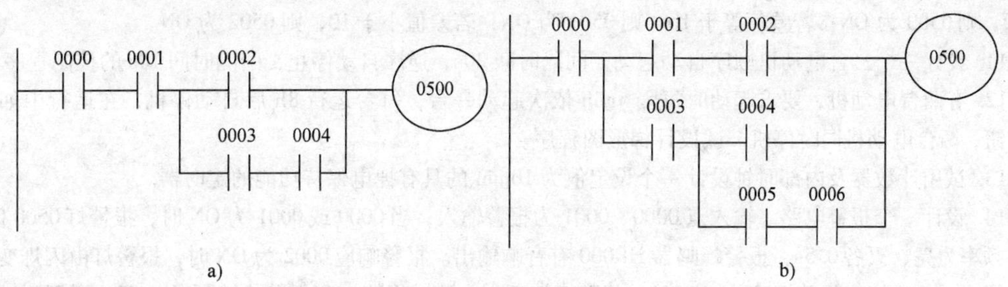

图 6-50　习题 7

8. 分析图 6-51、图 6-52 所示程序，0002 为周期性的脉冲输入，画出 0500 的波形。

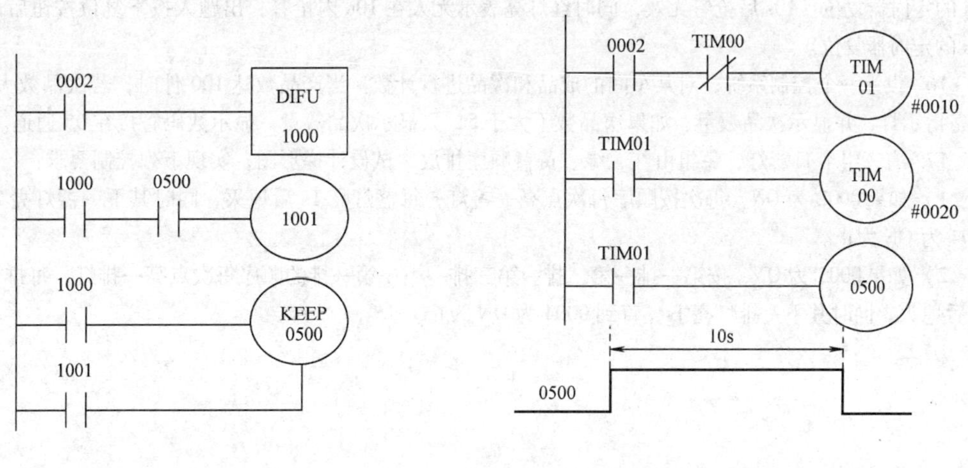

图 6-51　习题 8（1）　　　　图 6-52　习题 8（2）

9. 根据图 6-53、图 6-54 所示波形图，设计梯形图。

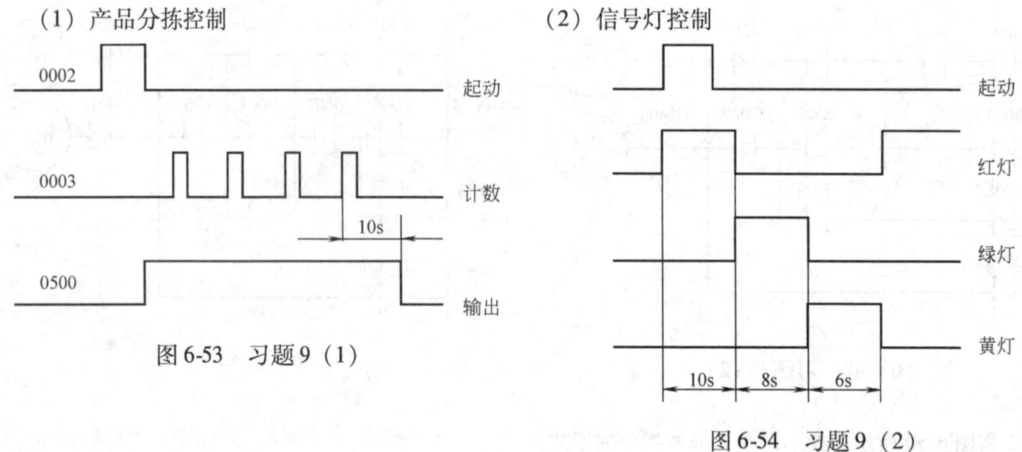

图 6-53　习题 9（1）

图 6-54　习题 9（2）

10. 试设计梯形图，要求将 10 通道送来的二进制数转换成 BCD 码后，再减去 DM00 的内容，若差值大于 10，则 0500 为 ON；若差值等于 10，则 0501 为 ON；若差值小于 10，则 0502 为 ON。

11. 设计一个三台电动机顺序自动起动，间隔时间 20s，逆序自动停止，间隔时间 10s 的控制程序。

12. 有两台电动机，要求起动时每隔 5min 依次起动一台，每台运行 8h 后自动停机，在运行中如按停止按钮，两台电动机同时停机。试设计梯形图程序。

13. 试用计数器及内部时钟设计一个设定值为 10min 的具有掉电保持功能的定时器。

14. 设计一个报警电路。输入点 0000、0001 为报警输入，当 0000 或 0001 为 ON 时，报警灯 0500 闪烁，闪烁频率为亮、灭各 0.5s，报警蜂鸣器 HR000 有音响输出。报警响应 0002 为 ON 时，报警灯由闪烁变为常亮且停止音响。按下报警解除按钮 0003，报警灯熄灭。为测试报警灯和报警蜂鸣器的好坏，可用测试按钮 0004 随时测试。

15. 设计一个智力竞赛抢答控制装置，当出题人说出问题且按下开始按钮后，在 10s 之内，4 个参赛者中只有最早按下抢答按钮的人动作有效，抢答桌上的绿灯亮 5s，赛场中的音响装置响 3s，且使设定值为 10s 的定时器复位。10s 后抢答无效，同时红灯亮表示无人在 10s 内抢答，出题人按下复位按钮后设定值为 10s 的定时器复位。

16. 设计一个控制系统，对某车间的成品和次品进行计数。当产品数达 100 件时，若次品数大于 5 件，点亮指示灯，并显示次品数量；如果次品数不大于 5，只显示次品数量。显示数码管接在 05 通道。

17. 有三组节日彩灯，每组由红、绿、黄盏顺序排放，试设计梯形图，实现下列控制要求：

1）如果 0002 为 ON，每次按顺序每次点亮一盏灯，每盏灯亮 1s 后熄灭，同时其下一盏灯亮 2s，直到 0004 为 ON 为止。

2）如果 0003 为 ON，按第一排→第二排→第三排→……第一排的顺序每次点亮一排灯，每排灯同时亮 1s 后熄灭，同时其下一排灯亮 1s，直到 0004 为 ON 为止。

第七章　可编程序控制器控制系统设计及应用

在了解掌握可编程序控制器的工作原理、结构、指令系统和编程原则之后，就可以与实际问题相结合，进行可编程序控制器应用系统的设计、调试、安装。PLC 控制系统的设计包括电气控制原理设计和工艺设计。原理设计主要以满足机械设备的基本要求为基础，综合考虑设备的自动化程度；而工艺设计的合理性则决定了控制系统生产的可行性、经济性，造型的美观及使用与维修的方便性。

第一节　可编程序控制器应用系统设计

用户在应用 PLC 进行实际控制系统的设计过程中，都会自觉或不自觉的遵循一定的方法和步骤。共同遵循这些 PLC 控制系统的一般设计方法和步骤，可使 PLC 应用系统的设计更趋于科学化、规范化、工程化、标准化。本节介绍可编程序控制器应用系统设计的原则、方法和步骤。

一、PLC 应用系统设计的内容和原则

可编程序控制器是现代工业自动控制的一种通用计算机，但其工作方式与微机控制系统不同，与继电接触器控制系统也有本质的不同。可编程序控制器应用系统设计包括硬件设计和软件设计两个方面。任何一种电气控制系统都是为了实现被控对象(生产设备或生产过程)的控制要求和工艺需要，从而提高产品质量和生产效率，因此在进行 PLC 应用系统的设计开发过程中，应遵循以下原则：

1. 硬件设计

可编程序控制器应用系统硬件设计的主要内容包括 PLC 机型的选择、输入/输出设备的选择、控制柜的设计和控制系统各种技术文件的编写。在进行硬件设计时应注意：

1）最大限度地满足被控对象的工艺要求，详细了解工艺流程，与各方面人员协同工作，解决设计过程中出现的各种问题。

2）在满足生产工艺控制的前提下，尽可能使 PLC 控制系统结构简单、经济实用、维护方便。

3）机械设计与电气设计应相互配合。许多生产机械采用机电结合控制的方式来实现控制要求，因此要从工艺要求、制造成本、结构复杂性、使用维护方便等方面协调处理好机械和电气的关系。

4）保证控制系统的安全可靠。

5）考虑到生产的发展和工艺的改进，在选择 PLC 的型号、I/O 点数、存储器容量等内容时，应留有适当的余量，以利于系统的调整和扩充。

2. 软件设计

可编程序控制器应用系统软件设计的主要内容就是编写 PLC 用户程序，即绘制梯形图或编写语句表，其设计的基本原则是：

（1）要使所编的程序尽可能清晰　这样既便于程序的调试、修改或补充，也便于别人了解和读懂程序。要想使程序清晰，就要注意程序的层次，讲究模块化、标准化，特别是在编制复杂的程序时，更要注意程序的层次。在吸收别人经验的同时，整理出一些标准的具有典型功能的程序，并尽可能使程序单元化，像计算机中常用的一些子程序一样，移来移去都能用，这样，设计起来简单，别人也易了解。

（2）程序简短，占用内存少，扫描周期短　这样可以提高 PLC 对输入的响应速度，特别是在控制要求较高的场合，就涉及到如何优化程序结构的问题，必须引起足够重视并注意编程方法，用好指令，用巧指令，还要能优化结构。要实现某种功能，一般而言，在达到的目的相同时，用功能强的指令比用功能单一的指令，程序步数可能会少些。

系统对程序执行时间可以实时测试，如 SIEMENS 公司 S7-200 系列 CPU 中，特殊功能寄存器 SMW 22、SMW 24、SMW 26 可以提供以下扫描时间信息：以毫秒为单位最短扫描时间、最长扫描时间、上次扫描时间。检查存储器单元内容就可以获得扫描周期时间。

（3）可读性　程序可读性好，不仅可以方便设计者加深对程序的理解、调试，而且便于他人阅读。要做到这一点，所设计的程序要注意层次结构尽可能清晰，采用标准化模块设计，并加注释。SIEMENS 公司 S7-200 系列 CPU 的编程软件 STEP7-Micro/WIN 采用模块式编程结构。S7 的程序文件名下同时连接有 7 个模块，即程序块、符号表、数据块、状态图、系统块、交叉引用、通信。其中程序块中包含有主程序 OB，子程序 SBR，中断程序 INT。所有程序由主程序来组织执行，其中主程序(OB1)块是周期性的被执行扫描。如果程序不复杂，可以把用户程序只编在 OB1 中，这种编程西门子称之为线性编程，不分成块。由于 OB1 块是重复的被执行扫描，故可按程序要求实现控制。如果程序复杂，其基本部分放在 OB1 中，其他程序则单独编制成程序块（如中断程序、初始化程序、子程序等)，在主程序中通过子程序调用或中断响应来实现相关功能。

（4）所编程序能够循环运行　PLC 的工作特点是循环反复、不间断地运行同一程序。运行从初始化后的状态开始，待控制对象完成了工作循环，则又返回初始化状态，只有这样才能使控制对象在新的工作周期中得到相同的控制。

3. 梯形图的编程规则

梯形图的编程规则如下：

1）梯形图的编制遵循从上到下、从左到右的顺序，在梯形图中每个元器件和触点都应按规定标注元件号和触点号，元件号和触点号必须在有效规定范围内。

2）梯形图的每一逻辑行必从左边母线以触点输入开始，以线圈结束，即线圈右面不能再接触点。

3）各元器件(如输入继电器 I、输出继电器 Q、辅助继电器 M、定时器 T、计数器 C 等)的常开触点、常闭触点可无限次重复使用。

4）触点应画在水平线上，不能画在垂直分支上，图 7-1a 的画法是错误的，触点 X2 画在垂直线上，该梯形图无法直接编程，应将图 7-1a 进行等效转化为正确的画法(见图 7-1b)。

5）梯形图所对应的指令语句表是根据梯形图从上到下、从左到右顺序编程。

6）一段完整的梯形图程序必须用 ED 指令结束，ED 指令是 PLC 执行程序阶段的结束标志。

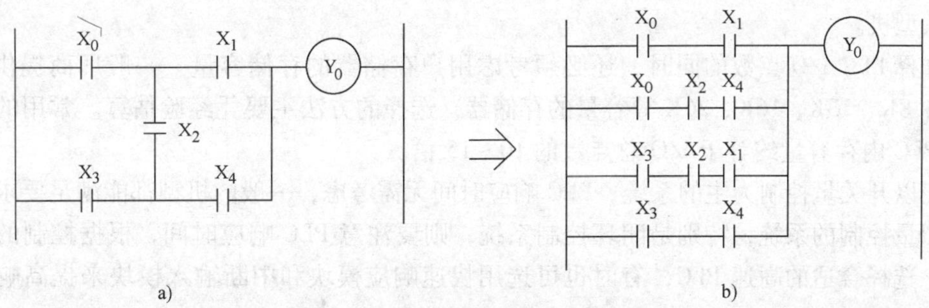

图 7-1 触点不可画在垂直分支上示意

a）错误 b）正确

二、可编程序控制器系统设计步骤

设计一个 PLC 应用系统，关键要解决的第一个问题是进行 PLC 应用系统的功能设计，即根据受控对象的功能和工艺要求，明确系统必须要做的工作和因此必备的条件。第二个问题是进行 PLC 应用系统的功能分析，即通过分析系统功能，提出 PLC 控制系统的结构形式、控制信号的种类、数量，系统的规模、布局。第三个问题是根据系统分析的结果，具体地确定 PLC 的机型和系统的具体配置。

可编程序控制系统设计可以按如下步骤进行：

1. 熟悉被控对象，制订控制方案。

在进行系统设计之前，要深入控制现场，熟悉被控对象，全面详细的了解被控对象的机械工作性能、基本结构特点、生产工艺和生产过程，要了解系统的运动机构、运动形式和电气拖动要求，必要时可以画出系统的功能图、生产工艺流程图，从而对整个控制系统硬件设计形成一个初步的方案。

在分析被控对象的基础上，根据 PLC 的技术特点，与继电接触器控制系统、DCS 系统、微机控制系统进行比较，优选控制方案。

2. 确定 I/O 点数

根据被控对象对 PLC 控制系统的技术指标和要求，确定用户所需的输入/输出设备，据此确定 PLC 的 I/O 点数。在估算系统的 I/O 点数和种类时，要全面考虑输入、输出信号的个数，I/O 信号类型(数字量/模拟量)，电流、电压等级，是否有其他特殊控制要求等因素。以上统计的数据是一台 PLC 完成系统功能所必须满足的，但具体要确定 I/O 点数时则要按实际 I/O 点数再向上附加 20~30% 的备用量。

3. 选择 PLC 机型

选择 PLC 机型时应考虑厂家、性能结构、I/O 点数、存储容量、特殊功能等方面。目前国内外生产 PLC 的厂家很多，品牌也很多，具体机型可以根据系统的控制要求、产品的性能、技术指标和用户的使用要求加以选择。但在选择过程中应注意：CPU 功能要强，结构要合理，I/O 控制规模要适当，输入/输出功能及负载能力要匹配，以及对通信、系统响应速度的要求，还要考虑电源的匹配等问题。

输入/输出点数多少是选择 PLC 规模大小的依据。如果是为了单机自动化或机电一体化产品可选用小型机；若控制系统较大，输入/输出点数较多，控制要求比较复杂，则可选用中型或大型机。

在选择 PLC I/O 点数的同时，还必须考虑用户存储器的存储容量。一般厂商提供 1K、2K、4K、8K、13K、16K、26K 等容量的存储器，选择的方法主要凭经验估算。常用的估算方法是 PLC 内存容量约等于 I/O 总点数的 10～15 倍。

对于以开关量控制为主的系统，PLC 响应时间无需考虑，一般的机型都能满足要求。对于有模拟量控制的系统，特别是闭环控制系统，则要注意 PLC 响应时间，根据控制的实时性要求，选择合适的高速 PLC，有时也可选用快速响应模块和中断输入模块来提高响应速度。

若被控对象不仅有逻辑运算处理，同时还有算术运算，如 A/D、D/A、BCD 码、PID、中断等控制，则需选择指令功能丰富的 PLC。

若控制系统需要进行数据传输通信，则应选用具有联网通信功能的 PLC。一般 PLC 都带有通信接口，如 RS232、RS422、RS485，但有些 PLC 的通信接口仅能用于连接手持式编程器。

4. 选择输入/输出设备，分配 PLC 的 I/O 地址

根据生产设备现场需要，确定控制按钮、行程开关、接触器、电磁阀、信号灯等各种输入/输出设备的型号、规格、数量；根据所选的 PLC 的型号，列出输入/输出设备与 PLC 的 I/O 端子的对照表，以便绘制 PLC 外部 I/O 接线图和编制程序。

5. 设计 PLC 应用系统电气图样

PLC 应用系统电气电路图主要包括电动机的主电路、PLC 外部 I/O 电路图、系统电源供电电路、电气元件清单，以及电气控制柜内电器安装位置图、电气安装接线图等工艺设计。

6. 程序设计

可编程序控制器的程序设计，就是以生产工艺要求和现场信号与 PLC 编程元件的对照表为依据，根据程序设计思想，绘出程序流程框图，然后以编程指令为基础，画出程序梯形图，编写程序注释。

编程时要注意：

1）认真分析被控对象工艺过程的控制要求，用功能流程图的形式表示程序设计的思想，为编程做好准备。

2）根据现场信号与 PLC 外部电路图或 PLC 软继电器编号对照表以及程序功能流程图进行编程。

3）要严格遵守梯形图、指令语句表的格式规则来编写程序。

7. 系统调试

根据电气接线图安装接线，用编程工具将用户程序输入计算机，经过反复编辑、编译、下载、调试、运行，直至运行正确。

8. 建立文档

整理全部电路设计图，程序流程框图，程序清单，元器件参数计算公式、结果，列出元件清单，编写系统的技术说明书及用户使用、维护说明书。

第二节　应用程序设计方法

通过前面讨论，得知一个 PLC 应用系统包括硬件和软件两部分，其系统功能的强弱，控制效果的好坏是由硬件和软件系统共同决定的。有时一方对另一方虽有一定的弥补作用，但总是有限的。软件系统设计的关键是用户控制程序的设计。

一、应用程序设计的基本内容

程序设计是根据应用系统的硬件结构和工艺要求，以软件系统规格说明书为基础，使用相应编程语言指令，对实际应用程序的编制和相应文件的形成过程。PLC 程序设计是硬件知识和软件知识的综合体现。PLC 程序设计的基本内容一般包括：参数表的定义及地址分配、程序流程框图绘制、程序编制、程序调试和程序使用说明书等五项内容。

二、参数表的定义及地址分配

参数表的定义及地址分配是按一定格式对系统各接口参数进行规定和整理，为编制程序做准备。参数表的定义包括对输入信号、输出信号、中间标志位和存储单元进行定义。参数表的定义格式和内容根据个人爱好和系统情况可有所差异，但所包含的基本内容是一致的。总的原则就是要尽可能详细，便于使用。它是程序设计的基础，一定要认真细致。

输入/输出信号表可根据硬件系统电气接线图来定义，信号名称要尽可能的简明，内容要尽可能详细。一般情况下，输入/输出信号要标出模块的位置、信号端子或线号、输入/输出地址号、信号助记符、信号名称及信号的有效状态或范围等。中间标志位的定义要包括信号地址、信号助记符、信号处理和信号的有效状态等。存储单元表中含有信号地址、信号名称等。信号的顺序一般按信号地址由小到大排列(实际设计过程中没有使用的也列出，以便于在编程和调试时查找)。

三、梯形图的功能流程图设计

在工业控制领域，顺序控制的应用范围很广，尤其在机械制造行业，多数都采用顺序控制来实现加工的自动循环控制。

用 PLC 实现顺序控制，可有多种方法，其一是先设计出位逻辑控制电路，然后转化成梯形图；其二是利用 PLC 的移位指令 SHRB，由移位寄存器来实现顺序控制；其三利用 PLC 的顺序控制步进指令 LSCR，由状态寄存器 S 来实现顺序控制。大型或部分中型 PLC 可以直接用功能流程图进行编程，如西门子公司的编程软件 S7-GRAPH。

功能流程图，又叫状态流程图或状态转移图，是专用于工业顺序控制设计的一种功能说明语言，能完整地描述控制系统的工作过程、功能和特性的一种图形分析方法，是分析和设计电气控制系统控制程序的重要工具。

1. 功能流程图的组成

功能流程图由状态、转换、转换条件和动作说明四部分组成。功能流程图的一般结构形式如图 7-2 所示。

(1) 状态　状态用矩形框表示，框中的数字是该状态对应的工步序号，也可以用于该状态相对应的编程元件(如 PLC 内部的通用辅助继电器、移位继电器、状态继电器等)作为状态的编号。注意，“0”状态或原始状态用双线框表示。

(2) 转换　转换用有向线段表示，在两个状态框之间必须用转换线段相连接。

(3) 转换条件　转换条件用与转换线段垂直的短画线表示。每个转换线段上必须有一个转换条件短画线。在短画线旁可以用文字或图形符号或逻辑表达式注明转换条件的具体内容。当相邻两状态之间的转换条件满足时，两状态之间的转换得以实现。

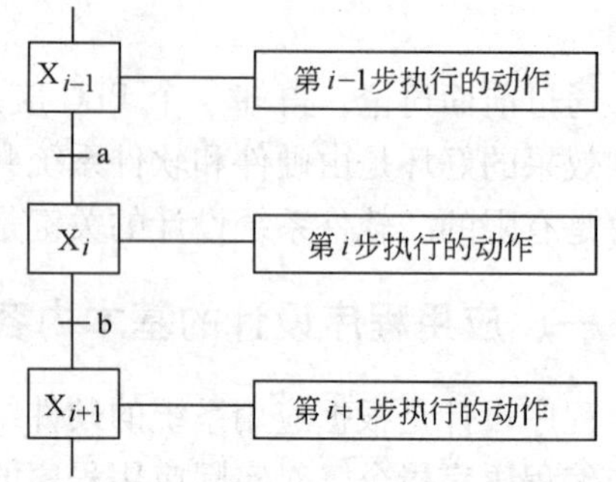

图 7-2　功能流程图的一般结构形式

(4) 动作说明　在状态框旁边，用文字说明与状态相对应的工步的内容，即动作说明。动作说明用矩形框围起来，用短画线与状态框平行相连。动作说明旁边往往也标出实现该动作的电气执行元件名称或 PLC 地址。

2. 功能流程图的特点

功能流程图的基本特点是各工步按顺序执行，上一工步执行结束，转换信号出现时，立即开通下一工步，同时关断上一工步。在图 7-2 中，$X_{i-1}=1$ 是第 i 步开通的前导信号，待转换条件 a 满足时，第 i 步立即开通($X_i=1$)，同时关断前已工步($X_{i-1}=0$)。由此可见，第 i 步开通的条件有两个，即 $X_{i-1}=1$ 和 a=1。第 $i-1$ 步关断的条件只有一个 $X_i=1$。功能流程图第 i 步开启和关断条件，运用逻辑表达式可表示为：$X_i=(X_{i-1}a+X_i)\overline{X_{i+1}}$。

式中左边的 X_i 表示第 i 步的状态。式中右边的 X_{i-1} 表示第 i 步的前导信号；a 表示转换条件；X_i 表示自锁信号；$\overline{X_{i+1}}$ 表示关断第 i 步的主令信号。

3. 功能流程图的主要类型

(1) 单流程　它反映按顺序排列的工步相继被激活的一种基本形式，结构如图 7-2 所示。

(2) 选择分支和联接　图 7-3 是选择分支和联接的功能流程图，它在一个活动步之后，紧接着有几个后续步可供选择的结构形式，选择分支的每个工步都有各自的转换条件。图 7-3 中，当工步 2 处于激活状态，若转换条件 b = 1，则执行工步 3；若转换条件 c = 1，则执行工步 4。b、c、d、e 是选择执行的条件，哪个条件满足，则选择相应分支，同时关断上一工步 2。

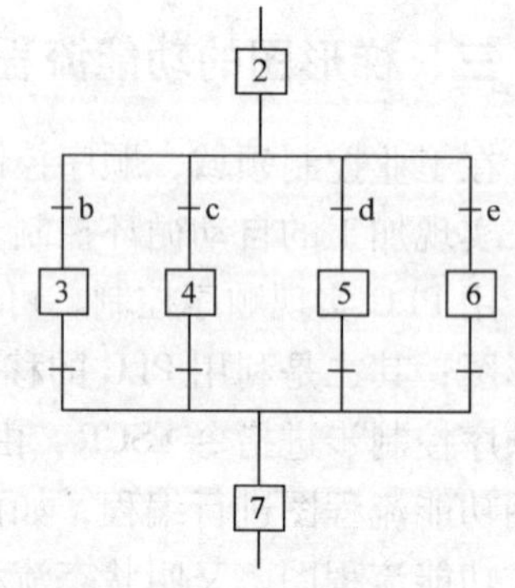

图 7-3　选择分支和联接

(3) 并行分支和联接　当转换的实现导致各个分支同时被激活时，采用并行分支，如图 7-4 所示，其有向连接线水平部分用双线表示。当工步 2 处于激活状态，若转换条件 b = 1，则工步 3、5 同时开启，即工步 2 必须在工步 3、5 都开启后才能关断。

(4) 循环和跳转　在生产过程中，有时要求在一定条件下停止执行某些原定动作，可用跳转程序；有时需要重复执行，可用循环程序。如图 7-5 所示，当工步 1 处于激活状态，若条件 e = 1，则跳过工步 2、3，直接激活工步 4。跳转结构是一种特殊的选择分支。

当工步 4 处于激活状态，若条件 d = 1，则循环执行，激活状态 1。循环程序也是一种特殊的选择分支。

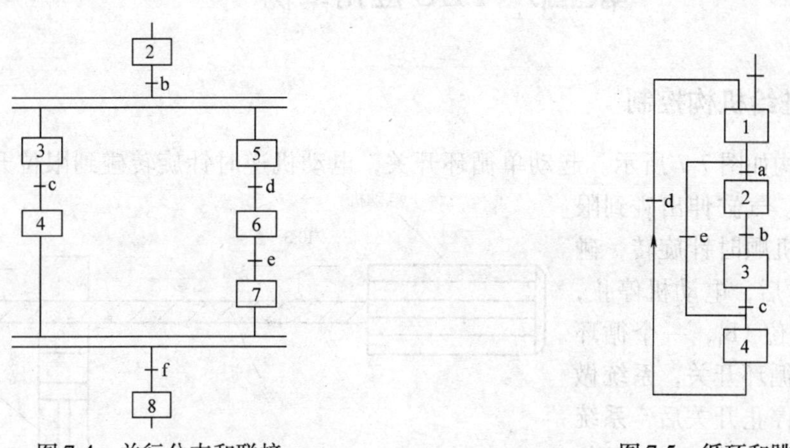

图 7-4　并行分支和联接　　　　图 7-5　循环和跳转

注意：转换是有方向的，一般功能图的转换顺序是从上到下，从左到右。正常顺序时，可以省略箭头，否则必须加箭头，以标明方向。

4. 用功能流程图绘制梯形图

功能流程图完整地表现了控制系统的控制过程、各状态的功能、状态转换的顺序和条件，它是进行 PLC 应用程序设计很方便的工具。利用功能流程图进行程序设计时，大致可按以下几个步骤进行：

1）根据控制要求和工艺过程的内容、步骤和顺序，画出功能流程图。在功能流程图上，以 PLC 输入点或其他元件来定义状态转换条件，当某转换条件的实际内容不止一个时，可用逻辑表达式的形式来表示有效转换条件。

2）按照电气执行元件与 PLC 软继电器的编号对照表，在功能流程图上指出实现状态或动作命令控制功能的电气执行元件，并用对应的 PLC 地址定义这些执行元件。

3）根据功能流程图写出工步状态的逻辑表达式，并写出各执行电气元件的逻辑表达式。

4）根据表达式编制梯形图程序。

图 7-6 是一个液压动力滑台的进给控制的功能流程图和状态的逻辑关系，具体梯形图请自己设计。

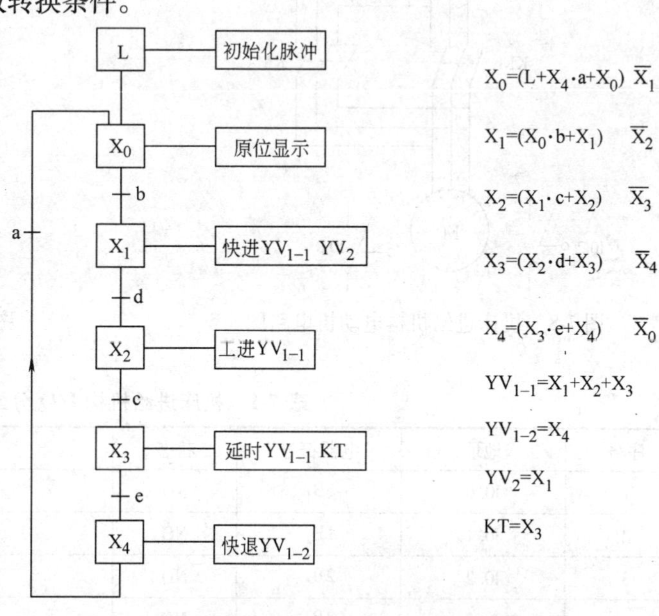

图 7-6　某液压动力滑台实现进给控制的功能流程图

第三节　PLC 应用举例

一、机床进给机构控制

机床进给机构如图 7-7 所示。起动单循环开关，电动机逆时针旋转碰到限位开关 I0.2 后，电动机停止。气缸伸出碰到限位 $1B_2$ 后，电动机顺时针旋转，碰到限位开关 I0.3 后，电动机停止，气缸返回碰到限位 $1B_1$，一个循环结束。起动连续循环开关，系统做连续运动，起动停止开关后，系统完成正在运行的循环，停在初始位置。机床进给机构电动机电路如图 7-8 所示，机床进给机构电动机气路如图 7-9 所示；机床进给机构 I/O 分配见表 7-1；控制程序如图 7-10 所示。

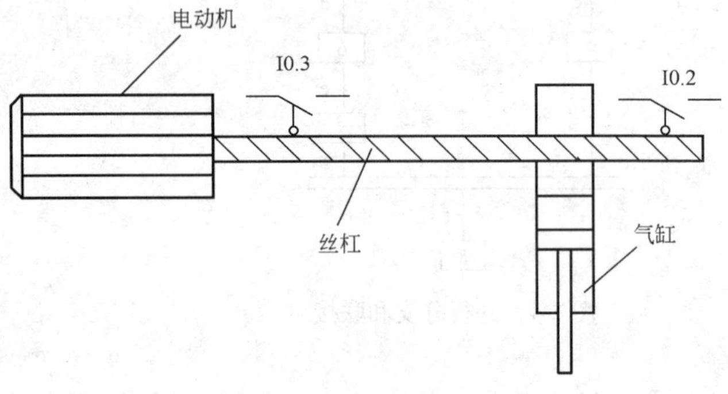

图 7-7　机床进给机构

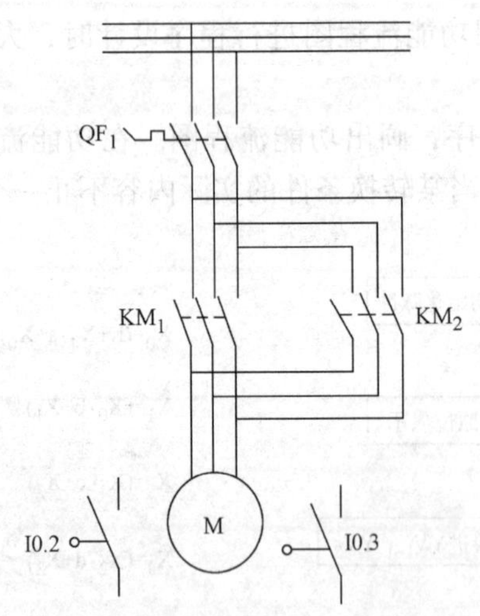

图 7-8　机床进给机构电动机电路图

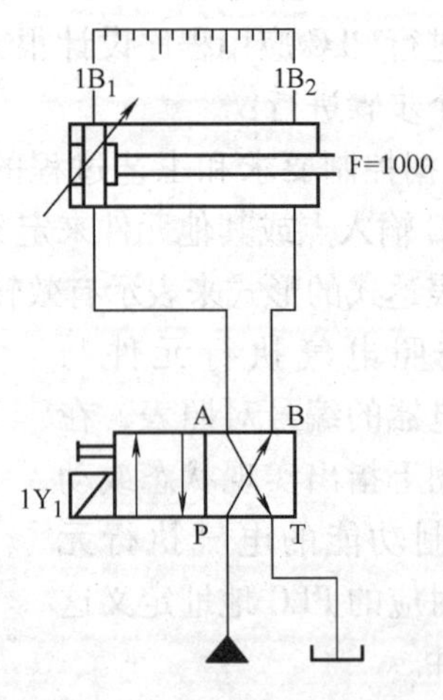

图 7-9　机床进给机构气路图

表 7-1　机床进给机构 I/O 分配

序号	地址	电器符号	状态	功能说明
1	I0.0	$1B_1$	NO	液压缸后终端传感器
2	I0.1	$1B_2$	NO	液压缸前终端传感器
3	I0.2	$2B_1$	NO	电动机逆时针旋转左限位
4	I0.3	$2B_2$	NO	电动机顺时针旋转右限位
5	I0.4	SB_0	NO	单循环开关

（续）

序号	地址	电器符号	状态	功能说明
6	I0.5	SB_1	NO	连续循环开关
7	I0.6	SB_2	NC	停止开关
8	I0.7	QF	NO	空气开关
9	Q0.0	KM_1	NO	起动电动机逆时针旋转的接触器
10	Q0.1	KM_2	NO	起动电动机顺时针旋转的接触器
11	Q0.2	$1Y_1$	*	控制液压缸运动的电磁阀上电磁铁

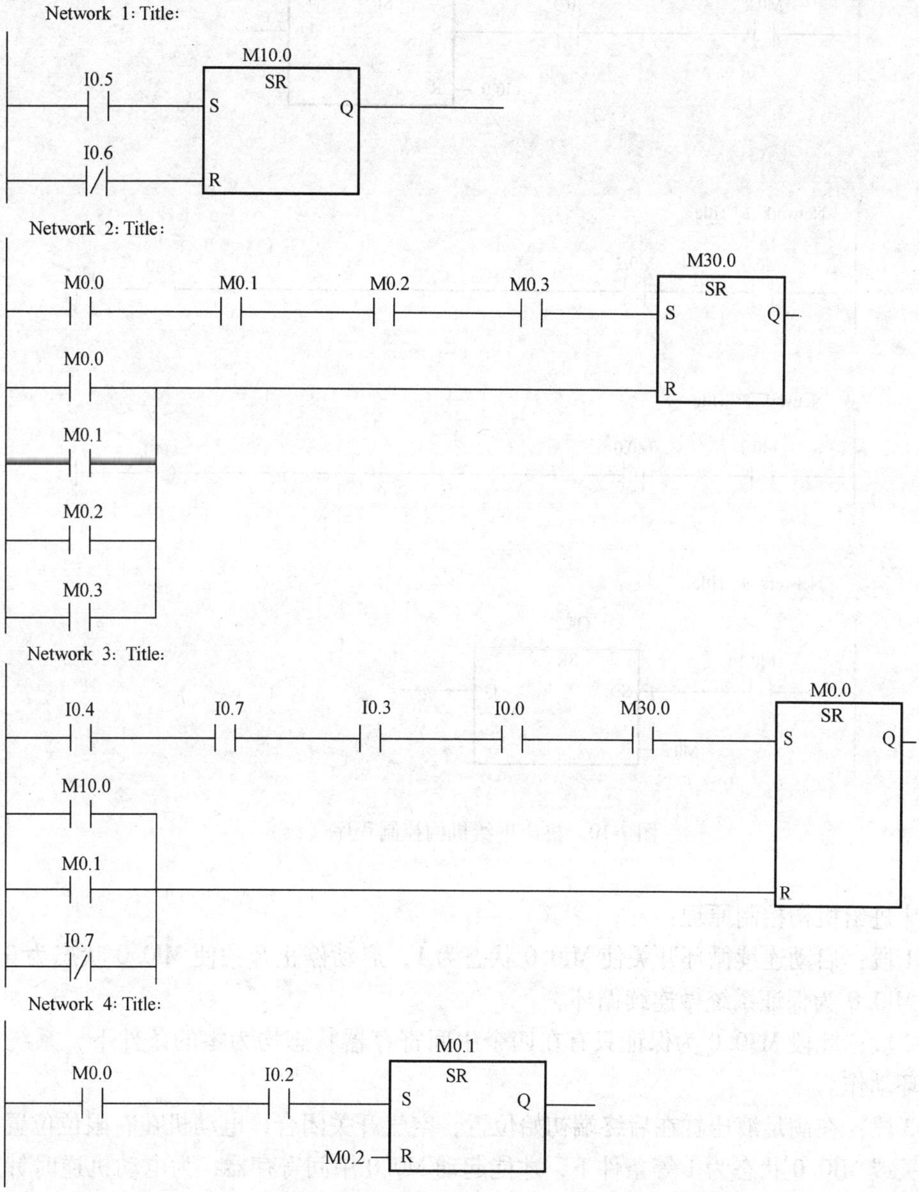

图 7-10　机床进给机构控制程序

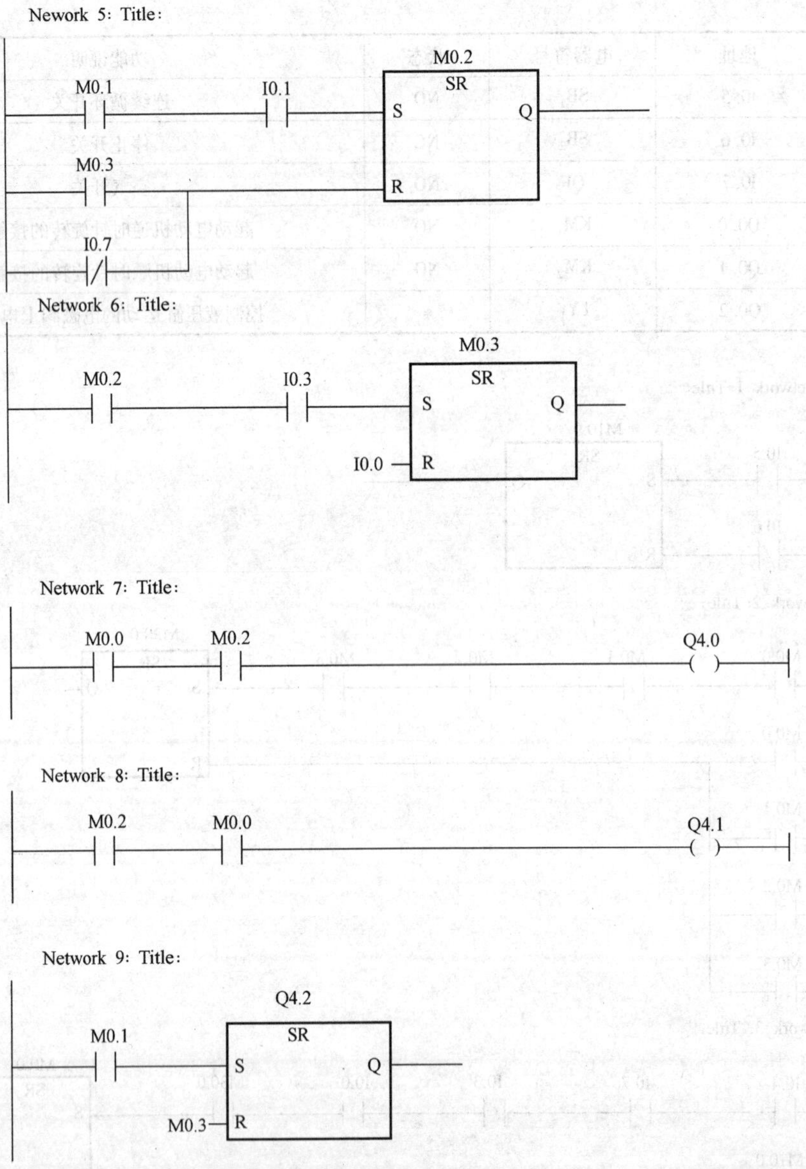

Nework 5: Title:

M0.2 SR
M0.1 I0.1 S Q
M0.3 R
I0.7

Network 6: Title:

M0.3 SR
M0.2 I0.3 S Q
I0.0 R

Network 7: Title:

M0.0 M0.2 Q4.0

Network 8: Title:

M0.2 M0.0 Q4.1

Network 9: Title:

Q4.2 SR
M0.1 S Q
M0.3 R

图 7-10　机床进给机构控制程序（续）

机床进给机构控制原理：

第 1 段：启动连续循环开关使 MI0. 0 状态为 1，启动停止开关使 MI0. 0 状态为 0，中间寄存器 MI0. 0 为保证系统做连续循环。

第 2 段：此段 M30. 0 为保证只有在四个中间寄存器状态均为零的条件下，系统才开始新的循环动作。

第 3 段：在满足液压缸在后终端初始位置，空气开关闭合，电动机在右限位位置，启动点动开关或 MI0. 0 状态为 1 等条件下，才能起动 M0. 0 中间寄存器，为电动机逆时针旋转作准备。

第4段：当M0.0状态为1，电动机起动左限位，M0.1中间寄存器状态为1，为液压缸伸出作准备。

第5段：当M0.1状态为1，并且启动液压缸前终端传感器，M0.2中间寄存器状态为1，为电动机顺时针旋转作准备。

第6段：当M0.2状态为1，且起动电动机右限位，则M0.3中间寄存器状态为1，为液压缸退回作准备。

第7段：为确保电动机逆时针旋转，M0.2的非是为确保电动机正反转互锁。

第8段：为确保电动机顺时针旋转，M0.0的非是为确保电动机正反转互锁。

第9段：中间寄存器M0.1控制液压缸伸出，中间寄存器M0.3控制液压缸返回。

二、组合机床的PLC控制系统

组合机床主要用于大批量生产零部件的打孔和扩孔等加工工序，其加工精度与加工效率要求均较高，目前均采用专用设备进行加工。机床的主运动为动力头的进给运动，由三相异步电动机拖动，单向运转。进给运动采用液压控制，为提高工效，进给速度分快进与工进两种。下面介绍组合机床PLC控制实现液压动力滑台的自动循环控制。

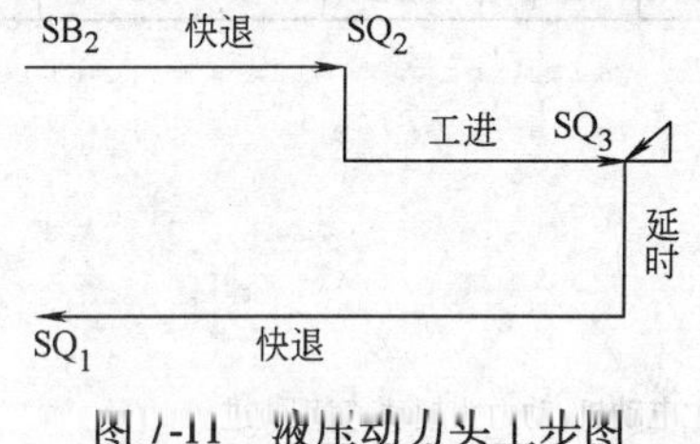

图7-11　液压动力头工步图

表7-2　动力头状态图表

	YV_{1-1}	YV_{1-2}	YV_2	转换命令
快进	+	−	+	SB_2
工进	+	−	−	SQ_2
快退	−	+	−	SQ_3
停止				SQ_1

液压动力滑台采用电磁换向阀来实现动力头的快进、工进和快退，其一个工作循环的工步图如图7-11所示。换向阀电磁铁通断电及动力头工作状态见表7-2。

根据控制系统的设计要求，系统用到的电器元件及其功能见表7-3。PLC外部输入设备(如按钮和行程开关)可以提供标准的通断信号，可直接作为PLC的输入。直流电磁铁的工作电流小于1A，可直接用PLC的输出器件驱动。电磁铁的电压为24V直流且无高速动作要求，故PLC的输出形式可采用继电器、晶体管、双极型中任意一种。

表7-3　电器元件符号及功能说明表

符号	名称及用途	符号	名称及用途
M_1	主电动机	SB_1	动力头停止按钮
M_2	液压泵电动机	SB_2	动力头起动按钮
YV_{1-1}	直流电磁换向阀	SQ_0	动力头循环起动按钮
YV_{1-2}	直流电磁换向阀	SQ_1	原位停止行程开关
YV_2	直流电磁换向阀	SQ_2	工进转换开关
KM_1	主电动机接触器	SQ_3	动力头快退行程开关

SB_2、SB_1用作起、停控制开关信号，SQ_1、SQ_2、SQ_3作为位置检测开关信号，接至PLC输入端，需占用五个输入端，电磁铁YV_{1-1}，YV_{1-2}，YV_2需占用三个输出端点，液压泵电动机采用开关直接控制起停，主轴电动机采用继电接触器构成起停控制，而不需要用

PLC 控制，故选用10点(6 入，4 出)以上的 PLC，即可满足本系统的简单控制要求。现用一台西门子公司 CPU222 进行控制，I/O 点数为 14 点(8 入、6 出)。

1）PLC 外部电气接线图及 I/O 地址分配表

PLC 外部接线图的设计应配合电气控制电路图来进行，作为控制电路的一个重要组成部分，这里仅给出了 PLC 外部接线图，其他输入/输出设备、负载电源的类型等的设计应结合系统的控制要求来设定。液压动力滑台 PLC 外部接线图如图 7-12 所示。

根据 PLC 外部接线图可以列写出 I/O 地址分配表，见表 7-4，它直观地描述了外部信号与 PLC 接线端子的关系，属参考性文件。

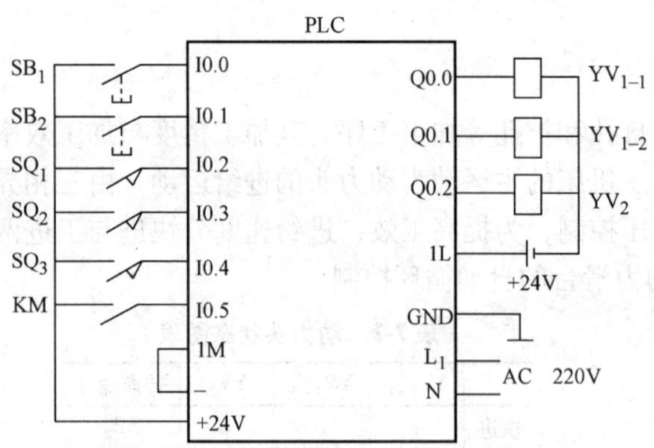

图 7-12　液压动力滑台 PLC 外部接线图

表 7-4　I/O 地址分配表

序号	输入		序号	输出	
1	SB_1	I0.0	7	YV_{1-1}	Q0.0
2	SB_2	I0.1	8	YV_{1-2}	Q0.1
3	SQ_1	I0.2	9	YV_2	Q0.2
4	SQ_2	I0.3			
5	SQ_3	I0.4			
6	KM_1	I0.5			

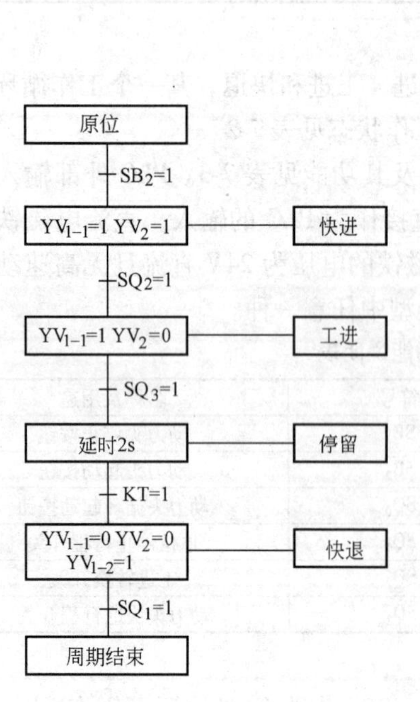

图 7-13　流程图

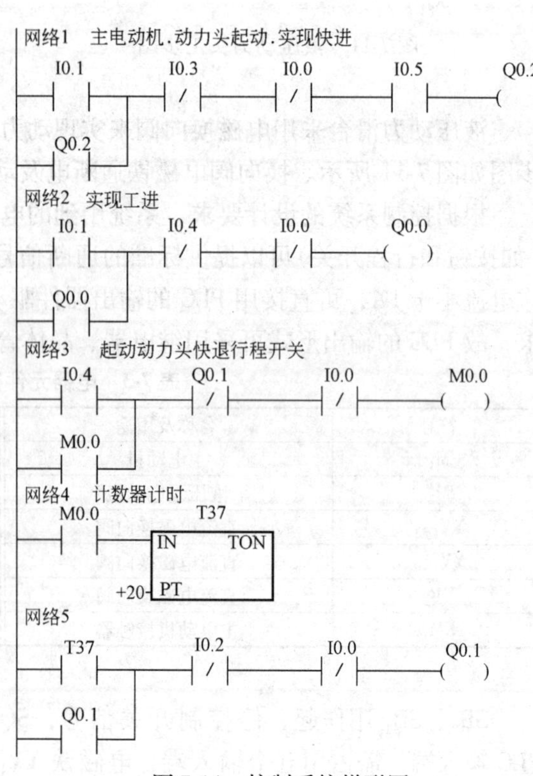

图 7-14　控制系统梯形图

2）程序设计

根据动力滑台工作过程的分析，结合 PLC 外部电气控制电路的设计，可以很方便地设计出系统的工作流程图，如图 7-13 所示。依照流程图的设计思想，用传统的顺序控制的程序结构，画出满足控制要求的控制系统梯形图，如图 7-14 所示。

三、打印设备控制

控制要求：

1）推料缸夹紧：按下起动按钮开关且料仓中有料，推料气缸 1 将工件推出并夹紧。

2）打印：打印气缸伸出在工件上打印 5s，打印结束后，打印缸退回至初始位置后推料，气缸 1 退回。

3）推料至下一个工作站：推料气缸 2 将工件推至下一个工位。

4）起动开关，系统作连续循环。

执行元件为三个双作用气缸，推料缸 1 和打印缸的换向阀均为双电控两位五通，推料缸 2 的换向阀为单电控两位五通。打印设备气路如图 7-15 所示，打印设备 I/O 分配见表 7-5，打印设备控制程序如图 7-16 所示。

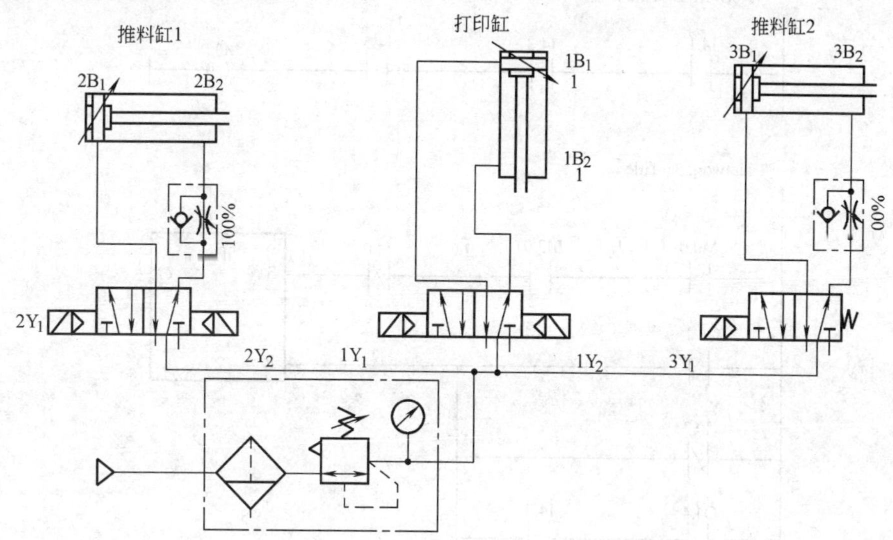

图 7-15　打印设备气路

表 7-5　打印设备 I/O 分配

序号	地址	电器符号	状态	功能说明
1	I0.0	SB_1	NO	起动开关
2	I0.1	SB_0	NC	停止按钮
3	I0.2	NA	NC	急停按钮
4	I4.0	B	NO	判断是否有料的传感器
5	I4.1	$1B_1$	NO	打印缸的后终端传感器
6	I4.2	$1B_2$	NO	打印缸的前终端传感器
7	I4.3	$2B_1$	NO	推料缸 1 的后终端传感器
8	I4.4	$2B_2$	NO	推料缸 1 的前终端传感器
9	I4.5	$3B_1$	NO	推料缸 2 的后终端传感
10	I4.6	$3B_2$	NO	推料缸 2 的前终端传感

（续）

序号	地址	电器符号	状态	功能说明
11	Q4. 1	1Y1	*	控制打印缸伸出的电磁铁
12	Q4. 2	1Y2	*	控制打印缸退回的电磁铁
13	Q4. 3	2Y1	*	控制推料缸 1 伸出的电磁铁
14	Q4. 4	2Y2	*	控制推料缸 1 退回的电磁铁
15	Q4. 5	3Y1	*	控制推料缸 2 伸出的电磁铁

Network 1：Title :

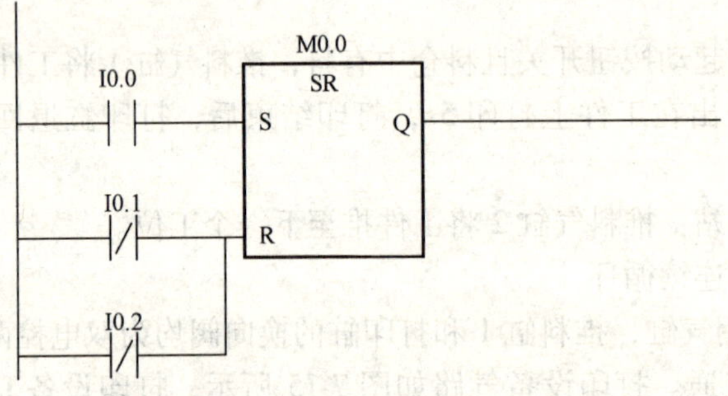

Network 2：Title :

I4.1 I4.3 I4.5 M3.0

Network 3：Title :

Q4.3
SR
M0.0 M3.0 I4.0
S
Q
Q4.1
R
I0.2
Q4.4 I4.3

Network 4：Title :

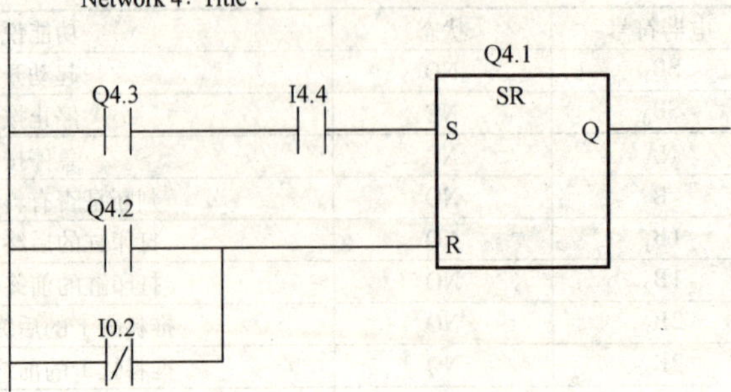

图 7-16　打印设备控制程序

Network 5 : Title:

T0
S_ODT
Q4.2
SR
Q4.1
I4.2
S
Q
S
Q
S5T#5S
TV
BI
…
…
R
BCD
…
Q4.4
R
I0.2

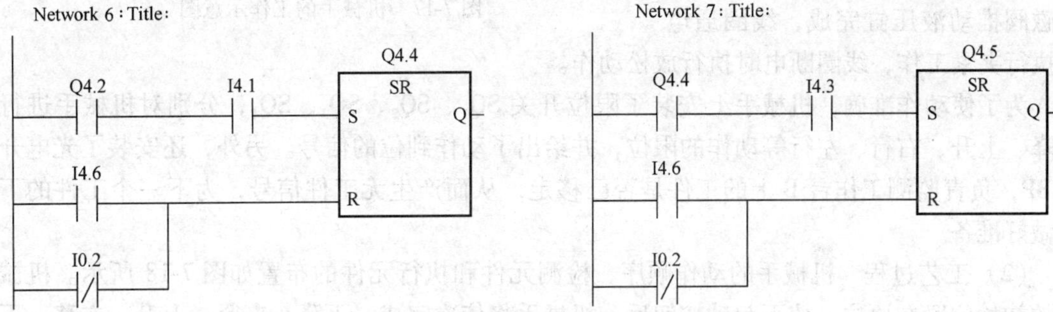

图 7-16　打印设备控制程序（续）

打印设备控制程序说明：

第 1 段：按下起动开关，中间寄存器 M0. 0 状态为 1，按下停止开关或急停开关 M0. 0 状态为 0，M0. 0 为保证系统作连续循环。

第 2 段：打印气缸、推料气缸 1、推料气缸 2 均在后终端的初始位置，使 M3. 0 状态为 1。

第 3 段：在满足 M0. 0、M3. 0 状态均为 1，及料仓有料的条件下，Q4. 3 状态为 1，推料缸 1 推料并夹紧工件。满足复位端 R 的条件，Q4. 3 状态为 0。

第 4 段：满足置位端 S 的条件，才能使 Q4. 1 状态为 1，打印缸伸出打印。满足复位端 R 的条件，Q4. 1 状态为 0。

第 5 段：在打印缸前终端停留 5s，5s 后打印缸退回。

第 6 段：满足置位端 S 的条件，才能使 Q4. 4 状态为 1，推料缸 1 退回。满足复位端 R 的条件，才能使 Q4. 4 状态为 0。

第 7 段：满足置位端 S 的条件，才能使 Q4. 5 状态为 1，推料缸 2 将工件推至下一个工位。满足复位端 R 的条件，才能使 Q4. 5 状态为 0。

四、PLC 在机械手控制系统中的应用

图 7-17 是某机械手的工作示意图，该机械手的任务是将工件从工作台 A 搬往工作台 B。试设计该机械手的 PLC 控制系统。

1. 控制系统分析

（1）机械结构　在图 7-17 中，机械手的所有动作均采用电液控制、液压驱动。它的上升/下降和左移/右移均采用双线圈三位电磁阀推动液压缸完成。当某个电磁阀线圈通电，就一直保持当前的机械动作，直到相反动作的线圈通电为止。例如当下降电磁阀线圈通电后，机械手下降，即使线圈再断电，仍保持当前的下降动作状态，直到上升电磁阀线圈通电为止。机械手的夹紧/放松采用单线圈二位电磁阀推动液压缸完成，线圈通电时执行夹紧工作，线圈断电时执行放松动作。

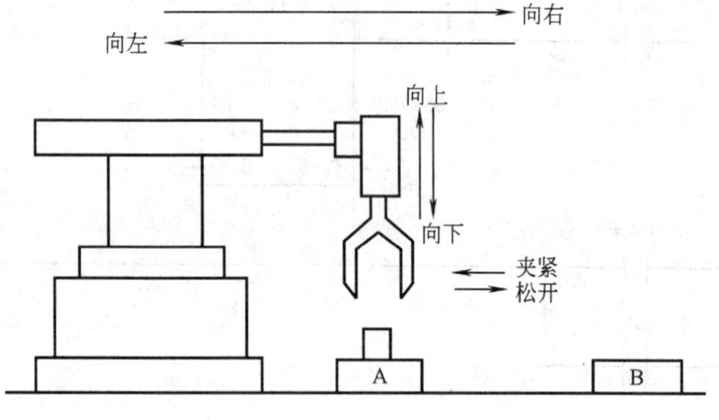

图 7-17　机械手的工作示意图

为了使动作准确，机械手上安装了限位开关 SQ_1、SQ_2、SQ_3、SQ_4，分别对机械手进行下降、上升、右行、左行等动作的限位，并给出了动作到位的信号。另外，还安装了光电开关 SP，负责监测工作台 B 上的工件是否已移走，从而产生无工件信号，为下一个工件的下放做好准备。

（2）工艺过程　机械手的动作顺序、检测元件和执行元件的布置如图 7-18 所示。机械手的初始位置在原位，按下起动按钮后，机械手将依次完成：下降→夹紧→上升→右移→下降→放松→上升→左移八个动作，实现机械手一个周期的动作。机械手的下降、上升、左移、右移的动作转换靠限位开关来控制，而夹紧、放松动作的转换是由时间继电器来控制的。

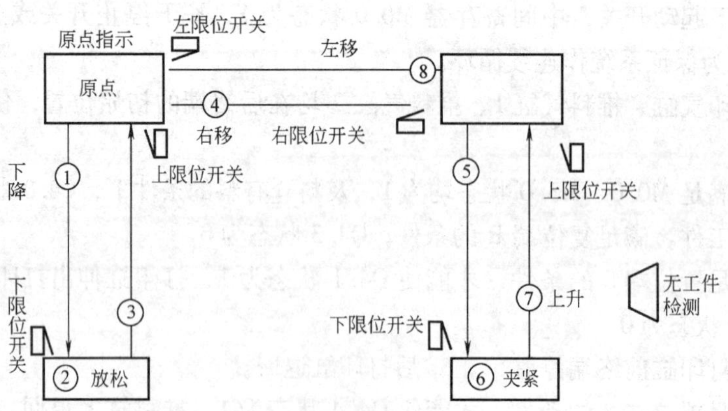

图 7-18　系统结构示意图

为了保证安全，机械手右移到位后，必须在工作台 B 上无工件时才能下降。若上一次搬到右工作台上的工件尚未移走，机械手应自动暂停等待。为此设置了一只光电开关，以检测“无工件”信号。

（3）控制要求　工作台 A、B 上工件的传送不用 PLC 控制；机械手要求按一定的顺序动作，其流程图如图 7-19 所示。

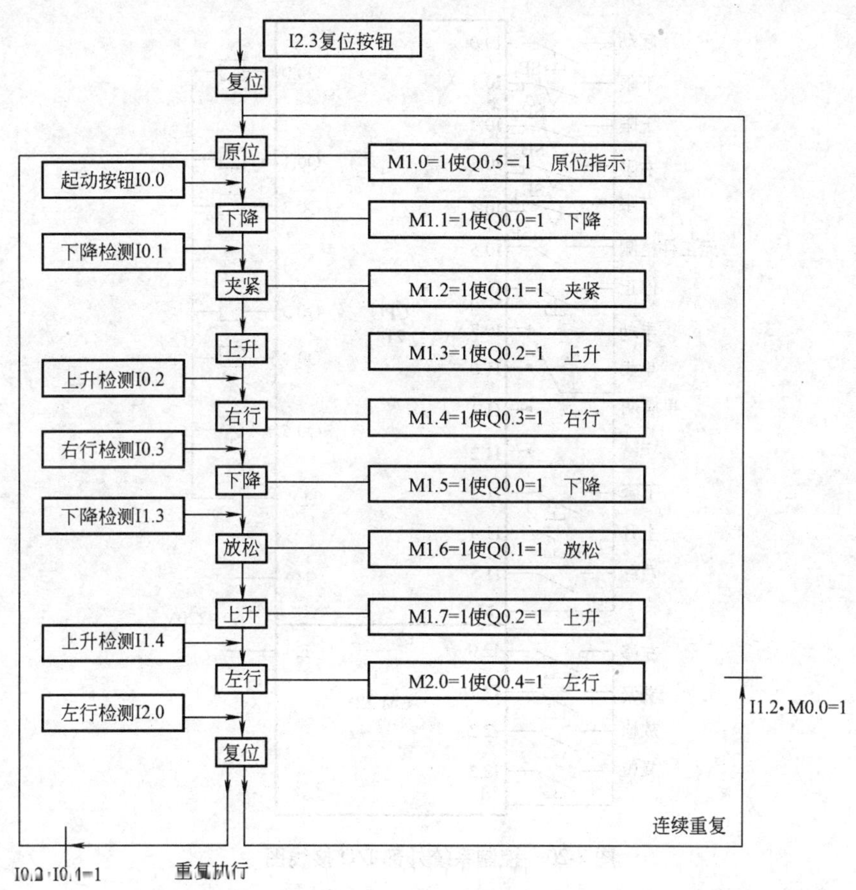

图 7-19　控制系统流程图

起动时，机械手从原点开始按顺序动作；停止时，机械手停止在现行工步上；重新起动时，机械手按停止前的动作继续进行。

为满足生产要求，机械手设置手动工作方式和自动工作方式，而自动工作方式又分为单步、单周和连续工作方式。

手动工作方式：利用按钮对机械手每一步动作单独进行控制，例如，按“上升”按钮，机械手上升；按“下降”按钮，机械手下降。此种工作方式可使机械手置原位。

单步工作方式：从原点开始，按自动工作循环的工序，每按一下起动按钮，机械手完成一步的动作后自动停止。

单周期工作方式：按下起动按钮，从原点开始，机械手按工序自动完成一个周期的动作后，停在原位。

连续工作方式：机构在原位时，按下起动按钮，机构自动连续的执行周期动作。当按下停止按钮时，机械手保持当前状态，重新恢复后机械手按停止前的动作继续进行。

2. PLC 选型及 I/O 接线图

根据控制要求，PLC 控制系统选用 SIEMENS 公司 S7-200 系列 CPU 214 和 EM221，其输入/输出端子电气接线图如图 7-20 所示。

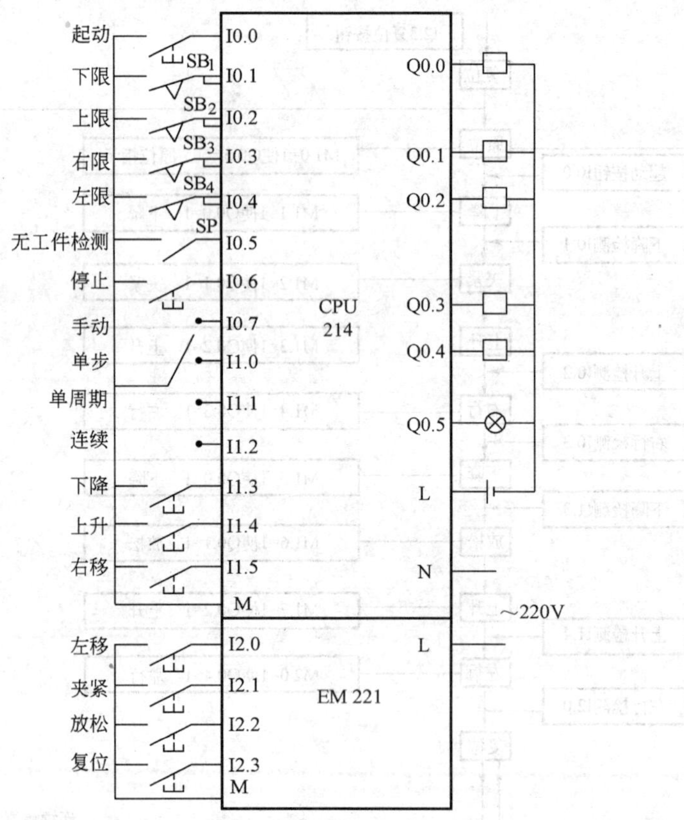

图 7-20 控制系统外部 I/O 接线图

3. PLC I/O 地址、内部辅助继电器的分配表

根据控制系统外部 I/O 接线图，PLC I/O 地址分配见表 7-6。

表 7-6 外部 I/O 继电器分配表

序号	符号	功能描述	序号	符号	功能描述
1	I0. 0	起动	13	I1. 4	上升
2	I0. 1	下限	14	I1. 5	左移
3	I0. 2	上限	15	I2. 0	右移
4	I0. 3	右限	16	I2. 1	加紧
5	I0. 4	左限	17	I2. 2	放松
6	I0. 5	无工件检测	18	I2. 3	复位
7	I0. 6	停止	19	Q0. 0	下降
8	I0. 7	手动	20	Q0. 1	加紧
9	I1. 0	单步	21	Q0. 2	上升
10	I1. 1	单周	22	Q0. 3	右移
11	I1. 2	连续	23	Q0. 4	左移
12	I1. 3	下降	24	Q0. 5	原位显示

4. PLC 控制系统程序设计

（1）整体设计　为编程结构简洁、明了，把手动程序和自动程序分别编成相对独立子程序模块，通过调用指令进行功能选择。当工作方式选择开关选择手动工作方式时，I0.7 接通，执行手动工作程序；当工作方式选择开关选择自动方式（单步、单周、连续）时，I1.0、I1.1、I1.2 分别接通，执行自动控制程序。整体设计的梯形图（主程序）如图 7-21 所示。

（2）手动控制程序　手动操作不需要按工序顺序动作，可以按普通继电接触器控制系统来设计。手动控制的梯形图见子程序 0。手动按钮 I1.3、I1.4、I1.5、I2.0、I2.1、I2.2 分别控制下降、上升、左移、右移、夹紧、放松各个动作。为了保持系统的安全运行，设置了一些必要的联锁保护，其中在左右移动的控制环节中加入了 I0.2 作上限连锁。因为机械手只有处于上限位置（I0.2 = 1）时，才允许左右移动。

网络1　起动机构
I0.0
M0.0
M0.0
网络2　调用于程序　选择机构工作方式
M0.0
I0.7
SBR_0
EN
I1.0
SBR_1
EN
I1.1
I1.2

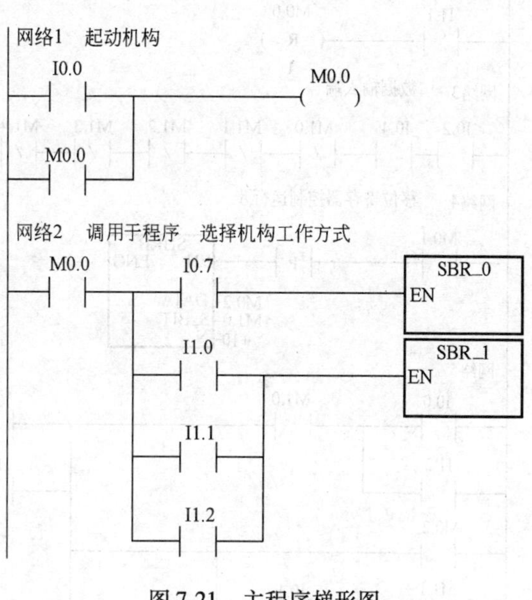

图 7-21　主程序梯形图

由于夹紧、放松动作选用单线圈双位电磁阀控制，故在梯形图中用“置位”、“复位”指令来控制，该指令具有保持功能，并且也设置了机械联锁。只有当机械手处于下限（I0.1 = 1）时，才能进行夹紧和放松动作。手动控制的梯形图如图 7-22 所示。

（3）自动操作程序　由于自动操作的动作较复杂，不容易直接设计出梯形图，可以先画出自动操作流程图，用以表明动作的顺序和转换的条件，然后根据所采用的控制方法，设计梯形图就比较方便。

机械手的自动操作流程图如图 7-19 所示。图中矩形方框表示其自动工作循环过程中的一个“工步”，方框中用文字表示该步的编号。方框的右边画出该步动作的执行元件，相邻两工步之间可以用有向线段连接，表明转换方向，有向线段上的短画线表示转换的条件，当转换条件得到满足时，便从上一工步转到下一工步。

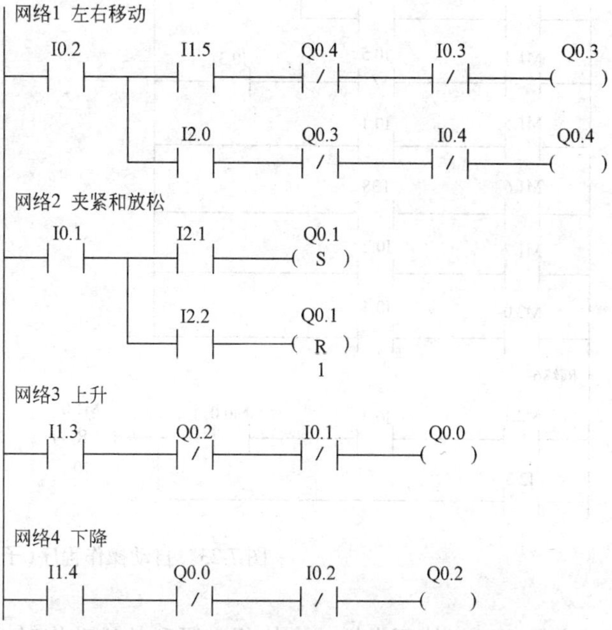

网络1 左右移动
I0.2
I1.5
Q0.4
I0.3
Q0.3
I2.0
Q0.3
I0.4
Q0.4
网络2 夹紧和放松
I0.1
I2.1
Q0.1
S
I2.2
Q0.1
R
1
网络3 上升
I1.3
Q0.2
I0.1
Q0.0
网络4 下降
I1.4
Q0.0
I0.2
Q0.2

图 7-22　手动控制的梯形图（子程序 0）

对于顺序控制可用多种方法进

行编程，用移位寄存器也很容易实现这种控制功能，转换的条件由各行程开关及定时器的状态来决定。

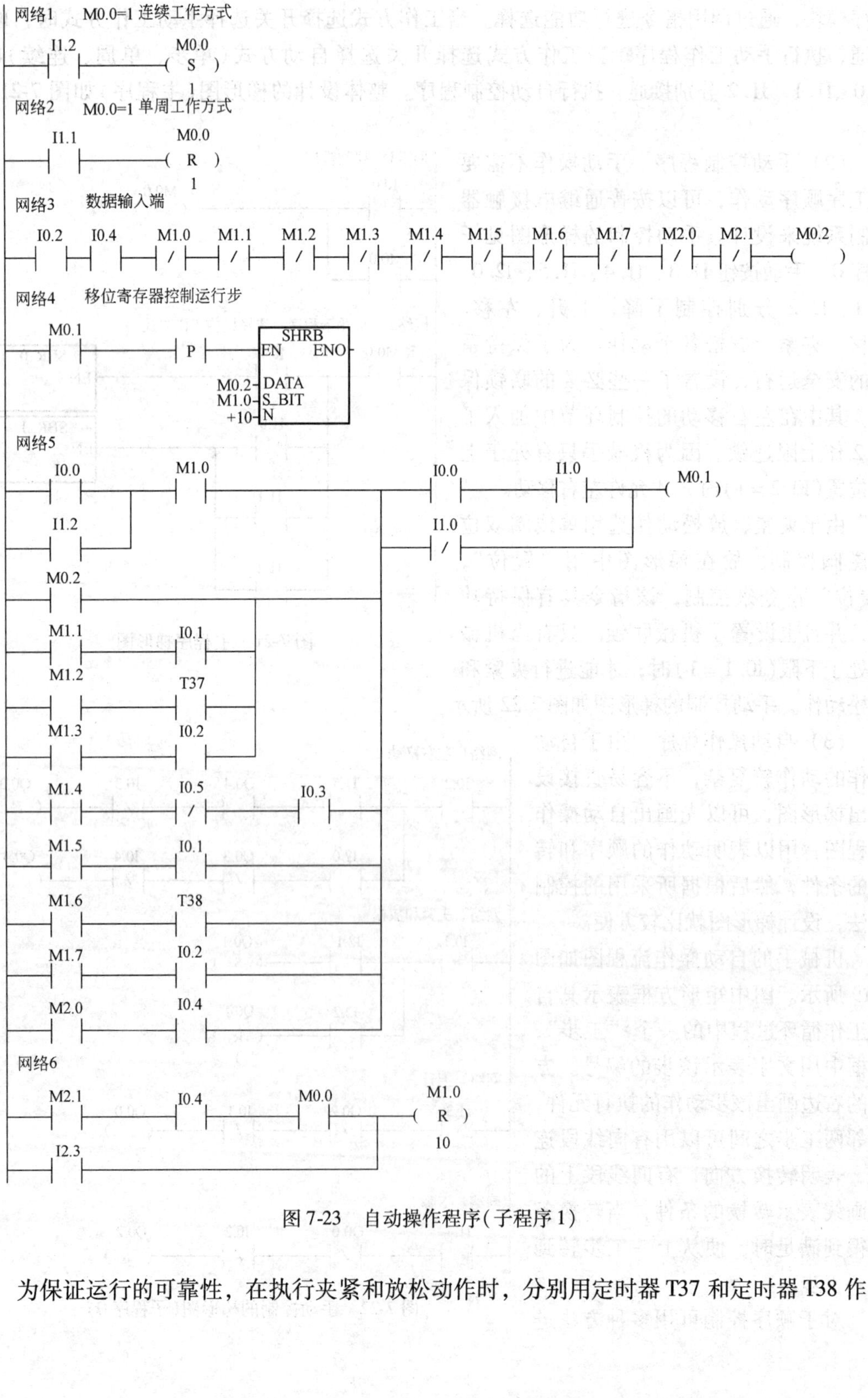

网络1　M0.0=1 连续工作方式

I1.2　M0.0 (S) 1

网络2　M0.0=1 单周工作方式

I1.1　M0.0 (R) 1

网络3　数据输入端

I0.2　I0.4　M1.0 /　M1.1 /　M1.2 /　M1.3 /　M1.4 /　M1.5 /　M1.6 /　M1.7 /　M2.0 /　M2.1 /　M0.2 ( )

网络4　移位寄存器控制运行步

M0.1　P　SHRB EN ENO

M0.2-DATA　M1.0-S_BIT　+10-N

网络5

I0.0　M1.0　I0.0　I1.0　M0.1 ( )

I1.2　I1.0 /

M0.2

M1.1　I0.1

M1.2　T37

M1.3　I0.2

M1.4　I0.5 /　I0.3

M1.5　I0.1

M1.6　T38

M1.7　I0.2

M2.0　I0.4

网络6

M2.1　I0.4　M0.0　M1.0 (R) 10

I2.3

图 7-23　自动操作程序(子程序 1)

为保证运行的可靠性，在执行夹紧和放松动作时，分别用定时器 T37 和定时器 T38 作为转换的条件，并采用具有保持功能的继电器(M0. X)为夹紧电磁阀线圈供电。其工作过程分析如下：

1）机构处于原位，上限位和左限位行程开关闭合，I0.2、I0.4 接通，移位寄存器首位 M1.0 置“1”，Q0.5 输出原位显示，机构当前处于原位。

2）按下起动按钮，I0.0 接通，产生移位信号，使移位寄存器右移一位，M1.1 置“1”(同时 M1.0 恢复为零)，M1.1 得电，Q0.0 输出下降信号。

3）下降至下限位，下限位开关受压，I0.1 接通，移位寄存器右移一位，移位结果使 M1.2 为“1”，(其余为零)，Q0.1 接通，夹紧动作开始，同时 T37 接通，定时器开始计时。

4）经延时(与设定 K 值)，T37 触点接通，移位寄存器又右移一位，使 M1.3 置“1”(其余为零)，Q0.2 接通，机构上升。由于 M1.2 为 1，夹紧动作继续执行。

5）上升至上限位，上限位开关受压，I0.2 接通，寄存器在右移一位，M1.4 置“1”(其余为零)，Q0.3 接通，机构右行。

6）右行至右限位，I0.3 接通，将寄存器中“1”移到 M1.5，Q0.0 得电，机构再次下降。

7）下降至下限位，下限位开关受压，移位寄存器又右移一位，使 M1.6 置“1”（其余为零)，Q0.1 复位，机构放松，放下搬运零件同时接通 T38 定时器，定时器开始计时。

8）延时时间到，T38 常开点闭合，移位寄存器移位，M1.7 置“1”（其余为零)，Q0.2 再次得电上升。

9）上升至上限位，上限位开关受压，I0.2 闭合，移位寄存器右移一位，M2.0 置“1”（其余为零），Q0.4 置“1”，机构左行。

左行至原位后，左限位开关受压，I0.4 接通，寄存器仍右移一位，M2.1 置“1”（其余为零)，一个自动循环结束。

自动操作程序中包含了单周或连续运动。程序执行单周或连续取决于工作方式选择开关。当选择连续方式时，I1.2 使 M0.0 置“1”。当机构回到原位时，移位寄存器自动复位，并使 M1.0 为“1”。同时 I1.2 闭合，又获得一个移位信号，机构按顺序反复执行。当选择单周期操作方式时，I1.1 使 M0.0 为“0”。当机构回到原位时，按下起动按钮，机构自动动作一个运动周期后停止在原位。自动操作的梯形图程序如图 7-23 所示。

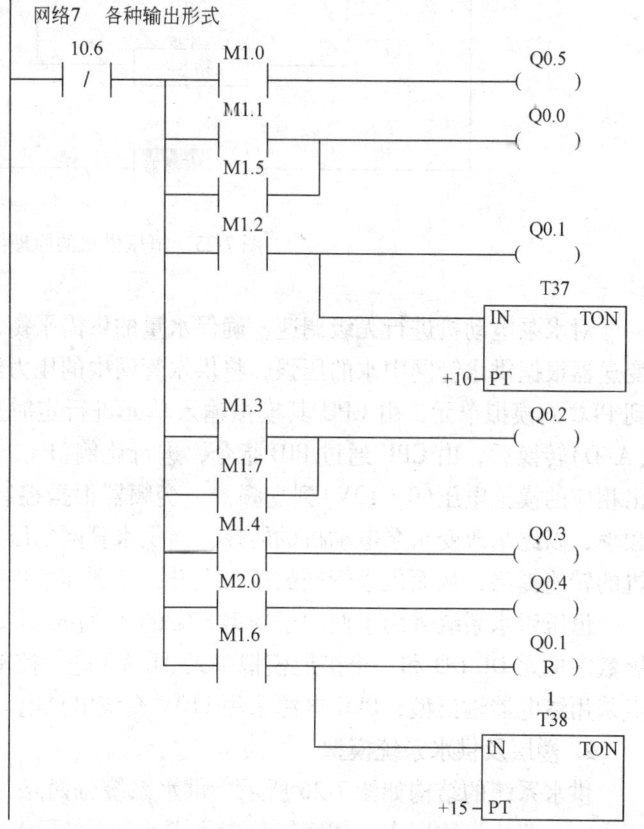

图 7-24　输出梯形图

单步动作时每按一次起动按钮，机构按动作顺序向前步进一步。控制逻辑与自动操作基本一致，所以只需在自动操作梯形图上添加步进控制逻辑。在图 7-23 中，移位寄存器的使能控制用 M0.1 来控制，M0.1 的控制电路串接有一个梯形图块，该块的逻辑为 $I0.0 \cdot I1.0 + \overline{I1.0}$。当处于单步状态 I1.0 = 1 时，移位寄存器能否移位，取决于上一步是否完成和起动按钮是否按下。

(4) 输出显示程序　机械手的运动主要包括上升、下降、左行、右行、夹紧、放松，在控制程序中 M1.1、M1.5 分别控制左右下降，M1.2 控制夹紧，M1.6 控制放松，M1.3、M1.7 分别控制左右上升，M1.4、M2.0 分别控制左、右运行，M1.0 原位显示，据此可设计出输出梯形图如图 7-24 所示。

五、PLC 控制的恒压供水系统

1. 总体方案

采用高性能、模块化结构、带模拟量通道且具备网络功能的西门子 S7-200 可编程序控制器，配合变频器(VVVF)，完成无塔供水自动控制，其供水原理框图如图 7-25 所示。

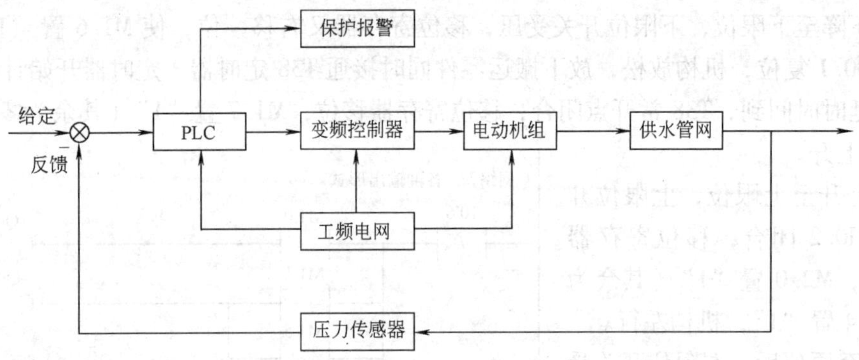

图 7-25　恒压供水的原理框图

对水泵电动机进行无级调速，确保水量的供需平衡，并达到系统经济运行的目的。压力变送器根据供水管网中水的压强，将供水管网中的压力经变送器变换相应的模拟电压后输入到 PLC 的模拟单元，由 CPU 其模拟输入单元进行定时采样，采样结果与给定值经过模/数(A/D)转换后，由 CPU 通过 PID 指令，进行比例(P)、积分(I)、微分(D)运算调节后，输出相应的模拟电压(0 ~ 10V)到变频器。变频器根据控制电压的高低改变变频器的输出电压频率，以此来改变水泵电动机的转速。当供水管网的压力降低时，通过 PID 调节，水泵电动机的转速提高，从而供水管网的压力上升，达到连续控制其流量和压力的目的。

恒压供水系统采用了西门子新型 S7-200 系列的 S7-215 微型可编程序控制器，带一个扩展数字单元 DI/DO 和一个扩展模拟单元 AI/AO 进行控制，输入点采用 24V 直流电源，输出点采用继电器输出型，PLC 电源采用 110V 交流电供电。

2. 楼层及供水系统模型

供水系统的结构如图 7-26 所示。供水系统分两路，一路为变频器调速系统提供的生活用水，一路为消防用水。楼底层放置水源水箱(实际生活中水源水箱可放在地下室中)，顶部放置消防水箱。水箱内有水位检测仪，当高位水箱(或水源蓄水池)液面高于溢流水位时自动报警；当液面低于最低报警水位时，自动报警。当发生火灾时，消防泵自动起动，如果蓄水池液面达到最高设定水位，将自动停止。

3. PLC 的 I/O 点分配

该闭环控制系统的 PID 运算由 S7-200 主机右侧的模拟量扩展模块 EM235 来完成。调节接入模拟输入端的电位器可设置压力给定值（SPn），过程变量（PVn）由压力变送器输入，PID 调节器的运算结果从 EM235 的输出端以模拟量的形式输出，经滤波后接入变频器，作为变频器的控制信号，实现变频调速。本供水系统的 I/O 点分配见表 7-7。

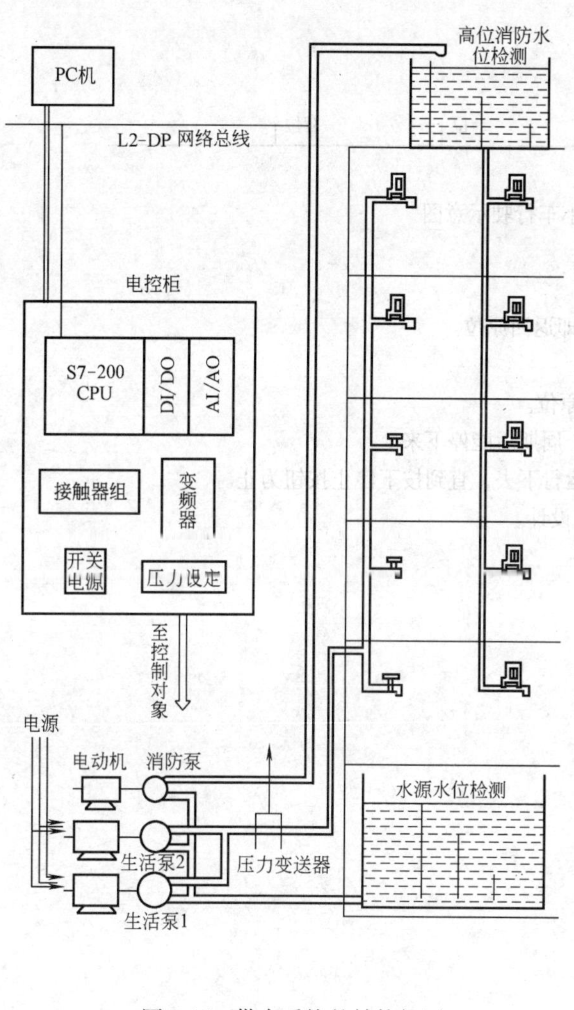

图 7-26　供水系统的结构框图

表 7-7　恒压供水系统的 I/O 分配表

输入点	对应信号	输出点	对应信号
I0.0	变频起动	Q0.0	变频泵起动接触器
I0.1	消防停止	Q0.1	消防泵起动接触器
I0.2	变频停止	Q0.2	故障指示
I0.3	自动运行开关	Q0.3	变频停止按钮指示灯
I0.4	泵 1 开关	Q0.4	消防泵运行指示灯
I0.5	泵 2 开关	Q0.5	消防泵起动按钮指示灯
I0.6	—	Q0.6	消防泵停止按钮指示灯
I0.7	—	Q0.7	变频泵 1 运行指示灯
I1.0	水源水位 1	Q1.0	变频泵 2 运行指示灯
I1.1	水源水位 2	Q1.1	变频起动按钮指示灯
I1.2	水源水位 3	Q1.2	
I1.3	水源水位 4	Q1.3	
I1.4	水源水位 5	Q1.4	
I1.5	—	Q1.5	
I1.6	—	Q1.6	
I2.0	消防水箱水位 1	AIW0	给定模拟输入量
I2.1	消防水箱水位 2	AIW1	变送器的反馈模拟输入量
I2.2	消防水箱水位 3	AQW0	运算后的模拟输出量
I2.3	消防水箱水位 4		
I2.4	消防水箱水位 5		
I2.5	电磁泵 1 的过载保护		
I2.6	电磁泵 2 的过载保护		
I2.7	消防起动		

该供水系统 PLC 梯形图程序可在 Step7FORWIN 系统软件上完成，然后通过 PC/PPI 电缆线将程序传入 PLC 的存储区内。

思考题与习题

1. PLC 应用控制系统的硬件和软件的设计原则和内容是什么？
2. 选择 PLC 机型的主要依据是什么？

3. 用功能流程图的方法分析图 7-6 所示的 PLC 控制程序。

4. 在选择输出模块时，应如何考虑其驱动能力？

现有三条运输带，每条带都由一台电动机拖动。按下起动按钮以后，3 号运输带开始运行。5s 以后，2 号运输带自动起动，再过 5s 以后，1 号运输带自动起动。停机的顺序与起动的顺序正好相反，间隔时间仍为 5s。试设计出该系统的 PLC 接线图以及相应的梯形图程序。

5. 某自动生产线上，使用有轨小车来运转工序之间的物件，小车的驱动采用电动机拖动，其行驶示意图如图 7-27 所示。电动机正转，小车前进；电动机反转，小车后退。

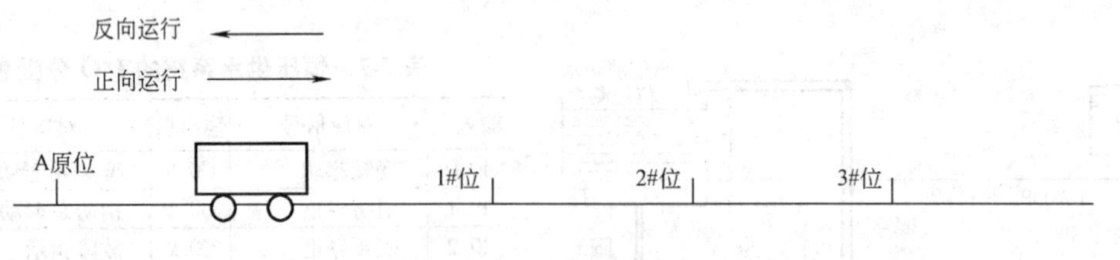

图 7-27　小车行驶示意图

控制过程为：

1）小车从原位 A 出发驶向 1#位，抵达后，立即返回原位。

2）接着直向 2#位驶去，到达后立即返回原位。

3）第三次出发一直驶向来 3#位，到达后返回原位。

4）必要时，小车按上述要求出发三次运行一个周期后能停下来。

5）根据需要，小车能重复上述过程，不停地运行下去，直到按下停止按钮为止。

要求：按 PLC 控制系统设计的步骤进行完整的设计。

第八章　数控设备中的可编程序控制器

数控机床是集机床、计算机、电动机及拖动、自动控制、检测等技术为一体的自动化设备，本章主要以数控机床为例介绍可编程序控制器在数控加工设备中的应用。对数控机床的控制主要是计算机数控系统（CNC），它与主轴驱动器、各伺服驱动器相连接，依靠内部CNC程序控制各轴的协调运动，完成机械零件的高精度加工。除了对坐标轴运动进行位置控制外，还要对诸如主轴的正、反转及停止，刀具交换，工件的夹紧、松开，切削液的开、关以及润滑系统的运行等辅助功能进行顺序控制。顺序控制的信息主要是开关量信号，由可编程序控制器控制。

第一节　数控机床 PLC 概述

一、数控机床 PLC 的控制对象

数控机床的控制可分为两大部分：一部分是坐标轴运动的位置控制；另一部分是数控机床加工过程的顺序控制。在讨论PLC、CNC和机床各机械部件、机床辅助装置、强电电路之间的关系时，常把数控机床分为“NC侧”和“MT侧”（即机床侧）两大部分。“NC侧”包括CNC系统的硬件和软件、与CNC系统连接的外部设备。“MT侧”包括机床机械部分及其液压、气压、冷却、润滑、排屑等辅助装置，机床操作面板，继电器电路，机床强电电路等。PLC处于NC和MT之间，对NC侧和MT侧的输入/输出信号进行处理。

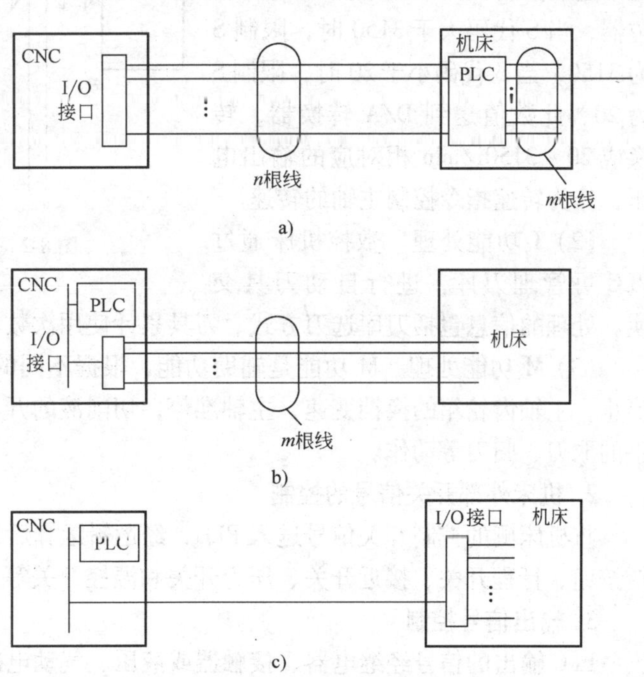

图 8-1　PLC 在数控机床中的配置方式

a）PLC 在机床一侧　b）PLC 在 CNC 侧

c）输入/输出接口在机床侧

MT侧顺序控制的最终对象随数控机床的类型、结构、辅助装置等的不同而有很大差别。机床机构越复杂，辅助装置越多，最终受控对象也越多。一般来说，最终受控对象的数量和顺序控制程序的复杂程度从低到高依次为CNC车床、CNC铣床、加工中心、FMC、FMS。

（一）PLC 在数控机床中有三种不同的配置方式

1）PLC 在机床一侧，代替了传统的继电器-接触器逻辑控制，PLC 有$(m+n)$个输入/输出(I/O)点，如图 8-1a 所示。

2）PLC 在电气控制柜中，PLC 有 m 个输入/输出(I/O)点，如图 8-1b 所示。

3）PLC 在电气控制柜中，而输入/输出接口在机床一侧，如图 8-1c 所示，这种配置方式使 CNC 与机床接口的电缆大为减少。

图 8-2 所示为数控机床 PLC 输入/输出信号示意图。

（二）数控机床输入/输出信号的处理包括

1. 机床操作面板控制

将操作面板上的控制信号直接送入数控系统的接口信号区，以控制数控系统的运行，其中，包括 M、S、T 功能。

（1）S 功能处理　主轴转速可以用 S 二位代码或四位代码直接指定。在 PLC 中可容易地用四位代码直接指定转速。如某数控机床主轴的最高、最低转速分别为 3150r/min 和 20r/min，CNC 送出 S 四位代码至 PLC，将十进制数转换为二进制数后送到限位器，当 S 代码大于 3150 时，限制 S 为 3150，当 S 代码小于 20 时，限制 S 为 20，此数值送到 D/A 转换器，转换成 20～3150r/min 相对应的输出电压，作为转速指令控制主轴的转速。

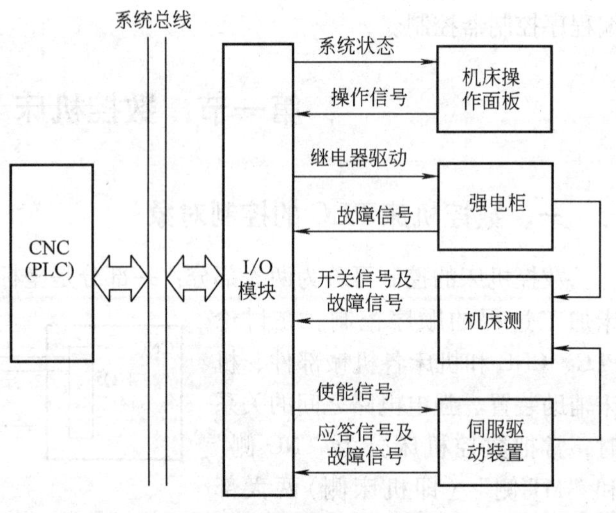

图 8-2　数控机床 PLC 输入/输出信号

（2）T 功能处理　数控机床通过 PLC 可管理刀库，进行自动刀具交换。处理的信息包括刀库选刀方式、刀具累计使用次数、刀具剩余寿命和刀具刃磨次数等。

（3）M 功能处理　M 功能是辅助功能，根据不同的 M 代码，可控制主轴的正、反转和停止，主轴齿轮箱的换挡变速，主轴准停，切削液的开、关，卡盘的夹紧、松开及换刀机械手的取刀、归刀等动作。

2. 机床外部开关信号的控制

将机床侧的控制开关信号送入 PLC，经逻辑运算后，输出给控制对象。这些控制开关包括按钮、行程开关、接近开关、压力开关和温控开关等。

3. 输出信号控制

PLC 输出的信号经继电器、接触器或液压、气动电磁阀对刀库、机械手和回转工作台等装置进行控制，另外还有冷却、润滑和液压泵电动机等的控制。

4. 伺服控制

控制主轴、伺服进给及刀库驱动的使能信号，以满足伺服驱动的条件。

5. 报警处理控制

当出现故障时，PLC 收集强电柜、机床侧和伺服驱动的故障信号，将报警标志区中的相应报警标志位置位，数控系统便显示报警号及报警文本以方便故障诊断。

二、数控机床 PLC 的形式

数控机床用 PLC 可分为两类：一类是专为实现数控机床顺序控制而设计制造的内装型 PLC(Built-inType)；另一类是那些输入/输出接口技术规范、输入/输出点数、程序存储容量以及运算和控制功能等均能满足数控机床控制要求的独立型 PLC(Stand-aloneType)。

1. 内装型 PLC

内装型 PLC 从属于 CNC 装置，PLC 与 NC 间的信号传送在 CNC 装置内部即可实现。PLC 与 MT(机床侧)则通过 CNC 输入/输出接口电路实现信号传送，如图 8-3 所示。

内装型 PLC 有以下特点：

1）内装型 PLC 实际上是 CNC 装置带有的 PLC 功能，一般是作为一种基本的功能提供给用户。

2）内装型 PLC 的性能指标(如输入/输出点数、程序最大步数、每步执行时间、程序扫描时间、功能指令数目等)是根据所从属的 CNC 系统的规格、性能、适用机床的类型等确定的，其硬件和软件部分是被作为 CNC 系统的基本功能或附加功能与 CNC 系统一起统一设计制造的，因此系统硬件和软件整体结构十分紧凑，PLC 所具有的功能针对性强，技术指标较合理、实用，较适用于单台数控机床及加工中心等场合。

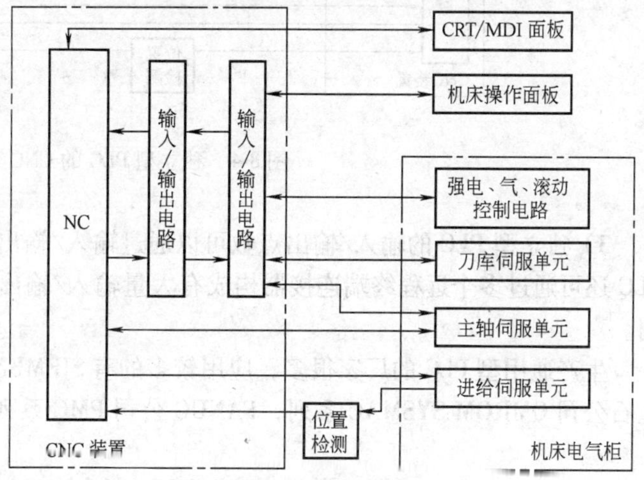

图 8-3　内装型 PLC 的 CNC 系统

3）在系统的结构上，内装型 PLC 可与 CNC 共用 CPU，也可单独使用一个 CPU；内装型 PLC 一般单独制成一块附加板，插装到 CNC 主板插座上，不单独配备 I/O 接口，而使用 CNC 系统本身的 I/O 接口；PLC 控制部分及部分 I/O 电路所用电源(一般是输入口电源，而输出电源是另配的)由 CNC 装置提供，不另备电源。

4）采用内装型 PLC 结构时，CNC 系统具有高级控制功能，如梯形图编辑和传送功能等。

目前世界上著名的 CNC 厂家在其生产的 CNC 系统中，大多开发了内装型 PLC 功能。常见的有 FANUC 公司的 FS-0(PMC-L/M)、FS-0 Mate(PMC-L/M)、FS-3(PC-D)、FS-6(PC-A、PC-B)、FS-10/11(PMC-I)、FS-15(PMC-N)；SIEMENS 公司的 SINU—MERIK810/820；A-B 公司的 8200、8400、8500 等。

2. 独立型 PLC

独立型 PLC 又称通用型 PLC。独立型 PLC 独立于 CNC 装置，具有完备的硬件和软件功能，是能够独立完成规定控制任务的装置。采用独立型 PLC 的数控机床系统框图如图 8-4 所示。独立型 PLC 有以下特点：

1）独立型 PLC 的基本功能结构与前所述的通用型 PLC 完全相同。

2）数控机床应用的独立型 PLC 一般采用中型或大型 PLC，I/O 点数一般在 200 点以上，所以多采用积木式模块化结构，具有安装方便、功能易于扩展和变换等优点。

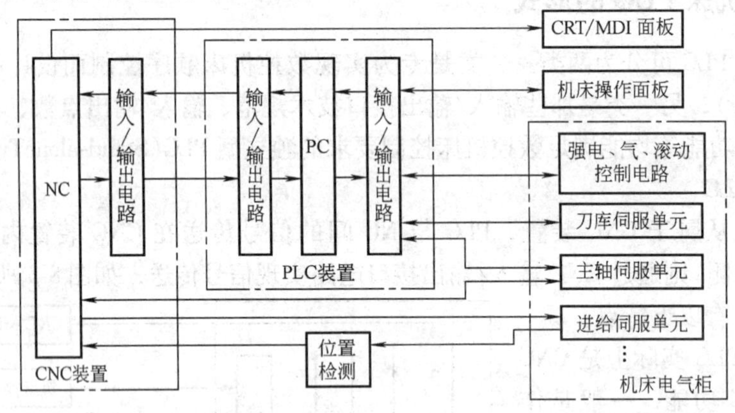

图 8-4　独立型 PLC 的 CNC 系统

3）独立型 PLC 的输入/输出点数可以通过输入/输出模块的增减灵活配置。有的独立型 PLC 还可通过多个远程终端连接器构成有大量输入/输出点的网络，以实现大范围的集中控制。

生产通用型 PLC 的厂家很多，应用较多的有 SIEMENS 公司 SIMATIC S5、S7 系列，日本立石公司 OMROM SYSMAC 系列，FANUC 公司 PMC 系列，三菱公司 FX 系列等。

第二节　FANUC 数控系统中的 PLC

一、FANUC 数控系统内置 PLC 概述

FANUC 系列的不同数控系统内置 PLC 有 PMC-A、PMC-B、PMC-C、PMC-D、PMC-G 和 PMC-L 等多种型号，它们分别适用于不同的 FANUC 数控系统，组成内装式的 PLC。PMC 的顺序程序一般使用梯形图编程并可以由编程装置转换成机器码并写入到数控系统的 EPROM 中。

FANUC 系列 PMC 的指令系统由基本指令和功能指令构成。不同型号 PMC 拥有完全一样的指令系统，但功能指令的条数不同，供用户使用的最大程序存储容量也不同，必须在具体的 CNC 系统允许的地址和程序步数范围内使用。

图 8-5 为 FANUC 系列数控系统的 CNC、PMC 及机床强电之间的信号联系和地址分类示意图。在 FUNUC 数控系统的 PMC 编程时，可以使用的分类地址如下：

1. PMC 和机床强电之间的地址分配

（1）PMC 的输入点 X（机床强电输入→PMC）PMC 的输入点是来自机床强电的按钮、转换开关、行程开关等的物理连接点，用符号 X、单元地址数和位数来表示。可供使用的输入单元数目随机型有所不同，位数从 0 ~ 7，不能够被使用的单元或位应遵循具体机型的规定。

如输入点 X2.1 连接数控机床的点动 X + 按钮，则当数控机床的 X + 按钮按下时，PMC 程序将识别该输入点的状态为“1”。同样，如 X12.3 连接自动换刀臂的下降到位传感器，

则当自动换刀臂下降到位时，PMC 可以立即获得动作信息。

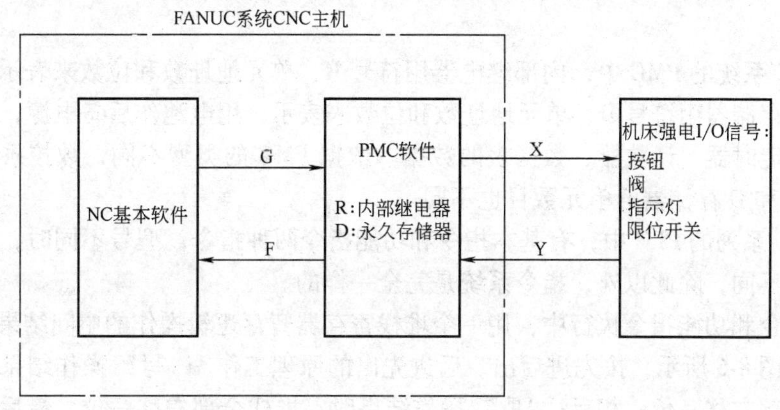

图 8-5 FANUC 系列 CNC、PMC 及机床强电之间的信号联系

同普通 PLC 输入点的使用一样，一般来说用户可以自由定义和分配输入点，但在 FANUC 系列 PMC 的使用中，有若干个机床输入信号的地址是固定的，在硬件设计和编程时必须接固定的输入点。例如，*X* 轴测量位置到达信号的输入地址为 X8.0，*Z* 轴测量位置到达信号的输入地址为 X8.1，*X* 轴参考点返回减速的输入地址为 X16.5，紧急停止信号的输入地址为 X21.4 等。

（2）PMC 的输出点 Y(PMC→机床强电)PMC 的输出点用来向机床侧输出顺序控制程序的执行结果，驱动具体的电磁阀、信号灯、继电器、接触器等实现正确的机械动作，用符号 Y、单元地址数和位数来表示。可供使用的输出单元数目也随机型有所不同，位数从 0 ~ 7，不能够被使用的单元或位也需遵循具体机型的规定。例如，某数控加工中心 PMC 的输出点 Y48.7 连接数控机床的主轴正转指示灯，Y49.3 连接主轴停止指示灯，Y51.7 用来控制换刀臂上升气阀。

2. PMC 和 NC 软件模块之间的内部信号地址分配

（1）从 PMC 发向 NC 的内部信号 G(PMC→NC)PMC 用户程序和 NC 基本程序是两个软件模块，它们之间没有物理连接端点，只有内部信号的传递。从 PMC 发向 NC 的内部信号地址用符号 G、单元地址数和位数来表示。信号内容和地址是 CNC 系统设计时就已经固定下来的，PMC 用户只能按定义使用。从 PMC 发向 NC 的内部信号有上百个，只要 PMC 程序执行顺序动作过程中需要 NC 进入某种工作方式或要求 NC 配合控制轴动作，就需要使用向 NC 输出 G 信号的程序。例如，G102.2 为循环起动：当有人按下循环起动按钮，PMC 识别按钮动作且判断可以安全执行这个循环起动动作时，PMC 程序即向 NC 发出 G102.2 置“1”信号，再由数控系统的 NC 基本程序起动自动循环加工。

（2）由 NC 发出的可供 PMC 读入使用的内部信号 F(NC→PMC)由 NC 发出的可供 PMC 读入使用的内部信号地址用符号 F、单元地址数和位数来表示。G 信号的内容和地址也由数控系统统一定义，PMC 用户只能按定义使用，不能改变。从 PMC 发向 NC 的内部信号也有上百个，如 PMC 程序的顺序动作执行需要以 NC 的当前执行状态信号为依据，就需要将来自 NC 的 F 信号作为输入信号编程使用。例如，F148.0 为 *X* 轴在原位信号，F148.1 为 *Y* 轴在原位信号，F148.2 为 Z 轴在原位信号，当 X、Y、Z 轴在原位时这三个 F 信号将分别被 NC 程序置“1”，假如 PMC 执行某个动作需要 Y 轴在原位这个条件，PMC 程序即可使用 F148.1 变量。

在 FANUC 系统的 PMC 中，内部继电器用符号 R、单元地址数和位数来表示；有断电锁存功能的固定存储器用符号 D、单元地址数和位数来表示，用电池作后备电源，可用作保持继电器或保存定时器、计数器、数据表的数据。依据 PMC 的类型不同，数控系统提供给用户的 R 继电器和 D 存储器的单元数目也不同。

在 FANUC 系列的 PLC 中，有基本指令和功能指令两种指令，型号不同时，只是功能指令的数目有所不同，除此以外，指令系统是完全一样的。

在基本指令和功能指令执行中，用一个堆栈寄存器暂存逻辑操作的中间结果，堆栈寄存器有 9 位，如图 8-6 所示，按先进后出、后进先出的原理工作。“写”操作结果压入时，堆栈各原状态全部左移一位；相反，“取”操作结果时，堆栈全部右移一位，最后压入的信号首先恢复读出。

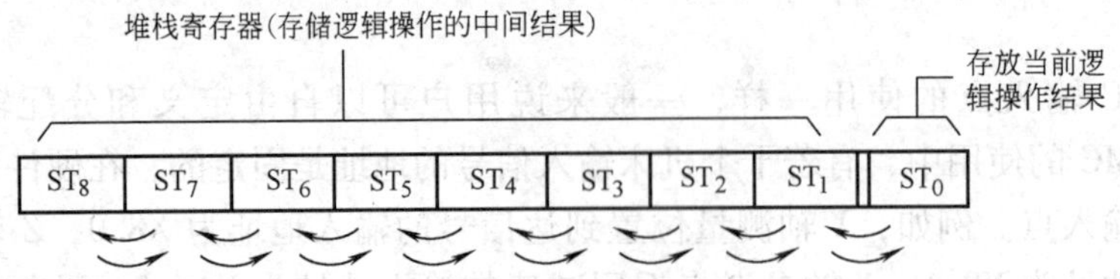

图 8-6　堆栈寄存器操作顺序

二、基本指令

FANUC 数控系统 PMC 基本指令共 12 条，指令及处理内容见表 8-1。

表 8-1　基本指令和处理内容

序号	指　令	处 理 内 容
1	RD	读指令信号的状态，并写入 ST_0 中。在一个梯级开始的节点是常开节点时使用
2	RD. NOT	将信号的“非”状态读出，送入 ST_0 中，在一个梯级开始的节点是常闭节点时使用
3	WRT	输出运算结果(ST_0 的状态)到指定地址
4	WRT. NOT	输出运算结果(ST_0 的状态)的“非”状态到指定地址
5	AND	将 ST_0 的状态与指定地址的信号状态相“与”后，再置于 ST_0 中
6	AND. NOT	将 ST_0 的状态与指定地址的信号的“非”状态相“与”后，再置于 ST_0 中
7	OR	将指定地址的状态与 ST_0 相“或”后，再置于 ST_0
8	OR. NOT	将指定地址的“非”状态与 ST_0 相“或”后，再置于 ST_0
9	RD. STK	堆栈寄存器左移一位，并把指定地址的状态置于 ST_0
10	RD. NOT. STK	堆栈寄存器左移一位，并把指定地址的状态取“非”后再置于 ST_0
11	AND. STK	将 ST_0 和 ST_1 的内容执行逻辑“与”，结果存于 ST_0，堆栈寄存器右移一位
12	OR. STK	将 ST_0 和 ST_1 的内容逻辑“或”，结果存于 ST_0，堆栈寄存器右移一位

基本指令格式如下：

××　　　　　　　0000.0

指令操作码　　　　地址号　位数

操作数据

如 RD100.6，其中，RD 为操作指令码；100.6 为操作数据，即指令操作对象，它实际上是 PLC 内部数据存储器某一个单元中的一位；100.6 表示第 100 号存储单元中的第 6 位。RD 100.6 执行的结果，就是把 100.6 这一位的数据状态“1”或“0”读出并写入结果寄存器 ST_0 中。图 8-7 所示为梯形图的例子及用编程器向 PLC 输入的程序语句表。

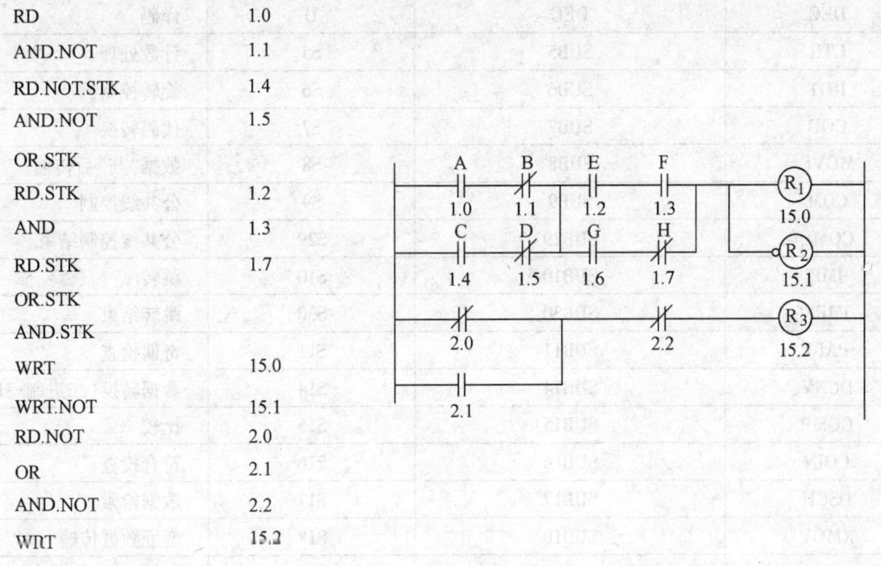

图 8-7　梯形图及语句表

需要说明的是，本例一部分是“块”操作形式。信号 1.0、1.1 是一组，1.4、1.5 又是一组，每一组中的两信号是“与”操作，两组间又是“或”操作，组成一大块；信号 1.2、1.3、1.6、1.7 又是类似的情况，组成另一大块，两大块之间再进行“与”操作。

三、功能指令

数控机床用的 PLC 指令必须满足数控机床信息处理和动作控制的特殊要求，例如 CNC 输出的 M、S、T 二进制代码信号的译码(DEC)；机械运动状态或液压系统动作状态的延时(TMR)确认；加工零件的计数(CTR)；刀库、分度工作台沿最短路径旋转和现在位置至目标位置步数的计算(ROT)；换刀时数据检索(DSCH)和数据变址传送指令(XMOV)等。对于上述的译码、定时、计数、最短路径选择，以及比较、检索、转移、代码转换、四则运算、信息显示等控制功能，仅用一位操作的基本指令编程，实现起来将会十分困难，因此要增加一些具有专门控制功能的指令，这些专门指令就是功能指令。功能指令都是一些子程序，应用功能指令就是调用相应的子程序。FANUCPLC 的功能指令数目视型号不同而有所不同，其中，PMC-A、C、D 为 22 条；PMC-B、G 为 23 条；PMC-L 为 35 条。表 8-2 所示为 PMC-L 功能指令和处理内容。

表 8-2 功能指令和处理内容

序号	指 令			处理内容
	格式 1 用于梯形图	格式 2 用于纸带穿孔和程序显示	格式 3 用于程序输入	
1	ENDl	SUBl	S1	1 级(高级)程序结束
2	END2	SUB2	S2	2 级程序结束
3	END3	SUB48	S48	3 级程序结束
4	TMR	TMR	T	定时器处理
5	TMRB	SUB24	S24	固定定时器处理
6	DEC	DEC	D	译码
7	CTR	SUB5	S5	计数处理
8	ROT	SUB6	S6	旋转控制
9	COD	SUB7	S7	代码转换
10	MOVE	SUB8	S8	数据“与”后传输
11	COM	SUB9	S9	公共线控制
12	COME	SUB29	S29	公共线控制结束
13	JMP	SUB10	S10	跳转
14	JMPE	SUB30	S30	跳转结束
15	PARI	SUB11	S11	奇偶检查
16	DCNV	SUB14	S14	数据转换(二进制↔BCD 码)
17	COMP	SUB15	S15	比较
18	COIN	SUB16	S16	符合检查
19	DSCH	SUB17	S17	数据检索
20	XMOV	SUB18	S18	变址数据传输
21	ADD	SUB19	S19	加法运算
22	SUB	SUB20	S20	减法运算
23	MUL	SUB21	S21	乘法运算
24	DIV	SUB22	S22	除法运算
25	NUME	SUB23	S23	定义常数
26	PACTL	SUB25	S25	位置 Mate-A
27	CODB	SUB27	S27	二进制代码转换
28	DCNVB	SUB31	S31	扩展数据转换
29	COMPB	SUB32	S32	二进制数比较
30	ADDB	SUB36	S36	二进制数加
31	SUBB	SUB37	S37	二进制数减
32	MULB	SUB38	S38	二进制数乘
33	DIVB	SUB39	S39	二进制数除
34	NUMEB	SUB40	S40	定义二进制常数
35	DISP	SUB49	S49	在 CNC 的 CRT 上显示信息

1. 功能指令的格式

功能指令不能使用继电器的符号，必须使用图 8-8 所示的格式符号。这种格式包括：控制条件、指令标号、参数和输出几个部分。

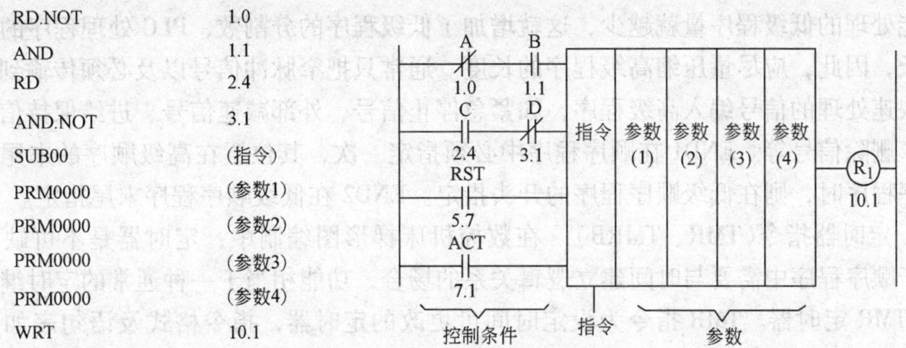

图 8-8　功能指令格式及语句表

（1）控制条件　控制条件的数量和意义随功能指令的不同而变化。控制条件存入堆栈寄存器中，其顺序是固定不变的。

（2）指令标号　功能指令的种类见表 8-2，指令有三种格式，格式 1 用于梯形图；格式 2 用于纸带穿孔和程序显示；格式 3 是用编程器输入程序时的简化指令。对于 TMR 和 DEC 指令在编程器上有其专用指令键，其他功能指令则用 SUB 键和其后的数字键输入。

（3）参数　功能指令不同于基本指令，可以处理各种数据，数据本身或存有数据的地址可作为功能指令的参数，参数的数量和含义随指令的不同而不同。

（4）输出　功能指令的执行情况可用一位“1”和“0”表示，把它输出到 R_1 软继电器，R_1 软继电器的地址可随意确定，但有些功能指令不用 R_1，如 MOVE、COM、JMP 等。

2. 部分功能指令说明

（1）顺序程序结束指令（ENDl、END2）　ENDl：高级顺序程序结束指令；END2：低级顺序程序结束指令。

指令格式：

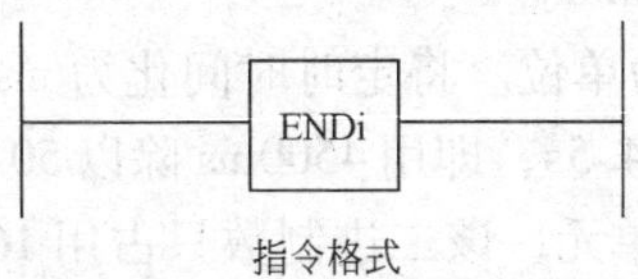

指令格式

其中，i = 1 或 2，分别表示高级和低级顺序程序结束指令。

一般数控机床的 PLC 程序处理时间为几十毫秒至上百毫秒，对数控机床的绝大多数信息，这个处理速度已足够了，但对某些要求快速响应的信号，尤其是脉冲信号，这个处理速度就不够了。为适应对不同控制信号的不同响应速度的要求，PLC 程序常分为高级程序和低级程序。PLC 处理高级程序和低级程序是按“时间分割周期”分段进行的。在每个定时分割周期，高级程序都被执行一次，定时分割周期的剩余时间执行低级程序，故每个定时分割周期只执行低级程序的一部分。也就是说低级程序被分割成几等分，低级程序执行一次的时间是几倍的定时周期，如图 8-9 所示。

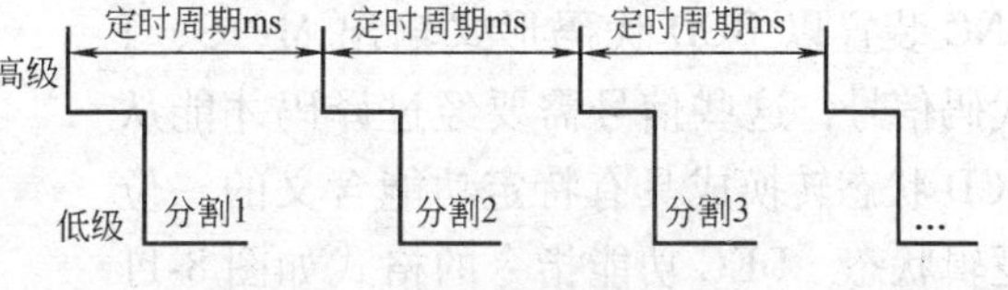

图 8-9　高级程序和低级程序

由上述可知，高级程序越长，每个定

时周期能处理的低级程序量就越少，这就增加了低级程序的分割数，PLC 处理程序的时间就拖得越长，因此，应尽量压缩高级程序的长度。通常只把窄脉冲信号以及必须传输到数控装置要求快速处理的信号编入高级程序，如紧急停止信号、外部减速信号、进给保持信号、倍率信号、删除信号等。END1 在顺序程序中必须指定一次，其位置在高级顺序的末尾；当无高级顺序程序时，则在低级顺序程序的开头指定。END2 在低级顺序程序末尾指定。

（2）定时器指令(TMR、TMRB)　在数控机床梯形图编制中，定时器是不可缺少的指令，用于顺序程序中需要与时间建立逻辑关系的场合，功能相当于一种通常的定时继电器。

1）TMR 定时器。TMR 指令为设定时间可更改的定时器，指令格式及语句表如图 8-10 所示。

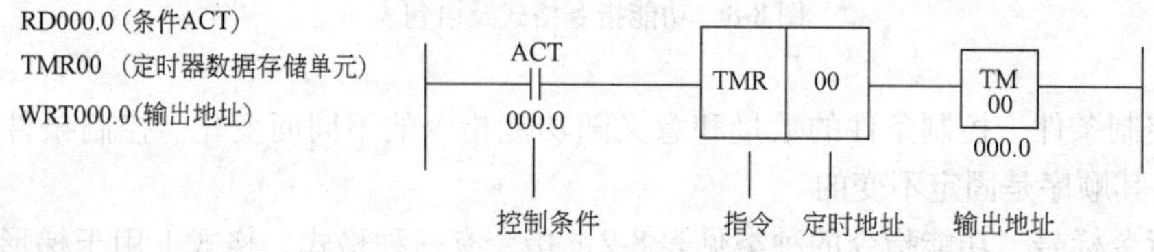

图 8-10　TMR 指令格式及语句表

定时器的工作原理是：当控制条件 ACT = 0 时，定时继电器 TM 断开；当 ACT = 1 时，定时器开始计时，到达预定的时间后，定时继电器 TM 接通。

定时器设定时间的更改可通过数控系统 CRT/MDI 在定时器数据地址中来设定，设定值用二进制数表示。例如有

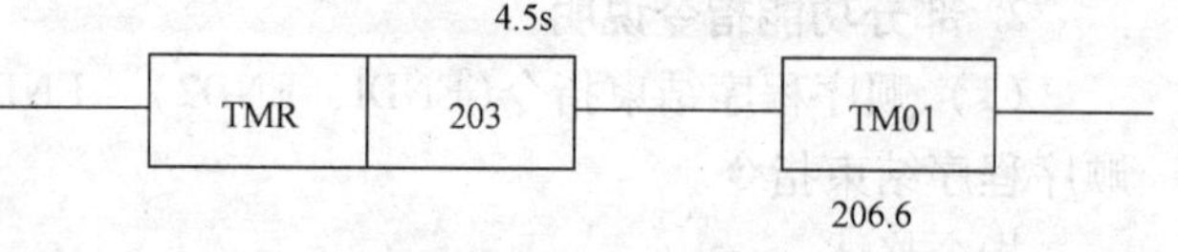

则 4.5s 的延时数据通过手动数据输入面板(MDI)在 CRT 上预先设定，由系统存入第 203 号数据存储单元，TM01 即 1 号定时继电器，数据位为 206.6。

定时器数据的设定以 50ms 为单位。将定时时间化为 ms 数再除以 50，然后以二进制数写入选定的储存单元。本例定时 4.5s，即用 4500ms 除以 50 得 90，将 90 以二进制数表示为 01011010，存入 203 号数据存储单元，该二进制数只占用 16 位的 203 号数据存储单元中的低 8 位。

2）TMRB 定时器。TMRB 为设定时间固定的定时器。TMRB 与 TMR 的区别在于，TMRB 的设定时间编在梯形图中，在指令和定时器号的后面加上一项参数预设定时间，与顺序程序一起被写入 EPROM，所设定的时间不能用 CRT/MDI 改写。

（3）译码指令(DEC)　数控机床在执行加工程序中规定的 M、S、T 机能时，CNC 装置以 BCD 代码形式输出 M、S、T 代码信号，这些信号需要经过译码才能从 BCD 状态转换成具有特定功能含义的一位逻辑状态。DEC 功能指令的格式如图 8-11 所示。

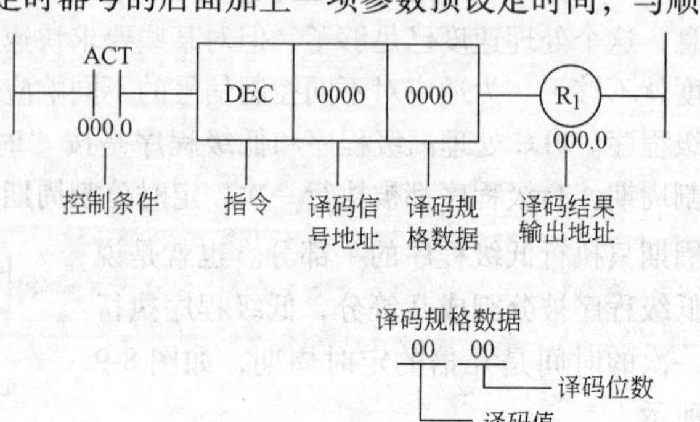

图 8-11　DEC 功能指令的格式

译码信号地址是指 CNC 至 PLC 的二节字 BCD 码的信号地址，译码规格数据由译码值和译码位数两部分组成，其中译码值只能是两位数，例如 M30 的译码值为 30。译码位数的设定有三种情况：

01：译码地址中的两位 BCD 码，高位码不译，只译低位码。

10：高位译码，低位不译码

11：两位 BCD 码均被译码

DEC 指令的工作原理是：当控制条件 ACT = 0 时，不译码，译码结果继电器 R_1 断开；当控制条件 ACT =1 时，执行译码，当指定译码信号地址中的代码与译码规格数据相同时，输出 $R_1=1$，否则 $R_1=0$。译码输出 R_1 的地址由设计人员确定。

例如，M30 的译码梯形图及语句表，如图 8-12 所示。

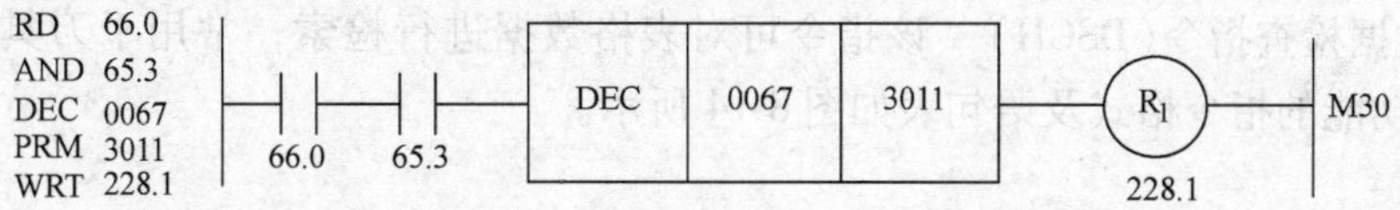

图 8-12　M30 译码梯形图及语句表

图中，0067 为译码信号地址，3011 表示对译码地址 0067 中的二位 BCD 码的高低位均译码，并判断该地址中的数据是否为 30，译码后的结果存入 228.1 地址中。

（4）旋转指令（ROT）　该指令可以对刀库、回转工作台等实现选择最短途径的旋转方向；计算现在位置和目标位置之间的步数；计算目标前一个位置的位置数或达到目标前一个位置的步距数。

ROT 功能的指令格式及语句表，如图 8-13 所示

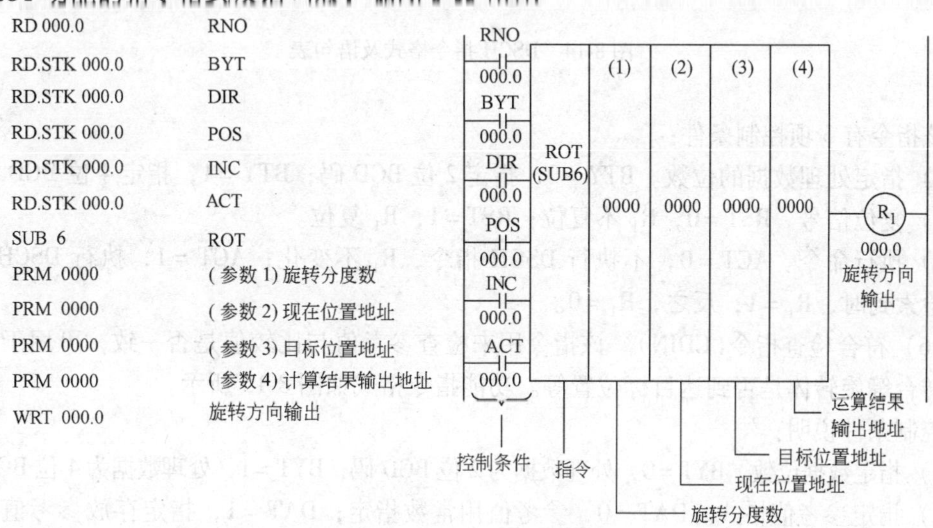

图 8-13　ROT 指令格式及语句表

该指令有 6 项控制条件：

1）指定起始位置数。RNO = 0，旋转起始位置数为 0；RNO =1，旋转起始位置数为 1。

2）指定处理数据（位置数据）的位数。BYT = 0，指定 2 位 BCD 码；BYT =1，指定 4

位 BCD 码。

3）选择最短路径的旋转方向。DIR =0，不选择，按正向旋转；DIR =1，选择。

4）指定计算条件。POS =0，计算现在位置与目标位置之间的步距数；POS =1，计算目标前一个位置数或计算到达目标前一个位置的步距数。

5）指定位置数或步距数。INC =0，指定计算位置数；INC =1，指定计算步距数。

6）执行命令。ACT =0，不执行 ROT 指令，R_1 变化；ACT =1，执行 ROT 指令，并有旋转方向输出。

旋转方向输出：当选择最短路径时有方向控制信号，该信号输出到 R_1。当 R_1 =0 时，旋转方向为正(正转)；当 R_1 =1 时，旋转方向为负(反转)。若位置数是递增的则为正转，反之，若位置数是递减的则为反转。R_1 地址可以任意选择。

（5）数据检查指令(DSCH)　该指令可对表格数据进行检索，常用于刀具 T 代码的检索。DSCH 功能的指令格式及语句表如图 8-14 所示。

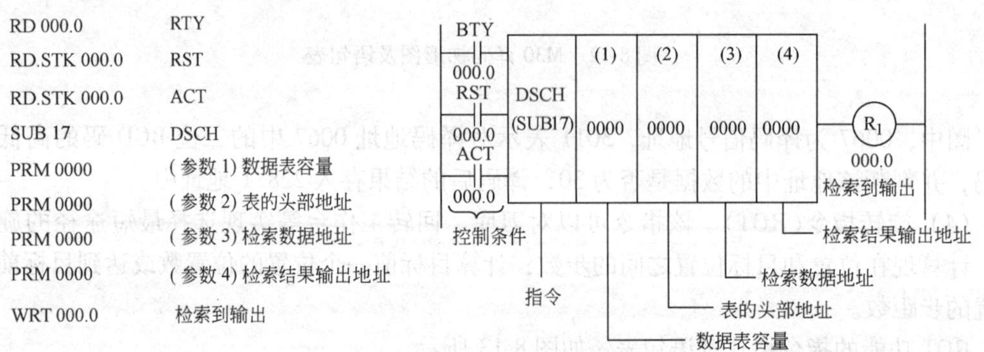

图 8-14　DSCH 指令格式及语句表

该指令有 3 项控制条件：

1）指定处理数据的位数。BTY =0，指定 2 位 BCD 码；BTY =1，指定 4 位 BCD 码。

2）复位信号。RST =0，R_1 不复位；RST =1，R_1 复位。

3）执行命令。ACT =0，不执行 DSCH 指令，R_1 不变化；ACT =1，执行 DSCH 指令，数据检索到时，R_1 =1；反之，R_1 =0。

（6）符合检查指令(CDIN)　该指令用来检查参考值与比较值是否一致，可用于检查刀库、转台等旋转体是否到达目标位置等。功能指令格式如图 8-15 所示。

控制条件说明：

1）指定数据位数。BYT =0，处理数据为 2 位 BCD 码；BYT =1，处理数据为 4 位 BCD 码。

2）指定参考值格式。DAT =0，参考值用常数指定；DAT =1，指定存放参考值的数据地址。

3）执行命令。ACT =0，不执行；ACT =1，执行 COIN 指令。

4）比较结果。R_1 =0，参考值 = 比较值。

（7）计数器指令(CTR)　CTR 为计数器指令，控制形式可按需要选择，其功能指令格式如图 8-16 所示。

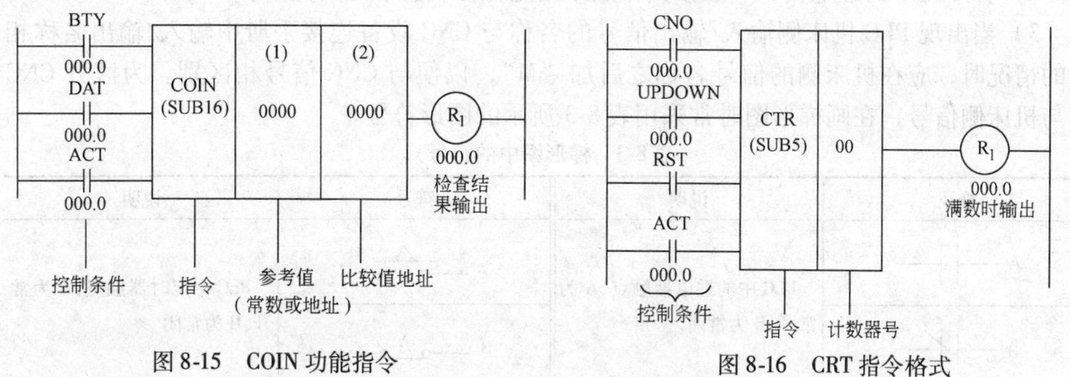

图 8-15　COIN 功能指令　　　　图 8-16　CRT 指令格式

指令格式说明：

1）指定初始值。CNO＝0，初始值为 0；CNO＝1，初始值为 1。

2）指定加或减计数器。UPDOWN＝0，做加法计数器；UPDOWN＝1，做减法计数器。

（8）逻辑“与”后传输指令（MOVE）　该指令的作用是把比较数据（梯形图中写入的）和处理数据（数据地址中存放的）进行逻辑“与”运算，并将结果传输到指定地址。也可用于将指定地址里的 8 位信号不需要的位消除掉。指令格式如图 8-17 所示。

当 ACT＝0 时，MOVE 指令不执行；当 ACT＝1 时，MOVE 指令执行。

如图 8-18 所示为某数据传输梯形图。

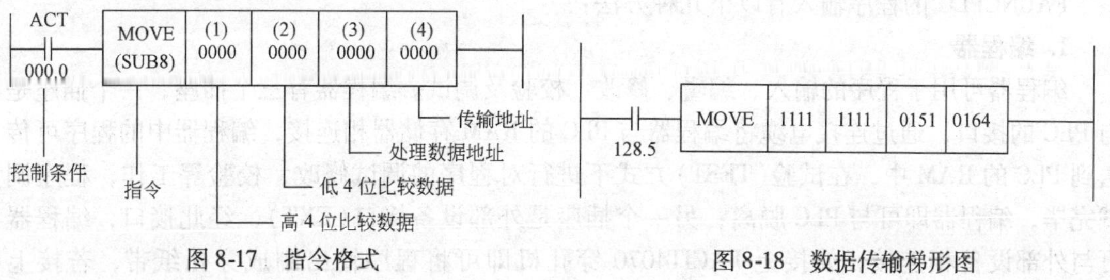

图 8-17　指令格式　　　　图 8-18　数据传输梯形图

图中，设处理数据地址 0151 中的数据为 BCD 码 00000110（06），参数 1 的高 4 位比较数据为 1111，参数 2 的低 4 位比较数据为 1111，由于参数 1 和 2 为全“1”，经与 0151 地址内的数据 00000110 相“与”后，其值不变，照原样传送到 0164 地址中。

四、FANUC PLC 梯形图编制的一般规则

梯形图是设计、维修等技术人员经常使用的技术文件，其编制应尽可能简单、明了，并应尽量有一种规范化的约定，通常规定如下：

1）输入/输出信号及继电器等的名称和记号应易懂、确切，名称长度不超过 8 个字符，例如第 1 个字符用字母“P”代表正、“B”代表非、“N”代表负、“SP”表示主轴、“CHP”表示排屑、“CW”表示正转、“CCW”表示反转等等，而 X 轴正向按钮的符号名称为“X＋B”，排屑起动按钮的符号名称为“CHPONB”，主轴正向起动按钮的符号名称为“SPCWB”，主轴反向起动按钮的符号名称为“SPCCW”等。

2）梯形图中的继电器，一般按其作用来给定符号，且字母要大写。

3）当出现 PLC 机床侧输入/输出信号的名称与 CNC 设备连接手册中输入/输出名称相同的情况时，应在机床侧的信号名称之后加“M”，以便与 CNC 信号相区别。为区分 CNC 侧与机床侧信号，在画梯形图时常采用表 8-3 所示的图形符号。

表 8-3　梯形图中的符号

符号	说明	符号	说明
A	PLC 中的继电器触点，A 为常开，B 为常闭	A	PLC 中定时器触点，A 为常开，B 为常闭
B		B	
A	从 CNC 侧输入的信号，A 为常开，B 为常闭		PLC 中的继电器线圈
B			输出到 CNC 侧的继电器线圈
A	从机床侧（包括机床操作面板）输入的信号，A 为常开，B 为常闭		输出到机床侧的继电器线圈
B			PLC 中定时器线圈

FAUNCPLC 的程序输入有以下几种方法：

1. 编程器

编程器可用于程序的输入、编辑、修改、校验及调试。编程器有三个插座，一个插座是与 PLC 的接口，通过连接电缆将编程器与 PLC 的 RAM 存储器相连接，编程器中的程序可传送到 PLC 的 RAM 中，在试验(TEST)方式下进行对程序的调试修改、校验等工作，程序调试完毕，编程器即可与 PLC 脱离；另一个插座是外部设备接口(EXT)，经此接口，编程器可与外部设备相连接，如接上 FACIT4070 穿孔机即可将程序输出制成穿孔纸带，若接上 ASR33 电传打字机，则能将程序打印成文本保存；第三个插座为 EPROM 插座，可插入 2716 或 2732EPROM，当程序调试无误后，可将相应的 EPROM 插入插座，将程序写入 EPROM，再将写好的 EPROM 插入 PLC 中。

2. PLC 纸带

将程序穿孔纸带通过 ASR33 电传打字机的纸带阅读机送入 PLC，并同时打印输出硬拷贝，也可用 CNC 侧纸带阅读机读入。

3. EPROM

用已写入程序的 EPROM 插入编程器的 EPROM 插座，应用编程器的输入键将程序写入 PLC。

第三节　SIEMENS 数控系统中的 PLC

西门子公司既生产一系列 CNC 产品，如 810M、810T、802S、802D、840D 等，又生产一系列 PLC 产品。西门子 CNC 产品内置 PLC 的编程，直接使用了西门子公司 PLC 产品的语法结构，如较早生产的 810M、810T 数控系统的内置 PLC 采用 S5 系列 PLC 的编程语言 STEP5，而较晚生产的 802S、802D、840D 数控系统的内置 PLC 则采用了 S7 系列 PLC 的编程语言 STEP7。本节以 SINUMERIK 802S 数控系统用于车床控制的 PMC 编程为例，说明西门子数控系统内置 PLC 的编程与使用方法。

一、802S 数控系统的内外部数据联系

图 8-19 为 SINUMERIK 802S 数控系统的 NC、PMC 及车床强电之间的信号联系及地址分类示意图，图中 OP020 和 MCP 分别为数控操作面板（第一操作面板）和机床控制面板（第二操作面板），MPG 为手轮，ECU 为 CNC 主机，NCK 为数控基本软件模块，PLC 为内置可编程序控制器软件模块，DI/O 为 PLC 的开关量 I/O 接口。在 802S 数控系统的 PMC 编程时，可以使用的分类地址如下：

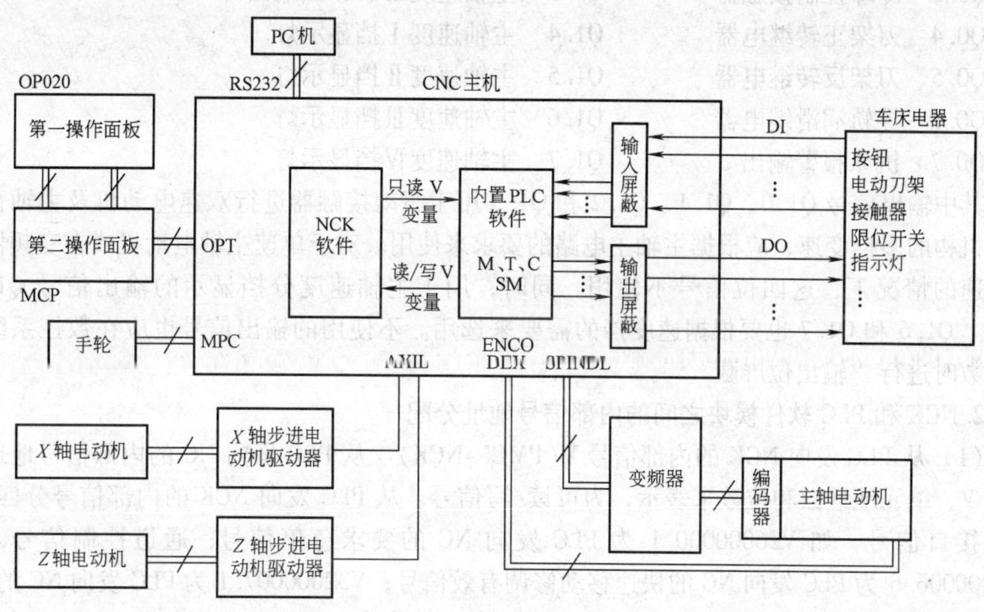

图 8-19　802S 数控系统的内外部信号联系示意图

1. PLC 和机床强电之间的地址分配

（1）PLC 的输入点 DI（机床强电输入→PLC）　西门子 PLC 的输入点用符号 I、单元地址数和位数来表示，802S 数控系统的 PMC 最大输入点为 32 个，在用于车床控制时使用 16 个，具体分配如下：

I0.0　第一把刀到位　　　　I1.0　*X* 轴正向限位
I0.1　第二把刀到位　　　　I1.1　*Z* 轴正向限位
I0.2　第三把刀到位　　　　I1.2　*X* 轴负向限位
I0.3　第四把刀到位　　　　I1.3　*Z* 轴负向限位
I0.4　第五把刀到位　　　　I1.4　*X* 轴参考点减速开关

I0.5　第六把刀到位　　　　I1.5　*Z* 轴参考点减速开关
I0.6　刀架锁紧到位　　　　I1.6　驱动准备好输入
I0.7　机床报警输入　　　　I1.7　急停按钮输入

其中输入信号可根据车床逻辑动作的要求使用，如数控车床的电动刀架如果只能装四把刀具，则 I0.4 和 I0.5 两个输入信号不必使用。不使用的输入信号应在数控系统设置参数时进行“输入位屏蔽”。

（2）PMC 的输出点 DQ（PLC→机床强电）　PMC 的输出点用来驱动机床强电的具体负载，用 Q、单元地址数和位数来表示，802S 数控系统的 PMC 最大输出点为 64 个，用于车床控制时使用 16 个，具体分配如下：

Q0.0　主轴正转接触器　　　Q1.0　主轴速度Ⅰ、Ⅲ挡输出
Q0.1　主轴反转接触器　　　Q1.1　主轴速度Ⅱ、Ⅳ挡输出
Q0.2　主轴制动接触器　　　Q1.2　主轴速度Ⅰ、Ⅱ挡输出
Q0.3　冷却控制接触器　　　Q1.3　主轴速度Ⅲ、Ⅳ挡输出
Q0.4　刀架正转继电器　　　Q1.4　主轴速度Ⅰ挡显示灯
Q0.5　刀架反转继电器　　　Q1.5　主轴速度Ⅱ挡显示灯
Q0.6　导轨润滑继电器　　　Q1.6　主轴速度Ⅲ挡显示灯
Q0.7　机床报警输出　　　　Q1.7　主轴速度Ⅳ挡显示灯

其中输出信号 Q1.0、Q1.1、Q1.2 和 Q1.3 用于驱动接触器进行双速电动机及主轴自动变速机构的多挡变速，应根据主轴主电路的要求来使用。对于单速主轴电动机或在变频器无级变速的情况下，这四位信号不使用。同时，用于主轴速度分挡显示的输出信号 Q1.4、Q1.5、Q1.6 和 Q1.7 也要根据速度挡的需要来选用。不使用的输出信号也应在数控系统设置参数时进行“输出位屏蔽”。

2. NCK 和 PLC 软件模块之间的内部信号地址分配

（1）从 PLC 发向 NCK 的内部信号 V（PMC→NCK）　从 PLC 发向 NC 的内部信号地址用符号 V、单元地址数和位数来表示，为可读/写信号。从 PLC 发向 NCK 的内部信号分四种：通用接口信号，如 V26000000.1 为 PLC 发向 NC 的要求急停信号；通道控制信号，如 V32000006.6 为 PLC 发向 NC 的快速移动修调有效信号；V32000007.1 为 PLC 发向 NC 的 NC 启动信号；坐标及主轴信号，如 V38032001.0 为 PLC 发向 NC 的进给倍率对主轴有效信号；MCP 面板上的 LED 控制信号，地址从 V11000000.0～V11000000.5。这 6 个信号通过 PLC 发向 NC，由 NC 程序及电路去点亮 MCP 上相应的发光二极管。这些信号内容和地址已经由西门子数控系统固定定义，PLC 程序仅仅按定义使用。

（2）由 NCK 发向 PLC 的内部信号 V（NCK→PLC）　由 NCK 发出的可供 PMC 读入使用的内部信号地址也用符号 V、单元地址数和位数来表示。但这些 V 变量仅作为只读信号供 PLC 程序读取，信号内容和地址也由数控系统统一定义，编制 PLC 程序时不能改变之。从 PLC 发向 NCK 的内部信号有五种：通用接口信号，如 V27000000.1 为 NC 发出的、供 PLC 程序读取的急停有效信号；通道状态信号，如 V33000001.7 为 NC 发出的、供 PLC 程序读取的程序测试有效信号，V33000004.2 为 NC 发出的、供 PLC 程序读取的所有轴回参考点信号；传送 NC 通道的辅助功能信号，如 V25001001.1 为 NC 发出的、供 PLC 程序读取的 M09 辅助功能信号；来自坐标轴及主轴的通用信号，如 V39032001.0 为 NC 发出的、供 PLC 程序

读取的主轴速度超出极限信号。这些信号被 PLC 读取后，由 PLC 程序去实现这些信息对应的强电执行动作。

除了上述四种 NCK 至 PLC 内部信号之外，802S 数控系统中，由于来自机床控制面板 MCP 的按键、倍率开关等输入控制信号并没有通过 PLC 的 DI 输入点接入，而是通过数控系统的专用接口输入的，所以，PLC 程序不能直接对来自 MCP 的信号编程，PMC 信号的操作状态只能先传送到 NCK，再通过 NCK 模块的只读 V 变量被 PLC 模块读取。例如 V10000000.0 为 MCP 面板上的用户自定义键 K1 的状态，V10000000.5 为 MCP 面板上的用户自定义键 K6 的状态，V10000002.0～V10000002.2 和 V10000002.4～V10000002.6 为 MCP 面板上的六个点动控制键的状态，V10000002.3 为 MCP 面板上的点动快速移动键的状态等，这是从 PLC 发向 NCK 的第五种内部信号。

在 802S 数控系统用于车床控制时，PMC 程序除了读取已固定定义的 MCP 面板上的按键、倍率开关信号之外，MCP 面板上可自定义的键被定义如下：

K1：主轴转速降低按键。

K2：主轴点动按键。

K3：主轴转速升高按键。

K4：手动换刀按键。

K5：手动导轨润滑按键。

K6：冷却起/停按键。

K8：超程复位按键。

这些自定义键与 PLC 的 DI/DO 点的相同之处是：不使用的按键也可以在数控系统设置参数时通过使能定义进行"位屏蔽"。

一、802S 内置 PLC 的编程资源和数控系统的相关机床参数

1. 802S 数控系统内置 PLC 的编程资源

802S 数控系统提供的编程工具是在 S7-200 MicroWIN 编程软件的基础上开发出来的，802S 数控系统的内置 PLC 可以作为西门子 S7-200 可编程序控制器产品编程软件的一个子集，因此，其操作变量含义和指令系统符合 S7 系列 PLC 的相关定义，在此不再说明。

802S 数控系统 PMC 编程时，可使用的有效操作数范围见表 8-4，特殊标志位说明见表 8-5。

表 8-4　802S 数控系统内置 PLC 有效操作数范围

操作地址符	说明	范　围	操作地址符	说明	范　围
V	数据	V0.0～V99999999.7	M	标志位	M0.0～M127.7
T	计数器	Y0～T15(单位:100ms)	SM	特殊标志位	SM0.0～SM0.6
C	计数器	C0～C31	A	ACCU(逻辑)	AC0～AC1(Udword)
I	数字输入	I0.0～I7.7	A	ACCU(算术)	AC2～AC3(Dword)
Q	数字输出	Q0.0～Q7.7			

表 8-5　特殊标志位说明

SM 位	说　明	SM 位	说　明
SM0.0	定义带“1”信号	SM0.3	重新起动,第一次 PLC 信号“l”,后面信号“0”
SM0.1	第一次 PLC 循环“1”,后面循环“0”	SM0.4	60s 周期的脉冲(占空比,30s“0”,30s“l”)
SM0.2	缓冲数据丢失,只适用第一次 PLC 循环(“0”信号时数据不丢失,“l”信号时数据丢失)	SM0.5	1s 周期脉冲(占空比,0.5s“0”,0.5s “1”)
		SM0.6	PLC 信号周期(交替循环“0”和循环“l”)

2. 与内置 PLC 相关的 802S 数控系统参数设置

任何数控系统在控制具体机床时，都要根据机床的配置情况设置系统参数，802S 数控系统在安装调试时，通过“机床参数”菜单，可以实现对可编程序控制器输入/输出信号的“屏蔽”，还可以设置 PLC 程序运行所需要的支持参数。

（1）数控系统参数 MDI4512 对 PLC 输入/输出信号的“屏蔽”　802S 数控系统可以对 PLC 的 DI/DO 信号、MCP 面板上的用户自定义按键等信号实现“屏蔽”。表 8-6 为机床参数 MDI4512 与其所“屏蔽”的信号对应表。

表 8-6　机床参数 MDI4512 与其所“屏蔽”的信号对应表

机床参数 MDI4512				使用十六进制数表示				
索引	Bit7	Bit6	Bit5	Bit4	Bit3	Bit2	Bitl	Bit0
[0]	输入信号有效							
	I0.7	I0.6	I0.5	I0.4	I0.3	I0.2	I0.1	I0.0
[1]	输入信号有效							
	I1.7	I1.6	I1.5	I1.4	I1.3	I1.2	I1.1	I1.0
[4]	输入信号有效							
	Q0.7	Q0.6	Q0.5	Q0.4	Q0.3	Q0.2	Q0.1	Q0.0
[5]	输入信号有效							
	Q1.7	Q1.6	Q1.5	Q1.4	Q1.3	Q1.2	Q1.1	Q1.0
[8]	输入信号有效							
	K8	K7	K6	K5	K4	K3	K2	K1

由于在 802S 数控系统用于车床控制时，已装入了一个完整的车床 PLC 程序，其 DI/DO 点如前所述，已经定义完毕。在调试中根据现场的控制要求，可能会关闭某些输入/输出信号，这时通过数控操作面板改变参数 MDI4512 就可以完成对不需要的信号的“屏蔽”。

对输入点的“屏蔽”实例：如受控车床只有四把刀，意味着不需要 I0.4(第五把刀到位)和 I0.5(第六把刀到位)信号；如刀架上没有安装刀具锁紧传感器，意味着不需要 I0.6(刀架锁紧到位信号)；假设需要输入 I0.7 机床报警信号，则按照表 8-6，数控系统机床参数的“MDI4512［0］”应将不需要的对应输入位置“0”，即设置为“10001111”，用十六进制输入为“8fH”。

对输出点的“屏蔽”实例：如受控车床主轴为不能调速的单速电动机，意味着不需要 Q1.0 ~ Q1.3 四个主轴速度控制接触器信号，且主轴速度最多需要 I 挡显示灯 Q1.4，意味着不需要Ⅱ、Ⅲ、Ⅳ挡速度显示信号 Q1.5、Q1.6 和 Q1.7，按照表 8-6，数控系统机床参数的“MDI4512［5］”应将不需要的对应输出位置“0”，即设置为“00010000”，用十六进制输入为“10H”。

对 MCP 机床操作面板上的用户自定义键的“屏蔽”实例：如受控车床主轴为不能调速的单速电动机，意味着不需要设置用户键 K1（主轴转速降低）和 K3（主轴转速升高），点动按钮 K2 是必要的，用户手动换刀按键 K4 也是必要的，假设手动导轨润滑按键 K5、冷却起/停按键 K6 和超程复位按键 K8 也需要设置，则按照表 8-6，数控系统机床参数的“MDI4512［8］应设置为“10111010”，用十六进制输入为“baH”。

（2）与 PLC 程序相关的机床参数 MDI4510　机床参数 MDI4510 也是一组与 PLC 程序运行相关的重要参数，该参数的含义见表 8-7。

表 8-7　802S 的机床参数 MDI4510

机床参数 MDI4510	使用十六进制数表示
［0］	刀架刀位数（4 或 6）
［1］	刀架卡紧时间（单位：100 ms）
［2］	主轴制动时间（单位：100 ms）
［3］	润滑间隔（单位：1 min）
［4］	每次润滑时间（单位：100 ms）

表中共有五个参数，MDI4510［0］为车床所使用电动刀架的刀位数，只能使用 4 或 6；MDI4510［1］为电动刀架的反转卡紧时间，以 100ms 为单位，如希望设置该值为 1min，需要输入十进制数值 10。

三、802S 数控系统车床 PMC 程序结构

802S 数控系统车床 PMC 程序总体结构，由主程序加上被主程序和子程序调用的各子程序两部分连接而成。数控车床的 PMC 主程序梯形图如图 8-20 所示。

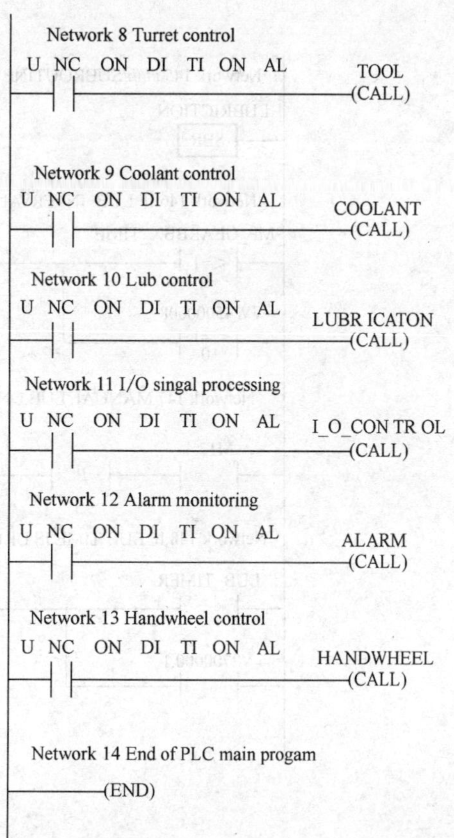

图 8-20　数控车床的 PMC 主程序示例

该主程序主要处理对 13 个子程序的调用，这些子程序名称为：

1）PLC 初始化子程序。

2）急停子程序。

3）控制面板信号处理子程序。

4）T 功能子程序。

5）*X* 轴控制子程序。

6）*Z* 轴控制子程序。

7）主轴控制子程序。

8）刀架控制子程序。

9）冷却控制子程序。

10）润滑控制子程序。

11）I/O 信号处理子程序。

12）报警子程序。

13）手轮控制子程序。

整个程序共有 26 个子程序，由于其余子程序不在主程序中调用，就不再一一列举。图 8-21 所示为 PMC 程序中的润滑控制子程序示例。

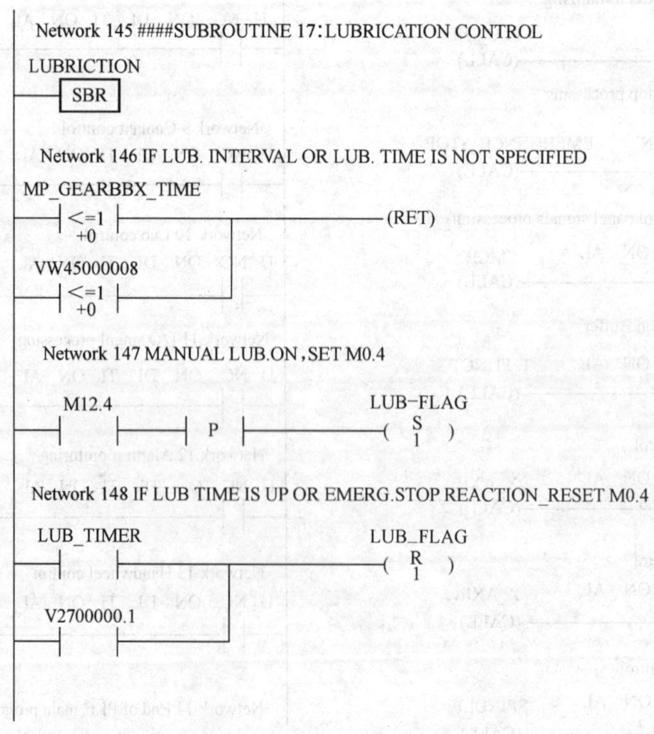

图 8-21　润滑控制子程序示例

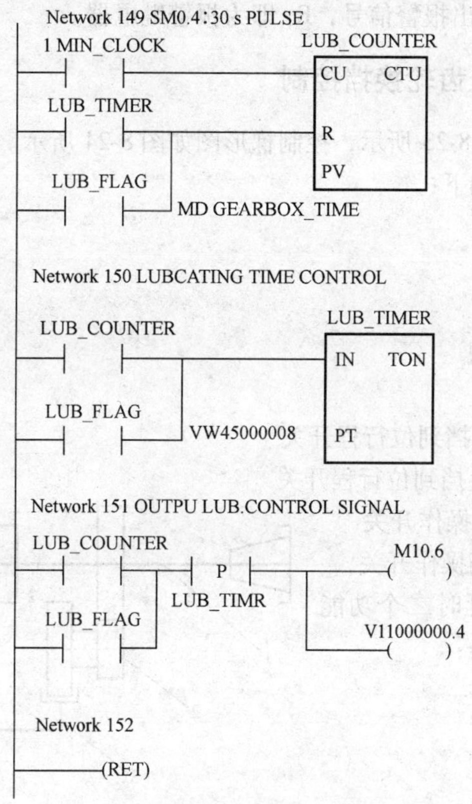

图 8-21　润滑控制子程序示例（续）

第四节　PLC 在数控机床控制中的应用

一、主轴定向控制

加工中心在进行加工时，自动交换刀具或精镗孔时要用到主轴定向功能，其控制梯形图如图 8-22 所示。

图中，M06 是换刀指令，M19 是主轴定向指令，这两个信号并联作为主轴定向控制的主令信号；AUTO 为自动工作状态信号，手动时 AUTO 为“0”，自动时为“1”；RST 为 CNC 系统的复位信号；ORCM 为主轴定向继电器，其触点输出到机床以控制主轴定向；ORAR 为从机床侧输入的“定向到位”信号。

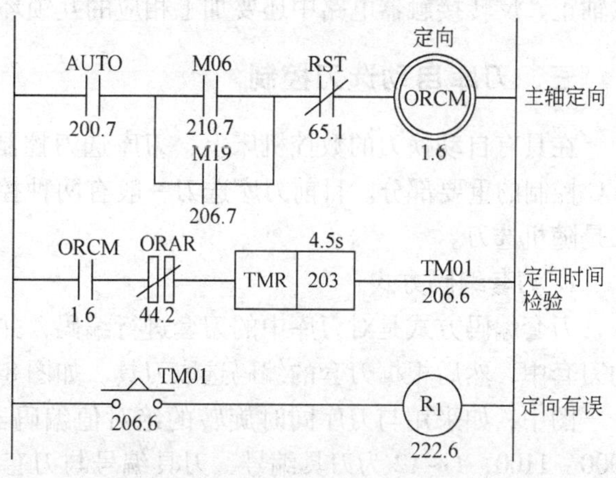

图 8-22　主轴定向控制梯形图

为了检测主轴定向是否在规定时间内完成，这里应用了功能指令 TMR 进行定时操作。整定时限为 4. 5s，如在 4. 5s

内不能完成定向控制，将发出报警信号，R_1 即为报警继电器。

二、主轴正、反转及齿轮换挡控制

主轴换挡结构简图如图 8-23 所示，控制梯形图如图 8-24 所示。

图 8-24 中各信号含义如下：

HS. M　手动操作开关

AS. M　自动操作开关

CW. M　主轴正转按钮

CCW. M　主轴反转按钮

OFF. M　主轴停转按钮

SPLGEAR　齿轮低速换挡到位行程开关

SPHGEAR　齿轮高速换挡到位行程开关

LGEAR　手动低速换挡操作开关

HGEAR　手动高速换挡操作开关

程序中应用了译码和延时二个功能指令，所涉及到的 M 功能是：

M03　主轴正转

M04　主轴反转

M05　主轴停转

M41　主轴齿轮换低速挡

M42　主轴齿轮换高速挡

由梯形图控制可知，当在预定时间内齿轮换挡不成功，则通过时间继电器 TM01 常开触点的延时闭合，发出主轴换挡错误信号 SPERR。

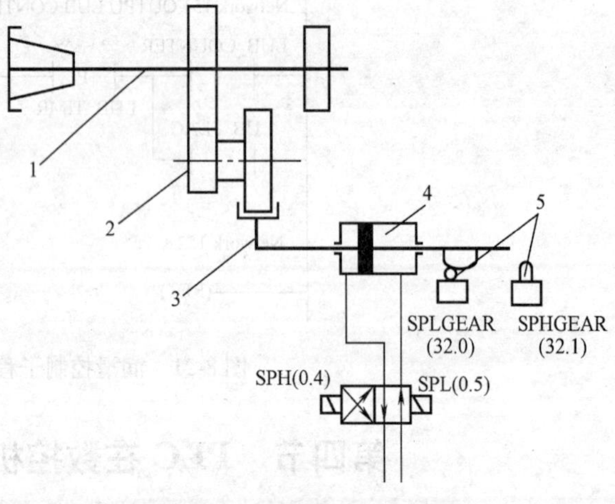

图 8-23　轴换挡结构简图

1—主轴　2—换挡齿轮　3—拨叉

4—换挡液压缸　5—换挡齿轮到位开关

在主轴正、反转控制和高、低速换挡控制梯形图中，都有逻辑互锁关系，以免造成控制功能切换时发生故障。在执行电路中，主轴正、反转接触器电路中还要加上相应的互锁环节，以提高互锁的可靠性。

三、刀库自动选刀控制

在具有自动换刀的数控机床上，刀库选刀控制（T 指令）和刀具交换控制（M06 指令）是 PLC 控制的重要部分。目前刀库选刀一般有两种控制方式：一是刀套编码方式的固定选刀，二是随机选刀。

1. 刀套编码方式

刀套编码方式是对刀库中的刀套进行编码，并将与刀套编码相对应的刀具一一放入指定的刀套中，然后根据刀套的编码选取刀具。如图 8-25 所示为采用刀套编码的选刀控制。

图中，如采用与刀库同时旋转的绝对值编码器，则 01 ~ 12 刀套编号对应的 BCD 码为 0000 ~ 1100，1 ~ 12 为刀具编号，刀具编号与刀套编号一一对应。当执行 M06 T04 指令时，首先将刀套 7 转至换刀位置，由换刀装置将主轴中的 7 号刀装入 7 号刀套内，随后刀库反转，使 4 号刀套转至换刀位置，由换刀装置将 4 号刀装入主轴内。由此可以看出，刀套编码方式的特点是只认刀套不认刀具，刀具在自动交换过程中必须将用过的刀具放回原来的刀套内。当刀库选刀采用刀套编码方式控制时，要防止把刀具放入与编码不符的刀套内而引起的事故。

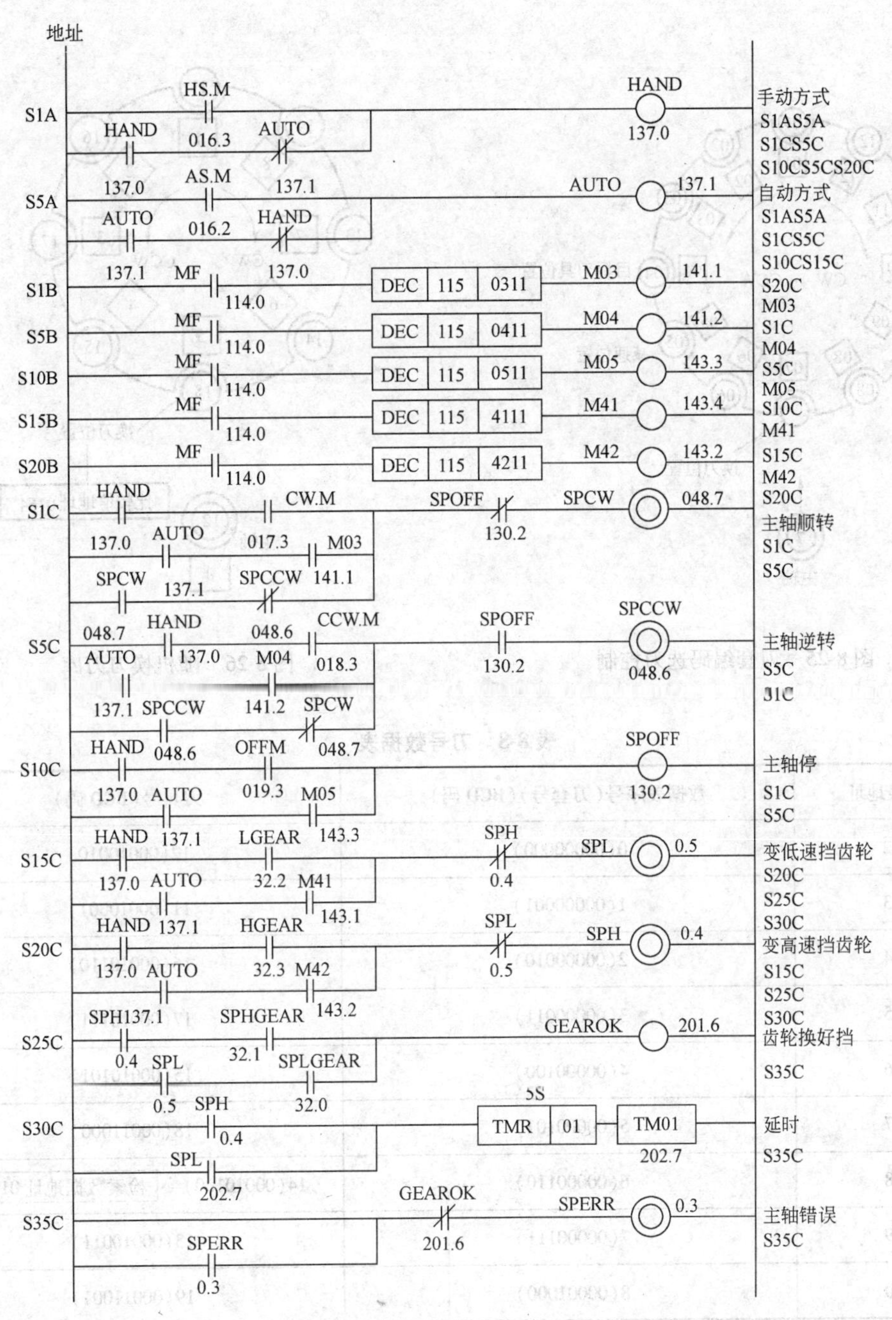

图 8-24　主轴换挡控制梯形图

2. 随机换刀

在随机换刀方式中，刀库上的刀具能与主轴中的刀具任意地直接交换。随机换刀控制方式需要在 PLC 内部设置一个模拟刀库的数据表，其长度和表内设置的数据与刀库的容量和刀具号相对应。图 8-26 所示为随机换刀方式刀库，表 8-8 为刀号数据表。

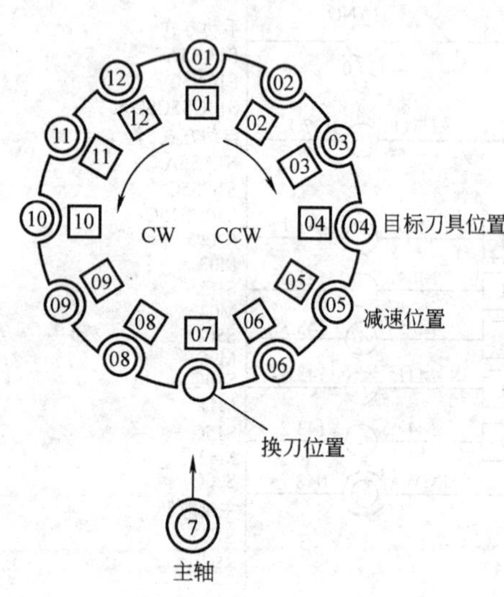

图 8-25　刀套编码选刀控制

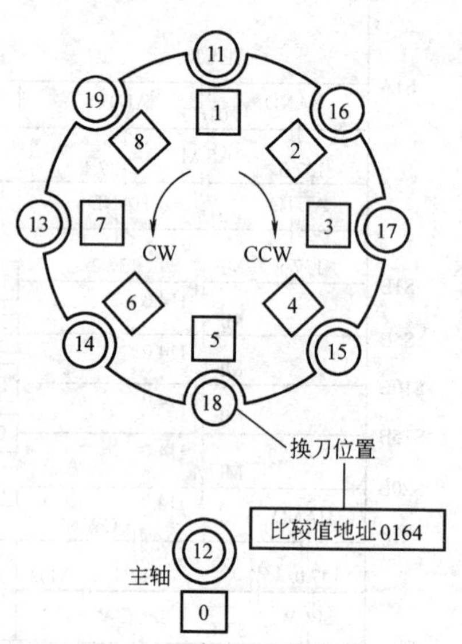

图 8-26　随机换刀刀库

表 8-8　刀号数据表

数据表地址	数据表序号(刀套号)(BCD 码)	刀具号(BCD 码)
172	0(00000000)	12(00010010)
173	1(00000001)	11(00010001)
174	2(00000010)	16(00010110)
175	3(00000011)	17(00010111)
176	4(00000100)	15(00010101)
177	5(00000101)	18(00011000)
178	6(00000110)	14(00010100)→ 检索数据地址 01171
179	7(00000111)	13(00010011)
180	8(00001000)	19(00011001)

检索结果输出地址 0151

数据表的表序号与刀库套编号相对应，每个表序号中的内容就是对应刀套中所放的刀具号，图 8-26 中，0 ~ 8 为刀套号，也是数据表序号，其中 0 是将主轴作为刀库中的一个刀套，11 ~ 19 为刀具号。由于刀具数据表实际上是刀库中存放刀具的一种映像，所以数据表与刀库中刀具的位置应始终保持一致，对刀具的识别实质上转变为对刀库位置的识别。当刀库旋转时，每个刀套通过换刀位置（比较值地址）时，由外部检测装置产生一个脉冲信号送到 PLC，作为数据表序号指针，通过换刀位置时的计数值总是指示刀库的现在位置。

当 PLC 接到寻找新刀具的指令（TXX）后，在模拟刀库的刀号数据表中进行数据检索，检索到 T 代码给定的刀具号，将该刀具号所在数据表中的表序号存放在一个地址单元中，这个表序号就是新刀具在刀库的目标位置。刀库旋转后，测得刀库的实际位置与刀库目标位置一致时，即识别了所要寻找的新刀具，刀库停转并定位，等待换刀。在执行 M06 指令时，机床主轴准停，机械手执行换刀动作，将主轴上用过的旧刀和刀库上选好的新刀进行交换，与此同时，修改现在位置地址中的数据，确定当前换刀位置的刀套号。

在 FANUC PLC 中，应用数据检索功能指令（DSCH）、符合检查功能指令（COIN）、旋转指令（ROT）和逻辑“与”后传输指令（MOVE）即可完成上述随机换刀控制。

现根据图 8-26 和表 8-8，执行 M06 T14 换刀指令，换刀结果：刀库中的 T14 刀装入主轴，主轴中原 T12 刀插入刀库 6 号刀套内。控制梯形图如图 8-27 所示。

图 8-27 中，换刀位置（刀库现在位置）的地址为 0164，在 COIN 功能指令中作为比较值地址，该地址内的数据为在换刀位置的刀套号（数据表序号），其值由外部计数装置根据刀库旋转方向进行加 1 或减 1 计数。图中所示的当前刀套号为 5，该值以 BCD 码的形式（00000101）存入 0164 地址中。

在 DSCH 功能指令中，参数 1 为数据表容量，本例刀库共有 9 把刀，建立的刀号数据表有 9 个数，故本参数设定值为 0009；参数 2 为数据表的头部地址，根据表 8-8，本参数为 0172；参数 3 为检索数据地址，其作用就是将 T 指令中的 14 号刀从数据表中检索出来，并将 14 号刀以 2 位 BCD 码的形式（00010100）存入 0117 地址单元中，故本参数为 0117；参数 4 为检索结果输出地址，其作用就是将 14 号刀所在数据表中的序号 6 以 2 位 BCD 码的形式（00000101）存入到 0151 地址单元中，故本参数为 0151。

上电后，常闭触点 A（128. 1）断开，故 DSCH 功能指令按 2 位 BCD 码处理检索数据。当 CNC 读到 T14 指令代码信号时，将此信息送入 PLC，TF（114. 3）闭合，开始 T 代码检索，将 14 号刀号存入 0117 地址，数据表序号 6 存入 0151，同时 TEER（128. 2）置“1”。

在 COIN 功能指令中，由控制条件可知，参数 1 和参数 2 分别为参考值地址 0151 和比较值地址 0164，并按 2 位 BCD 形式进行处理，其中 0151 存放的是指令刀号 14，而 0164 存放的是当前刀套数据表序号 6。

当 TERR 由 DSCH 指令置“1”后，COIN 指令即开始执行。因地址 0151 与 0164 内数据不一致，则输出 TCOIN（128. 3）为“0”，作为刀库旋转 ROT 功能指令的起动条件。

在 ROT 功能指令中，计算刀套的目标位置与现在位置之间相差的步数或位置号，并把它置入计算结果地址，可以实现最短路径将刀库旋转至预期位置。参数 1 为旋转检索数，即旋转定位点数，对本例，该参数为 8；参数 2 为现在位置的地址，因当前刀套号 5 存在 0164 地址内，故参数 2 为 0164；参数 3 为目标位置地址，因指令要求 T14 号刀具的刀套号 6 存在 0151 地址内，故参数 3 为 0151；参数 4 为计算结果输出地址，本例选定为 0152。

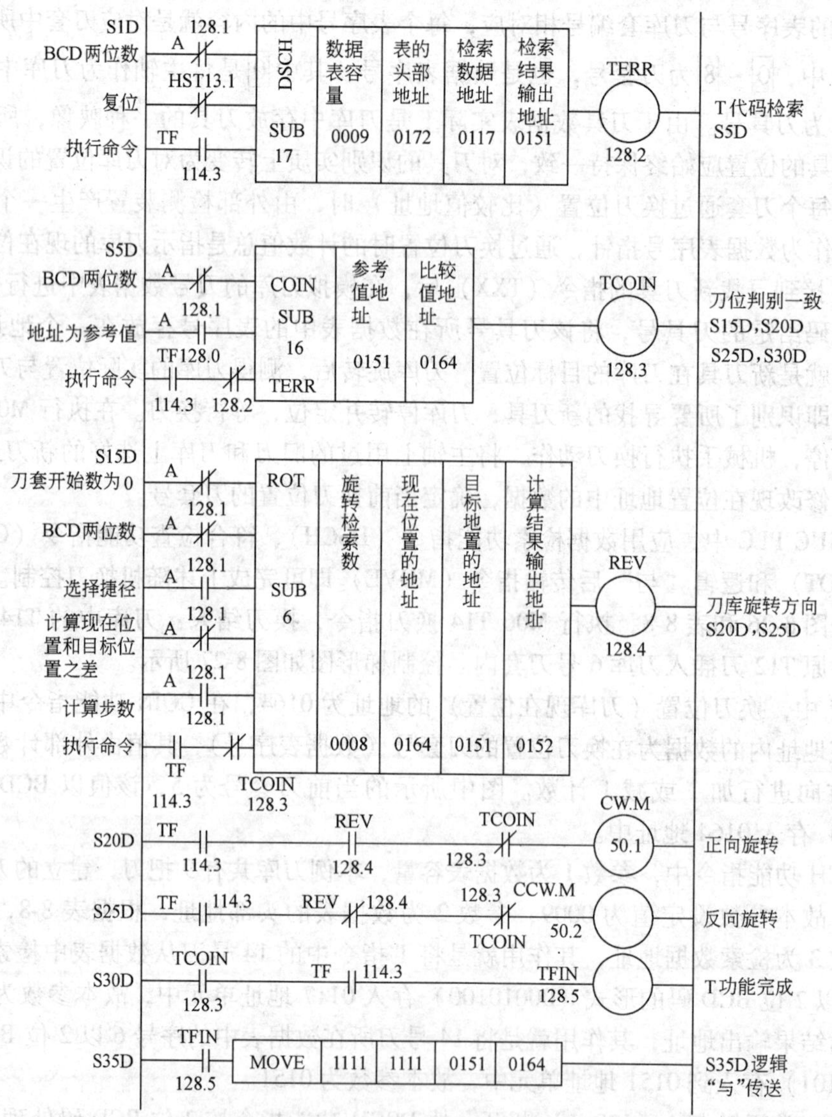

图 8-27　随机换刀控制梯形图

当刀具判别指令执行后，TCOIN（128.3）输出为"0"，其常闭触点闭合，TF（114.3）此时仍为"1"，故ROT指令开始执行。根据ROT控制条件的设定，计算出刀库现在位置与目标位置相差步数为"1"，将此数据存入0152地址，并选择出最短旋转路径，使REV（128.4）置"0"，正向旋转方向输出。通过CW.M正向旋转继电器，驱动刀库正向旋转一步，即找到了6号刀位。

在本梯形图中，MOVE功能指令的作用是修改换刀位置的刀套号。换刀前的刀套号5已由换刀后的刀套号6替代，故必须将地址0151内的数据照全样传输到0164地址中，因此MOVE指令中的参数1（高4位）、参数2（低4位）均采用"1"，经与0151地址内数据6（BCD码00000110）相"与"后，其值不变，照原样传送到0164地址中。当刀库正转一步到位后，ROT指令执行完毕，此时T功能完成信号TFIN（128.5）的常开触点使MOVE指令开始执行，完成数据传送任务。

下一扫描周期，COIN 判别执行结果，当两者相等时，使 TCOIN 置“1”，切断 ROT 指令和 CW. M 控制，刀库不再旋转，同时给出 TFIN 信号，报告 T 功能已完成，可以执行 M06 换刀指令。

当 M06 执行后，必须对刀号及数据表进行修改，即序号 0 的内容改为刀具号 14，序号 6 的内容改为刀具号 12。

四、润滑系统自动控制

图 8-28 为某数控机床润滑系统的电气控制原理图，图 8-29 为该润滑系统控制流程图，图 8-30 为该润滑系统 PLC 控制梯形图。

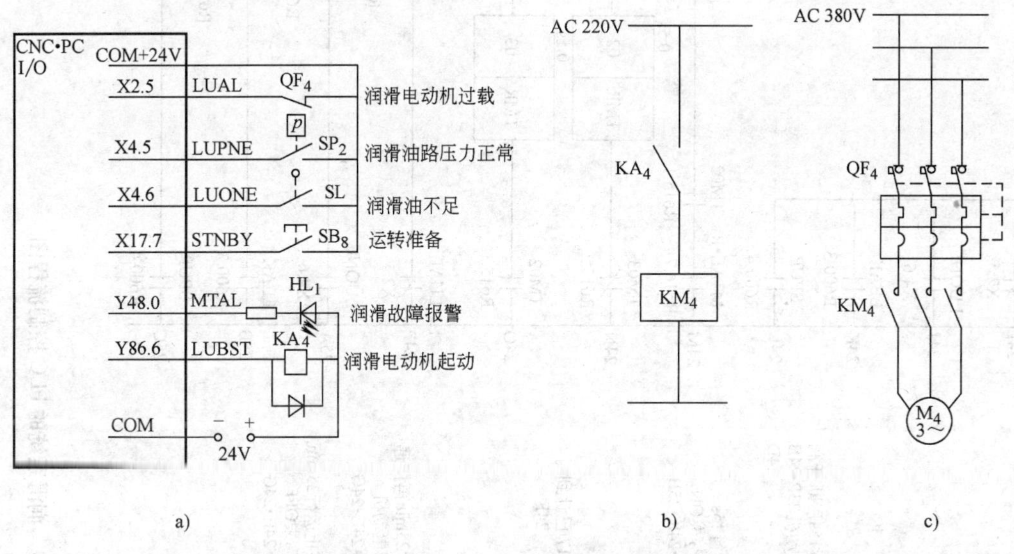

图 8-28　润滑系统电气控制原理图

a) I/O 输入输出开关　b) 中间电路　c) 强电电路

1. 润滑系统正常工作时的控制程序

按运转准备按钮 SB_8，23N 行 X17.7 为 1，使输出信号 Y86.6 接通中间继电器 KA_4 线圈，KA_4 触点又接通接触器 KM_4，使润滑电动机 M_4 起动运行，23P 行的 Y86.6 触点自锁。

当 Y86.6 为 1 时，24A 行 Y86.6 触点闭合，TM17 号定时器（R613.0）开始计时，设定时间为 15s（通过 MDI 面板设定），到达 15s 后，TM17 为 1，23P 行的 R613.0 触点断开，Y86. 6 为 0，润滑电动机停止运行，同时也使 24D 行输出 R600.2 为 1 并自锁。

24F 行的 R600.2 为 1，使 TM18 定时器开始计时，计时时间设定为 25min，到达时间后，输出信号 R613.1 为 1，使 24G 行的 R613.1 触点闭合，Y86.6 输出并自锁，润滑电动机 M_4 重新起动运行，重复上述控制过程。

2. 润滑系统出现故障时的监控

1）当润滑油路出现泄漏或压力开关 SP_2 失灵的情况时，M_4 已运行 15s，但压力开关 SP_2 未闭合，24B 行的 X4.5 触点未打开，R600.3 为 1 并自锁，一方面使 241 行 R616.7 输出

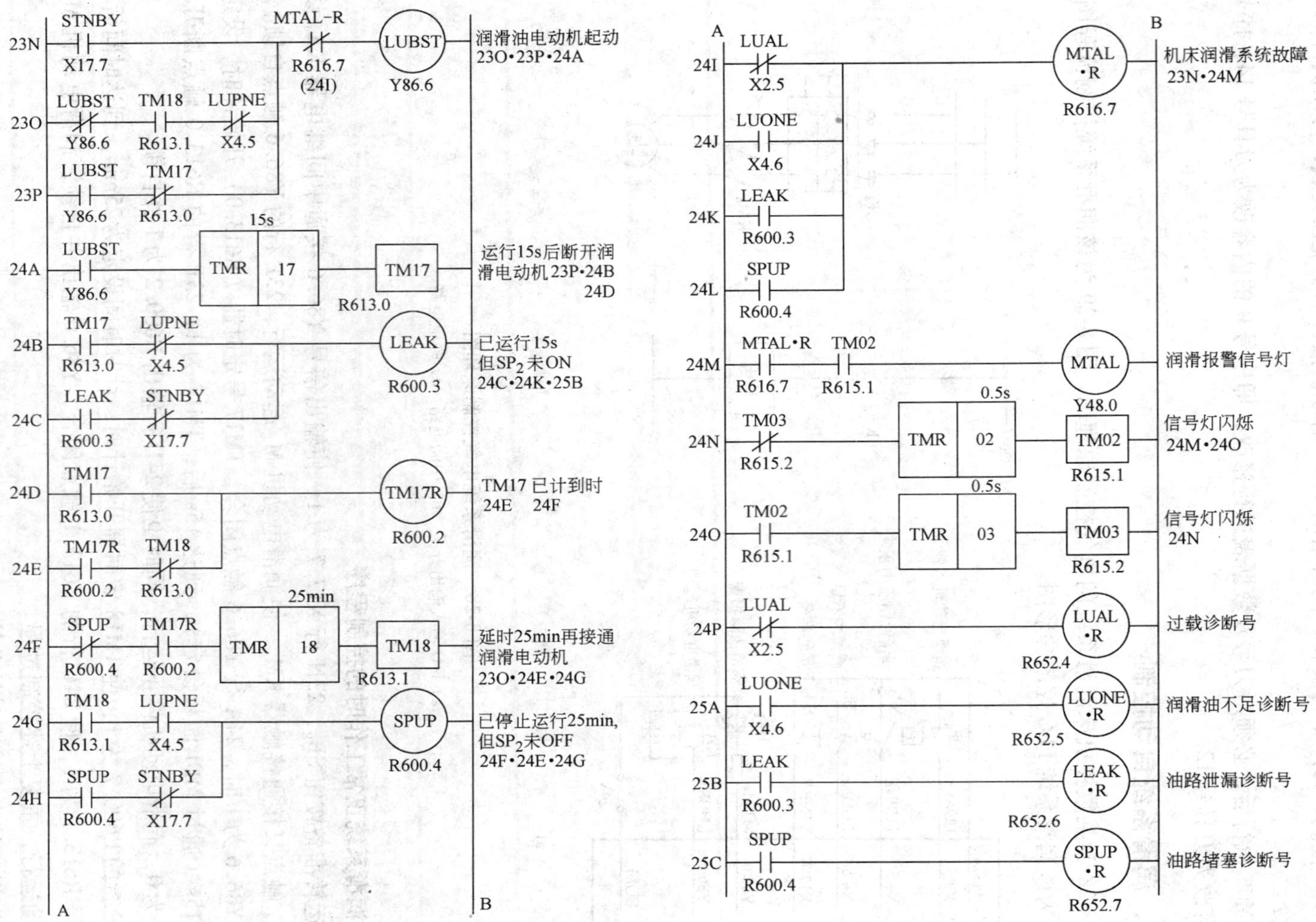

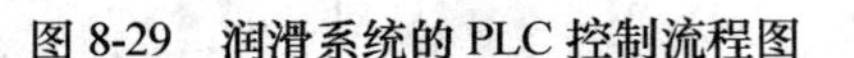

图 8-29 润滑系统的 PLC 控制流程图

为1，使23N行616.7触点打开，断开润滑电动机；另一方面24M行616.7触点闭合，使Y48.0输出为1，接通报警指示灯（发光二极管HL1亮），并通过TM02、TM03定时器控制，使信号报警灯闪烁。

2）当润滑油路出现堵塞或压力开关失灵的情况时，在M_4已停止运行25min后压力开关SP_2未关闭，则24G行的X4.5闭合，R600.4输出为1，同样使241行的R616.7输出为1，结果与第一种情况相同，使润滑电动机不再起动，并报警。

3）如果润滑油不足，液位开关SL闭合，24J行的X4.6闭合，同样使R616.7为1，断开M_4并报警。

4）润滑电动机M_4过载，自动开关QF_4断开M_4的主电路，同时QF_4的辅助触点合上，使24I行的X2.5合上，同样使R616.7为1，断开M_4的控制电路并同时报警。

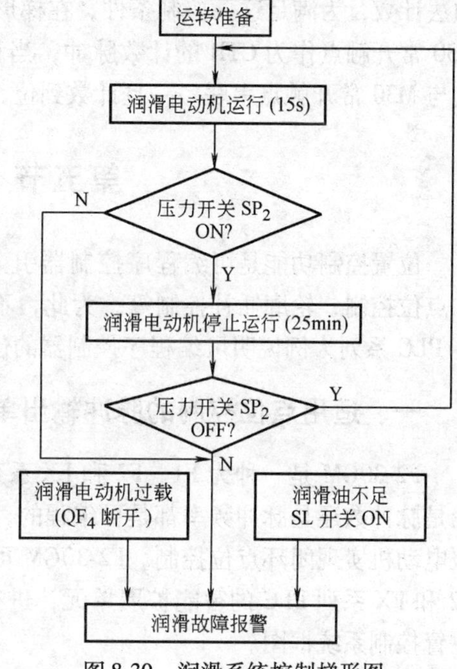

图8-30 润滑系统控制梯形图

通过24P、25A、25B、25C行，将四种报警状态传输到R652地址中的高四位中，即R652.7、R652.6、R652.5和R652.4位。通过CRT/MDI检查诊断地址DGN NO652的对应位状态，如哪一位为“1”，即是哪一项的故障，从而确认报警时的故障原因。

五、零件加工计数控制

零件加工计数控制梯形图如图8-31所示。

该梯形图用到了二条功能指令，一条是译码指令DEC；另一条是计数器指令CTR。数控机床的M和T代码用译码指令来识别，译码指令DEC译2位BCD码，当2位数字的BCD码信号等于一个确定的指令数值时，输出为“1”；否则为“0”。图8-34中，DEC指令的参数1为译码地址0115，参数2的译码指令3011，软继电器M30（150.1）即为译码输出。

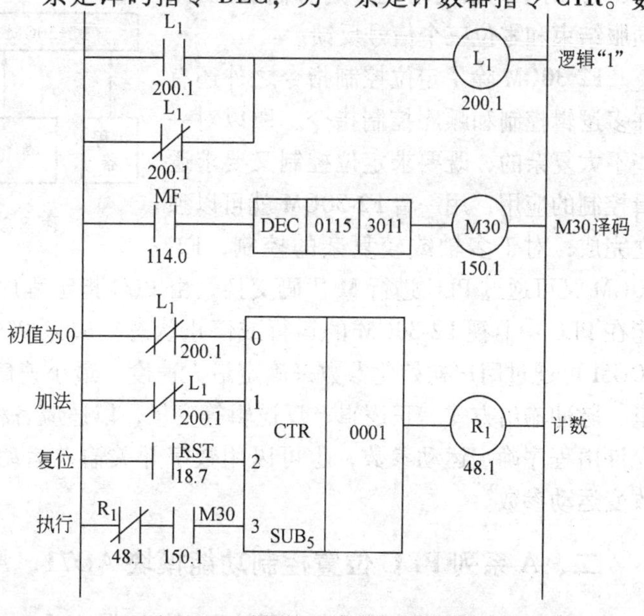

图8-31 零件加工计数控制梯形图

在数控加工中，每当零件加工程序执行到结束时，程序中出现M30代码，经译码输出，M30为“1”，以此作为CTR计数脉冲，即可实现零件加工计数。在CTR功能指令中，参数为计数器号，也就是一个16位的存储器地址单元，最大预置数为9999。零件加工件数的预期值可通过手动数据输入（MD1）面板设置。控制条件200.1为常闭触点，表示计数器初始值为0及计数器作加法计数，为满足这一控制条件，在梯形图顶部首先设置了L_1作为逻辑“1”电路。同时，M30常开触点作为CTR的计数脉冲，当计数到预置值时，R_1输出“1”，图中，R_1常闭触点与M30常开触点串联，一旦计数到位，即可断开计数操作。

第五节 PLC位置控制

位置控制功能是可编程序控制器引人注目的特色，具有和CNC相同的位置控制功能，如点位控制、轮廓插补控制等，为此，不少PLC开发了与之配套的位置控制单元。现以三菱PLC系列为例说明可编程序控制器的位置控制。

一、适用点位控制的脉冲输出单元F2-30GM

F2-30GM是一种为F1、F2和FX系列PLC配套的位置控制单元，其输出的脉冲序列不论是脉冲数还是脉冲频率都是可编程的，可驱动步进电动机作为开环点位控制，也可驱动伺服电动机实现闭环点位控制。F2-30GM可以作为一种独立的控制装置使用，也可以用作F1、F2和FX系列PLC的智能扩展单元，进行1～3个轴的定位控制。图8-32所示为F2-30GM位置控制系统框图。

F2-30GM作为智能化定位控制器按用户编制的定位程序，向驱动器发出定位脉冲、运行方向等信号。驱动器按这些控制信号驱动电动机带动丝杠进行定位。对于步进电动机，只有零位信号反馈给F2-30GM；对于伺服电动机，则有伺服准备、伺服结束和零位三个信号反馈。

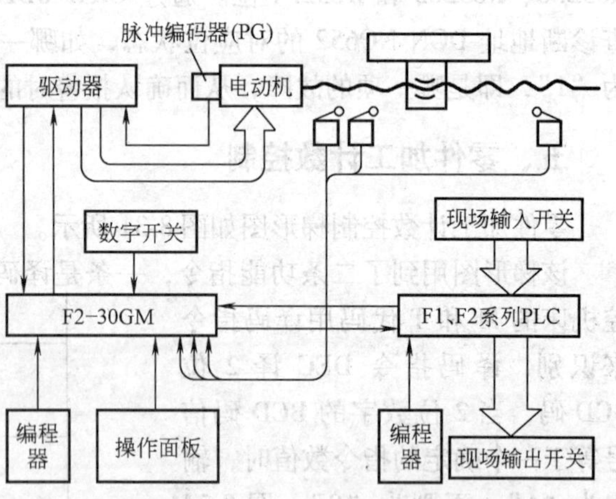

图8-32 F2-30GM位置控制系统框图

F2-30GM除了定位控制指令之外还有许多逻辑控制和顺序控制指令，所以对一些不太复杂的，既要求定位控制又要求逻辑控制的应用，用一台F2-30GM就可以独立完成；对于多轴或较复杂的控制，F2-30GM又可通过PLC进行M代码交换，由PLC指定程序段号、传送定位及速度等数据，并能在PLC中监视F2-30GM的运行或停止状态，成为PLC系统中的定位智能控制环节。F2-30GM可通过用户初始化参数来确定最大速度、最小速度、爬行速度、回零速度、齿隙补偿量、脉冲输出方式、正逻辑、反逻辑等变量，以适应各种不同的运行及使用条件。F2-30GM允许由程序确定运动参数，也可以用数字开关输入运动参数，还可以在运行过程中由PLC改变运动参数。

二、A系列PLC位置控制功能模块AD71、AD72

AD71、AD72是适用于大型可编程序控制器A系列的位置控制智能模块。它们都是带线性插补功能的二轴定位模块，如图 8-33 所示为 AD72 定位模块位置控制框图。

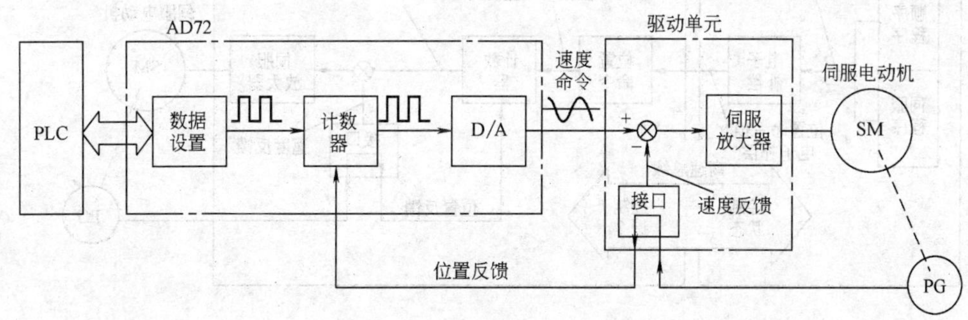

图 8-33　AD72 定位模块位置控制框图

AD71、AD72 能将定位条件、定位速度、暂停时间和定位地址等数据分别存在模块缓冲存储器的各个数据区，模块中的 CPU 解读这些设定数据，并转换成相应的定位控制信号发送给驱动器。模块内部生成的命令脉冲与反馈脉冲的差值由偏差计数器计数，再由 D/A 转换器将此计数值变换为模拟电压作为速度命令，使伺服电动机旋转。伺服电动机上的脉冲编码器 PG 产生的脉冲一方面反馈给驱动单元作为速度控制，另一方面经接口反馈给定位模块作为位置控制。

AD71 与 AD72 的区别主要在于：

1）输出形式不同。AD71 为脉冲序列输出，AD72 则是模拟电压输出。AD71 与步进电动机驱动模块联用时，可直接驱动步进电动机。

2）由于 AD71 为脉冲序列输出，因此 AD71 没有偏差计数器和 D/A 转换这两个环节，与 AD71 相配的伺服电动机驱动器必须包括偏差计数器和 D/A 转换等功能。而与 AD72 相配的伺服电动机驱动器则只要能接受模拟电压即可（AD72 的最大输出电压为 +3 ~ +10V）。

三、实现运动和顺序控制一体化的 A73CPU 模块

A73CPU 模块采用了将可编程序控制器与伺服控制相结合的设计思想，它本身是 A 系列可编程序控制器中一种专门用于位置控制的模块。A73CPU 有 40 多种用于伺服控制的指令，如指定半径的圆弧插补指令、指定圆心的圆弧插补指令、直线插补指令等，最多可独立控制 8 根轴。A73CPU 将位置命令信号通过专用的数字 SB 总线，送到挂在该总线上的三菱 MR-SB 系列全数字伺服驱动装置中去，也可通过通用伺服接口模块 A70SF 与其他伺服驱动装置相连接。图 8-34 所示为 A73CPU 模块位置控制框图。

从图中可看到，A73CPU 的特点是伺服控制与顺序逻辑控制结合一体和高速总线 SB 与伺服驱动装置相连接，作为伺服控制简易方便。

A73CPU 对位置控制的编程采用专用语言，使复杂的位置控制程序直观、清晰、编程容易、可读性强。整个控制程序还可运用顺序功能图 SFC（Sequential Function Chart）把许多伺服程序按工艺要求组合起来进行控制。

总之，定位和运动控制，如 *X*、*Y* 轴十字工作台控制、回转工作台控制、进给控制等在

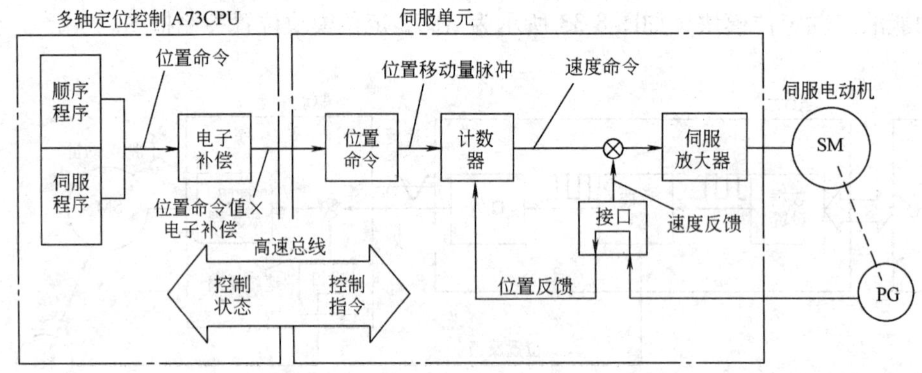

图 8-34　A73CPU 模块位置控制框图

机械设备中运用广泛，所有这些控制要求均可以采用不同档次的 PLC 位控模块来实现，以求得技术上先进，经济上合理。其他型号 PLC 的位控模块还有 OMRON SYSMAC C200H 的 NC111 和 NC211 等，这些位控模块通过输出串行脉冲经驱动装置来控制步进电动机或伺服电动机，以实现对机械设备的位置控制。

思考题与习题

1. 数控机床中 PLC 控制的对象有哪些？

2. 比较内装式 PLC 和外装式 PLC 的异同点。

3. PLC 用户程序的表达方式有哪些？

4. PLC 位置控制模块有哪些类型？与 CNC 比较，PLC 的位置控制有何特点？

5. 如图 8-35a 所示为某数控车床尾座结构简图，其套筒的伸缩由图 8-35b 所示的液压系统控制，液压控制的 PLC 外部开关如图 8-35c 所示。

根据尾座套筒的工作过程，说明 PLC 控制的流程。

6. 在图 8-24 中，主轴换挡控制是由 M41 低速挡指令和 M42 高速挡指令来完成的。现采用 S 指令直接进行高、低速挡的自动切换，设切换转速为 600r/min，请分析图 8-36 所示的梯形图。

问：

1）MULB、DIVB、DCNV 和 COMP 功能指令的含义？

2）若 S 指令为直接主轴转速，则 S 指令是怎样转换成二进制码的？地址 F172 存储的数据是什么？

3）如主轴倍率开关采用 4 位 BCD 码 16 挡，则地址 D555 存储的数据是什么？

4）请写出由 S 指令转速和主轴倍率开关决定的主轴实际转速表达式。

5）COMP 功能指令中，250 地址中的数据是什么？

6）在执行 COMP 功能指令后，主轴换挡是怎样实现的？

7）请提出主轴换挡动作的 PLC 控制方案。

7. 在图 8-22 主轴定向控制梯形图中，根据机床控制要求，在机床操作面板上增设主轴定向按钮，该按钮在手动工作方式 JOG（地址 200.7）下生效，按钮地址 40.5。问怎样对图 8-22 的主轴定向控制梯形图进行改进。

8. 结合图 8-22，说明：

1）图 8-29 中 ORAR 信号的来源。

2）ORAR 作为定时器 TMR203 的控制条件，为什么用动断（常闭）的形式？

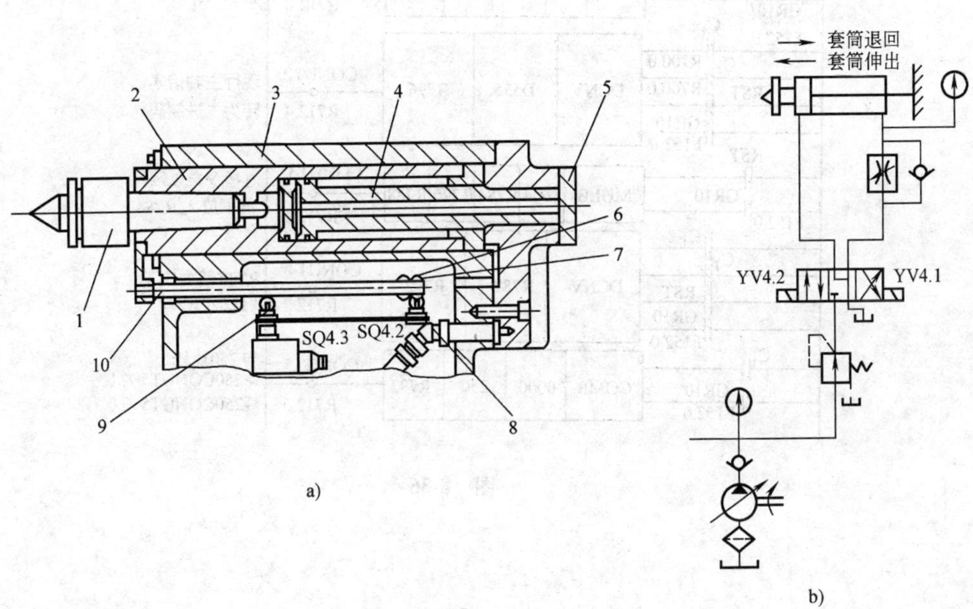

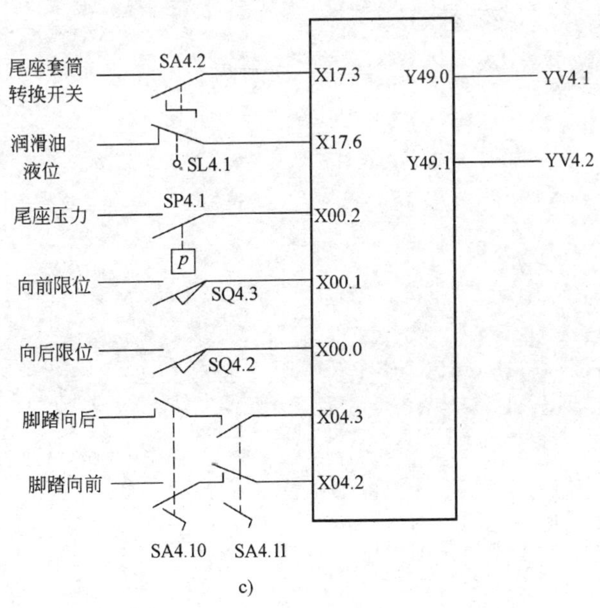

图 8-35

a）车床尾座结构简图 b）液压系统 c）PLC 控制外部开关

1—顶尖 2—套筒 3—尾座 4—活塞杆 5—端盖 6—左挡块（伸出）

7—右挡块（退回） 8—右行程开关 9—左行程开关 10—行程杆

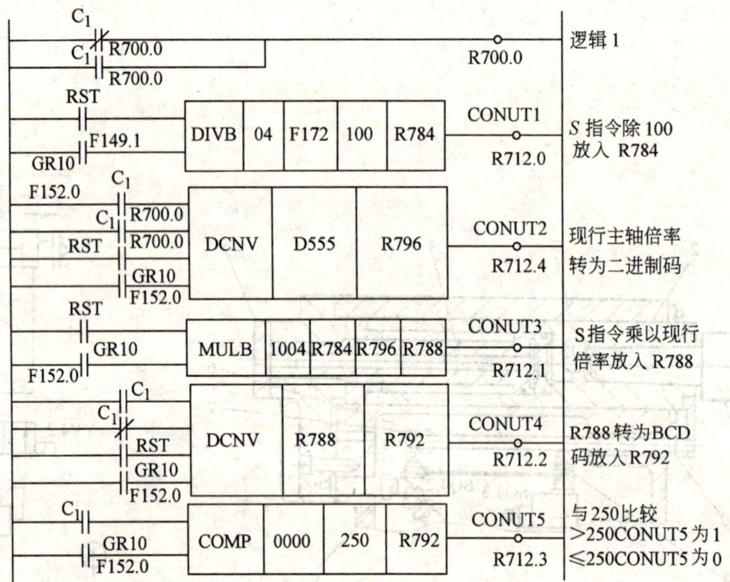

C1
R700.0
逻辑 1
RST
F149.1
GR10
DIVB
04
F172
100
R784
CONUT1
R712.0
S 指令除 100
放入 R784
F152.0
RST
GR10
DCNV
D555
R796
CONUT2
R712.4
现行主轴倍率
转为二进制码
MULB
1004
R788
CONUT3
R712.1
S 指令乘以现行
倍率放入 R788
R792
CONUT4
R712.2
R788 转为BCD
码放入 R792
COMP
0000
250
CONUT5
R712.3
与 250比较
>250CONUT5 为 1
≤250CONUT5 为 0

图 8-36

第九章　实 验 指 导

可编程序控制器的实验遵照循序渐进的原则，由浅入深地分为上机练习，参照例程序的PLC应用练习实验和PLC控制系统设计的综合实验等部分。

PLC实验方法有两种：一种是用PLC实验装置进行实验和应用程序的开发；另一种是用普通PLC外加若干导线进行简易的开发和实验。PLC实验装置具有直观，使用方便的优点，通常配有各种工业控制模板，可以形象地模拟工业现场控制，尤其是导线的插拔连接形式，适用于教学的重复使用。若无PLC实验装置，也可直接使用PLC配以外部连接导线，给出必要的输入信号进行实验，并且可以利用PLC自身的输出指示观察PLC运行结果。本章以PLC实验装置的应用为主，研究PLC的实验方法。

实验一　SIMATIC使用方法和PLC的基本操作练习

本节首先研究SIMATIC指令系统的基本操作方法，然后进行PLC的练习实验。本节给出了PLC控制系统实验要求的例程序、参考电路等PLC练习实验所需要的所有资料，可以通过程序输入、调试、运行，逐步掌握PLC实验的基本方法。

1. 实验目的

1）练习使用S7-200编程软件，了解PLC实验装置的组成。

2）掌握用户程序的输入和编辑方法。

3）熟悉基本指令的应用。

4）熟悉语句表指令的应用与梯形图程序的转换。

2. 实验内容

1）输入图9-1所示的梯形图，并转换成对应的语句表指令（也可结合教材第5章习题练习）。

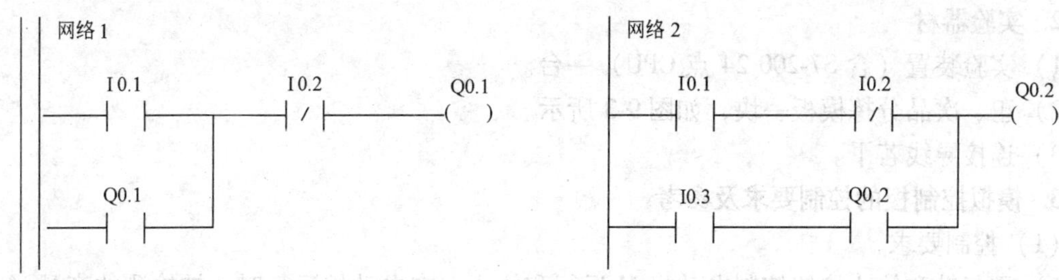

图9-1　梯形图练习1

2）为梯形图9-1中网络1加注释，并用符号表为I0.1、I0.2、Q0.0添加符号名（符号名可任意设定）。

3）练习程序的编辑、修改、复制、粘贴的方法。

4）将图 9-1 中程序改成图 9-2 所示，并转换成语句表程序，分析 OLD、ALD 语句用法。

5）练习栈操作指令的使用方法。

6）练习定时器指令及参数的输入方法。

7）练习系统块设置的方法。

3. 实验步骤

1）开机（打开计算机电源，但不接 PLC 电源）。

2）进入 S7-200 编程软件。

3）选择语言类型（SIMATIC 或 IEC）。

4）输入 CPU 类型。

5）由主菜单或快捷按钮输入、编辑程序。

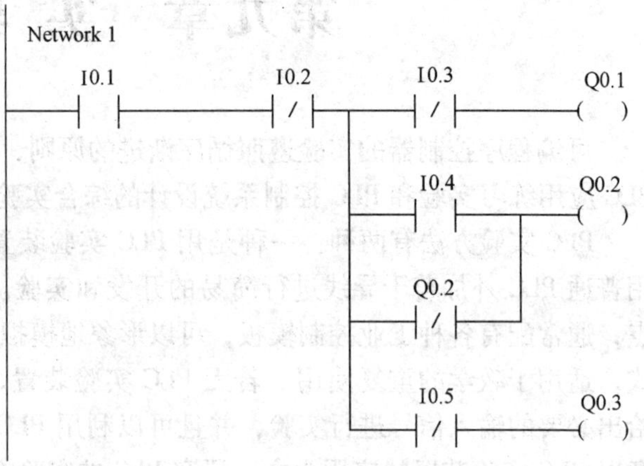

6）进行编译，并观测编译结果，修改程序，直至编译成功。

图 9-2　梯形图练习 2

4. 实验报告内容

1）以图 9-2 为例，总结梯形图输入及修改的操作过程。

2）写出梯形图添加注释及符号名的操作过程。

3）总结 OLD、ALD 指令和栈操作指令的使用方法。

4）简述系统块设置的方法。

实验二　正次品分拣机

1. 实验目的

1）加深对定时器的理解，掌握各类定时器的使用方法。

2）理解企业车间产品的分拣原理。

2. 实验器材

1）实验装置（含 S7-200 24 点 CPU）一台。

2）正、次品分拣模板一块，如图 9-3 所示。

3）连接导线若干。

3. 模拟控制板的控制要求及参考

（1）控制要求

1）用起动和停止按钮控制电动机 M 运行和停止。在电动机运行时，被检测的产品（包括正、次品）在传送带上运送。

2）产品（包括正、次品）在传送带上运送时，S_1（检测器）检测到的次品，经过 5s 传送，到达次品剔除位置时，起动电磁铁 Y 驱动剔除装置，剔除次品（电磁铁通电 0.1s），检测器 S_2 检测到的次品，经过 3s 传送，起动 Y，剔除次品；正品继续向前输送。正次品分拣操作流程如图 9-4 所示。

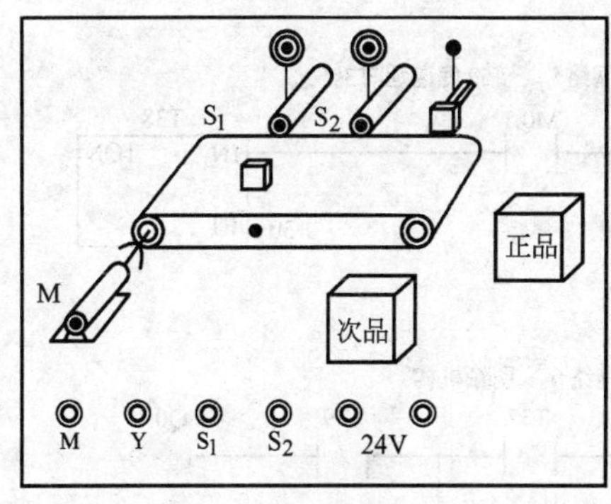

图 9-3　正次品分拣模拟控制板

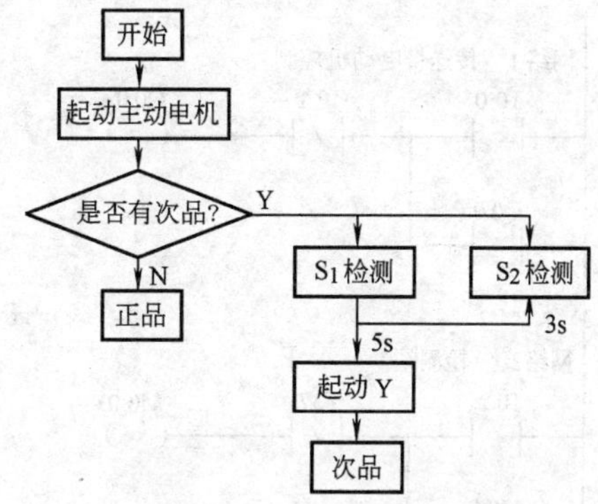

图 9-4　正次品分拣流程图

（2）参考电路和程序　PLC I/O 端口分配及 PLC 电气原理图如下：

SB_1　　I0.0　　M 起动按钮

SB_2　　I0.1　　M 停止按钮

S_1　　I0.2　　检测站 1

S_2　　I0.3　　检测站 2

M　　Q0.0　　电动机（传送带驱动）

Y　　Q0.1　　次品剔除

4. 实验内容及要求

1）按参考电路图 9-5 完成 PLC 电路接线（配合通用器件板开关元器件）。

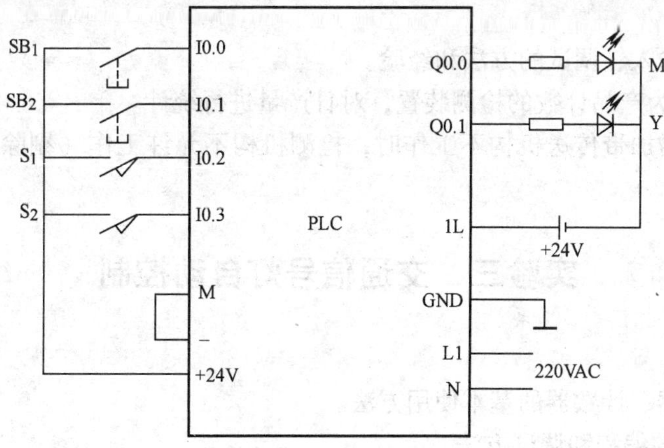

图 9-5　正次品分拣机 PLC 电气原理图

2）输入参考程序并编辑（见图 9-6）。

3）编译、下载、调试应用程序。

4）通过实验模板，显示出正确运行结果。

注意：程序上、下载时，必须给 PLC 上电，并将 CPU 置于 STOP 状态。

5. 思考练习

1）分析各种定时器的使用方法及不同之处。

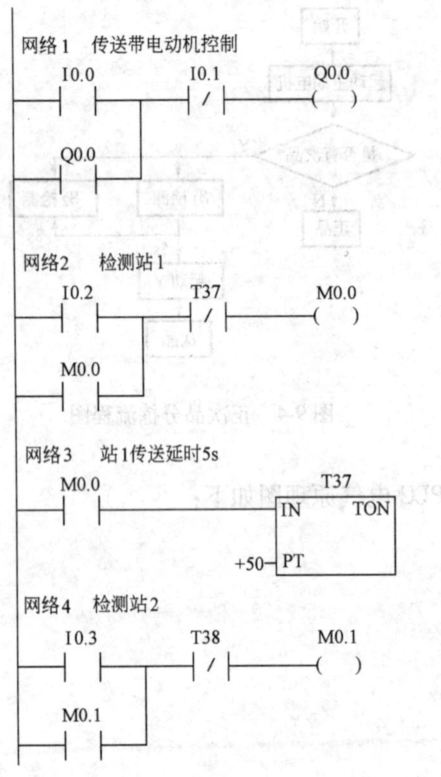

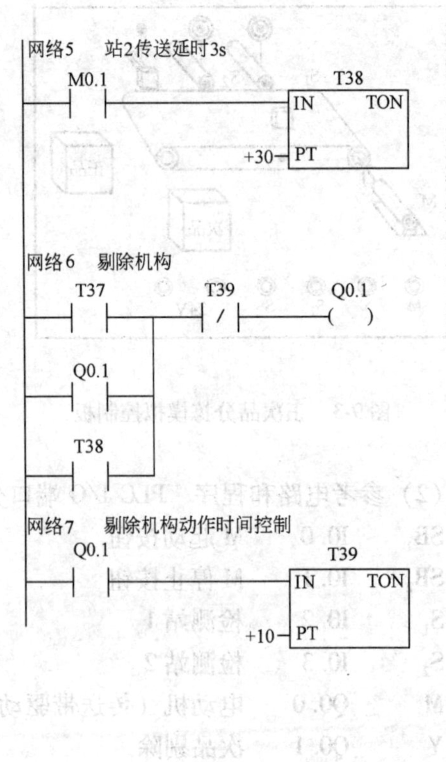

图 9-6 正次品分拣机参考程序

2）总结程序输入、调试的方法和经验。

3）试将 S_1 作为产品计数的检测装置，对日产量进行统计。

4）程序要求增加带传送机构不工作时，检测机构不允许工作（剔除机构不动作），编写梯形图控制程序。

实验三 交通信号灯自动控制

1. 实验目的

1）练习定时器、计数器的基本使用方法。

2）掌握 PLC 的编程和调试方法。

3）对应用 PLC 解决实际问题的全过程有个初步了解。

2. 实验设备

1）编程器 1 台（PC 机）。

2）实验装置 1 台（含 S7-200 24 点 CPU）。

3）交通灯实验模板一块，如图 9-7 所示。

4）导线若干。

3. 控制要求及参考

交通路口红、黄、绿灯的基本控制要求如下：

路口某方向绿灯显示（另一方向亮红灯）10s 后，黄灯以占空比为 50% 的一秒周期（0.5s 脉冲宽度）闪烁 3 次（另一方向亮红灯），然后变为红灯（另一方向绿灯亮、黄灯闪烁），如此循环工作。

PLC I/O 端口分配：

SB_1　　I0.0　　起动按钮

SB_2　　I0.1　　停止按钮

HL_1（HL_7）　　Q0.0　　东西红灯

HL_2（HL_8）　　Q0.1　　东西黄灯

HL_3（HL_9）　　Q0.2　　东西绿灯

HL_4（HL_{10}）　　Q0.4　　南北红灯

HL_5（HL_{11}）　　Q0.5　　南北黄灯

HL_6（HL_{12}）　　Q0.6　　南北绿灯

PLC 参考电路如图 9-8 所示。

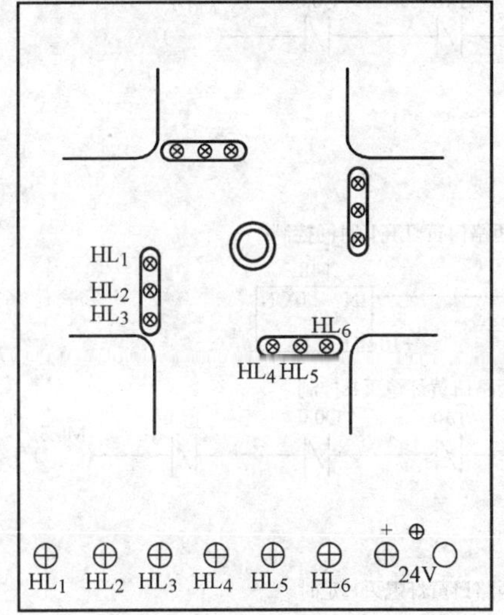

图 9-7　交通灯模拟控制板

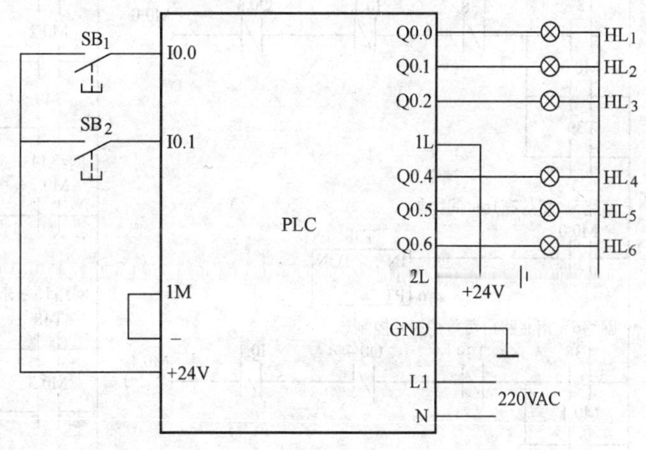

图 9-8　红绿灯控制 PLC 电气原理图

4. 实验内容及要求

1）按参考电路图完成 PLC 电路接线（配合通用器件板开关元器件）。

2）输入参考程序并编辑（见图 9-9）。

3）编译、下载、调试应用程序。

4）通过实验模板，显示出正确运行结果。

注意：程序上、下载时，必须给 PLC 上电，并将 CPU 置于 STOP 状态。

5. 思考练习

1）要实现一个简单的过程控制，程序编制的思路及步骤有哪些？

2）定时器、计数器预置值如何设定输入？如何修改？

3）简述上机操作步骤。

4）增设某个方向直通的功能。

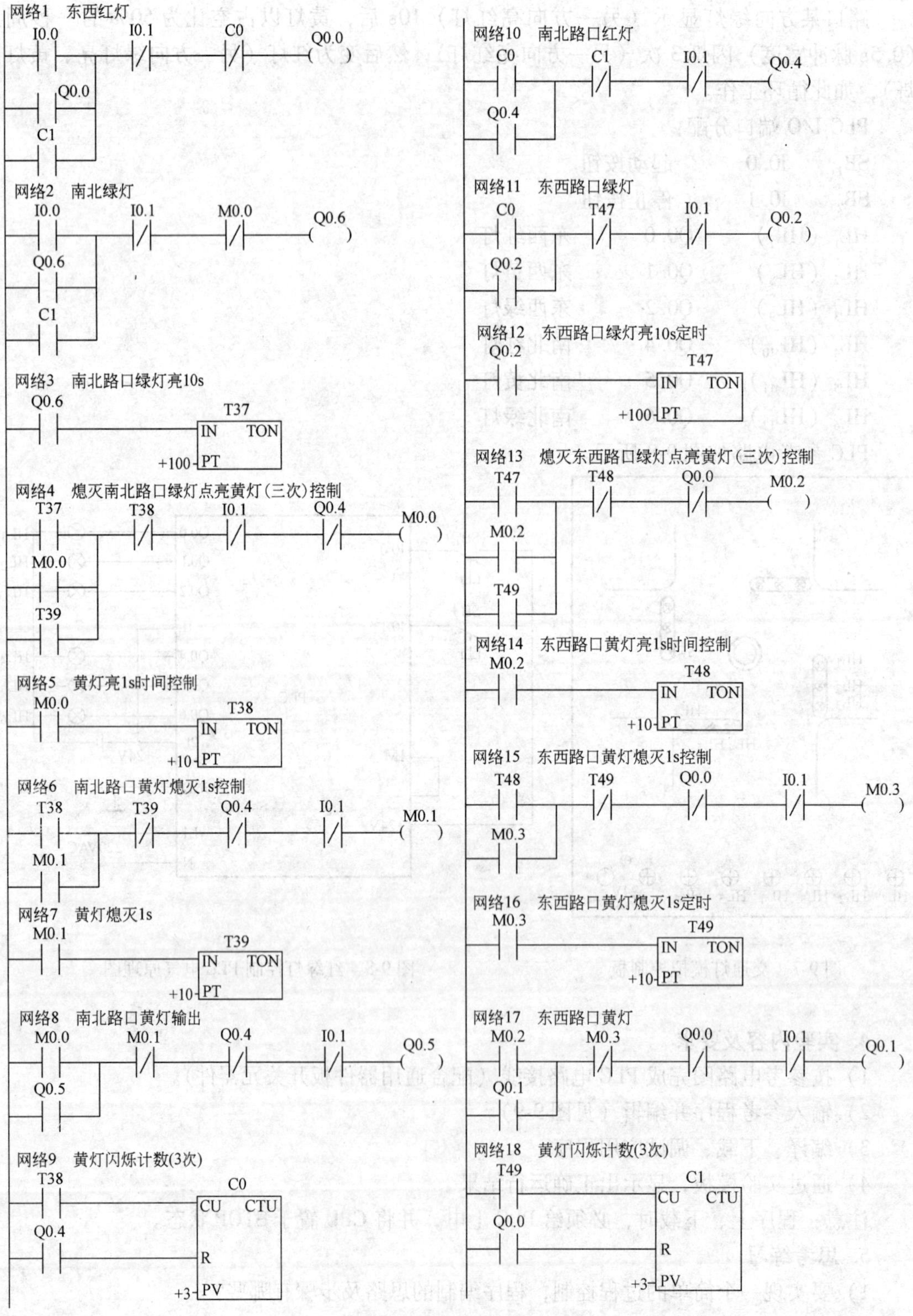

网络1　东西红灯
I0.0　I0.1　C0　Q0.0
Q0.0
C1

网络2　南北绿灯
I0.0　I0.1　M0.0　Q0.6
Q0.6
C1

网络3　南北路口绿灯亮10s
Q0.6
T37
IN　TON
+100-PT

网络4　熄灭南北路口绿灯点亮黄灯(三次)控制
T37　T38　I0.1　Q0.4　M0.0
M0.0
T39

网络5　黄灯亮1s时间控制
M0.0
T38
IN　TON
+10-PT

网络6　南北路口黄灯熄灭1s控制
T38　T39　Q0.4　I0.1　M0.1
M0.1

网络7　黄灯熄灭1s
M0.1
T39
IN　TON
+10-PT

网络8　南北路口黄灯输出
M0.0　M0.1　Q0.4　I0.1　Q0.5
Q0.5

网络9　黄灯闪烁计数(3次)
T38
C0
CU　CTU
Q0.4
R
+3-PV

网络10　南北路口红灯
C0　C1　I0.1　Q0.4
Q0.4

网络11　东西路口绿灯
C0　T47　I0.1　Q0.2
Q0.2

网络12　东西路口绿灯亮10s定时
Q0.2
T47
IN　TON
+100-PT

网络13　熄灭东西路口绿灯点亮黄灯(三次)控制
T47　T48　Q0.0　M0.2
M0.2
T49

网络14　东西路口黄灯亮1s时间控制
M0.2
T48
IN　TON
+10-PT

网络15　东西路口黄灯熄灭1s控制
T48　T49　Q0.0　I0.1　M0.3
M0.3

网络16　东西路口黄灯熄灭1s定时
M0.3
T49
IN　TON
+10-PT

网络17　东西路口黄灯
M0.2　M0.3　Q0.0　I0.1　Q0.1
Q0.1

网络18　黄灯闪烁计数(3次)
T49
C1
CU　CTU
Q0.0
R
+3-PV

图9-9　红绿灯控制参考程序

实验四　工作台自动循环控制

1. 实验目的

1）掌握 PLC 外部输入/输出电路的设计和导线的连接方法。

2）利用符号表对 POU（S7-200 的三种程序组织单位指主程序、子程序和中断程序）进行赋值。

3）掌握应用软件的编程方法。

4）掌握程序注释的方法。

2. 实验内容及要求

1）设计工作台自动循环的 PLC 控制电路，如图 9-10 所示。

2）连接 PLC 外部电路（使用通用器件板开关元器件）。

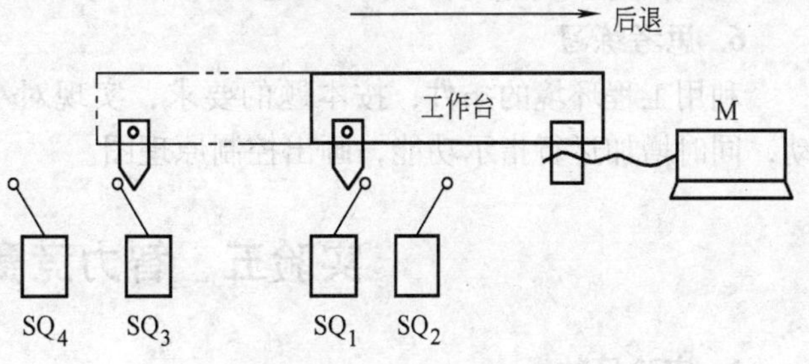

图 9-10　工作台自动循环

3）输入梯形图程序。

4）建立符号表，对 POU 赋值。

5）为程序注释。

＊I/O 分配、符号表及注释参考：

I0.0	SB_1	正向起动按钮	I0.5	SQ_3	前进位置检测
I0.1	SB_2	反向起动按钮	I0.6	SQ_4	前进位置保护
I0.2	SB_3	停止开关	Q0.0	KM_1	工转接触器
I0.3	SQ_1	起始位置检测	Q0.1	KM_2	反转接触器
I0.4	SQ_2	起始位置保护			

6）编辑、编译及下载用户程序。

7）动态调试和运行用户程序，显示运行结果。

注意：程序上、下载时，必须给 PLC 上电，并将 CPU 置于 STOP 状态。

3. 实验设备

1）计算机（编程器）1 台。

2）实验装置（含 S7-200 24 点 CPU）1 台。

3）实验板 1 块。

4）连接导线若干。

4. 实验内容与要求

1）画出 PLC 外部（输入/输出）电路，并连接外部导线。

2）首先接通个人计算机（编程器）电源，然后，接通可编程序控制器（PLC）电源。

3）编程及调试运行。

①设计 PLC 控制工作台自动循环的梯形图程序。

②选择 CPU 的工作方式（RUN 或 STOP）。

③输入梯形图程序。

④建立符号表。

⑤为程序添加注释。

⑥程序的编译、下载。

⑦程序的调试和运行。

5. 实验报告内容

1）根据控制要求，画出程序流程框图。

2）总结建立符号表的优点。

3）详细记录、分析程序下载过程及运行时出现的问题。

6. 思考练习

利用工程环境的条件，按本题的要求，实现对小功率单相交流异步电动机（M）的驱动，同时增加运行指示功能，画出控制原理图。

实验五　智力竞赛抢答器

1. 实验目的

1）掌握 PLC 外部输入/输出电路的设计和连接方法。

2）掌握应用软件的编程方法。

3）掌握应用符号地址编程的方法。

2. 智力竞赛抢答器的要求

利用 PLC 控制系统设计 1 个 4 组的智力竞赛抢答器。

3. 抢答器的控制要求

1）在主持人侧，设置抢答指示电路和起动、复位按钮。选手侧各设置 1 个抢答按钮。

2）主持人按动起动按钮，起动系统工作，可以进行一次抢答。

3）竞猜者抢答主持人所提的问题时，按动各自的抢答按钮。

4）收到第 1 个抢答信号后，进行声、光指示；声音提示维持 3s，主持人侧（仅有 1 组）指示灯同时亮，同时数码管指示组别，等到主持人按下复位按钮，指示灯方熄灭。

4. 实验设备

1）计算机（编程器）1 台。

2）实验装置（含 S7-200 24 点 CPU）1 台。

3）实验板 1 块，如图 9-11 所示。

4）连接导线若干。

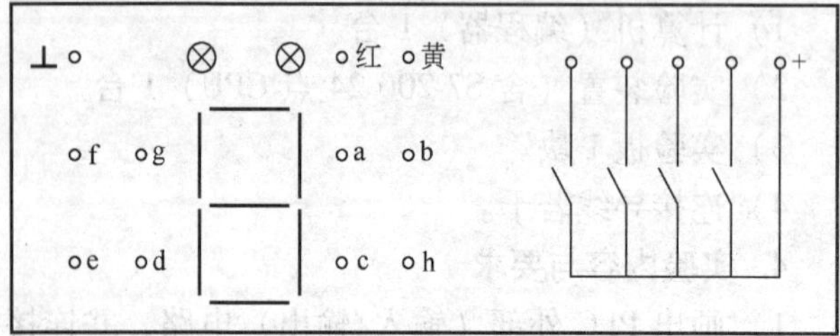

图 9-11　抢答器实验板

5. 实验内容及要求

1）设计 PLC 外部电路。

2）使用通用器件板开关元器件和实验板连接 PLC 外部电路，采用符号地址编写用户程序。

3）输入、编辑、编译、下载、调试用户程序。

4）运行用户程序，观察程序运行结果。

6. 思考练习

1）指出影响系统响应速度的因素。

2）利用 CPU214 PLC 制成的抢答器，最多为几组？试设计最多组时 PLC 的外部电路。

实验六　电动机Y—△起动

1. 实验目的

1）用 PLC 控制电动机Y—△起动电路。

2）通过实验，提高分析、解决问题的能力。

2. 实验设备

1）计算机（编程器）1 台。

2）实验装置（含 S7-200 24 点 CPU）1 台。

3）电动机Y—△起动实验模板 1 块，如图 9-12 所示。

4）连接导线若干。

3. 电动机Y—△起动要求

1）电动机 M 能实现正、反向Y—△起动。

2）电气操作流程说明：

按动正向起动按钮 SB_2，KM_1 和 KM_4 闭合（Y型起动），经 3s 后 KM_4 断开，KM_3 闭合，实现正向△型运行；按动反向起动按钮 SB_3，KM_2 和 KM_4 闭合（Y型起动），经 3s 后 KM_4 断开，KM_3 闭合，实现正向△型运行，按停车按钮 SB_1，电动机 M 停止运行。

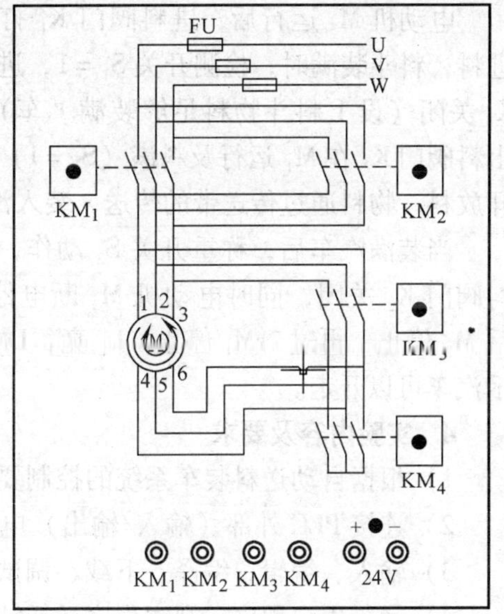

图 9-12　Y—△启动模拟控制

4. 实验内容及要求

1）根据电动机Y—△起动要求，设计 PLC 外部电路（配合通用器件板开关元器件）。

2）连接 PLC 外部（输入/输出）电路，编写用户程序。

3）输入、编辑、编译、下载、调试用户程序。

4）运行用户程序，观察程序运行结果。

5. 思考练习

1）若电动机 M 直接由正向运行转入反向运行（不用停车按钮），程序如何改动？

2）结合实验过程和结果写出实验报告。

实验七　自动送料装车系统

1. 实验目的

1）了解工业生产过程中 PLC 控制方法。

2）学会熟练使用 PLC 解决生产实际问题。

2. 实验设备

1）计算机（编程器）1台。

2）实验装置（含S7-200 24点CPU）1台。

3）自动送料装车系统实验模板1块，如图9-13所示。

4）连接导线若干。

3. 自动送料装车系统的控制要求

初始状态：绿灯（L_1）亮，红灯（L_2）灭，表示允许汽车开进装料，此时，进料阀门（K_1），料斗阀门（K_2），电动机（M_1，M_2，M_3）皆为OFF状态。

当汽车到来时，检测开关S_3接通（负载板上未设，可从通用器件板选取），红色信号灯L_2亮，绿色L_1灭，传送带驱动电动机M_3运行；2s后，电动机M_2运行；再经过2s M_1运行，依次顺序起动送料系统。

电动机M_3运行后，进料阀门K_1打开料斗进料，料斗装满时，检测开关$S_1=1$，进料阀门K_1关闭（设1料斗物料足够装满1车）；料斗出料阀门K_2在M_1运行及料满（$S_1=1$）后，打开放料，物料通过传送带的传送，装入汽车。

当装满汽车后，称重开关S_2动作，料斗出料阀门K_2关闭，同时电动机M_3断电停止，2s后M_2停止，再过2sM_1停止，L_1亮，L_2灭，表示汽车可以开走。

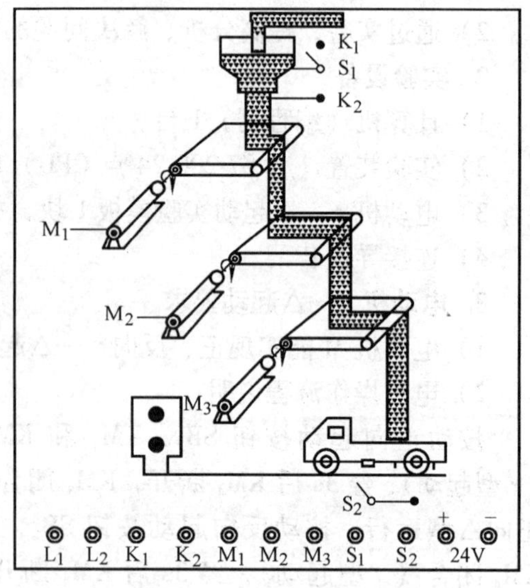

图9-13　自动装车模拟控制板

4. 实验内容及要求

1）根据自动送料装车系统的控制要求，设计PLC外部电路。

2）连接PLC外部（输入/输出）电路（配合通用器件板开关元器件），编写用户程序。

3）输入、编辑、编译、下载、调试用户程序。

4）运行用户程序，观察程序运行结果。

5. 思考练习

1）在原试验基础上，增加每日装车次数统计功能。

2）结合实验过程和结果写出实验报告。

实验八　多种液体自动混合

1. 实验目的

1）结合多种液体自动混合系统，应用PLC技术对化工生产过程实施控制。

2）学会熟练使用PLC解决生产实际问题。

2. 实验设备

1）计算机（编程器）1台。

2）实验装置（含S7-200 24点CPU）1台。

3）多种液体自动混合实验模板 1 块，如图 9-14 所示。

4）连接导线若干。

3. 液体自动混合系统的控制要求

（1）液体自动混合系统的初始状态　在初始状态，容器为空，电磁阀 Y_1，Y_2，Y_3，Y_4 和搅拌机 M 以及加热元件 R 均为 OFF，液面传感器 L_1，L_2，L_3 和温度检测 T 均为 OFF。

（2）液体混合操作过程　按动起动按钮，电磁阀 Y_1 闭合（Y_1 为 ON），开始注入液体 A，当液面高度达到 L_3 时（L_3 为 ON）→关闭电磁阀 Y_1（Y_1 为 OFF），液体 A 停止注入，同时，开启电磁阀门 Y_2（Y_2 为 ON）注入液体 B，当液面升至 L_2 时（L_2 为 ON）→关闭电磁阀 Y_2（Y_2 为 OFF），液体 B 停止注入，同时，开启电磁阀 Y_3（Y_3 为 ON），注入液体 C，当液面升至 L_1 时（L_1 为 ON）→关闭电磁阀 Y_3（Y_3 为 OFF），液体 C 停止注入，然后开启搅拌电动机 M，搅拌 10 秒→停止搅拌，加热（起动电炉 R）→当温度（检测器 T 动作）达到设定值时→停止加热（R 为 OFF），并放出混合液体（Y_4 为 ON），至液体高度降为 L_3 后，再经 5s 延时，液体可以全部放完→停止放出（Y_4 为 OFF）。液体混合过程结束。

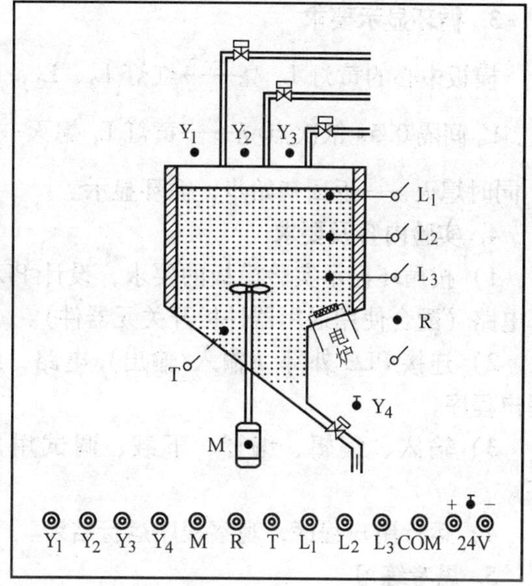

图 9-14　多种液体自动混合实验模板

按动停止按钮，液体混合操作停止。

4. 实验内容及要求

1）按液体混合要求，设计 PLC 外部电路（配合使用通用器件板开关元器件）。

2）连接 PLC 外部（输入/输出）电路，编写用户程序。

3）输入、编辑、编译、下载、调试用户程序。

4）运行用户程序，观察程序运行结果。

5. 思考练习

1）分析程序运行结果。

2）试编写出搅拌与加热同时进行的程序，要求加热与搅拌条件同时满足后顺序向下执行，观测运行结果。

3）简述液位传感器 L_1，L_2，L_3 的工作原理及实验时的操作方法。

4）结合实验过程和结果写出实验报告。

实验九　循环显示电路

1. 实验目的

1）熟悉 PLC 循环程序的编程。

2）了解工业顺序控制的基本原理。

3）学会熟练使用 PLC 解决动态显示问题。

2. 实验器材

1）计算机（编程器）1 台。

2）实验装置（含 S7-200 24 点 CPU）1 台。

3）循环显示实验模板 1 块，如图 9-15 所示。

4）连接导线若干。

3. 循环显示要求

模板中心的黄灯 L_1 亮$\xrightarrow{1.5s}$红灯 L_2、L_3、L_4、L_5 间隔 0.5s 依次点亮$\xrightarrow{1.5s}$绿灯 L_6、L_7、L_8、L_9 间隔 0.5s 依次点亮⟶黄灯 L_1 熄灭$\xrightarrow{1.5s}$$L_2$、$L_3$、$L_4$、$L_5$ 同时熄灭$\xrightarrow{1.5s}$$L_6$、$L_7$、$L_8$、$L_9$ 同时熄灭$\xrightarrow{1.5s}$返回初始步，循环显示。

4. 实验内容及要求

1）按循环显示实验模板的要求，设计 PLC 外部电路（配合使用通用器件板开关元器件）。

2）连接 PLC 外部（输入/输出）电路，编写用户程序。

3）输入、编辑、编译、下载、调试用户程序。

4）运行用户程序，观察程序运行结果。

5. 思考练习

（1）请重新设计一套循环显示程序流程，利用本控制模板，显示出不同的动态结果。

（2）结合实验结果写出实验报告。

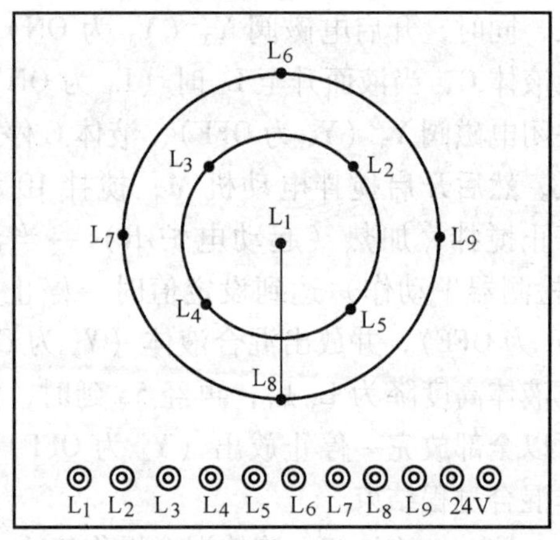

图 9-15　循环显示模拟控制板

实验十　水塔水位控制系统

1. 实验目的

1）利用 PLC 构成水塔水位（液位）控制系统。

2）了解自动控制的工作原理及设备在日常生活中的应用。

2. 水塔水位的控制要求

1）初始状态：水箱没有水，液位开关 S_4 断开（S_4 为 OFF）。

2）控制要求：本装置上电后，按动起动按钮，电动阀 Y 通电（Y 为 ON）水箱开始注水，水箱水位达到 S_4 高度后，液位开关 S_4 闭合（S_4 为 ON），水箱水位达到 S_3 高度（水满）时，液位开关 S_3 闭合（S_3 为 ON）→ 注水电动阀 Y 断电（Y 为 OFF），水箱停止注水。此后，随着水塔水泵抽水过程的进行，水箱液面逐渐降低，液位开关 S_3（S_3 = OFF）复位，随着抽水过程的继续进行，水箱液面继续降低，当液面低于开关 S_4 时，液位开关 S_4 复位（S_4 为 OFF）→ 电动阀 Y 再次通电（Y 为 ON）水箱（自动）注水，水位达到 S_3 时再次停止注水。如此循环，使水箱水位保持在 S_3 ~ S_4 之间。

当水箱水位高于 S_4 液位，并且水塔水位低于水塔最低允许液面开关 S_2 时（液位开关 S_2

为 OFF）→水泵电动机 M 开始运行，向水塔抽水。当液面达到最高液位开关 S_1 时→水塔电动机 M 停止抽水（M 为 OFF）；循环控制使得水塔水位自动保持在 S_1 ~ S_2 之间变化。

3. 实验设备

1）计算机（编程器）1 台。

2）实验装置（含 S7-200 24 点 CPU）1 台。

3）水塔水位实验模板 1 块，如图 9-16 所示。

4）连接导线若干。

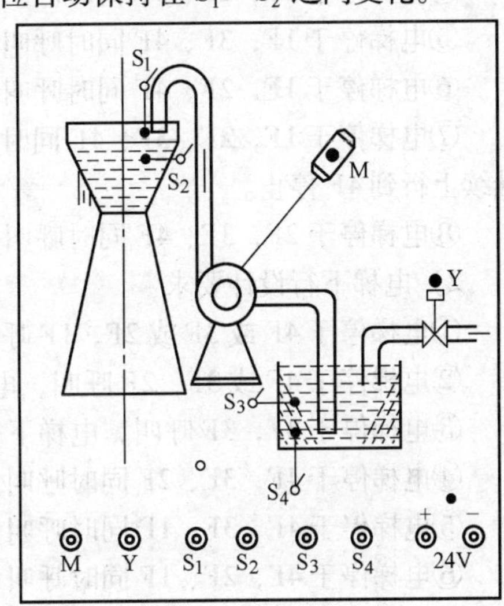

图 9-16　水塔水位实验

4. 实验内容及要求

1）按水塔水位的控制要求，设计 PLC 外部电路。

2）连接 PLC 外部（输入/输出）电路，编写用户程序。

3）输入、编辑、编译、下载、调试用户程序。

4）运行用户程序，观察程序运行结果。

5. 思考练习

1）联系抽水马桶与水塔水位系统，比较两者的工作原理和控制过程的异同，进一步理解水位控制系统的工作原理及控制过程。

2）结合实验结果写出实验报告。

实验十一　电 梯 控 制

1. 实验目的

1）掌握 PLC 的基本指令、功能指令的综合应用。

2）掌握 PLC 与外围控制电路的实际接线方法。

3）掌握随机逻辑程序的设计方法。

2. 实验器材

1）编程器 1 台（PC 机）。

2）可编程序控制实验装置 1 台。

3）四层电梯自动控制演示板 1 块，如图 9-17 所示。

4）连接导线若干。

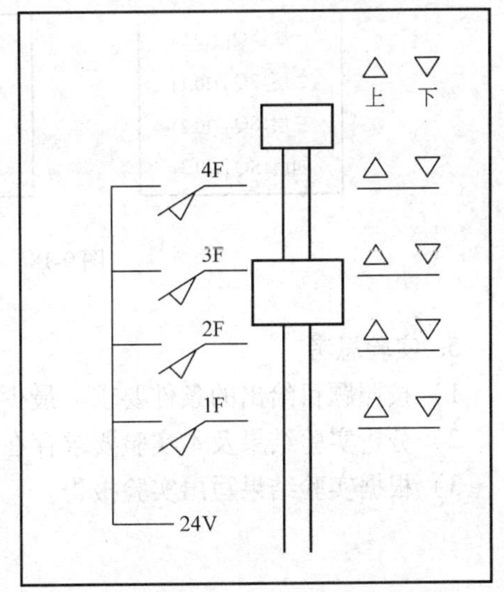

图 9-17　四层电梯自动控制

3. 实验内容与步骤

电梯实验动作要求如下：

1）电梯上行设计要求

①当电梯停于 1 楼（1F）或 2F、3F 时，4 楼呼叫，则上行到 4 楼碰行程开关后停止。

②电梯停于 1F 或 2F，3F 呼叫时，则上行，到 3F 行程开关控制停止。

③电梯停于 1F，2F 呼叫，则上行，到 2F 行

程开关控制停止。

④电梯停于1F，2F、3F同时呼叫，电梯上行到2F，停5s，继续上行到4F停止。

⑤电梯停于1F，3F、4F同时呼叫，电梯上行到3F，停5s，继续上行到4F停止。

⑥电梯停于1F，2F、4F同时呼叫，电梯上行到2F，停5s，继续上行到4F停止。

⑦电梯停于1F，2F、3F、4F同时呼叫，电梯上行到2F，停5s，继续上行到3F，停5s，继续上行到4F停止。

⑧电梯停于2F，3F、4F同时呼叫，电梯上行到3F停5s，继续上行到4停止。

2）电梯下行设计要求

①电梯停于4F或3F或2F，1F呼叫，电梯下行到1F停止。

②电梯停于4F或3F，2F呼叫，电梯下行到2F停止。

③电梯停于4F，3F呼叫，电梯下行到3F停止。

④电梯停于4F，3F、2F同时呼叫，电梯下行到3F，停5s，继续下行到2F停止。

⑤电梯停于4F，3F、1F同时呼叫，电梯下行到3F，停5s，继续下行到1F停止。

⑥电梯停于4F，2F、1F同时呼叫，电梯下行到2F，停5s，继续下行到1F停止。

⑦电梯停于4F，3F、2F、1F同时呼叫，电梯下行到3F，停5s，继续下午到2F，停5s，继续下行到1F停止。

3）各楼层运行时间应在15s以内，否则认为有故障。

4）电梯停于某一层，数码管应显示该层的楼层数。

5）电梯上、下行时，相应的标志灯亮。

4. I/O地址

输入/输出地址分配参考：

PLC进入RUN状态，电梯系统起动工作；PLC输出Q0.0/Q0.1用于上行/下行指示和提升电动机（M）正/反转控制。Q0.2、Q0.3、Q0.4、Q0.5分别显示电梯所在的层位置1～4。输入地址分配如图9-18所示。

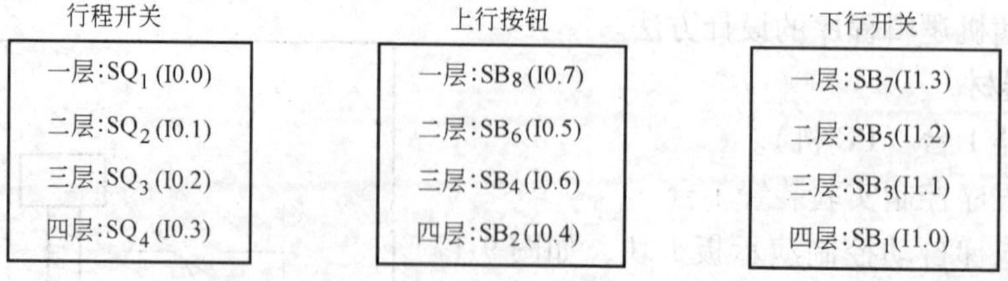

图9-18　电梯输入地址分配参考

5. 实验思考

1）按照题目给出的条件要求，最少需要多少点的PLC。

2）分析实验结果及本实验要求存在的主要问题。

3）根据实验结果写出实验报告。

附　录

附录 A　电气图常用新旧图形符号和文字符号对照表

表 A-1　电气图常用图形符号和文字符号新旧标准对照表

编号	名　称	新国标		旧国标	
		图形符号 GB/T 4728—1998 ~ 2000	文字符号 GB/T 7159—1987	图形符号 GB/T 4728—1984 ~ 1985	文字符号 GB/T 315—1964
1	直流	或			
	交流				
2	导线的连接	或			
	导线的双重连接	或		或	
	导线的不连接				
3	接地一般符号		E		
4	电阻的一般符号	优选型	*R*		*R*
5	电容器一般符号	优选型	*C*		*C*
	极性电容器	+ 优选型		+	

（续）

编号	名称	新国标 图形符号 GB/T 4728—1998～2000	新国标 文字符号 GB/T 7159—1987	旧国标 图形符号 GB/T 4728—1984～1985	旧国标 文字符号 GB/T 315—1964
6	半导体二极管		V		D
7	熔断器		FU		RD
8	换向绕组或补偿绕组			H_1 H_2	HQ
	串励绕组			BC_1 BC_2	BCQ
				C_1 C_2	CQ
	并励绕组或他励绕组			B_1 B_2 并励	BQ
				T_1 T_2 他励	TQ
	电枢绕组				SQ
9	发电机	G	G	F	F
	直流发电机	G	GD	F	ZF
	交流发电机	G ～	GA	F ～	JF
10	电动机	M	M	D	D
	直流电动机	M	MD	D	ZD
	交流电动机	M ～	MA	D ～	JD
	三相笼型异步电动机	M 3～	M		D
	三相绕线型异步电动机	M 3～			

（续）

编号	名　称	新国标 图形符号 GB/T 4728—1998～2000	新国标 文字符号 GB/T 7159—1987	旧国标 图形符号 GB/T 4728—1984～1985	旧国标 文字符号 GB/T 315—1964
10	串励直流电动机	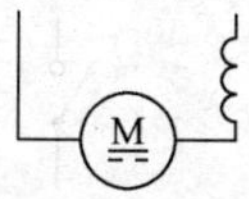 M	MD	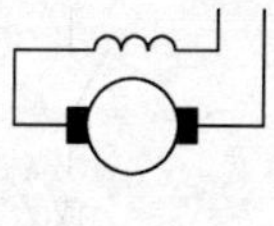	ZD
	他励直流电动机	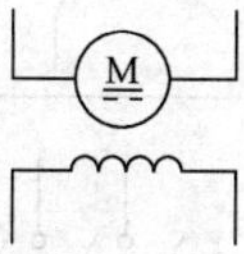 M		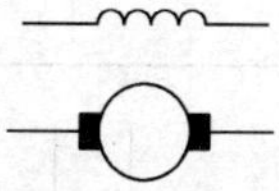	
	并励直流电动机	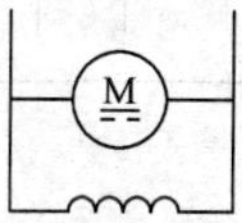 M		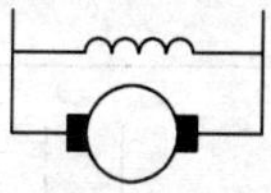	
	复励直流电动机	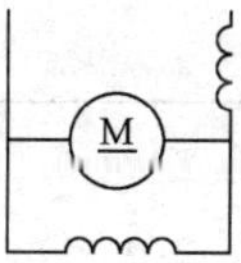 M		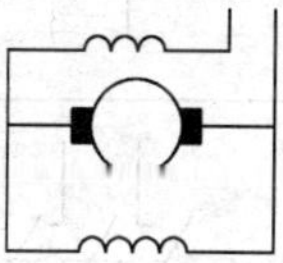	
11	单相变压器	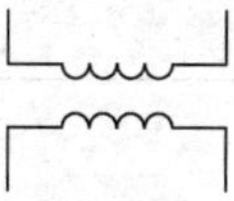 或 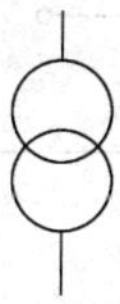	T	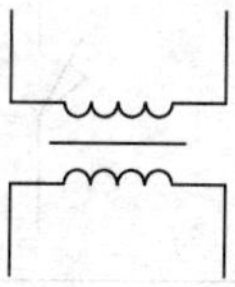	B
	控制电路电源用变压器		TC		
	照明变压器		T		ZB
	整流变压器				ZLB
	三相自耦变压器	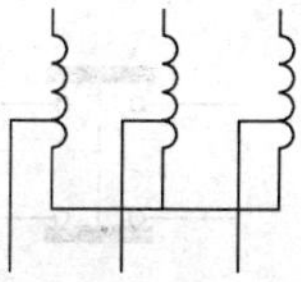	T	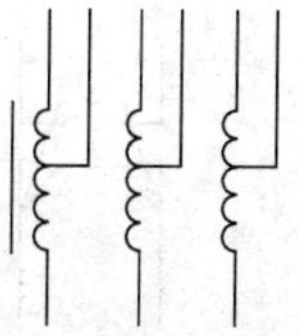	ZDB

（续）

编号	名　称	新国标		旧国标	
		图形符号 GB/T 4728—1998～2000	文字符号 GB/T 7159—1987	图形符号 GB/T 4728—1984～1985	文字符号 GB/T 315—1964
	开　关				
12	单极开关	或	QS	或	K
	三极开关				
	刀开关				
	组合开关				
	手动三极开关一般符号				
	三极隔离开关				
	限位开关				
13	动合触点		SQ		XWK
	动断触点				
	双向机械操作				

（续）

编号	名　称	新国标 图形符号 GB/T 4728—1998～2000	新国标 文字符号 GB/T 7159—1987	旧国标 图形符号 GB/T 4728—1984～1985	旧国标 文字符号 GB/T 315—1964
	按　钮				
14	带动合触点的按钮		SB		QA
	带动断触点的按钮				TA
	带动合和动断触点的按钮				AN
	接　触　器				
15	线圈		KM		C
	动合（常开）触点				
	动断（常闭）触点				

（续）

编号	名　称	新国标 图形符号 GB/T 4728—1998～2000	新国标 文字符号 GB/T 7159—1987	旧国标 图形符号 GB/T 4728—1984～1985	旧国标 文字符号 GB/T 315—1964
继电器					
15	动合（常开）触点		符号同操作元件		符号同操作元件
	动断（常闭）触点				
	延时闭合的动合触点		KT		SJ
	延时断开的动合触点			或	
	延时闭合的动断触点			或	
	延时断开的动断触点			或	
	延时闭合和延时断开的动合触点				
	延时闭合和延时断开的动断触点				

（续）

编号	名　　称	新国标		旧国标	
		图形符号 GB/T 4728—1998～2000	文字符号 GB/T 7159—1987	图形符号 GB/T 4728—1984～1985	文字符号 GB/T 315—1964
16	时间继电器线圈（一般符号）		KT		SJ
	中间继电器线圈	或	KA		ZJ
	欠电压继电器线圈	U<	KV	V<	QYJ
	过电流继电器的线圈	I>	KI	I>	QLJ
17	热继电器驱动器		FR		RJ
	热继电器的常闭触点			或	
18	电磁铁		YA		DCT
	电磁吸盘		YH		DX
	插头和插座		X		CZ
	照明灯		EL		ZD
	信号灯		HL		XD
	电抗器	或	L		DK

（续）

编号	名　　称	新　国　标		旧　国　标	
		图形符号 GB/T 4728—1998～2000	文字符号 GB/T 7159—1987	图形符号 GB/T 4728—1984～1985	文字符号 GB/T 315—1964
限定符号					
19		◖ —— 接触器功能 位置开关功能		 —— 隔离开关功能 负荷开关功能	
操作件和操作方法					
20	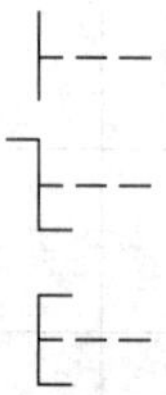	一般情况下的手动操作 旋转操作 推动操作			

附录 B　S7-200 系列 PLC 有效编程范围

表 B-1　S7-200 系列 CPU 编程元器件的有效范围和特性一览表

描　　述	CPU 221	CPU 222	CPU 224	CPU 226
用户程序大小	2KB	2KB	4KB	4KB
用户数据大小	1K 字	1K 字	2.5K 字	2.5K 字
输入映像寄存器	I0.0～I15.7	I0.0～I15.7	I0.0～I15.7	I0.0～I15.7
输出映像寄存器	Q0.0～Q15.7	Q0.0～Q15.7	Q0.0～Q15.7	Q0.0～Q15.7
模拟量输入（只读）	—	AIW0～AIW30	AIW0～AIW62	AIW0～AIW62
模拟量输出（只写）	—	AQW0～AQW30	AQW0～AQW62	AQW0～AQW62
变量存储器（V）	VB0.0～VB2047.7	VB0.0～VB2047.7	VB0.0～VB5119.7	VB0.0～VB5119.7
局部存储器（L）	LB0.0～LB63.7	LB0.0～LB63.7	LB0.0～LB63.7	LB0.0～LB63.7
位存储器（M）	M0.0～M31.7	M0.0～M31.7	M0.0～M31.7	M0.0～M31.7
特殊存储器（SM）只读	SM0.0～SM179.7 SM0.0～SM29.7	SM0.0～SM179.7 SM0.0～SM29.7	SM0.0～SM179.7 SM0.0～SM29.7	SM0.0～SM179.7 SM0.0～SM29.7
定时器范围	T0～T255	T0～T255	T0～T255	T0～T255
记忆延迟 1ms	T0，T64	T0，T64	T0，T64	T0，T64
记忆延迟 10ms	T1～T4，T65～T68	T1～T4，T65～T68	T1～T4，T65～T68	T1～T4，T65～T68
记忆延迟 100ms	T5～T31 T69～T95	T5～T31 T69～T95	T5～T31 T69～T95	T5～T31 T69～T95
接通延迟 1ms	T32，T96	T32，T96	T32，T96	T32，T96
接通延迟 10ms	T33～T36 T97～T100	T33～T36 T97～T100	T33～T36 T97～T100	T33～T36 T97～T100
接通延迟 100ms	T37～T63 T101～T255	T37～T63 T101～T255	T37～T63 T101～T255	T37～T63 T101～T255
计数器	C0～C255	C0～C255	C0～C255	C0～C255
高速计数器	HC0，HC3，HC4，HC5	HC0，HC3，HC4，HC5	HC0～HC5	HC0～HC5
顺序控制继电器	S0.0～S31.7	S0.0～S31.7	S0.0～S31.7	S0.0～S31.7
累加寄存器	AC0～AC3	AC0～AC3	AC0～AC3	AC0～AC3

（续）

描　　述	CPU 221	CPU 222	CPU 224	CPU 226
跳转/标号	0～255	0～255	0～255	0～255
调用/子程序	0～63	0～63	0～63	0～63
中断时间	0～127	0～127	0～127	0～127
PID 回路	0～7	0～7	0～7	0～7
通信端口	Port 0	Port 0	Port 0	Port 0，Port 1

表 B-2　S7-200 CPU 操作数有效范围

存取方式	CPU 221	CPU 222	CPU 224、CPU 226
位存取	V　0.0～2047.7 I　0.0～15.7 Q　0.0～15.7 M　0.0～31.7 SM　0.0～179.7 S　0.0～31.7 T　0～255 C　0～255 L　0.0～63.7	V　0.0～2047.7 I　0.0～15.7 Q　0.0～15.7 M　0.0～31.7 SM　0.0～179.7 S　0.0～31.7 T　0～255 C　0～255 L　0.0～63.7	V　0.0～5119.7 I　0.0～15.7 Q　0.0～15.7 M　0.0～31.7 SM　0.0～179.7 S　0.0～31.7 T　0～255 C　0～255 L　0.0～63.7
字节存取	VB　0～2047 IB　0～15 QB　0～15 MB　0～31 SMB　0～179 SB　0～31 LB　0～63 AC　0～3 常数	VB　0～2047 IB　0～15 QB　0～15 MB　0～31 SMB　0～179 SB　0～31 LB　0～63 AC　0～3 常数	VB　0～5119 IB　0～15 QB　0～15 MB　0～31 SMB　0～179 SB　0～31 LB　0～63 AC　0～3 常数
字存取	VW　0～2046 IW　0～14 QW　0～14 MW　0～30 SMW　0～178 SW　0～30 T　0～255 C　0～255 LW　0～62 AC　0～3 常数	VW　0～2046 IW　0～14 QW　0～14 MW　0～30 SMW　0～178 SW　0～30 T　0～255 C　0～255 LW　0～62 AC　0～3 常数	VW　0～5118 IW　0～14 QW　0～14 MW　0～30 SMW　0～178 SW　0～30 T　0～255 C　0～255 LW　0～62 AC　0～3 常数
双字存取	VD　0～2044 ID　0～12 QD　0～12 MD　0～28 SMD　0～176 SWD　0～28 LD　0～60 AC　0～3 HC　0，3，4，5 常数	VD　0～2044 ID　0～12 QD　0～12 MD　0～28 SMD　0～176 SWD　0～28 LD　0～60 AC　0～3 HC　0，3，4，5 常数	VD　0～5116 ID　0～12 QD　0～12 MD　0～28 SMD　0～176 SWD　0～28 LD　0～60 AC　0～3 HC　0，3，4，5 常数

参考文献

[1] 吕景泉. 可编程控制器技术教程 [M]. 北京：高等教育出版社，2001.

[2] 廖常初. 可编程控制器应用技术 [M]. 重庆：重庆大学出版社，2001.

[3] 方承远. 工厂电气控制技术 [M]. 北京：机械工业出版社，2000.

[4] 张万忠，刘明芹. 电器与PLC控制技术 [M]. 北京：化学工业出版社，2003.

[5] 张运波. 工厂电气控制技术 [M]. 北京：高等教育出版社，2001.

[6] 孙平. 可编程控制器原理及应用 [M]. 北京：高等教育出版社，2002.

[7] 余雷声. 电气控制与PLC应用 [M]. 北京：机械工业出版社，1996.

[8] 陈立定. 电气控制与可编程序控制器的原理及应用 [M]. 北京：机械工业出版社，2004.

[9] 竺钦尧. 机床数字控制 [M]. 北京：航空工业出版社，1993.

[10] 史国生. 电气控制与可编程控制器技术 [M]. 北京：化学工业出版社，2004.

[11] 吴祖育. 数控机床 [M]. 上海：上海科学技术出版社，1995.

[12] 卓迪仕. 数控机床及应用 [M]. 北京：国防工业出版社，1997.

[13] 王侃夫. 数控机床控制技术与系统 [M]. 北京：机械工业出版社，2003.

[14] 杨克冲，陈吉红，郑小年. 数控机床电气控制 [M]. 武汉：华中科技大学出版社，2003.

[15] 常晓玲. 电气控制系统与可编程控制器 [M]. 北京：机械工业出版社，2004.

[16] 郁汉琪. 电气控制与可编程序控制器应用技术 [M]. 南京：东南大学出版社，2003.